스트레스 리본과 케이블 지지 보도교

Jiri Strasky 저
박 명 균 역

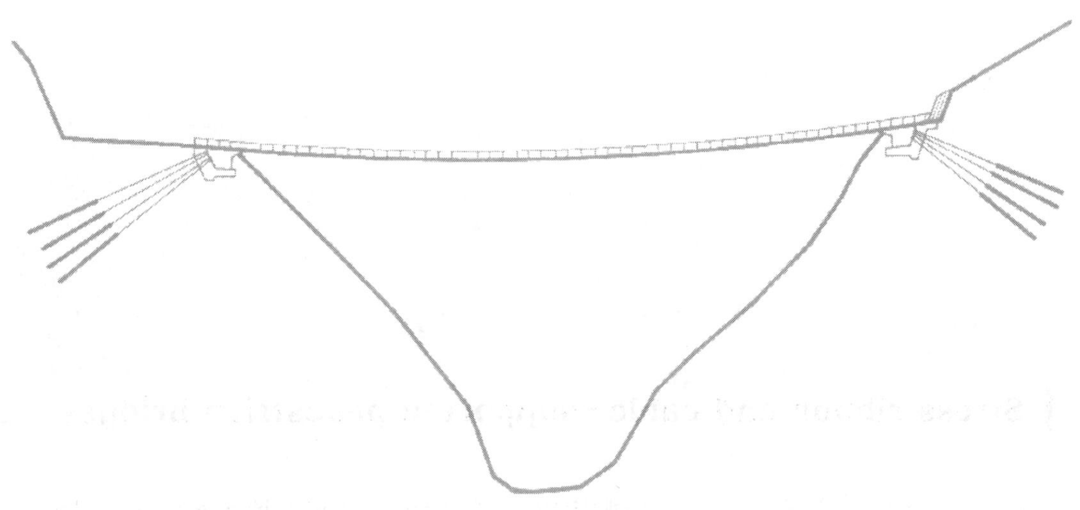

Stress ribbon and cable-supported pedestrian bridges

역자 서문

최근 교량은 주변환경과 조화를 이루며 경제성, 구조적 안전성 등에 부합되는 다양한 교량형식이 추진되고 있으며, 특히 조형미의 독창성을 강조하는 경향이 있다. 본 서는 스트레스 리본교의 세계적 권위자인 Jiri Strasky의 "Stress Ribbon and Cable-Supported Pedestrian Bridges"를 번역하여 국내에서 다소 생소한 스트레스 리본교를 소개하고 다양한 교량설계를 하는데 도움을 주기 위해서이다.

스트레스 리본교는 주로 현수선모양의 매우 얇은 콘크리트 상부구조로 이루어진 구조물을 표현하는 용어이고 단경간 또는 연속경간으로 설계될 수 있으며 현수각이 크지 않은 부드러운 곡선으로 이루어진다는 것이 특징이다. 이러한 곡선은 주변경관과 구조물 형상이 조화를 이루며, 가장 단순하고 기초적인 구조형태로 주변의 과도한 응력없이 내력의 흐름을 확실히 조절한다.

이런 맥락에서 교량의 다양한 형식에 관심이 있는 토목기술자에게 스트레스 리본교와 케이블지지 교량의 기본구조와 거동을 이해할 수 있도록 본 서를 번역하는 것은 의미있는 일이라 생각한다.

스트레스 리본교의 용어가 확립되어 있지 않아 일반적으로 많이 사용하고 있는 용어를 따랐으며, 번역에 최선을 다했으나 부족한 부분이 있을 것으로 판단된다. 향후 오역에 따른 부족한 부분을 수정·보완할 계획이므로 독자 여러분의 지도편달을 바란다.

마지막으로 "Stress Ribbon and Cable-Supported Pedestrian Bridges"의 한국어판 출간을 허락해주신 Jiri Strasky와 본 서가 완성되기까지 애써주신 이엔지·북의 이기복 사장님과 직원 여러분에게 감사의 뜻을 전한다. 또한 원고의 교정과 문맥정리에 노력을 아끼지 않은 아내에게도 감사의 뜻을 표하는 바이다.

2006년 겨울의 문턱에서

박 명 균

차 례

제1장

서 론

Introduction

1. 서 론

Introduction

케이블 지지 교량들은 인간역사와 함께 시작되었다. 그것들의 발전은 흥미로우며 토목공학의 발전과 부합된다[8], [26], [41], [91], [97]. 이들 구조물의 미는 명백한 정적기능으로부터 생성되며 이것이 그들의 조형적 표현을 결정한다.

교량의 조형은 교량의 구조적 설계에서 수행되거나 추가해서 취급될 것은 아니다. 조형은 교량의 기본적인 기능에서 주어지거나 도출되어야 한다. 교량의 기능은 자연적인 장애물이나 인간이 만든 도로 위로 하중이나 수송물을 운반하기 위하여 어떤 특별한 공간 위를 가로지르는 것이고 교량의 형태는 이러한 기본적인 기능을 표현하여야 한다. 최선의 구조해법은 교량으로서의 기능이 가장 잘 수행될 수 있고 그 지역의 고유한 특성을 지니는 형태이어야 한다. 구조설계자로서의 업무는 경제적으로, 그리고 효율적으로 실현될 수 있도록 그 형태를 찾는 것이다[79].

보도교는 가볍고 투명하여야 한다. 물론 교량구조는 안전하여야 하고, 사용성이 도입되어야 하며, 사용자에게 편안하고 인간의 척도에서 설계되고 가설되어야 한다. 보도교 위를 걷는 보행자와 바람에 의한 흔들림하에서 상부구조의 진동은 보행자에게 심리적인 불안감을 느끼지 않도록 하여야 한다.

조형설계자와 기술자는 일반적으로 전체구조와 교량을 형성하는 구조부재들이 그들의 형상에 의하여 사회환경과 역사/시간 그리고 기술과 물리적 환경에 어울리는 구조시스템을 통해 내력들의 흐름을 표현하여야 한다는 것에 동의한다[51].

그림 1.1 Bosporus교 - U. Finsterwalder 1958

이 책에서 기술하고 있는 구조물들은 이용 가능한 경제적 재원의 한계하에서 그와 같은 환경적, 관습적, 사회적 목적을 이행하는데 도움을 준다. 이러한 구조물들은 순수한 정적기능에 의해 주어지는 형태로서, 하중을 저항하는 케이블카의 선형태인 매달림케이블을 주하중을 지지하는 부재로서 사용한다.

케이블 지지 구조물의 상부구조는 강과 콘크리트로 형성된다. 많은 설계에서 케이블 공간네트의 강성과 상부구조의 휨 및 비틀림 강성에 의해 구조물의 강성이 주어진다. 최근 몇몇의 설계에서는 구조물의 강성이 스트레스 리본 상부구조의 인장 및 압축강성으로부터 주어졌다[85].

스트레스 리본 교량은 현수형태의 직접 보행하는 프리스트레스트 콘크리트 상부구조로 형성된 구조물을 묘사하는데 쓰는 용어이다. 이 개념은 장경간 교량을 위해 그와 같은 구조물을 제안한 Ulrich Finsterwalder에 의해 처음으로 도입되었다. 제안한 교량중에서 Bosporus(그림 1.1)와 제네바호수, 퀼른동물원 등을 횡단하는 것들이 있다[22].

지지 구조물은 경간에 비하여 두께가 매우 얇은 콘크리트 슬라브에 묻혀있는 약간 처진 인장케이블로 구성된다. 이 슬라브는 상부구조로의 역할을 하지만 연속성을 유지하고 국부적으로 하중을 분배하는 것 외에는 다른 기능을 가지고 있지 않다. 그것은 케이블이 매우 팽팽하게 인장되어서 케이블을 감싸고 있는 슬라브 위에 교통하중이 직접 놓일 수 있는 현수구조물의 일종이다. 다른 구조물들과 비교하여 구조는 매우 단순하다. 반면에 케이블의 하중이 매우 커서 케이블을 정착하는데 비용이 많이 든다.

스트레스 리본 구조물은 프리스트레스트 현수지붕([39], [43])의 구조적 배치와 넝쿨이나 대나무 재질(그림 1.2, 그림 1.3)의 로프로 형성되는 원시적인 교량의 구조적 형태를 결합한다. 일례로서 가장 조형적으로 성공한 두 개의 현수지붕이 그림 1.4와 그림 1.5에 제시되어 있다.

첫 번째 현수지붕은 1962년에 미국 워싱턴시의 Dulles 국제공항터미널에 가설되었다(그림 1.4). 51.5 m 경간의 지붕은 프리캐스트 현수부재로 결합되고 현장타설의 곡선단부보에 정착된 긴장재에 의해 포스트텐션된다. 단부보의 개구부를 통과하는 조형적 형상의 경사기둥으로 지붕으로부터의 인장력을 저항한다. 지붕은 Aero Saarinen, Ammann, Whitney 기술자들에 의해 설계

그림 1.2 Liana교

그림 1.3
Pari강을 횡단하는 Mejorada교,
페루. 1838년 L. Anground의 인쇄물

그림 1.4 미국 워싱턴 DC의 Dulles 국제 공항터미널

그림 1.5 포르투칼, 리스본의 98년 엑스포를 위한 포르투칼 국제 박물관

되었다. 1995년 터미널이 확장되었을 때, 같은 구조형태가 원래 구조물의 측면에 가설되었다.

두 번째 지붕은 포르투칼의 리스본에 엑스포'98 포르투칼 국제박람회를 위해 지어졌다(그림 1.5). 지붕은 65×50 m의 면적의 캐노피를 형성하는 단일 곡선의 쉘로 구성되어 있다. 가벼운 콘크리트 지붕은 현장타설되었으며, 인접한 철근콘크리트구조의 슬라브에 정착된 지지긴장재에 의해 지지되고 쉘에 정착된 긴장재에 의해 프리스트레스되었다. 앵커슬라브와 쉘 사이는 일정 간격이 있다. 지붕은 Alvaro Siza와 Segadaes Tavares & Partners (STA)에 의하여 설계되었다.

프리캐스트 단일 곡선 쉘을 가설하는데 사용된 기법은 복수의 곡선 쉘의 설계에도 적용된다. 그림 1.6은 1984년 캘거리 동계 올림픽대회를 위하여 1983년에 지어진 말안장형태의 돔을 보여준다 [7]. 67.5 m 반경의 구면체 위에 쌍곡선의 포물선기법에 의해 생성된 지붕구조는 프리스트레싱된 긴장재의 공간네트에 의해 지지되고 포스트텐션된 프리캐스트 부재의 결합체이다

1957년 지어진 베를린 의회 청사 현수지붕의 부분적 붕괴는 기술자에게 국부 휨해석과 지지부에서 스트레스 리본의 구조상세부 시공의 중요함을 인식시켜준다 [66]. 베를린 의회 청사 지붕 외부의 경사진 아치의 안정성은 중앙링에 정착된 스트레스 리본의 길고 가느다란 조각으로 구성된 인장부재에 의해 확보된다(그림 1.7). 1980년 지붕의 붕괴는 정착부재인 프리스트레스트 강재의 부식에 의해 일어났다. 그러나 다른 구조해법을 가진 유사한 형태의 새로운 구조물이 1986년에 프리스트레스트 콘크리트로 다시 가설되었다(그림 1.8).

스트레스 리본 구조물의 특징은 변하는 경사를 가지고 있어 도로의 교량으로는 부적합한 구조형태이다. 그림 1.1에 제시된 구조물은 도로의 기능에 적합할 것이라고 상상하기는 어렵다. 스트레스 리본 구조는 도로가 직선이고 계획고가 오목한 곡선을 가지는 특별한 경우에만 적절한 해법이

그림 1.6 캐나다. 캘거리의 말안장 형태의 돔

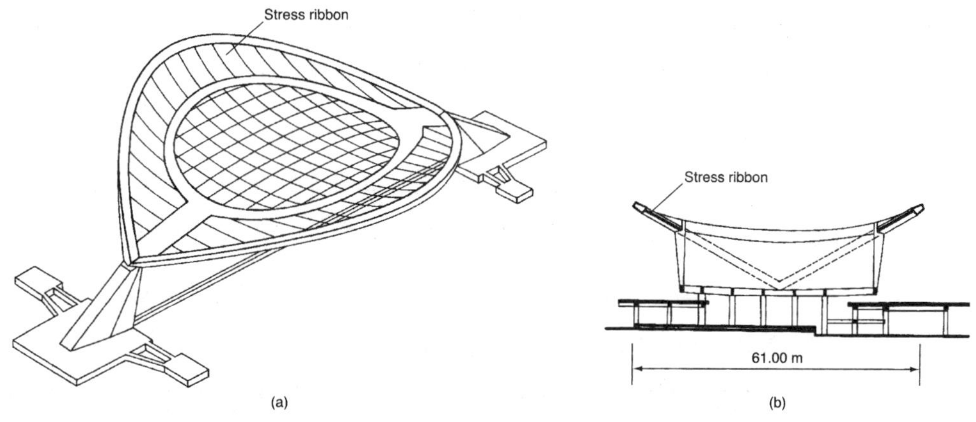

그림 1.7 독일, 베를린 국회의사당-원래 구조의 구조적 배치

그림 1.8 독일, 베를린 국회의사당-새로운 구조물

된다. 반면에 변하는 경사는 직선이 없는 전원환경에서 가설되는 보도교에 유리하게 적용된다.

1965년 스위스 Pfäfikan 근처의 N3 고속도로를 횡단하는 공공목적의 첫 번째 스트레스 리본 교량이 Walther 교수에 의해 설계되었다(11.1절 [94]). 그때부터 스트레스 리본 교량은 전 세계의 많은 나라에서 가설되기 시작했다.

스트레스 리본 구조는 단경간이나 다경간으로 설계될 수 있으며 연속적이고 상호 보완하는 부드러운 곡선으로 특성화된다. 곡선은 전원환경과 잘 어울리고, 구조적으로 가장 단순하고 구조적 해법인 그것들의 기본적인 형상은 내력의 흐름을 명확히 표현한다(그림 1.9, 그림 1.10). 그들의 세부수치는 인간의 척도와 부합된다.

그림 1.11에서 스트레스 리본 구조물은 가장 단순한 구조형태를 나타낸다. 이 교량형식의 공학기술과 조형미는 현수 보도자체가 구조물이라는 사실에 있다. 그것은 지지대, 지주, 기둥, 케이블, 댐퍼 등이 필요없이 스스로 자립한다. 그것의 강성과 안정성은 자체의 기하조건에 기인된다.

그와 같은 구조물들은 프리캐스트 단위로 생산하거나 현장타설로 할 수 있다. 프리캐스트 구조의 경우 상부구조는 지지케이블에 매달리고 최종의 위치로 케이블을 따라 움직이는 프리캐스트 세그먼트에 의해 결합된다(그림 1.12). 구조체에 충분한 강성을 주기 위하여 세그먼트 사이의 죠인트를 타설한 후 프리스트레스트가 적용된다.

그림 1.9
미국 오레건의 Grants Pass교

그림 1.10
미국, CA Redding교

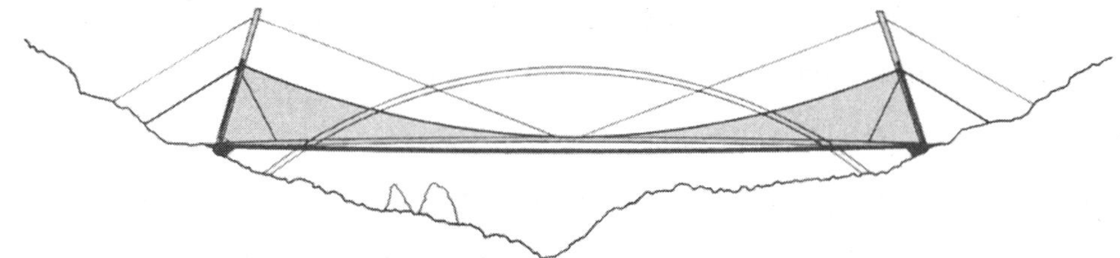

그림 1.11 미국 CA의 Redding교-구조형태

그림 1.12 미국 CA의 Redding교-세그먼트의 가설

이러한 구조물들의 주요 장점은 아주 작은 재료를 사용하며 지형 공간을 잠식하지 않고 가설할 수 있기 때문에 환경에 대한 영향을 최소화 한다는 것이다. 이 구조물은 받침과 신축이음장치가 필요하지 않기 때문에 장기적인 유지관리에 유리하다.

이 교량은 분포하중뿐만 아니라 무거운 트럭 차륜의 큰 집중하중도 저항할 수 있다. 1997년과 2002년 여름 체코에서 발생한 대홍수는 이 교량이 큰 극한하중에 저항할 수 있다는 것을 확인시켜준다. 비록 두 개의 교량이 완전히 범람했지만 그들의 교량에 어떠한 변화도 없이 정적 기능은 유지되었다.

스트레스 리본 구조물은 낮은 고유 진동수를 가질지라도 경험상으로 보행에 따른 상부구조의 거동속도가 허용한계내에 있다는 것이 확실하다.(그림 1.13). 또한 상세 동적실험은 이들 구조가 동적으로 파괴될 수 없다는 것을 증명한다.

많은 시간이 흐른 후, 사람들은 더 큰 새그를 가진 케이블로부터 상부구조가 매달려질 수 있으며 이런 방법이 케이블의 장력을 줄일 수 있다는 것을 알았다(그림 1.14). 최초의 현수구조물들은 몇몇의 경우에 부가 케이블의 네트에 의해 강성을 가지는 유연한 상부구조를 가졌다. 트러스에 의해 떠받쳐진 상부구조를 매다는 주케이블 시스템인 현수교의 주요 성분들을 처음으로 입증한 사람은 J. Finley였다(그림 2.12). 이 시스템의 개념은 영국에서 발전되었다. 원형 아이바의 현수체인이 주케이블로 사용되었다(그림 1.15). 프랑스의 기술자들은 체인대신 와이어 케이블을 대용하였다(그림 1.16). J. Roebling은 브룩클린교에서 골든게이트교까지 현대 현수구조물의 발전을 이끈 케이블 스피닝(Spinning : 방적기술)을 개발하였다(그림 1.17, 그림 1.18).

그림 1.13
체코공화국의 Brono-Komin교

그림 1.14
네팔의 교량

그림 1.15 영국, 웨일즈의 Menai해협교

그림 1.16 Fribourg교, 스위스

그림 1.17 Brooklyn교, 미국, 뉴욕

그림 1.18 Golden Gate교, 미국, 샌프란시스코

가벼운 보도현수구조물의 풍하중에 의한 전복과 진동의 문제는 잘 보고되어 있다[55]. 그러나 타코마교의 붕괴는 현수구조물의 공기동역학적 안정성에 기술자들이 주의를 기울이게 하였다[65]. 그러므로 새로운 현수구조물은 충분한 비틀림과 휨강성의 개방형 보강 트러스에 의해 형성된 상부구조를 지니거나 유선형의 강박스거더를 사용한다(그림 1.19(b)) [49].

보도교의 공기역학적 안정성를 보장하기 위해서는 도로교설계에서 사용된 해법이 적용될 수 있다. 그러나 이러한 해법은 보도교에는 너무 무겁고 비용이 많이 들어서 부적절하다.

강성을 보강하기 위한 다른 접근은 얇은 콘크리트 상부구조를 가설하고 경사진 케이블을 사용하여 구조물을 강하게 하는 것이다(그림 1.19(c)). 이와 같은 접근은 성공적으로 개발되었으며 J. Schlaich 교수의 설계에 따라 시공되었다. 그러나 매우 많은 현수재의 유지관리는 그리 쉬운 일이 아니다.

상부구조의 극소화는 가끔 실용적인 교량을 안정화하는데 사용된 기법과 결합되어질 수 있다(그림 1.19(d)). 그런 경우 콘크리트의 상부구조는 주 현수 케이블의 곡률과 반대곡률을 가진 외부케이블을 포스트텐션하여 강성을 확보한다. 유사한 효과를 상부구조의 종방향 이동을 구속함으로서 얻을 수 있다.

상부구조내에 위치한 외부케이블에 의해 상부구조를 보강하고 수평 이동을 구속하는 결합방법이 1993년에 가설된 체코의 Vranov 호수교의 설계에 적용되었다(그림 1.20). 252 m 장경간의 상부구조는 0.4 m 두께의 프리캐스트 콘크리트 세그먼트의 결합체이다(그림 1.21). 1 : 630의 상부

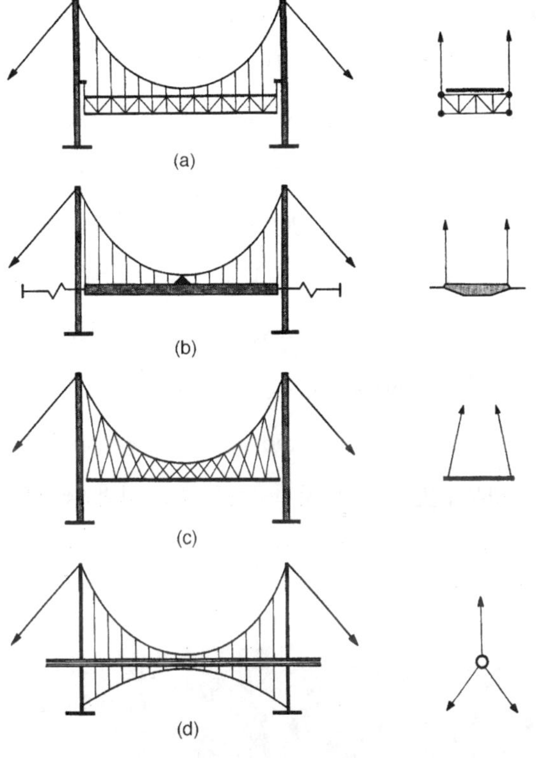

그림 1.19 현수구조물

그림 1.20 Vranov호수교, 체코

구조의 형고-길이 비를 지니며 지금까지 가설된 가장 얇은 상부구조 중의 하나인 그 교량의 상부구조는 주변 환경에 영향 없이 가설되었다(그림 1.22).

가능한 교량선정을 보여주는 그림 1.23에서 현수구조가 주변 환경에 최소의 영향을 주는 것을 알 수 있다. 타이드 아치는 호수 위를 가로지르고 사장교의 주탑은 나무 위에 솟아올라 있다. 알맞은 현수교는 배경에 적절히 비례(그림 1.20)하며 동시에 시공시 경제적이다.

교량의 상부구조는 현수케이블(그림 1.24)이나 사장케이블(그림 1.25)에 의해 지지된다.

19세기와 20세기에 현수구조물이 널리 설계되어져 왔지만 현대의 케이블지지 구조물의 발전은 2차대전후에 시작되었다. F. Dishinger 교수는 처음으로 사장케이블에서 높은 초기응력의 중요성을 강조하였고, 1955년 스웨덴에 Strömsund에 최초의 현대적인 사장교를 설계하였다. 그때 이후로 강재나 콘크리트 상부구조의 많은 사장구조물이 가설되었다[40], [42], [44], [45], [56], [96]. 프리스트레스트 콘크리트기법의 발전은 사장교의 발전에 크게 기여했다.

그림 1.21
Vranov호수교, 체코-상부구조

그림 1.22
Vranov호수교, 체코-상부가설

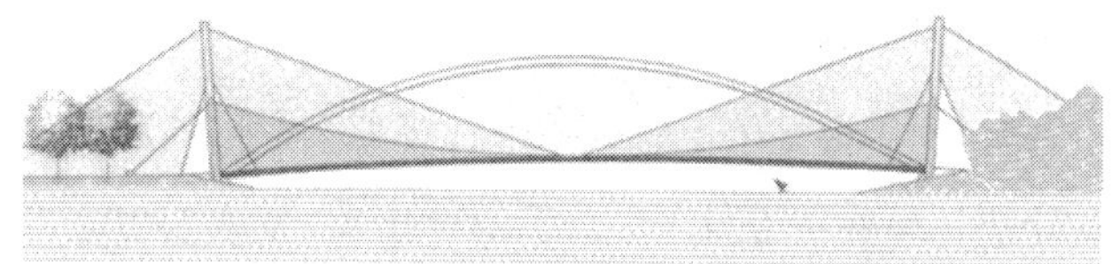

그림 1.23 Vranov호수교, 체코-구조형태

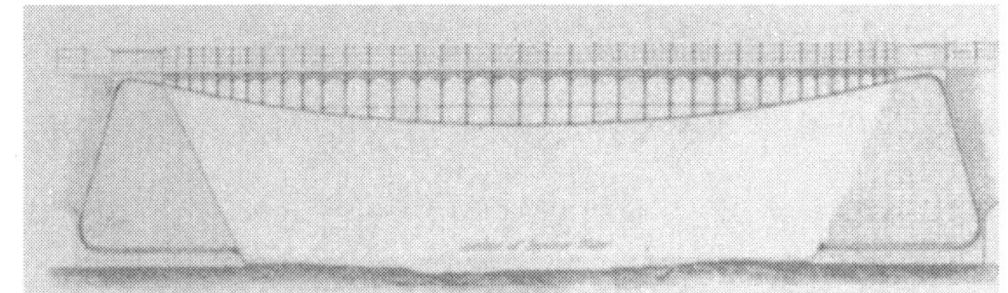

그림 1.24 Almond강교의 설계, 영국 스코틀랜드-R. Stevenson, 1821

그림 1.25 Varrugas교, 페루

현재 대다수의 교량이 콘크리트 상부구조를 사용하며 프리스트레싱 케이블에서 발전된 사장 케이블이 콘크리트나 강구조물에서 사용되고 있다. 1970년대 이래로 많은 보도교의 상부구조는 얇은 콘크리트 슬라브의 형태를 지녔다. F. Leonhardt 교수는 처음으로 장경간 사장 보도교에 얇은 콘크리트 슬라브를 사용하였다[99]. R. Walther 교수는 약 450 mm 형고의 상부구조가 200 m에 달하는 경간을 가진 교량에 안전하게 사용될 수 있다는 것을 입증했다(그림 1.26) [95].

케이블 지지 보도교는 목재, 강, 콘크리트 상부구조 또는 복합상부구조를 가질 수 있고, 구조물의 강성은 상부구조의 휨강성이나 프리스트레스트 콘크리트 상부구조의 인장강성 혹은 케이블의 공간배치에 의해 주어질 수 있다.

20세기의 산물인 프리스트레싱이라는 아이디어는 설계자에게 구조적 거동을 조절하는 능력을 주었으며, 동시에 가설에 대하여 보다 더 깊게 생각할 수 있게 하였다. 철근콘크리트가 단순히 함께 타설하여 결합상태로 작용하는 콘크리트와 철근의 결합인 반면에 프리스트레스트 콘크리트는 고강도의 콘크리트와 고강도의 강을 효율적으로 결합한다. 프리스트레싱은 하중을 균형있게 하고, 한계조건을 바꾸며 구조물 내에서의 지지계를 생성한다. 프리스트레싱은 수동적인 보강단계에서 창조적인 생각과 발전의 혁신적인 단계에 와 있다 [12], [30], [39], [43].

그러한 사실에 초점을 맞추고 책의 범위를 줄이기 위하여 주로 프리스트레스트 스트레스 리본 상부구조에 의해 형성되는 케이블 지지 구조물을 서술하고자 한다.

비록 이 구조물이 매우 단순한 형태를 가지고 있지만 그들의 설계가 간단하지는 않다. 내부와 외부긴장재에 의하여 포스트텐션된 프리스트레스트 콘크리트 구조물의 거동과 구조상세의 기능, 구조적 형상에 대하여 깊게 이해하는 것이 요구된다. 또한 정적 혹은 동적해석은 케이블의 기능에 대한 이해가 요구되고 다양한 기하학적 문제와 재료의 비선형문제를 해결한다.

그림 1.26 얇은 콘크리트 상부구조를 가진 사장구조물의 모델실험

제 2 장

구조계와 부재

Structural systems and members

2. 구조계와 부재

Structural systems and members

2.1 구 조 계

현수와 아치구조물의 미는 경제적인 구조형상으로부터 결정된다. 그들의 경제성은 단순지지보의 등분포 하중하에서 주응력의 궤적을 보여주는 그림 2.1(a)에서 명백히 알 수 있다. 이 그림으로부터 최대응력은 중앙경간 단면과 상・하부 연단에서 일어난다는 것을 보여준다. 보는 외부하중에 저항하지 못하는 많은 불필요한 부분을 가지고 있다.

그림으로부터 보의 중량을 줄이기 원한다면 가능한 한 많은 불필요한 부분을 제거하고 구조부재의 인장이나 압축능력을 이용해야 한다는 것은 분명하다. 보로부터 수평력을 내부 버팀대나 타이에 의해 저항하는 현수케이블이나 아치를 도출할 수 있다(그림 2.1(b)). 기초가 수평력을 저항할 수 있는 능력이 있을 때, 강성기초로 버팀대나 타이를 대체할 수 있다(그림 2.1(c), 그림 2.2, 그림 2.3).

등분포하중이 재하된 콘크리트 아치는 수 킬로미터의 지간을 가질 수 있고 현수케이블은 훨씬 더 긴 지간을 가질 수 있다. 그러나 그들의 형상이 주어진 하중에 대해 케이블카 선형태 이어야 하고 구조물은 경제적인 라이즈 혹은 새그를 가져야 할 필요가 있다.

보도교의 계획은 두 가지 요구조건에 따라 영향을 받는다. 상부구조가 케이블의 형상을 지니는 케이블 지지 구조물에서는 부합하는 새그를 지닌 제한된 경사만이 받아들여진다. 더군다나 이와 같은 교량들은 편안한 보행과 형상의 안정성을 보장하기 위해 충분한 강성을 가질 필요가 있다(그림 2.3). 그러므로 그들을 보강할 필요가 있다.

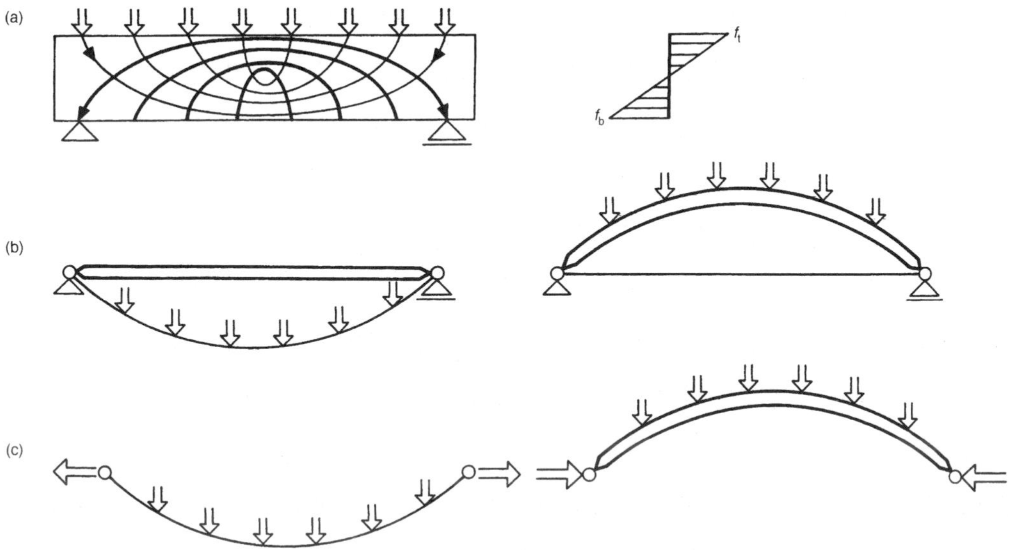

그림 2.1 케이블과 아치구조 : (a) 주응력의 궤적, (b) 자정식 케이블과 아치, (c) 케이블과 아치

그림 2.2
아치전경, 유타, 미국

그림 2.3
Hukusai교, 일본

현수 구조물의 변형(그림 2.4(a))은 고정하중이 적용된 케이블을 강하게 하거나(그림 2.4(b)) 외부케이블에 의해서(그림 2.4(c)), 또는 국부하중의 분배와 전체형상의 안정성을 보장하기위해 일정량의 휨강성을 가진 프리스트레스트 콘크리트 밴드를 생성함으로서 줄일 수 있다(그림 2.4(d), 그림 2.5).

대안으로 케이블 지지 구조물은 하중을 분배시키고 구조계에 안정성을 주는 보에 의해 보강될 수 있다(그림 2.6). 이러한 방법으로 보와 경제적인 새그의 현수케이블로 형성되는 현수시스템이 발전될 수 있다(그림 2.6(a), 그림 2.6(c), 그림 2.7, 그림 2.9). 또한 현수케이블은 사장케이블 시스템으로 대체될 수 있다(그림 2.6(b), 그림 2.6(d), 그림 2.8, 그림 2.10).

우리가 현수구조물을 고려할 때는 흔히 케이블은 정착부 사이의 몇 개의 점에서 하중이 재하된다고 가정하며 사장케이블 구조물을 고려할 때는 케이블 정착점에만 하중이 재하되는 것으로 가정한다. 사장케이블은 다른 배치를 가질 수 있으며 9장에서 보다 상세히 서술할 것이다.

현수케이블이 상부구조 위에 위치한다면 하중은 상부구조로부터 인장행거에 의해 케이블로 전

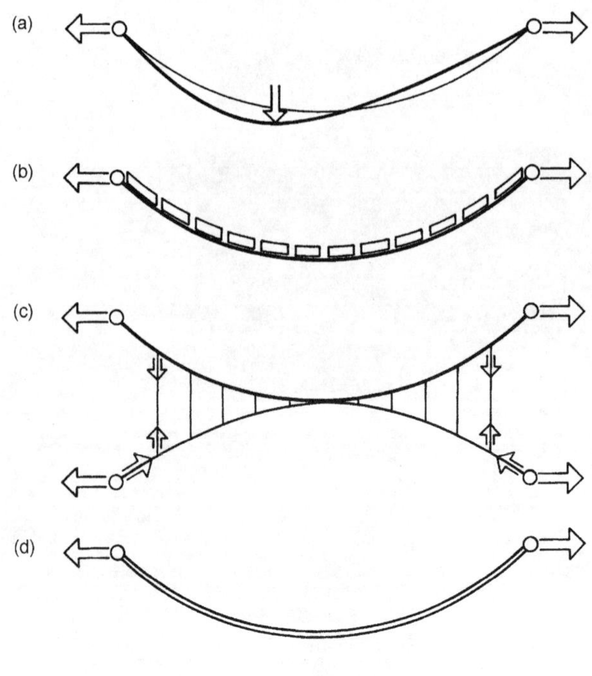

그림 2.4 케이블의 보강

그림 2.5 Prague-Troja교의 하중재하실험 , 체코

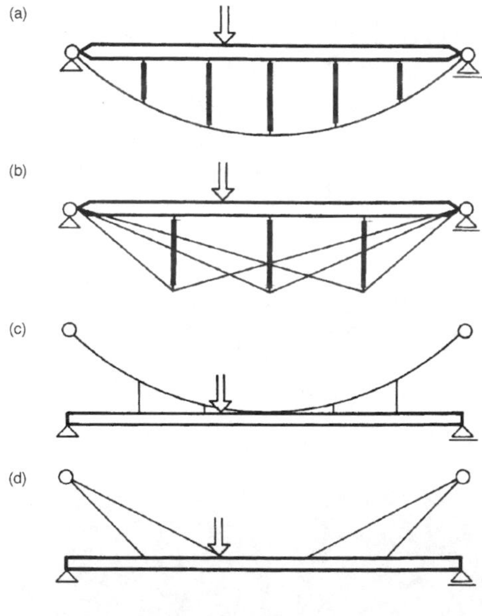

그림 2.6 케이블의 보 보강

그림 2.7 Werrekuss교, 독일 (Schlaich Bergermann & Partners)

그림 2.8 Virginia철도교, 버지니아, 미국

그림 2.9 금문교, CA, 미국

그림 2.10 Elbe교, 체코

이된다. 상부구조의 아래에 위치하는 케이블의 구조물은 하중이 상부구조로부터 압축버팀대에 의해 케이블로 전이된다.

힘을 케이블로부터 지반으로 전이되도록 강성보의 외부에 위치한 정착블럭에 현수와 사장케이블이 정착되거나(그림 2.11(a), 그림 2.11(c)), 보에 정착되어 소위 자정식을 생성한다(그림 2.11(b), 그림 2.11(d)). 후자의 경우, 기초는 연직반력만을 받는다.

상부구조의 위나 아래에 케이블이 위치하는 케이블 지지 구조물의 표준적 배치는 그림 2.11에 표현되어 있다. 그림 2.12는 케이블이 상부구조의 위와 아래 둘 다에 위치하는 구조계를 보여준다. 상부구조의 위나 아래에 위치하는 현수와 사장케이블을 혼합시키는 것이 가능하다는 것은 분명하다. 또한 정착블럭에 정착된 현수나 사장케이블을 가진 시스템은 상부구조에 정착된 케이블을 포함할 수 있다. 모든 가능한 변이로부터 장경간 구조물에 대한 두 가지의 해법은 그림 2.13에서 제시한다. 그림 2.13(a)는 상부구조의 중앙부가 현수케이블에 의해 지지되고 주탑에 근접한 상부구조부분은 사장케이블에 의해 지지되는 교량을 보여준다. 과거의 몇몇 구조물에 사용되었던 이와 같은 배치는 "2중 사장교"라고 불리는 제안된 사장구조물과 현대적 동일성을 가진다 [46] (그림 2.13(b)). 이러한 구조물에서 가장 긴 백스테이 케이블은 정착블럭의 역할을 하는 교

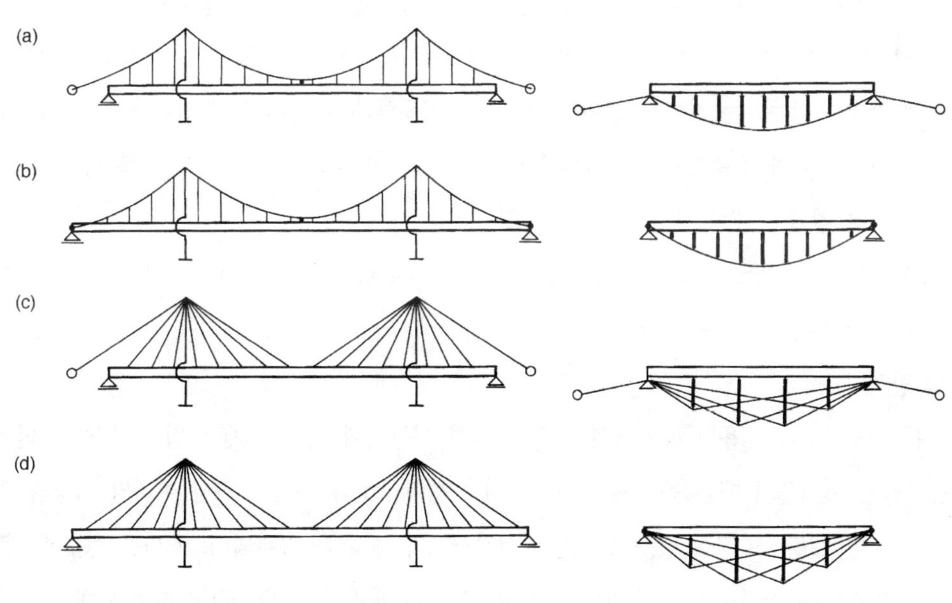

그림 2.11 케이블 지지 구조물

그림 2.12 James Finly의 체인교

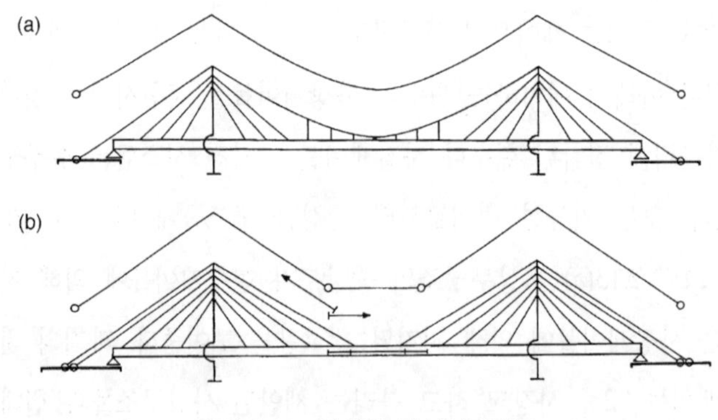

그림 2.13 장경간 케이블지지교

대에 정착된다. 주경간에 정착된 가장 긴 사장재들은 주경간에서 경간긴장재와 부분적으로 겹친다. 사장재의 수평성분은 경간긴장재의 힘과 같기 때문에 경간긴장재를 가진 사장재는 압축력이 구조물에 걸리지 않는다는 점에서 현수 케이블처럼 거동한다. 이와 같은 경감은 장경간 사장구조물의 지점단면 설계에서 중요하다. 상기로부터 이러한 구조물은 그림 2.13(a)에 제시된 구조물과 유사한 기능을 한다는 것이 분명하다.

1883년에 뉴욕의 East River에 완공된 유명한 Brooklyn교(그림 2.14)는 이미 현수 케이블과 사장 케이블이 혼용되었고 측경간 상부구조의 위·아래 둘 다에 현수 케이블이 위치한다는 것은 주목할 만하다.

어떤 구조형식이 적용될 것인가의 결정은 가설 가능성에 의해 크게 영향을 받는다. 타정식 현수구조물은 케이블이 맨 처음 가설되며 그 다음 상부구조의 가설은 교량 아래의 지형과 관계없이 진행된다(8.2절). 자정식 현수교의 경우 상부구조가 맨 처음 가설되며 그 다음 현수케이블이 가설되고 인장된다. 상부구조의 가설이 교량 아래의 지형에 영향을 받는다는 사실은 많은 경우에

그림 2.14 Brooklyn교, 뉴욕, 미국

서 이 시스템의 사용을 배제시키는 이유이다.

자정식 현수구조물과 달리 자정식 사장구조물은 교량 아래의 지형과 관계없이 가설할 수 있다. 상부구조는 사장 케이블에 의해 대칭으로 지지되며 캔틸레버에 의해 점진적으로 가설될 수 있다(9.2절).

구조물의 보강

그림 2.4에서 보여주는 것과 같이, 직접 보행하는 현수구조물을 보강해야 하는 중요성은 5종류의 스트레스 리본 구조물을 비교한 그림 2.15로부터 명백하게 보여진다.

그림 2.15는 최대 고정하중의 경사가 8%이고 중앙경간의 최대 새그가 1.98 m인 99 m 경간의 교량을 보여준다. 교량은 다음과 같이 형성되었다.

① 목재판자가 두 개의 케이블위에 놓여있는 형태. 케이블의 전체면적은 $A_s = 0.0168\ \text{m}^2$이고, 고정하중 $g = 5\ \text{kN/m}$ 와 수평력 $H_g = 3094\ \text{kN}$ 이다.

② 125 mm 두께의 콘크리트 판넬을 두 개의 케이블이 지지하는 형태. 케이블의 전체면적은 $A_s = 0.0252\ \text{m}^2$ 이다.

③ 125 mm 두께의 콘크리트 밴드가 두 개의 케이블에 의해 지지되는 형태. 케이블의 전체면

적은 $A_s = 0.0252\ \mathrm{m}^2$ 이고, 케이블이 완전 프리스트레스되어서 균열이 없는 밴드내에 둘러싸여진 형태이다.

④ 125 mm 두께의 콘크리트 밴드가 두 개의 케이블에 의해 지지되는 형태. 케이블의 전체면적은 $A_s = 0.0252\ \mathrm{m}^2$ 이고 케이블이 부분적으로 프리스트레스되어서 균열이 있는 밴드에 둘러싸여진 형태. 균열의 간격은 125 mm이고 균열 사이의 콘크리트는 인장에 저항한다고 가정한다. 인장에 저항하는 콘크리트면적은 그림 2.15(b)−4 에서 보여준 것과 같다.

$$A_{c,\,cr} = \frac{1}{2} A_c$$

⑤ 250 mm 두께의 콘크리트 밴드가 두 개의 케이블에 의해 지지되는 형태. 케이블의 전체면적은 $A_s = 0.0392\ \mathrm{m}^2$ 이고 케이블이 완전 프리스트레스되어서 균열이 없는 밴드내에 둘러싸여진 형태.

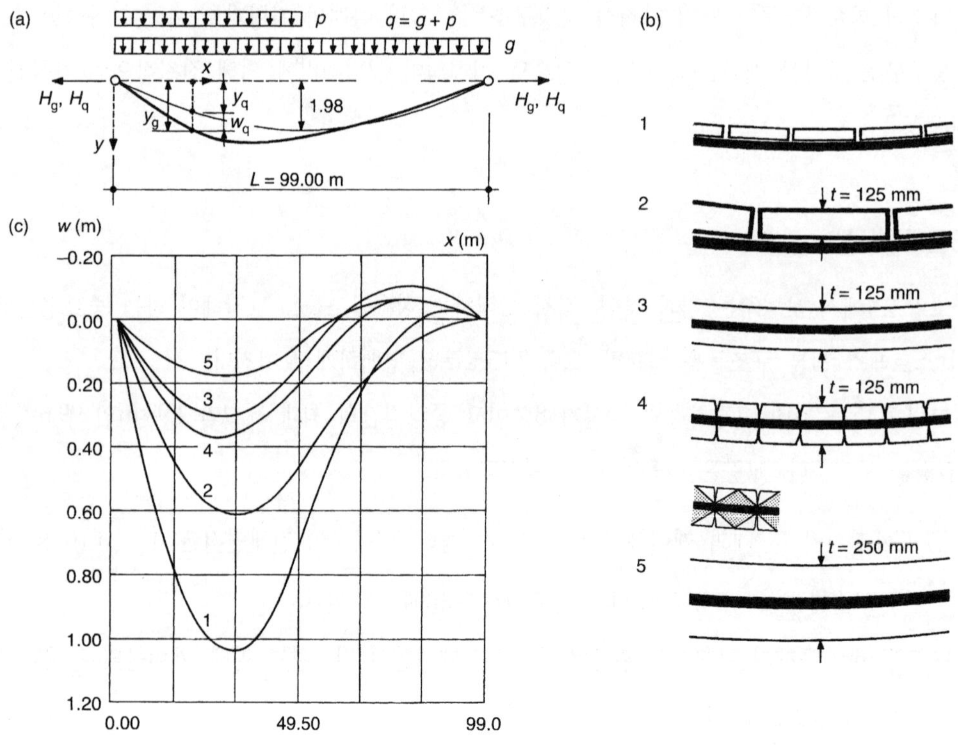

그림 2.15 스트레스 리본구조물의 강성

이들 구조물중 ②, ③, ④는 $g = 17$ kN/m 의 고정하중과 이에 부합되는 수평력 $H_g = 10519$ kN 에 의해 긴장되어진다. 구조물 ⑤는 $g = 33.35$ kN/m 의 고정하중과 이에 부합되는 수평력 $H_g = 20635$ kN 에 의해 긴장되어진다. 밴드의 인장강성에 대한 프리스트레싱 긴장재와 철근의 기여는 구조물 ③, ④, ⑤에서는 무시되어진다.

구조물은 고정하중 g와 구조물의 절반에 재하되는 활하중 $p = 20$ kN/m의 영향에 대하여 해석되어진다. 케이블의 유효 인장강성 $E_s A_e$이 적용되며 휨강성이 영인 상태로 모델링되어진 구조물에서 해석이 수행된다. 유효강성 $E_s A_e$는 케이블의 탄성계수 $E_s = 195000$ MPa와 콘크리트 E_c, 강재 E_s의 탄성계수의 비뿐만 아니라 콘크리트 밴드 A_c(또는 $A_{c,cr}$), 케이블 A_s의 면적에 의존하는 유효단면적 A_e에 의해 결정된다.

$$A_e = A_s + \frac{E_c}{E_s} A_c = A_s + \frac{36}{195} A_c$$

구조물 변형 결과는 그림 2.15(c)와 표 2.1에 제시하였다. 이 결과들로부터 완전 프리스트레스트된 250 mm 두께 밴드가 가장 작은 변형을 가진다는 것이 입증되었다. 또한 완전 혹은 부분적으로 프리스트레스트된 구조물은 적당한 변형을 가진다. 비록 구조물 ①, ②의 변형이 더 낮은 허용응력을 가지고, 그러므로 더 큰 횡단면을 요구하는 구조용 강절편으로 케이블을 대체함으로서 변형이 줄어들 수 있을지라도 그 변형은 여전히 크다.

프리스트레스트 콘크리트 상부구조(완전 혹은 부분적 프리스트레스트)는 우수한 거동을 가지고 있다. 이음매가 없는 콘크리트 상부구조는 구조물에 충분한 인장강성을 줄 뿐만 아니라 교량

표 2.1 최대변형

		구조물				
		1	2	3	4	5
$E_s A_e$:	MN	3276	4914	27 414	16 164	51 233
	%	6	10	54	32	100
w :	m	1.039	0.609	0.298	0.372	0.179
	%	580	340	290	3602	100

의 횡방향 강성을 보장하는 막(Membrane)강성을 준다. 이러한 구조물들은 이후로 『스트레스 리본 구조물』로 불리어질 것이다.

반대 곡률의 인장 케이블에 의해 현수구조물을 강하게 하는 것(그림 2.4(c))은 고정하중(그림 2.4(b))에 의해 구조물을 강하게 하는 것과 유사한 효과를 가진다. 만약 케이블이 그림 11.45에서 보여준 것처럼 공간트러스를 생성한다면, 시스템의 강성은 보다 더 향상되어질 수 있다. 이러한 구조물들은 복잡한 케이블 연결과 세밀한 유지관리가 필요하다.

구조물은 휨강성과 관계없이 해석되어진다. 프리스트레스트 밴드의 휨강성의 영향을 이해하기 위하여 단경간 구조물에 대한 광범위한 연구가 수행되었다(그림 2.16(a)). 경간장이 $L = 99$ m 이고, 새그가 $f = 1.98$ m ($f = 0.02L$)인 구조물은 그림 2.15의 구조물 ⑤로부터 발전되었다. 휨강성은 다르나 일정면적을 가진 상부구조가 온도변화의 효과와 활하중의 여러 위치에 대하여 해석되어졌다. 모든 결과로부터 2가지 하중(온도변화, 활하중)에 대하여 변형, 휨모멘트, 축력을 그림 2.17, 그림 2.18에 제시하였다.

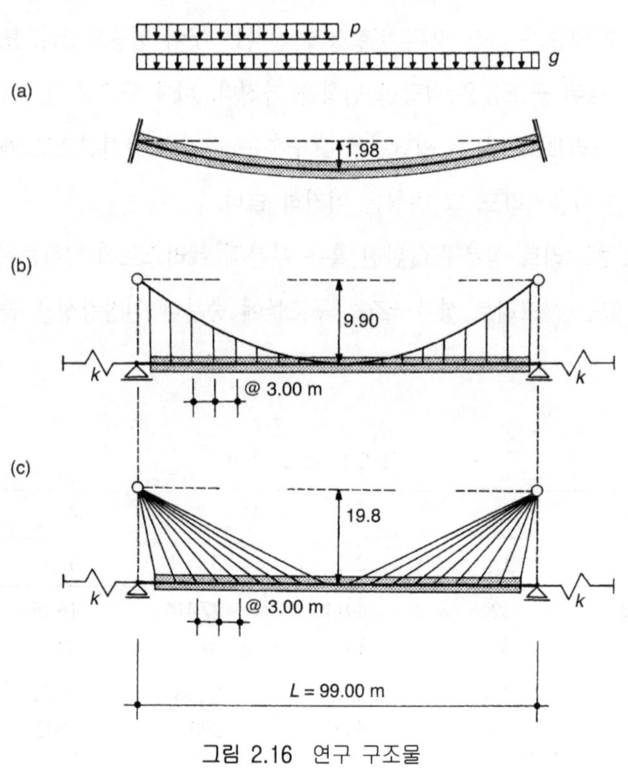

그림 2.16 연구 구조물

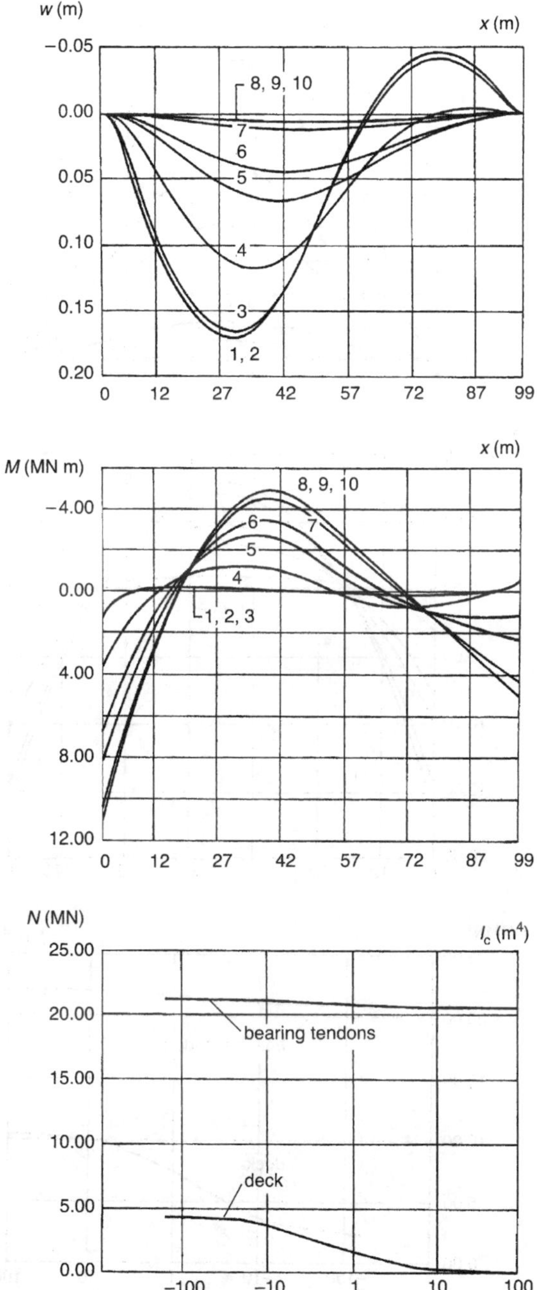

그림 2.17 활하중에 의한 스트레스 리본구조물에서의 변형, 모멘트와 축력

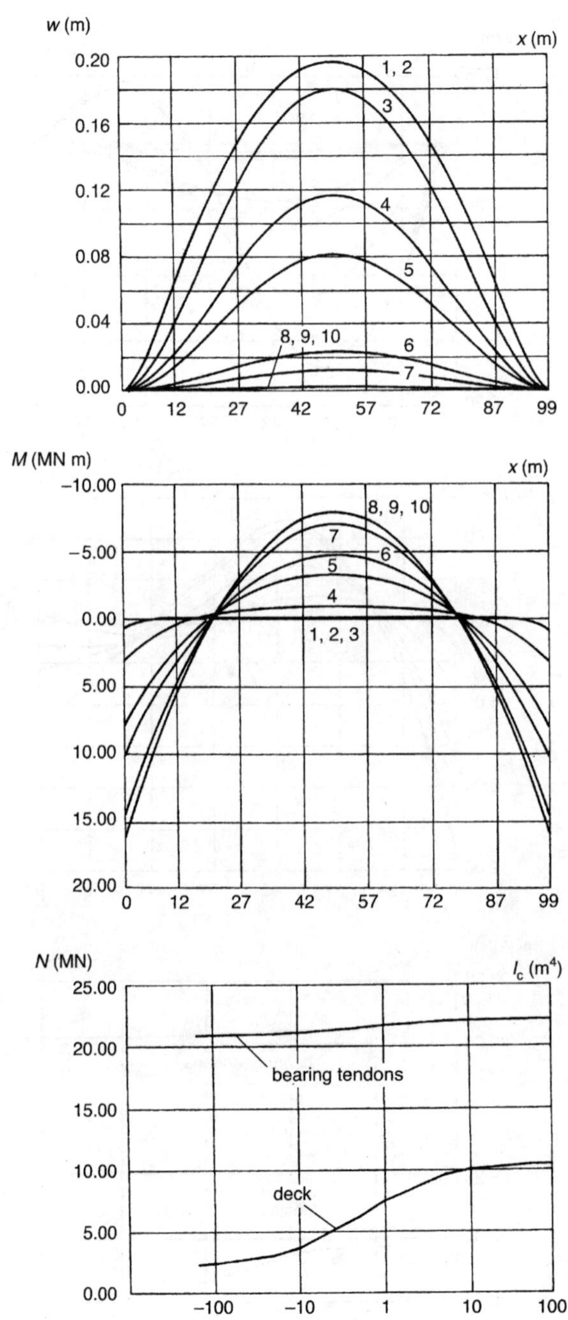

그림 2.18 온도저하에 의한 스트레스 리본구조물에서의 변형, 모멘트와 축력

탄성계수 $E_c = 36000$ MPa를 가진 5 m 폭과 0.25 m 두께의 콘크리트 밴드를 가정하였다.

$$A_c = bh = 5.00 \times 0.25 = 1.25 \text{ m}^2$$

$$I_c = \frac{1}{12} bh^3 = \frac{1}{12}(5.00 \times 0.25^3) = 0.00651 \text{ m}^4$$

다음과 같은 단면2차모멘트에 의해 해석이 수행되었다.

$$I_c(1) = 6.51 \times 10^{-3} \text{ m}^4$$

$$I_c(2) = 1.00 \times 10^{-2} \text{ m}^4$$

$$I_c(3) = 5.00 \times 10^{-2} \text{ m}^4$$

$$I_c(4) = 1.00 \times 10^{-1} \text{ m}^4$$

$$I_c(5) = 5.00 \times 10^{-1} \text{ m}^4$$

$$I_c(6) = 1.00 \text{ m}^4$$

$$I_c(7) = 5.00 \text{ m}^4$$

$$I_c(8) = 1.00 \times 10 \text{ m}^4$$

$$I_c(9) = 5.00 \times 10 \text{ m}^4$$

$$I_c(10) = 1.00 \times 10^2 \text{ m}^4$$

밴드는 총면적 $A_s = 0.0392$ m^{2}이고 탄성계수는 $E_s = 195000$ MPa인 지지긴장재에 매달려져 있다. 밴드는 일정면적를 가지고 있으며 고정하중 또한 일정하다. 지지긴장재의 중량을 포함하여 그 값은 $g = 33.35$ kN/m이다.

지지긴장재의 초기응력은 수평력으로부터 유도된다.

$$H_g = \frac{gL^2}{8f} = \frac{33.35 \times 99^2}{8 \times 1.98} = 20\,635 \text{ kN}$$

구조물은 프로그램 ANSYS를 사용하여 2D 기하학적 비선형 구조물로서 해석되어졌다. 해석에서 큰 변형과 인장보강이 고려되었다(7.3절). 그림 2.17은 고정하중과 구조물의 절반에 재하된 활하중 $p = 20.00$ kN/m에 대한 교량의 길이에 따른 변형 $w(x)$와 휨모멘트 $M(x)$, 그리고 휨강성의 함수로써 경간의 중간단면에서 콘크리트 상부구조와 지지긴장재의 축력 값을 보여준다.

고정하중과 $\Delta_t = -20℃$의 온도저하의 하중재하에 대한 결과는 그림 2.18에 보여준다. 그림으로부터 변형과 휨모멘트가 상부구조의 강성에 어떻게 의존하고 있는가를 알 수 있다. 6.51×10^{-3} m^{4}에서 5.00×10^{-2} m^{4}까지의 휨강성 범위에서 변형과 휨모멘트는 거의 같다는 것이 입증되었다. 구조물들은 휨강성이 아니라 인장강성에 의해 하중에 저항한다. 변형과 축력은 휨강성이 없는 케이블의 것과 같다.

얇은 구조물에서의 휨응력은 매우 낮으며 오직 단 정착블럭근처에서 생성된다는 것도 입증되었다. 구조물은 구조물의 전 길이를 따라 오직 축력에 의해 긴장되어진다.

현수구조물(그림 2.16(b))과 사장구조물(그림 2.16(c))에 대하여 유사한 해석이 수행되었다. 상부구조는 가동단 교량받침에 의해 지지되며, 수평스프링에 의해 교대에 연결되었다.

현수구조물은 콘크리트 상부구조가 매달려지는 경간 $L = 99$ m와 새그 $f = 0.1L = 9.9$ m의 현수케이블로 형성된다. 케이블의 총면적은 $A_s = 0.00862$ m^{2}이고, 탄성계수는 $E_s = 195\,000$ MPa이다. 현수재는 핀으로 연결된 강성바로 가정한다. 중간경간에서 현수케이블은 상부구조와 연결된다.

상부구조는 전 예제에서의 상부구조와 같은 재료와 단면특성을 가지고 있다. 상부구조가 일정면적을 가지고 고정하중도 $g = 31.25$ kN/m^{2}로 일정하다. 현수케이블의 초기응력은 수평력으로부터 유도된다.

$$H_g = \frac{gL^2}{8f} = \frac{33.35 \times 99^2}{8 \times 1.98} = 20\,635 \text{ kN}$$

구조물은 프로그램 ANSYS를 사용하여 수평스프링이 (a) 영인 경우와 (b) 무한강성인 경우에 대하여 2D 기하학적 비선형 구조물로서 해석되었다.

그림 2.19는 고정하중과 구조물의 절반에 재하된 활하중 $p = 20$ kN/m에 대하여 교량의 길이에 따른 변형 $w(x)$와 휨모멘트 $M(x)$을 보여준다. 그림으로부터 변형과 휨모멘트가 상부구조의 강성과 경계조건에 의존한다는 것을 알 수 있다. 상부구조의 변형과 휨모멘트는 상부구조의 수평이동을 구속함으로서 많이 줄일 수 있다.

유사한 결과를 사장 구조물(그림 2.20)의 해석으로부터 얻을 수 있다. 이 구조물은 ANSYS 프

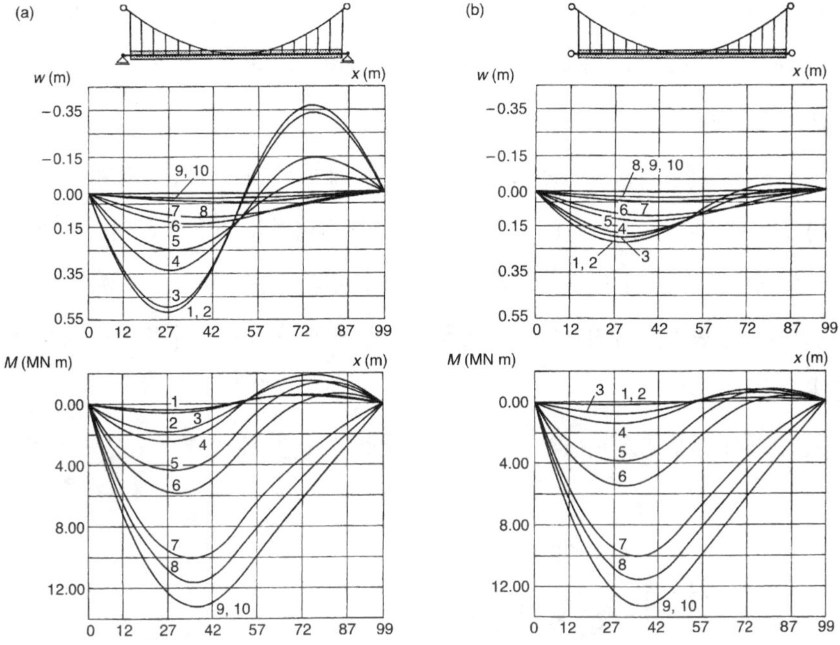

그림 2.19 활하중에 의한 현수구조물에서의 변위, 모멘트와 축력

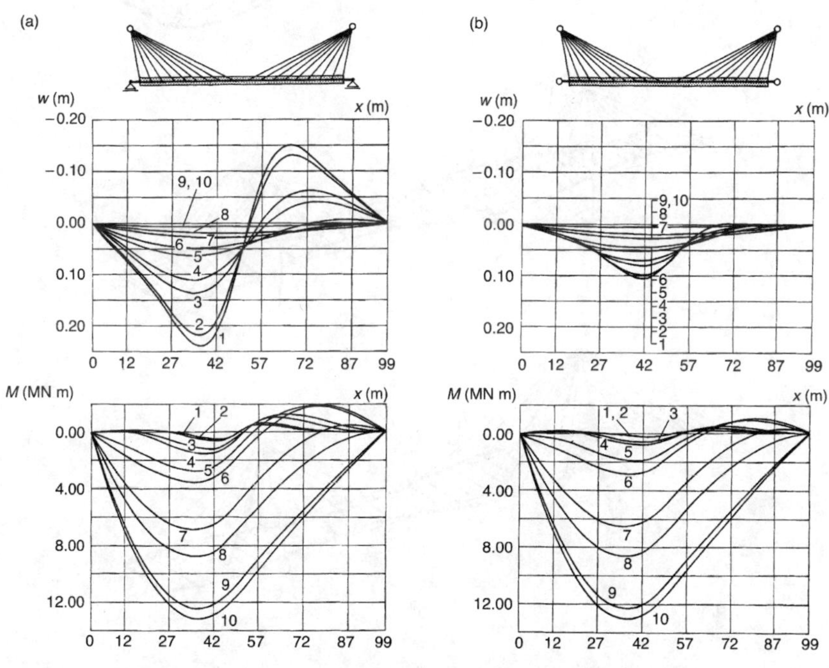

그림 2.20 활하중에 의한 사장구조물에서의 변위, 모멘트와 축력

로그램을 사용하여 2D 기하학적 비선형 구조물로서 해석되었다. 사장케이블에서의 초기력은 케이블의 연직분력이 고정하중과 균형을 이루도록 함으로서 결정된다. 가설된 후 수평스프링이 상부구조에 연결되어진다.

사장구조물을 기술한 책들은 보통 그들의 우수한 거동에 대하여 설명한다. 그림 2.21은 (a) 현수교와 (b) 2면 주탑의 사장교, (c) A주탑의 사장교의 상대적인 변형을 보여준다[56]. 상대적인 변형은 체스판 형태로 적용된 활하중에 의해 생성된다. 결과로부터 사장교의 강성을 강하게 하고 A주탑으로 인해 면외변위를 제거됨으로서 비틀림 진동에 대한 구조계의 저항을 향상시킨다는 것은 분명하다.

같은 하중하에서 상부구조 변위의 감소는 상부구조의 수평이동을 제거함으로서 얻어질 수 있

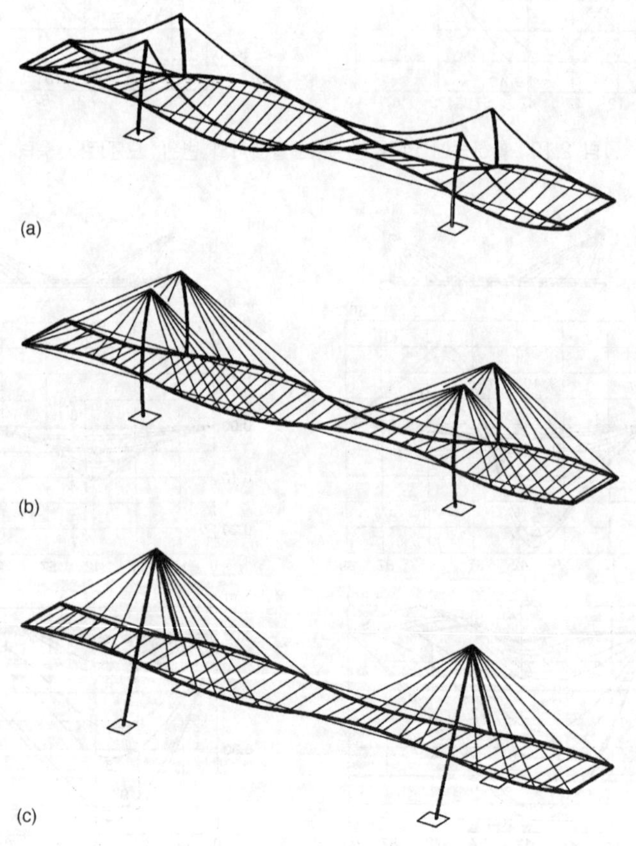

그림 2.21 현수와 사장구조물의 상대변형

다. 그림 2.22(a)는 상부구조의 유연한 연결을 나타내는 수평스프링의 다른 값과 주경간의 절반에 재하된 하중에 대하여 Willamette강교의 중앙경간 상부구조의 연직변형을 보여준다(11.1절). 유사한 변위감소와 부합되는 응력이 상부구조에 최대 뒤틀림을 일으키는 체스판 형태로 주경간에 재하된 하중에 대하여 발생한다(그림 2.22(b)).

상부구조의 수평이동 제거는 상부구조에 인장응력을 일으킨다. 얇은 구조물에서 인장응력은 구조물을 안정화시키며 변위와 부합되는 응력을 축소시킨다(그림 2.23). 이러한 현상은 이 책에 서술한 구조물의 많은 부분에서 활용된다.

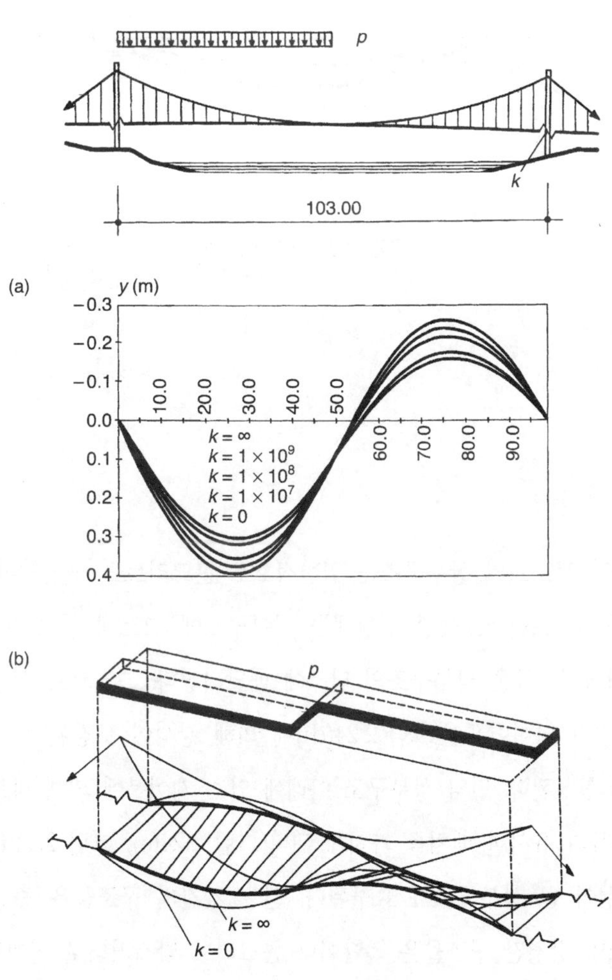

그림 2.22 현수구조물의 변형

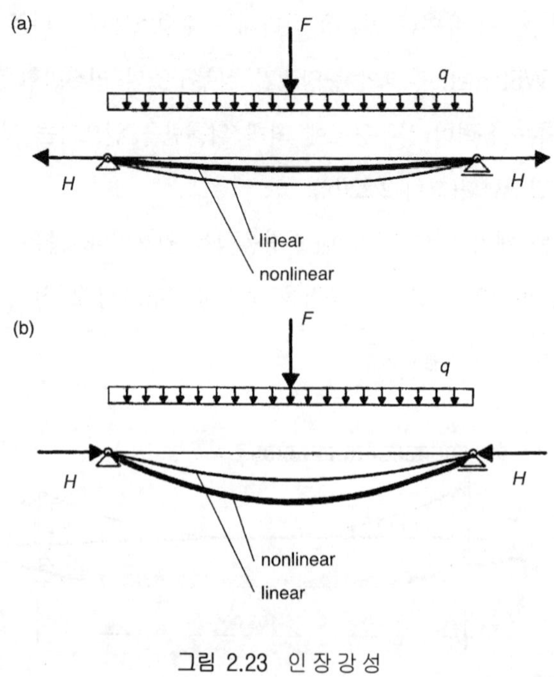

그림 2.23 인장강성

2.2 구조부재

이 책에서 서술된 보도교의 상부구조는 일반적으로 콘크리트로 구성되어 진다. 스트레스 리본 구조물에서 지지 및 프리스트레싱 긴장재는 상부구조에 고르게 분포된다(그림 2.24(a), 그림 2.24(b)). 현수 및 사장구조물은 상부구조의 단부에 매달려진다. 그러므로 상부구조는 충실슬라브(그림 2.24(c))나 횡방향 다이어프램(그림 2.24(d))에 의해 강성이 보강된 두 개의 단부보와 상부구조 슬라브에 의해 형성된다. 만약 상부구조 아래에 있는 케이블에 의해 상부구조가 지지된다면 스트레스 리본 구조물과 유사한 배치를 가지게 된다(그림 2.24(e), 그림 2.24(f)). 교축으로 매달린 구조물은 비틀림강성이 큰 상부구조가 요구된다. 짧은 경간의 구조물은 충실슬라브로서 설계될 수 있고(그림 2.24(g)), 장경간 구조물은 복합이나 콘크리트 박스거더로 설계된다(그림 2.24(h)).

곡선형 상부구조는 한 측면으로만 매달려 질 수 있다. 횡방향 모멘트와 균형되게 하기 위하여 충분한 형고와 상부구조에 배치된 긴장재에 의한 방사형 프리스트레스가 요구된다. 단경간 구조물의 상부구조는 횡방향 다이어프램에 의해 상호 연결된 압축부재와 함께 충실슬라브로 만들어질 수 있다(그림 2.24(i)). 더 긴 경간의 구조물은 복합이나 콘크리트 박스거더가 요구된다(그림 2.24(j)).

주탑은 콘크리트나 강재로 만들어질 수 있다. 가능한 배치는 그림 2.25(a)에 보여준다. 주탑은 H, V, A 등의 형태를 가지거나(그림 2.26) 교축에 위치한 단일의 기둥에 의해 형성되거나(그림 2.27) 상부구조의 한쪽 면에 위치할 수 있다(그림 2.28). 단부가 지지되는 현수나 사장 구조물은 수직이나 경사진 면으로 케이블이 배치될 수 있다. 경사진 면으로의 배치는 구조물에 더 큰 횡방향 강성을 주고 공기동역학적 안정성을 증가시킨다.

만약 상부구조가 교축으로 매달리면 주탑이 유사한 배치를 가질 수 있다. 한쪽 측면의 주탑으로부터 상부구조의 매달림은 인장력으로 저항하여야 하므로 필요시만 적용되어져야 한다.

상부구조는 사장케이블에 의해 전체적으로 매달려지거나 주탑에서 지지되어질 수 있다. 상부구조는 주탑과 함께 연결된 골조이다(그림 2.25(b)).

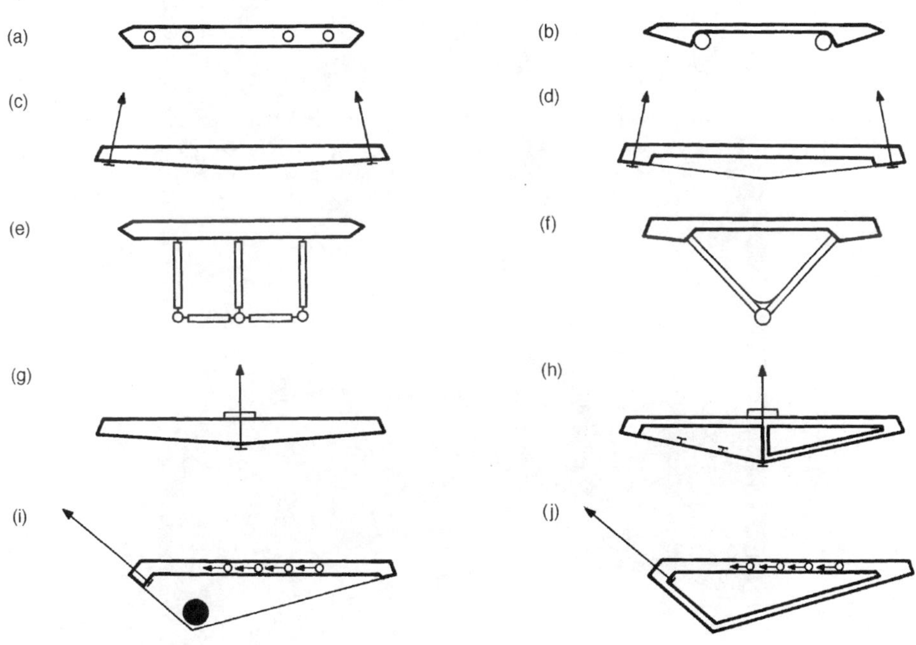

그림 2.24 상부구조의 횡단

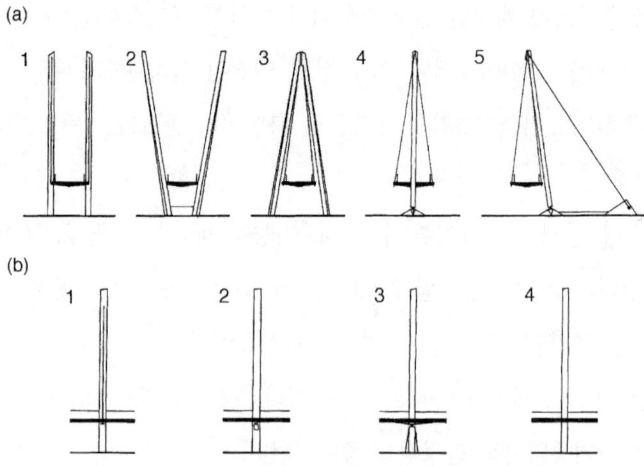

그림 2.25 주탑 : (a) 횡단, (b) 정면

그림 2.26 Willamette강교, 오레건, 미국

그림 2.27 Max-Eyth-See교, 스튜트가르트, 독일 (Schlaich Bergermann & Partners)

그림 2.28 Hungerford교, 런던, 영국

주탑은 콘크리트나 강재로 만들어질 수 있다. 케이블지지 구조물의 압축버팀대도 콘크리트나 강재로 만들어질 수 있다(그림 2.29, 그림 2.30).

인장부재는(사장이나 현수교) 강재나 프리스트레스트 콘크리트공장에서 개발된 구조용 강재와 케이블로 만들어질 수 있다. 또한 그들은 복합이나 프리스트레스트 콘크리트부재일 수도 있다. 구조용 강재의 인장부재는 롤형(그림 2.7), 판형, 바(그림 2.34), 튜브나 파이프일 수 있다. 강재공장에서 생산된 케이블은 강연선, 록코일 스트랜드, 평행와이어와 로프(그림 2.31(a))로 구성된다. 그들은 구조물과 케이블사이에 하중을 전달할 수 있게 해주는 소켓형식의 결합에 적합한 공

그림 2.29 Shiosai교, 일본 (Sumitomo건설)

그림 2.30 Tobu교, 일본 (Oriental건설)

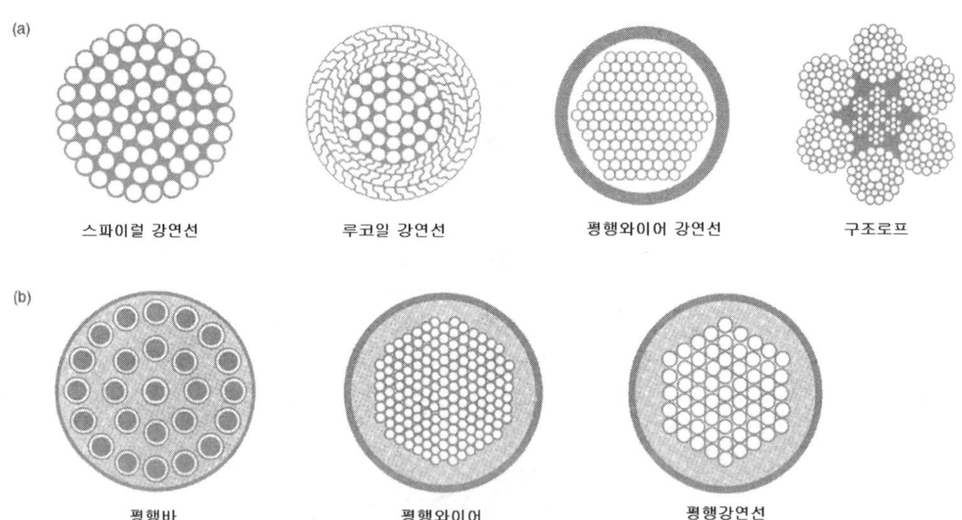

그림 2.31 인장부재 : (a) 강재공장에서 생산된 케이블, (b) 프리스트레스트 콘크리트공장에서 생산된 케이블

장제품이다(그림 2.32). 시공신장을 제거하기 위하여 케이블을 프리스트레스하는 것이 중요하다. 분명한 안정탄성계수가 성취되어질 때까지 강연선 파열력의 표준인 10~50% 사이에서 일련의 주기적인 하중을 사용함으로서 프리스트레싱이 행해진다. 케이블과 구조상세의 표준적인 배치는 BRIDON, PFEIFER 등의 제조사가 준비한 팜플렛에서 볼 수 있다.

프리스트레싱 긴장재에서 발전된 케이블은 평행 프리스트레싱 바, 평행 와이어나 프리스트레싱 강연선으로 구성된다(그림 2.31(b)) [59]. 프리스트레싱 강연선에 의해 형성된 프리스트레싱 긴장재와 사장케이블의 표준 배치는 그림 2.33에 보여진다. 케이블은 전통적으로 강재나 폴리에틸렌(HDPE) 튜브내에 그라우팅한 프리스트레싱 강연선으로 만들어진다. 최근에 케이블은 에폭시 코팅 강연선이나 PE 쉬이스, 그리스 강연선(모노 강연선) 혹은 왁스로 채워진 PE 아연코팅 강연선에 의해 만들어진다. 강연선의 모든 형태는 강재 혹은 PE 튜브에 그라우트되어 질 수 있다.

케이블의 배치가 사용된 프리스트레싱 시스템에 따라 변하고 제조사(Freyssinet, VSL, BBRV, Dywidag)에 의해 준비된 책자에서 볼 수 있다.

현수케이블은 비교적 낮은 피로응력을 받기 때문에 일반적으로 교체가 되지 않는 구조부재로 설계되어진다. 반대로, 매달림재와 사장케이블은 큰 피로응력을 받는다. 그러므로 케이블력이 조절되어질 수 있고 케이블의 매달림재의 교체가 허용될 수 있도록 주탑과 지주, 현수케이블 그리

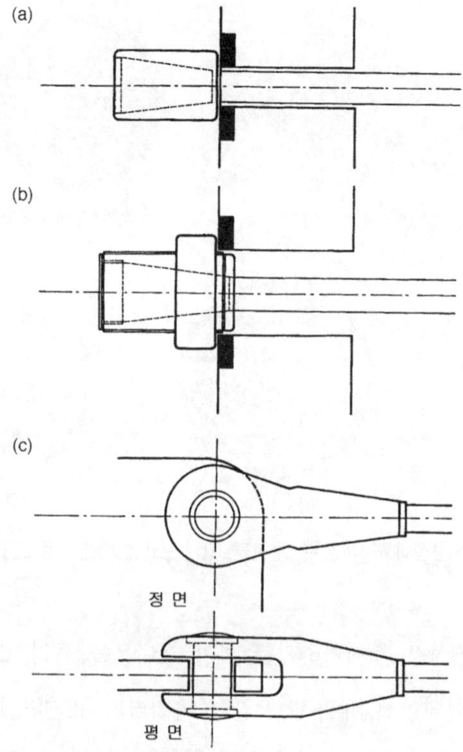

그림 2.32 케이블의 정착 : (a) 평평한 원통소켓, (b) 지지너트를 가진 나사식 원통소켓, (c) 노출형 소켓

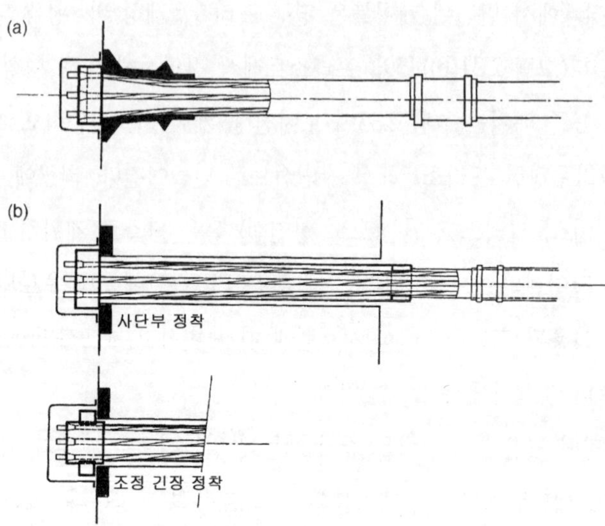

그림 2.33 케이블의 정착 : (a) 프리스트레싱 긴장재, (b) 사장재

고 상부구조에 그것들을 연결하여 설계할 필요가 있다(그림 2.34, 그림 2.35, 그림 2.36).

현수와 사장케이블은 주탑 위(그림 2.27, 그림 2.37)의 새들이나 지주에서 굴곡 되어질 수 있거나 혹은 거기에 정착될 수 있다(그림 2.38). 정착부는 인장판이 붙여지거나(그림 2.39) 겹쳐질 수 있다(그림 2.26).

새들이나 정착부에서의 케이블의 구조적 상세는 발생하는 국부 휨모멘트에 의해 영향을 받는다(9장).

인장부재는 복합 혹은 프리스트레스트 콘크리트 부재에 의해 형성된다(그림 2.40). 프리스트레스트 부재는 타이나 스트레스 리본을 형성할 수 있다(그림 2.29). 복합부재는 강재와 콘크리트의 프리스트레스트 복합 단면뿐만 아니라 강재튜브에 그라우트된 강연선에 의하여 형성될 수 있다. 저자는 현수와 사장케이블의 설계에서 이와 같은 배치를 사용했다. 시공과정 내내 시멘트 모르타르와 튜브에서 압축응력이 생성되었다. 이러한 방식으로 케이블의 인장강성과 결과적으로 전체 구조물의 인장강도는 크게 증가되었다. 과정은 다음과 같다.

그림 2.34 Hungerford교, 런던, 영국

그림 2.35 Nordbahnhof교, 스튜트가르트, 독일 (Schlaich Bergermann & Partners)

그림 2.36 Mckenzie강교, 오레건, 미국

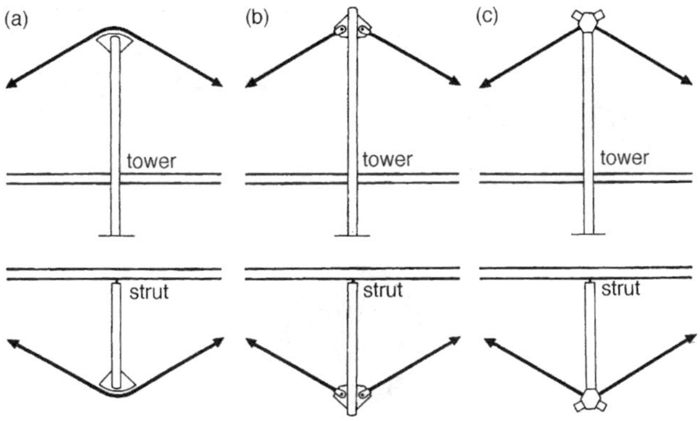

그림 2.37 주탑과 버팀대에서의 케이블의 정착 : (a) 새들, (b) 인장판, (c) 중복 겹침

그림 2.38 Tobu교, 일본 (Oriental건설)

그림 2.39 Hungerford교, 런던, 영국

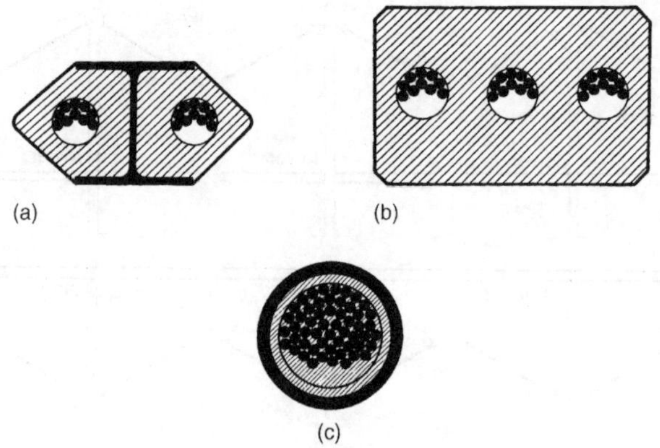

그림 2.40 복합 및 프리스트레스트 콘크리트 인장부재

현수케이블의 그라우트는 상부구조의 가설이 완전히 완료된 후에 시행된다(그림 2.41). 케이블이 그라우트되기 전에 상부구조는 임시적으로 재하된다. 하중은 물이 채워진 플라스틱튜브로 생성한다. 모르타르가 충분한 강도에 도달할 때 물이 플라스틱 튜브에서 배수됨으로서 하중이 제거된다. 이러한 방식으로 강재튜브와 시멘트 모르타르 모두에 압축응력이 도입된다.

사장구조물의 경우도 과정은 유사하다[78]. 구조물이 가설되는 동안 강연선은 설계응력으로 인장되었다. 그라우트되기 전에 전 케이블이 높은 인장으로 인장되었다(그림 2.42). 그라우트가 완전히 완료될 때, 강재튜브 사이의 폐쇄부용접이 행해진다. 그라우트가 충분한 강도에 도달되자마

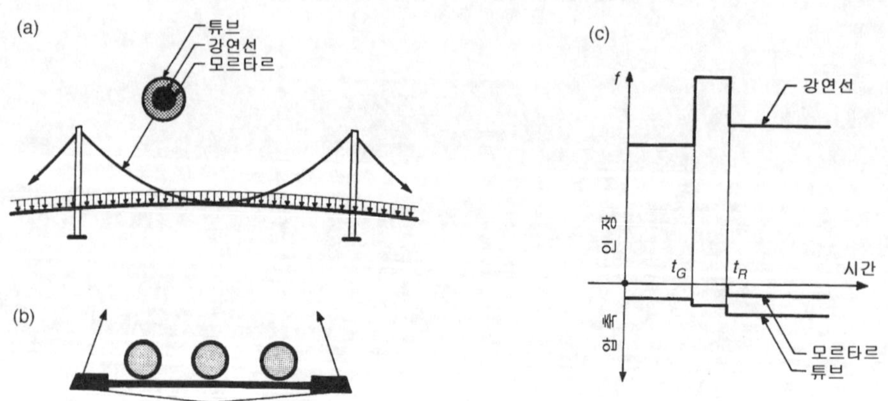

그림 2.41 현수케이블의 그라우팅 : 강연선, 튜브와 시멘트 모르타르에서의 (a) 정면, (b) 횡단면,(c) 응력

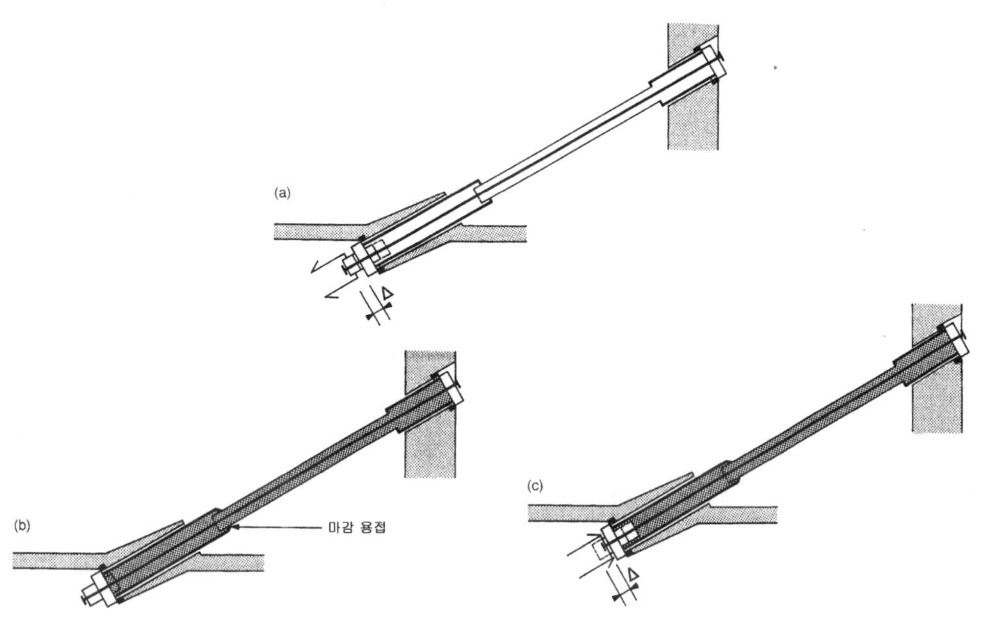

그림 2.42 사장케이블의 그라우팅 : (a) 케이블의 인장, (b) 그라우팅, (c) 응력의 이완

자 완전한 사장케이블의 길이는 조정너트를 풀어 조절한다. 이러한 방식으로 강재튜브와 시멘트 모르타르 모두에 압축응력이 도입된다. 압축응력의 값은 강재튜브의 경우 220 MPa, 시멘트 모르타르의 경우 14 MPa 정도로 크다.

최근에 탄소섬유로 보강된 폴리머(CFRP)의 평행와이어나 탄소섬유 복합체의 바로 만들어진 새로운 케이블이 프랑스와 스위스에서 가설되고 있다. 이와 같은 케이블은 같은 파단하중에 강 케이블보다 7배 가볍다. 케이블이 부식이나 화학적 공격에 저항을 하여야 하기 때문에 내부식성 합성물이나 그라우트가 필요하다. 그러나 바람에 의한 침식과 자외선에 대한 보호를 위해 와이어를 감싸는데 폴리에틸렌 쉬이스가 사용된다.

“ STRESS RIBBON AND CABLE-SUPPORTED PEDESTRIAN BRIDGES ”

제3장

설계기준

Design criteria

3. 설 계 기 준

Design criteria

보도교의 동역학을 포함한 설계기준은 『콘크리트국제연합(*fib*)그룹 1.2 교량, 보도교 특별위원회』에서 준비하고 있는 『보도교 설계를 위한 가이드라인』이라는 책에서 광범위하게 논의되어진다. 보도교의 설계기준은 각 나라마다의 표준시방서를 따른다 [15], [29]. 그러므로 여기서는 중요한 문제만 논의될 것이다.

3.1 기하조건

상부구조의 폭

11장의 예제에 제시된 43번 보도교에서 보도교의 폭이 0.85 m에서 6.6 m까지 변하는 것을 알 수 있다. 폭은 지역적 조건과 예상되는 보행자의 밀집상태에 의해 결정된다. 오솔길, 공원, 도시 등 어디에 위치하는지에 따라 폭은 다르게 변한다. 일본 보도교의 폭은 보통 유럽이나 북미에서 가설된 교량보다 작다.

만약 보행자만이 교량을 사용한다면 일반교량의 최소폭 W_1은 적어도 3 m 이상이어야 한다. 그러나 보행자와 자전거가 병용되는 교량이라면 폭 W_2는 적어도 3.5 m 이상이어야 한다(그림 3.1).

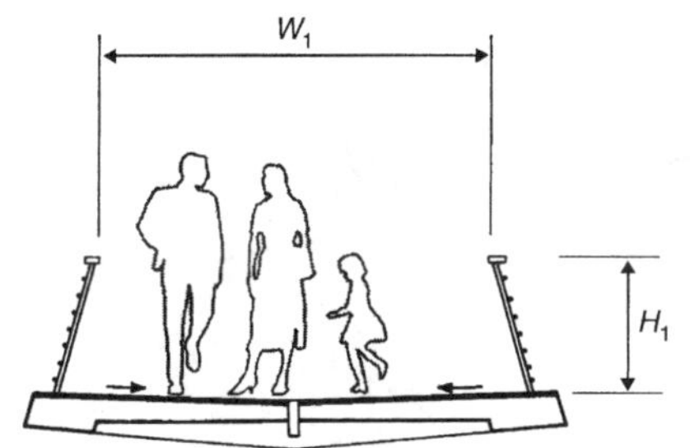

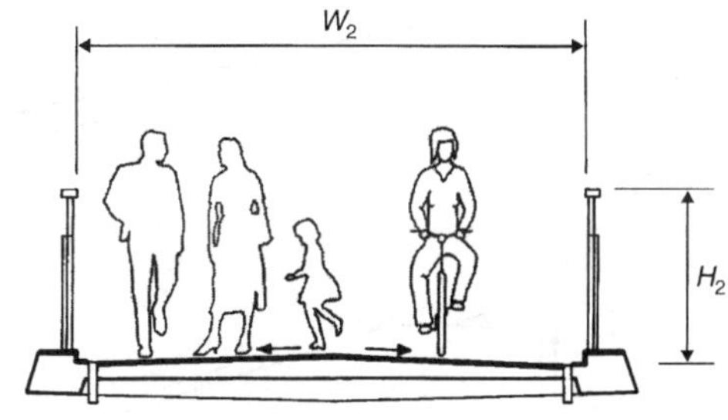

그림 3.1 상부구조 폭, 난간높이

경 사

최대허용 종방향 경사는 위치에 의존한다. 만약 산속의 오솔길에 교량이 위치한다면 최대경사는 20% 정도에 달한다. 만약 교량이 도심지에 위치한다면 경사는 장애인의 편의를 도모하여야 한다.

경사로와 분리된 통로들의 경사는 20 : 1 (5%)을 넘지말아야 한다는 요구조건이 있다. 만약 양끝에 적어도 1.5 m의 수평계단참이 있다면, 12 : 1 (8.33%)의 최대경사는 단지 0.75 m의 높이만 허용한다. 어떤 규정은 최대 3 m 길이의 짧은 경사로에 대하여 8 : 1 (12.5%)의 최대경사를 허용한다(그림 3.2).

이 책에서 서술한 교량은 대부분 변하는 종방향 경사를 가지고 있다. 현수교나 사장교가 보통 볼록한 계획고를 가지는 반면, 스트레스 리본 교량은 이 구조의 특성인 오목한 계획고를 가지고 있다. 이러한 형상은 2차포물선의 형상과 비슷하다.

저자는 허용경사치를 한점에서 최대경사치로 취급해서는 안되며 장애인이 극복해야 하는 에너지의 조건에서 도출하여야 한다는 것을 확신하고 있다.

2차 포물선의 평균경사가 $p_{avr} = 0.50 p_{max}$ 라는 것을 깨닫는 것이 중요하다. 길이 L 의 포물선과 새그 $f = 0.02L$에 대해, 최대경사는 $p_{max} = 10\,\%$이고 평균경사는 $p_{avr} = 5\,\%$이다. 이와 같은 포물선 상부구조 위를 이동하는 장애인은 1 : 20의 일정 경사위를 이동할 때 사용되는 같은 에너지량을 발휘하여야 한다. 물론 1 : 20 보다 더 큰 경사길이에 대해서는 합리적이어야 하고, 반드시 지역관청과 협의하여야 한다.

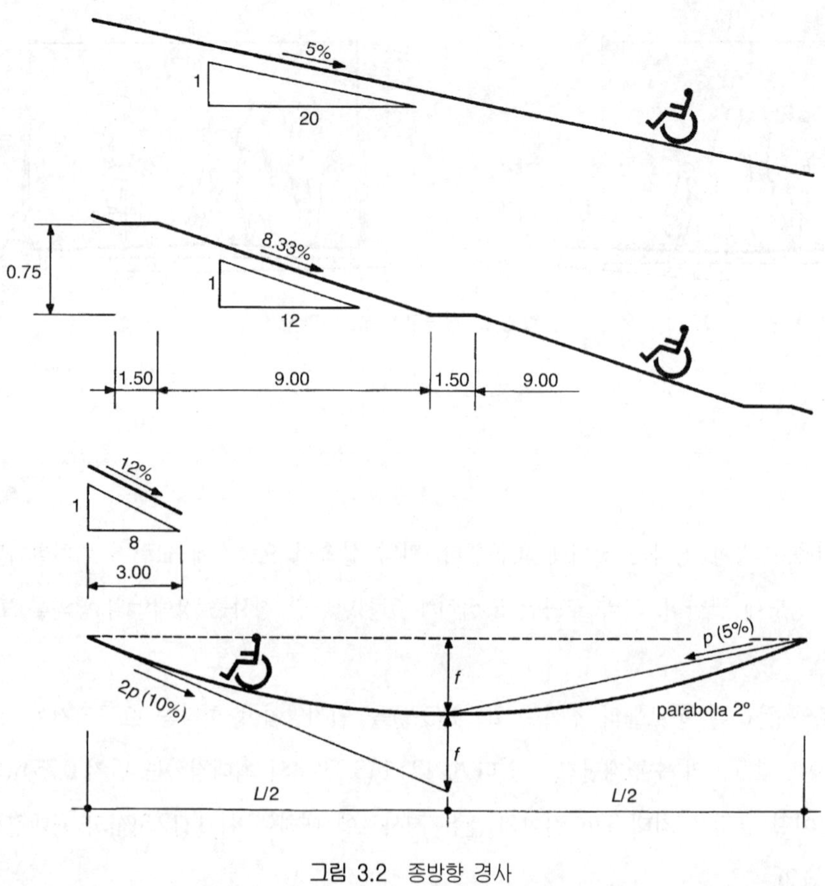

그림 3.2 종방향 경사

교면처리, 난간, 조명

이 책에서 서술되어진 구조물의 중요한 부분인 상부구조는 평탄하며 내구성 있는 마무리 면을 제공하는 얇은 콘크리트 리본에 의해 형성되어진다(그림 3.3). 콘크리트 리본은 미끄럼을 방지하기 위하여 실리콘 쇄석이 뿌려져 있는 에폭시 코팅에 의하여 방수될 수 있다(그림 3.4). 폴리머 콘크리트나 아스팔트에 의해 형성된 다른 포장형태가 적용될 수 있다.

1%의 횡단경사는 배수를 위해 충분하다(그림 3.1). 상부구조는 연석이나 중앙분리대에서 배수되어질 수 있다(그림 3.5). 만약 교량이 교외에 위치한다면, 많은 작은 배수관이나 스테인레스 그리드로 덮인 배수구에 의해 배수되는 것도 가능하다(그림 3.4).

그림 3.3
Grants Pass교, 오레건, 미국-상부구조

그림 3.4
Maidstone교, 영국-상부구조

그림 3.5
Freibury교, 독일-상부구조

보도교 난간에 작용하는 수평하중은 도로교의 수평하중에 비해 작다. 그러므로 난간의 형태와 재료는 보다 자유로이 선택되어질 수 있다. 일반적으로 보도난간의 경우 요구높이 H_1 은 1.0 m에서 1.1 m이다. 만약 교량이 보행자와 자전거 타는 사람을 위해 설계되어진다면 요구높이 H_2 는 1.3 m에서 1.4 m이다(그림 3.1).

여러 가지의 가능한 난간설계가 있을 수 있다. 만약 수평바를 사용한다면, 기어오르는 것을 방지해주고 상부구조 내측으로 기울어진 난간을 사용하여야 한다. 투명한 강 와이어 메쉬는 최근에 성공적으로 사용되고 있다(그림 3.6).

만약 조명을 난간이나 난간지주에 함께 처리할 수 있다면 조명등의 지주는 없앨 수 있다. 현대 LED들은 이와 같은 목적으로 충분한 빛을 발한다. 그것들은 난간과 지주 사이의 좁은 공간에 적절하고, 열이 나지도 않으며 적은 에너지를 소비한다.

상부구조의 보도는 적은 전류로 전원이 켜지고 서리용 렌즈를 갖춘 공항 활주로의 조명등으로도 적용될 수 있다. 조명등은 밤에 주변에 빛 기운을 생성하고 발하게 하는 난간의 그물위로 빛을 발산하게 된다.

그림 3.6 Maidstone교, 영국 - 난간

3.2 하 중

보도교는 도로교의 강도보다 크거나 같은 정도의 등분포 활하중으로 설계되어진다. 4 kN/m² 에서 5 kN/m² 범위의 기본 등분포하중은 적용길이와 폭에 따라 일반적으로 경감된다. 이것은 모든 구조부재들이 작은 면적에서는 높은 강도, 그리고 넓은 면적에서는 경감된 강도의 하중으로 설계되어져야 한다는 것을 의미한다.

그러나 교량이 스포츠 경기장의 근처에 위치한다면 활하중의 경감은 적용되어서는 안된다. 또한 설계자는 경기장 쪽에서 행사가 있을 경우, 한쪽에만 보행자가 서 있는 불균형 재하의 가능성을 고려하여야 한다.

보도교는 응급차량, 경찰차량 또는 유지관리차량의 하중에 대해서도 설계되어져야 한다. 그런 차량의 분포하중은 평면상에서 보통 5 kN/m² 이하일 것이다. 그럼에도 불구하고 해당하는 차륜하중은 적용되어야 한다.

3.3 동역학

이 책에서 설계된 보도교는 낮은 고유진동수와 감쇄를 가지고 있다. 그러므로 바람에 의한 구조물의 거동과 진동을 생체적 효과의 관점에서 동적거동을 검토해 볼 필요가 있다. 지진지역에서는 구조물의 지진해석도 수행되어야 한다.

3.3.1 진동의 생체적 효과

최근에 몇몇의 보도교가 사람이 걷거나 뛰에 따라 일어나는 진동으로 인하여 예기지 않은 거동을 나타내었다. 또한 바람이 불쾌한 움직임을 일으킬 수 있다. 사람들에 의해 야기된 동적거동은 율동적인 몸체운동에 의해 기인된다[3], [4], [14], [37], [64].

연직진동

사람이 걷거나 뛸 때 일어나는 표준보행진동수와 한점에서 점프할 때의 진동수는 표 3.1 [4]에 주어져 있다. 개략 평균치는 걸을 때 $f_s = 2$ Hz, 뛸 때와 점프할 때 $f_r = 2.5$ Hz이다.

공진을 피하기 위하여 어떤 규정은 기본진동수가 3 Hz 이하의 보도교는 피해야 한다고 규정하고 있다 [29]. 그러나 저자에 의해 설계된 모든 스트레스 리본과 현수 보도교는 기본진동수가 2 Hz 이하이다. 1979년 이래로 가설되었지만 동적거동에 대한 불만은 보고된 적이 없다.

고유모드와 고유진동수를 검토하기보다는 움직이는 보행자의 효과를 나타내는 강제진동에 의해 일어나는 교량 상부구조의 거동속도나 가속도를 검토하여야 한다는 것은 분명하다.

참고문헌 [16]에 의하면 보행자에 의해 재하된 동적하중이 일정속도 v_t에서 상부구조의 주경간을 횡단하여 움직이는 진동 집중하중 F로 표현되어질 수 있다고 가정함으로서 최대 연직 가속도가 계산되어진다.

$$F = 180 \sin 2\pi f_0 T$$

$$v_t = 0.9 f_0$$

여기서, F는 집중하중 (N), T는 시간 (s), v_t는 속도 (m/s)

최대 연직가속도는 다음과 같이 제한되어야 한다.

$$0.5\sqrt{f_0} \qquad (\mathrm{m/s^2})$$

가속도에 대한 유사 한계치는 그림 3.7 [95]에 나타나 있다. 저자는 일반적으로 운동의 속도가 24 mm/s로 제한되어진다는 것을 검토하였다.

표 3.1 걷기와 뛰기의 진동수 Hz

	평균치	천천히	보 통	빨 리
걷 기	1.4 ~ 2.4	1.4 ~ 1.7	1.7 ~ 2.2	2.2 ~ 2.4
뛰 기	1.9 ~ 3.3	1.9 ~ 2.2	2.2 ~ 2.7	2.7 ~ 3.3
점 프	1.3 ~ 3.4	1.3 ~ 1.9	1.9 ~ 3.0	3.0 ~ 3.4

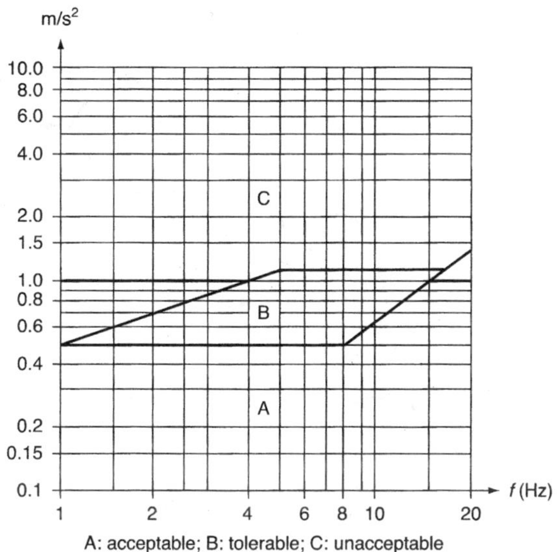

그림 3.7 생체적 분류

수평진동

모든 걸음걸이에서 교량에 영향을 주는 수평력이 포함되어 있다. 각 걸음걸이의 연직력이 하향효과를 주는 반면 수평력은 교대로 오른쪽으로 그리고 왼쪽으로 힘을 전달한다(그림 3.8). 이것이 공진에서 다루어야 할 이유이다.

연직진동 : $f_{\mathrm{V}} = f_s$

수평진동 : $f_{\mathrm{H}} = f_{s/2}$

어떤 교량은 고유수평진동수가 1 Hz와 고유연직진동수가 2 Hz를 가질 수 있다. 만약 이러한 것이 일어난다면 구조물은 수정되어야 하고 이러한 특성을 가진 구조물은 가급적 피해야만 한다.

참고문헌 [4]에 의하면 2 Hz의 보행진동수로 걷는 사람의 수평력의 진폭스펙트럼이 크게 발산하는 것을 보여준다. 일반적으로 진폭은 상부구조의 증가하는 진동에 따라 증가한다. 횡방향으로 $\triangle G/G$의 최대값이 정적상태의 상부구조의 경우 0.07까지, 진동하는 상부구조의 경우 0.14까지 측정된다. 비록 걷거나 뛸 때의 수평력이 연직력에 비하여 비교적 작을지라도 수평적으로 약

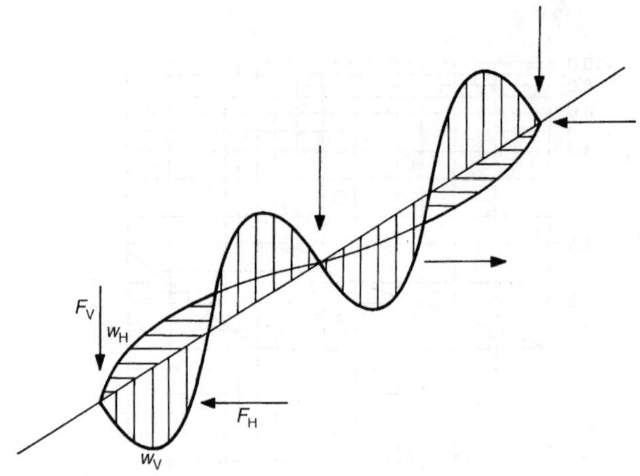

그림 3.8 연직과 수평하중

하고, 낮은 진동수의 구조물일 경우 강한 진동을 일으키기에 충분하다.

구속(Lock - In) 효과

소위 구속효과가 실제 중요할 수 있다. 변위진폭이 어떤 한계치를 넘는다면, 걷거나 뛰는 사람은 운동 진동수와 위상(ϕ_i)에서 각 개인의 움직임이 진동하는 상부구조와 동시성을 가지거나 순응한다.

한계치는 진동의 방향, 사람의 나이, 조건 등에 의존하고 2 Hz의 연직진동수에 10~20 mm의 범위내에 놓인다. 1 Hz 진동수의 수평진동에 대하여 어떤 사람은 진폭이 2 mm에서 3 mm를 넘을 때 이미 그들의 운동에 적응하기 시작한다.

사람의 개인적인 한계치를 넘는다면, 동시성으로 인해 이전보다 더 큰 반대의 동적작용으로 교량진동파의 골에서 충격이 일어난다. 결과적으로 진동의 진폭은 증가하고 더 많은 사람이 동시성에 얽히게 된다. 어떤 경우에는 포함된 사람의 80% 이상이 동시성을 가지는 것으로 관찰된다. 이러한 효과에 대한 비교적 단순한 해석이 참고문헌[64]에 서술되어 있다.

바람에 의한 진동

보도교는 바람에 의해 발생되는 진동을 검토하여야 한다. 20 m/s (72 km/h) 보다 더 큰 속도의 바람에서 교량 위를 걷는다는 것은 어렵기 때문에 보통 일반보행자가 교량을 이용할 때, 적당한 바람속도에 대한 운동의 속도 혹은 가속도가 검토되어야 한다.

3.3.2 공기역학적 거동

교량의 지리적 위치에 따라 상부구조는 광의 혹은 협의의 범위에서 횡방향 바람에 노출될 수 있다 [9], [16], [95]. 공기의 흐름은 구조물에 비틀림 및 휨 진동을 유발시키는데, 이 진동은 공기 흐름 방향의 조그만 변화에도 양력의 효과를 변화시킨다. 플러터라고 알려진 이와 같은 현상은 미국의 워싱턴시의 Tacoma Narrow교의 붕괴에 의해 1940년에 밝혀졌다 [65]. 그 이후로 수행된 연구로부터 비틀림 및 휨 진동수는 서로 충분히 상이해야 한다는 것을 알았다. Mathivat [44]는 두 진동수의 비는 2.5가 적절하다는 것을 보여주었다.

플러터는 Vortex–Shedding의 현상에 의해 발생한다(그림 3.9). 상부구조의 형상이 공기의 흐름을 억제하고, 공기가 통과할 때 그 단면이 나쁜 유선형 와류형상이라면 Vortex–Shedding의 위험이 발생할 수 있다.

플러터는 자신의 움직임에 의해 일어나는 자발진동에 의해 발생한다. 그림 3.10은 휨과 비틀림 사이에 $\pi/2$ 의 위상차가 있는 경우 이 역학의 단순화된 묘사를 보여준다. 한계속도 V_{crit} 라고 알려진 어떤 바람속도이상에서 상부구조는 감쇄에 의해 분산될 수 있는 에너지보다 더 많은 에너지를 받아들인다. 그 결과 공기동역학 힘에 의해 급속히 증가하는 진폭과 교량의 붕괴를 일으키는 휨과 비틀림이 결합된 거동이 생성된다.

사장케이블도 가능한 진동에 대하여 검토되어야 한다. 만약 사장케이블이나 행거가 몇 개의 평행부재로 구성되어진다면 거친 파동에 의해 생성되는 Galloping진동을 받는다. 이러한 문제는 평행부재를 서로 연결시킴으로서 쉽게 해결된다. 이 연결은 진동의 첫 번째 고유모드의 절점 바깥측에서 처리되어져야 한다.

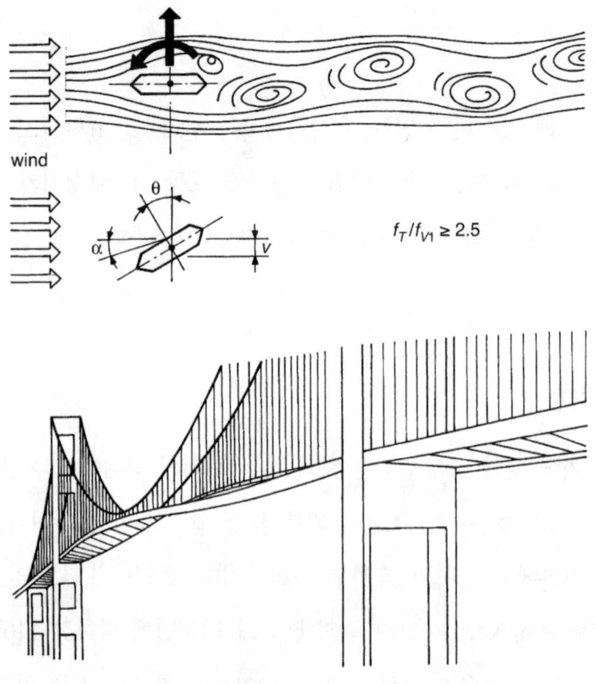

그림 3.9 플러터 현상의 묘사 (R. Walther)

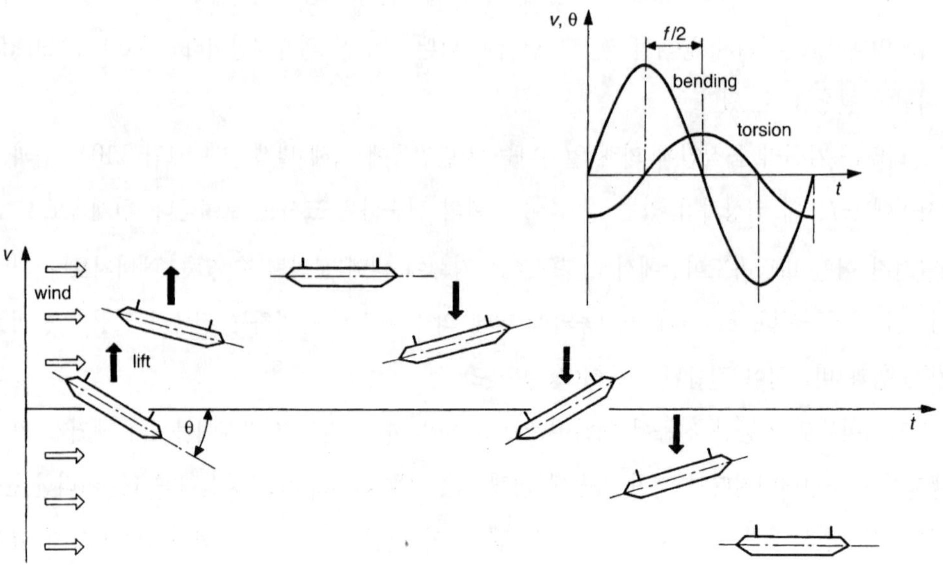

그림 3.10 자발진동 현상의 묘사 (R. Walter)

3.3.3 지진설계

스트레스 리본과 케이블지지 보도교는 낮은 고유 진동수를 가지고 있기 때문에 지진하중에 대해서 민감하지 않다. 비록 스트레스 리본 상부구조가 끝단의 교대에 고정되었을지라도 활하중에 의한 수평력이 지진하중에 의해 생성된 힘보다 크다. 그러므로 지진하중이 일반적으로 종방향 효과에 대하여 이러한 구조물의 설계에 지배적이지 않다.

그러나 공간구조물의 지반가속도의 반응스펙트럼을 적용한 동적해석은 케이블지지 구조물과 다경간 스트레스 리본 구조물에 대하여 필수적이다. 구조부재와 그들의 연결을 설계하는데 참고문헌[57]에 수록된 권고안을 따르는 것이 필요하다.

보도교의 설계는 지지부재들의 강성에 대한 세심한 균형을 기초로 한다. 한편으로는 구조물이 지진의 영향을 줄이기 위하여 충분한 유연함을 가져야 하고, 다른 한편으로는 구조물이 안전한 보행을 보장하기 위하여 충분한 강성을 가져야만 한다.

제4장

케이블 해석

Cable analysis

4. 케이블 해석

Cable analysis

스트레스 리본과 케이블지지 구조물의 해석은 단일 케이블의 정적과 동적 거동을 이해하는데 기초를 두고 있다.

4.1 단일 케이블

해석에서는 단면적 A 와 탄성계수 E 의 케이블은 단지 축력에만 저항할 수 있는 완전 유연한 부재로서 역할을 한다고 가정한다. 이런 가정하에서, 케이블곡선은 케이블에 적용된 하중과 수평력 H 의 선택된 값으로 적용된 하중의 케이블카 곡선과 일치한다(그림 4.1).

케이블이 두 개의 고정힌지 a, b 에 지지되고 연직하중 $q(x)$ 가 재하된다고 가정하자.

$$l = X(b) - X(a) = x(b)$$

$$h = Y(b) - Y(a) = y(b)$$

$$\tan\beta = \frac{h}{l} \tag{4.1.1}$$

주어진 하중 $q(x)$ 와 선택된 수평력 H 에 대하여 케이블 곡선의 형상은 좌표 $y(x)$와 새그 $f(x)$, 접선의 각 $y'(x) = \tan\phi(x)$, 곡률의 반경 $R(x)$ 에 의해 결정된다. 이 값들은 요소 ds 의 일반 평형조건으로부터 유도되어진다.

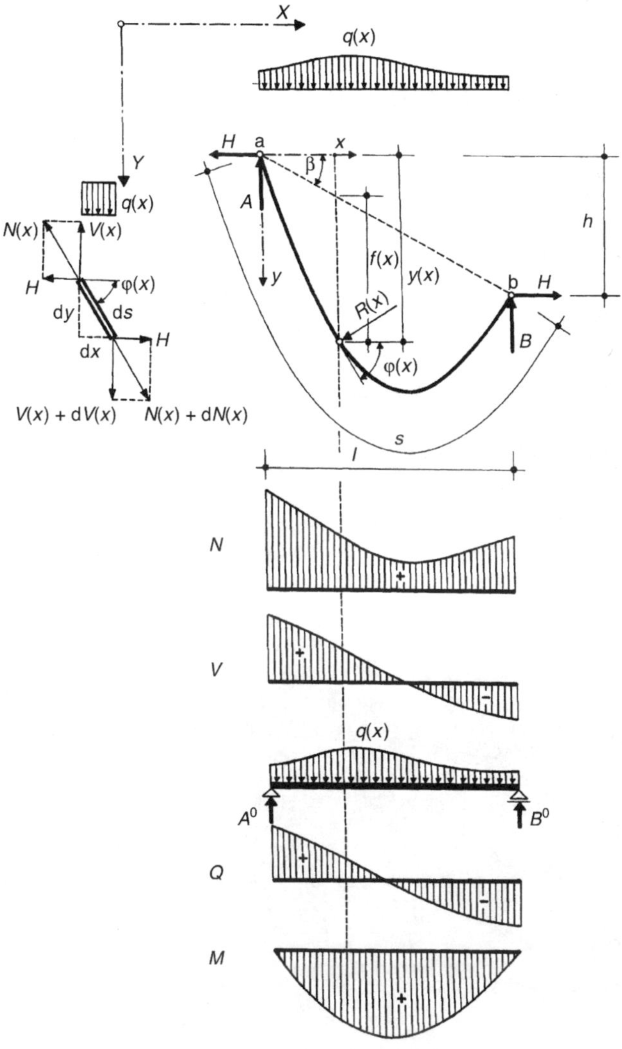

그림 4.1 단일케이블의 기본특성

케이블은 연직분력 $V(x)$와 수평분력 $H(x)$를 가지는 축력 $N(x)$에 의해 긴장된다.

$$N(x)^2 = H(x)^2 + V(x)^2$$

$$H(x) = N(x)\cos\varphi(x)$$

$$V(x) = N(x)\sin\varphi(x) \tag{4.1.2}$$

수평력 H가 일정할 때,

$$V(x) = H\tan\varphi(x) = H\frac{\mathrm{d}y}{\mathrm{d}x} = H\,y'(x)$$

$$\frac{\mathrm{d}V(x)}{\mathrm{d}x} = \frac{H\,\mathrm{d}y}{\mathrm{d}x\,\mathrm{d}x} = Hy''(x)$$

$$\mathrm{d}V(x) = Hy''(x)\,\mathrm{d}x \tag{4.1.3}$$

연직방향의 힘의 평형조건은,

$$V(x) - q(x)\,\mathrm{d}x - (V(x) + \mathrm{d}V(x)) = 0$$

$$V(x) - q(x)\,\mathrm{d}x - V(x) - \mathrm{d}V(x) = 0$$

$$q(x)\,\mathrm{d}x = -\mathrm{d}V(x) = -Hy''(x)\,\mathrm{d}x \tag{4.1.4}$$

$$q(x) = -Hy''(x)$$

$$y'(x) = \frac{Q(x)}{H} + C_1$$

$$y(x) = \frac{M(x)}{H} + C_1x + C_2 \tag{4.1.5}$$

$$y''(x) = -\frac{q(x)}{H}$$

$$y''(x) = -\frac{1}{R(x)}$$

$$q(x) = \frac{H}{R(x)} \tag{4.1.6}$$

여기서, $Q(x)$와 $M(x)$는 각각 경간장 l 인 단순보위의 전단력과 휨모멘트이다. 상수 C_1과 C_2는 경계조건으로부터 결정된다.

$$x = 0 \qquad y = y(a)$$

$$y(a) = 0 + C_1 \cdot 0 + C_2 = C_2$$

$$x = l \qquad y = y(b)$$

$$y(b) = 0 + C_1 \cdot l + C_2 = C_1 \cdot l + y(a)$$

$$C_1 = \frac{y(b) - y(a)}{l} = \frac{h}{l}$$

그러면(그림 4.2),

$$p^0(x) = \frac{Q(x)}{H}$$

$$p(x) = y'(x) = p^0(x) + \frac{h}{l} = p^0(x) + \tan\beta$$

$$f(x) = \frac{M(x)}{H}$$

$$y(x) = \frac{M(x)}{H} + \frac{h}{l}x = f(x) + x\tan\beta \tag{4.1.7}$$

$q(x)$ 가 일정할 때,

$$p^0(x) = \frac{1}{H}\left(\frac{1}{2}ql - qx\right) = \frac{q}{2H}(l - 2x)$$

$$p(x) = p^0(x) + \frac{h}{l} = p^0(x) + \tan\beta$$

$$f(x) = \frac{M(x)}{H} = \frac{1}{H}\left(\frac{1}{2}qlx - \frac{1}{2}qx^2\right)$$

$$= \frac{q}{2H}x(l - x)$$

$$y(x) = f(x) + \frac{h}{l}x = f(x) + x\tan\beta \tag{4.1.8}$$

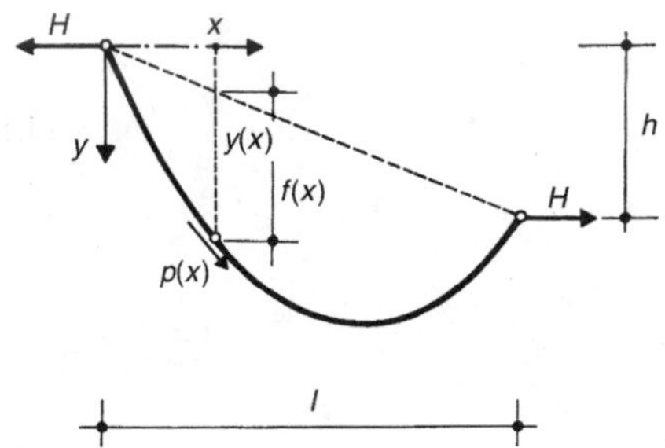

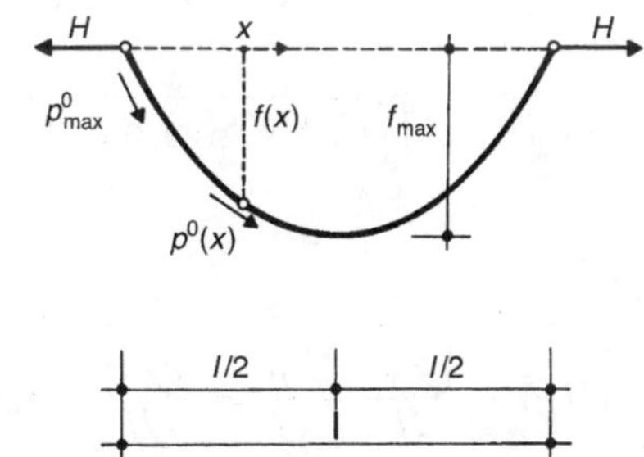

그림 4.2 등분포 재하된 케이블

$x=0$ 에 대하여,

$$\max p^0 = \frac{ql}{2H} \tag{4.1.9}$$

$$x = \frac{l}{2}$$

$$\max f = \frac{ql^2}{8H} \tag{4.1.10}$$

케이블의 길이 [그림 4.3]

케이블의 길이는,

$$s = \int_0^s \mathrm{d}s = \int_0^l \sqrt{\mathrm{d}x^2 + \mathrm{d}y^2} \tag{4.1.11}$$

여기서,

$$\tan\varphi(x) = y'(x) = \frac{\mathrm{d}y}{\mathrm{d}x}$$

$$\mathrm{d}y = y'(x)\,\mathrm{d}x$$

이다. 그러므로,

$$\mathrm{d}s^2 = \mathrm{d}x^2 + \mathrm{d}y^2$$

$$\mathrm{d}s^2 = \mathrm{d}x^2(1 + y'^2(x))$$

$$s = \int_0^s \mathrm{d}s = \int_0^l \sqrt{\mathrm{d}x^2 + (1 + y'^2(x))}$$

$$= \int_0^l \sqrt{1 + y'^2(x)\,\mathrm{d}x} \tag{4.1.12}$$

여기서,

$$y'(x) = \frac{Q(x)}{H} + \frac{h}{l} = \frac{Q(x)}{H} + \tan\beta$$

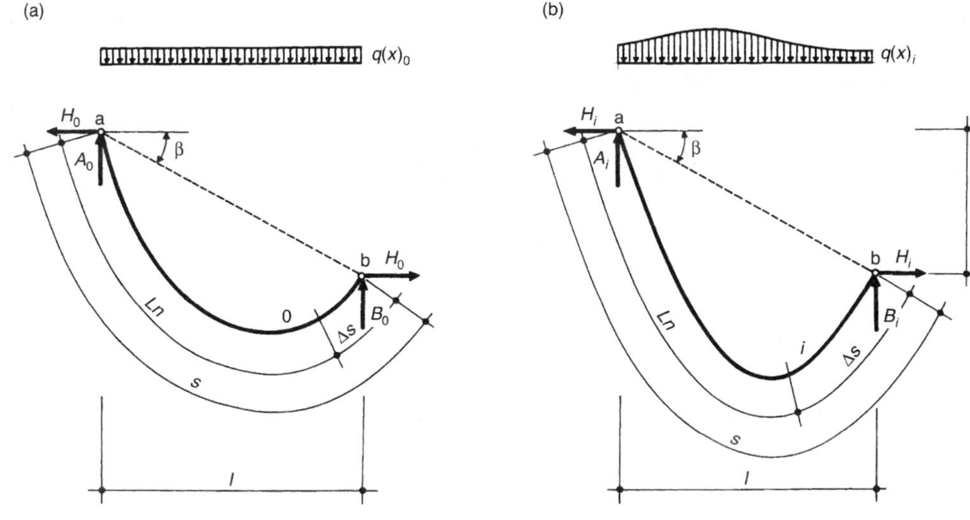

그림 4.3 케이블의 비인장길이 : (a) 초기단계, (b) 최종단계

그리고,

$$\cos^2\beta = \frac{1}{1+\tan^2\beta}$$

$$\tan\beta = \frac{h}{l}$$

$$\frac{1}{\cos^2\beta} = 1 + \left(\frac{h}{l}\right)^2$$

이다. 그러므로,

$$s = \int_0^l \sqrt{1+y'^2(x)}\,\mathrm{d}x = \int_0^l \sqrt{1+\left(\frac{Q(x)}{H}+\frac{h}{l}\right)^2}\,\mathrm{d}x$$

$$= \int_0^l \sqrt{\frac{1}{\cos^2\beta}\left(1+\frac{Q^2(x)\cos^2\beta}{H^2}+\frac{2Q(x)h\cos^2\beta}{Hl}\right)}\,\mathrm{d}x$$

$$= \int_0^l \frac{1}{\cos\beta}\sqrt{1+\frac{Q^2(x)\cos^2\beta}{H^2}+\frac{2Q(x)h\cos^2\beta}{Hl}}\,\mathrm{d}x \tag{4.1.13}$$

그래서, s는 다음과 같이 표현될 수 있다.

$$s = \frac{1}{\cos\beta}\int_0^l (1+B)^{1/2}\,\mathrm{d}x \tag{4.1.14}$$

여기서,

$$B = \frac{Q^2(x)\cos^2\beta}{H^2} + \frac{2Q(x)h\cos^2\beta}{hl} \tag{4.1.15}$$

따라서, $|B| < 1$ 되고, 이항식을 사용함으로서 가능하다.

$$(1+B)^p = 1 + \binom{B}{1}x + \binom{B}{2}x^2 + \binom{B}{3}x^3 + \cdots\cdots \tag{4.1.16}$$

만약 첫 두 항만 사용한다면,

$$(1+B)^p = 1 + \binom{p}{1}B$$

$$(1+B)^{1/2} = 1 + \frac{1}{2}B$$

$$= 1 + \frac{1}{2}\left(\frac{Q^2(x)\cos^2\beta}{2H^2} + \frac{2Q(x)h\cos^2\beta}{Hl}\right)$$

그러면,

$$s = \frac{1}{\cos\beta}\left(\int_0^l \mathrm{d}x + \int_0^l \frac{Q^2(x)\cos^2\beta}{2H^2}\,\mathrm{d}x + \int_0^l \frac{2Q(x)h\cos^2\beta}{Hl}\,\mathrm{d}x\right) \tag{4.1.17}$$

여기서,

$$\int_0^l Q(x)\,\mathrm{d}x = 0$$

연직방향에 대한 힘의 평형조건에서,

$$\int_0^l \frac{2Q(x)h\cos^2\beta}{Hl}\,\mathrm{d}x = 0$$

$$s = \frac{1}{\cos\beta}\left(l + \frac{\cos^2\beta}{2H^2}\int_0^l Q^2(x)\,\mathrm{d}x\right)$$

$$= \frac{l}{\cos\beta} + \frac{\cos\beta}{2H^2}\int_0^l Q^2(x)\,\mathrm{d}x \tag{4.1.18}$$

항목 D는 Verescagin 법칙에 의해 일반적으로 결정된다.

$$D = \int_0^l Q^2(x)\,\mathrm{d}x = \int_0^l Q(x)\cdot Q(x)\,\mathrm{d}x \tag{4.1.19}$$

$Q(x)$의 면적은 면적의 무게중심에서 발생하는 Q_t 값의 곱이다(그림 4.4).

예를 들어 등분포하중 $q(x) = \text{constant}$ (상수) (그림 4.5(a))한 경우,

$$D = \int_0^l Q(x)\ \mathrm{d}x = 2 \times \left[\left(\frac{1}{2} \left(\frac{1}{2}\, ql \right) \frac{l}{2} \right) \times \left(\frac{2}{3} \times \frac{1}{2}\, ql \right) \right] = \frac{q^2 l^3}{12}$$

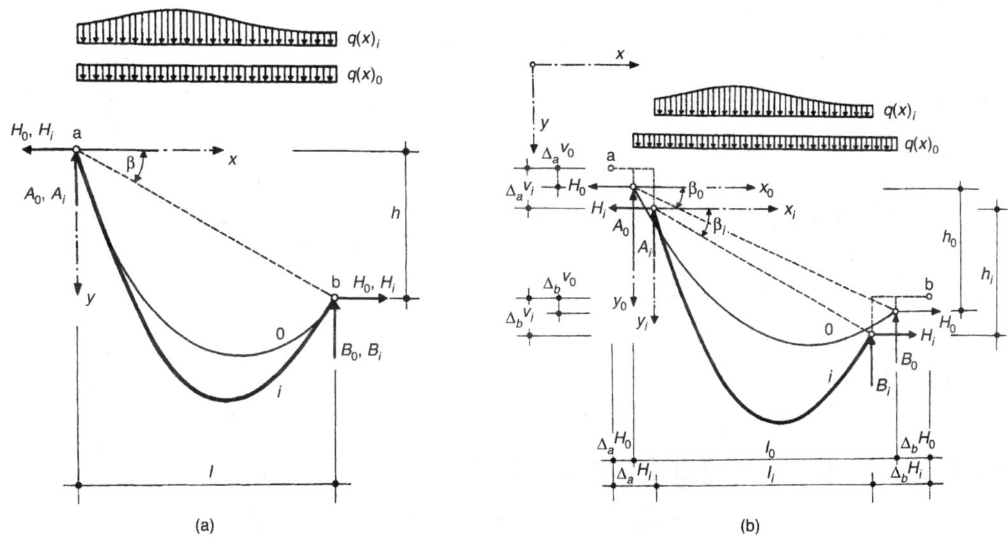

그림 4.4 케이블의 초기와 최종단계 : (a) 고정지점, (b) 유연지점

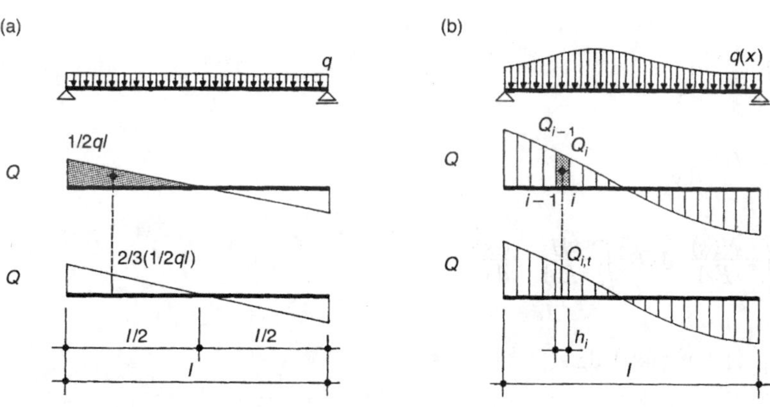

그림 4.5 $D = \int_0^l Q^2(x)\ \mathrm{d}x$: (a) 등분포하중, (b) 임의하중

길이 l, 새그 f, 수평력 H와 등분포하중 q의 케이블에 대하여(그림 4.2(b)) 케이블의 길이 s는,

$$s=\frac{l}{1}+\frac{1}{2H^2}\frac{q^2l^3}{12}=l+\frac{q^2l^3}{24H^2}$$

또, $H=\frac{ql^2}{8f}$ 에 대하여

$$s=l+\frac{8f^2}{3l}$$

일반하중(그림 4.5(b))에 대하여, 거더의 길이를 길이 h인 요소로 나누고 $Q(x)$의 곡선을 다각형으로 대체할 수 있다. 그러면,

$$D=\int_0^l Q^2(x)\,\mathrm{d}x=\sum_{i=1}^n D_i=\sum_{i=1}^n\int_0^h Q^2\,\mathrm{d}x$$

D_i 값은 각 요소에 대하여 계산된다.

$$D_i=\frac{Q_{i-1}+Q_i}{2}\times h\times Q_{i,t}$$

여기서, $Q_{i,t}$는 요소의 무게중심에서 $Q(x)$의 값이다.

케이블의 탄성신장 [그림 4.3]

$$\frac{N(s)}{H}=\frac{\mathrm{d}s}{\mathrm{d}x}$$

$$N(s)=H\frac{\mathrm{d}s}{\mathrm{d}x}$$

$$\Delta s=\int_0^s\frac{N(s)}{EA}\,\mathrm{d}s=\int_0^s\frac{H}{EA}\frac{\mathrm{d}s^2}{\mathrm{d}x} \tag{4.1.20}$$

$$\mathrm{d}s=\int_0^l(1+y'^2(x))\,\mathrm{d}x \tag{4.1.21}$$

연직하중에 대하여,

$$\Delta s = \frac{H}{EA}\int_0^s \frac{ds^2}{dx} = \frac{H}{EA}\int_0^l \frac{(\sqrt{1+y'^2(x)}\,dx)^2}{dx}$$

$$= \frac{H}{EA}\int_0^l \left[1+\left(\frac{Q(x)}{H}+\frac{h}{l}\right)^2\right]dx$$

$$= \frac{H}{EA}\int_0^l \frac{1}{\cos^2\beta}\left(1+\frac{Q^2(x)\cos^2\beta}{H^2}+\frac{2Q(x)h\cos^2\beta}{Hl}\right)dx$$

$$= \frac{H}{EA\cos^2\beta}\left(l+\frac{\cos^2\beta}{H^2}\int_0^l Q(x)\,dx\right)$$

$$= \frac{H}{EA}\left(\frac{l}{\cos^2\beta}+\frac{1}{H^2}\int_0^l Q(x)\,dx\right) \tag{4.1.22}$$

그러므로,

$$s = \frac{l}{\cos\beta}+\frac{\cos\beta}{2H^2}\int_0^l Q^2(x)\,dx$$

$$\Delta s = \frac{H}{EA\cos^2\beta}\left(l+\frac{\cos^2\beta}{H^2}\int_0^l Q^2(x)\,dx\right) \tag{4.1.23}$$

$$\Delta s = \frac{2H}{EA\cos\beta}\left(\frac{l}{\cos\beta}+\frac{\cos^2\beta}{2H^2\cos\beta}\int_0^l Q^2(x)\,dx\right)$$

$$= \frac{2H}{EA\cos\beta}\left(\frac{l}{\cos\beta}+\frac{\cos^2\beta}{2H^2\cos\beta}D\right)$$

$$= \frac{2H}{EA\cos\beta}\left(s-\frac{l}{2\cos\beta}\right) \tag{4.1.24}$$

그림 4.2(b)로부터 케이블의 탄성신장은 다음과 같다.

$$\Delta s = \frac{2H}{EA}\left(s-\frac{l}{2}\right) = \frac{2H}{EA}\left(l+\frac{8f^2}{3l}-\frac{l}{2}\right) = \frac{H}{EA}\left(l+\frac{16f^2}{3l}\right)$$

수평력 H_i의 결정

하중 $q(x)_0$, 수평력 H_0와 온도 t_0에 대하여, 인장되지 않은 케이블의 길이(그림 4.5(a))

$$Ln = s_0 - \Delta s_0 = \frac{l}{\cos\beta} + \frac{\cos\beta}{2H_0^2} D_0 - \frac{H_0 l}{EA\cos^2\beta} - \frac{1}{H_0 EA} D_0$$

$$D_0 = \int_0^l Q_{x,0}^2 \, dx \tag{4.1.25}$$

하중 $q(x)_i$, 미지의 수평력 H_i와 온도 t_i에 대하여, 인장되지 않은 케이블의 길이(그림 4.5(b))

$$\begin{aligned} Ln_i &= s_i - \Delta s_i \\ &= Ln(1 + \alpha_t \Delta t_i) \end{aligned}$$

$$D_i = \int_0^l Q_{x,i}^2 \, dx \tag{4.1.26}$$

여기서, 온도변화 $\triangle t_i = t_i - t_0$와 α_t는 온도팽창계수이다. 그래서,

$$s_i = \frac{l}{\cos\beta} + \frac{\cos\beta}{2H_i^2} D_i$$

$$\Delta s_i = \frac{H_i l}{EA\cos^2\beta} + \frac{1}{H_i EA} D_i$$

$$Ln_i = s_i - \Delta s_i = \frac{l}{\cos\beta} + \frac{\cos\beta}{2H_i^2} D_i - \frac{H_i l}{EA\cos^2\beta} - \frac{D_i}{EAH_i}$$

$$\left(Ln_i - \frac{l}{\cos\beta}\right) - \frac{\cos\beta}{2H_i^2} D_i + \frac{H_i l_i}{EA\cos^2\beta} + \frac{D_i}{EAH_i} = 0 \tag{4.1.27}$$

만약, 다음과 같이 표시한다면,

$$a = \frac{l}{EA\cos^2\beta}$$

$$b = Ln_i - \frac{l}{\cos\beta}$$

$$c = \frac{D_i}{EA}$$

$$d = \frac{\cos\beta}{2} D$$

H_i 를 결정하기 위해 3차 방정식을 얻을 수 있다.

$$b+\frac{d}{H_i^2}+aH_i+\frac{c}{H_i}=0$$

그래서,

$$aH_i^3+bH_i^2+cH_i+d=0 \tag{4.1.28}$$

이 방정식으로부터 미지의 수평력 H_i 를 쉽게 계산될 수 있다.

지점의 변형과 앵커블럭에서 케이블의 신장에 따른 영향

실제 구조물에서는 지점의 가능한 변형과 앵커블럭에서 케이블의 신장을 포함하는 것이 필요하다.

하중 0 에서 i 까지 지점의 변형은 반력과 (+)의 단위변형 δ_a^V, δ_a^H, δ_b^V, δ_b^H 값에 의존한다.

$$\Delta_{a0}^V=A_0\,\delta_a^V \qquad \Delta_{ai}^V=A_i\delta_a^V$$

$$\Delta_{a0}^H=H_0\,\delta_a^H \qquad \Delta_{ai}^H=H_i\delta_a^H$$

$$\Delta_{b0}^V=B_0\,\delta_b^V \qquad \Delta_{bi}^V=B_i\,\delta_b^V$$

$$\Delta_{b0}^H=H_0\delta_b^H \qquad \Delta_{bi}^H=H_i\delta_b^H \tag{4.1.29}$$

하중 0 에 대하여

$$l_0=X_b-X_a-\Delta_{a0}^H-\Delta_{b0}^H$$

$$h_0=Y_b-Y_a-\Delta_{a0}^V-\Delta_{b0}^V$$

$$\tan\beta_0=\frac{h_0}{l_0} \tag{4.1.30}$$

하중 i 에 대하여

$$l_i=X_b-X_a-\Delta_{ai}^H-\Delta_{bi}^H$$

$$h_i = Y_b - Y_a - \Delta^{V}_{ai} - \Delta^{V}_{bi}$$

$$\tan\beta_i = \frac{h_i}{l_i} \tag{4.1.31}$$

하중 0 에 대한 앵커블럭 a, b 에서의 케이블의 탄성변형은,

$$\Delta_{an,0} = kH_0 \tag{4.1.32}$$

하중 i 에 대하여,

$$\Delta_{an,i} = kH_i \tag{4.1.33}$$

여기서, $k = k_a + k_b$ (그림 4.6)는 단위 수평력 $H = 1$ 에 의한 앵커블럭 a 와 b 에서의 케이블의 신장을 나타낸다.

$$k_a = \int_0^{l_{ka}} \frac{S_{ka}}{EA}\,\mathrm{d}s \qquad k_b = \int_0^{l_{kb}} \frac{S_{kb}}{EA}\,\mathrm{d}s \tag{4.1.34}$$

하중 $q(x)_0$, 수평력 H_0, 온도 t_0 에 대하여 인장되지 않은 케이블의 길이(그림 4.5(a))는,

$$Ln = s_0 - \Delta s_0 - \Delta_{an,0}$$

$$= \frac{l_0}{\cos\beta_0} + \frac{\cos\beta_0}{2H_0^2} D_0 - \frac{H_0 l_0}{EA\cos^2\beta_0} - \frac{1}{H_0 EA} D_0 - kH_0$$

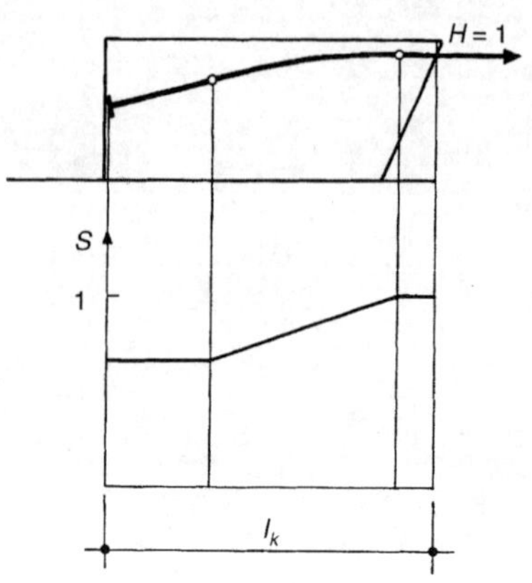

그림 4.6 앵커블럭에서 케이블의 탄성변형

$$D_0 = \int_0^{l_0} Q_{x,0}^2 \, \mathrm{d}x \tag{4.1.35}$$

하중 $q(x)_i$, 미지의 수평력 H_i, 온도 t_i에 대하여 인장되지 않은 케이블의 길이(그림 4.5(b))는,

$$\begin{aligned} Ln_i &= Ln(1+\alpha_t \Delta t_i) \\ &= s_i - \Delta s_i - \Delta_{an,i} \\ &= \frac{l_i}{\cos\beta_i} + \frac{\cos\beta_i}{2H_i^2} D_i - \frac{H_i l_i}{EA\cos^2\beta_i} - \frac{1}{H_i EA} D_i - kH_i \end{aligned}$$

$$D_i = \int_0^{li} Q_{x,i}^2 \, \mathrm{d}x \left(Ln_i - \frac{l_i}{\cos\beta_i} \right) - \frac{\cos\beta_i}{2H_i^2} D_i + \\ + \frac{H_i l_i}{EA\cos^2\beta_i} + kH_i + \frac{D_i}{EAH_i} = 0 \tag{4.1.36}$$

만약 다음과 같이 표시한다면,

$$a = \frac{l_i}{EA\cos^2\beta_i} + k$$

$$b = Ln_i - \frac{l_i}{\cos\beta_i}$$

$$c = \frac{D_i}{EA}$$

$$d = \frac{\cos\beta_i}{2} D_i$$

우리는 H_i를 결정하는 3차방정식을 얻는다.

$$aH_i^3 + bH_i^2 + cH_i + d = 0 \tag{4.1.37}$$

a, b, c, d는 경간 l_i와 연직차이 h_i에 의존하고 다시 수평력 H_i에 의존하기 때문에 방정식을 직접적으로 풂으로서 미지의 H_i를 결정하는 것은 불가능하다. 그러므로 반복 작업에 의하여 H_i를 결정할 필요가 있다. 첫째, 미지의 H_i는 지점에서 변위가 영이며 앵커블럭에서 케이블의 신장이 영(0)의 조건에서 결정된다. 이 힘에 대하여 연직반력 A_i와 B_i, 경간장 l_i, 연직차이 h_i,

부재 a, b, c, d와 새로운 수평력 H_i가 계산되어진다. 계산은 후속되는 해의 차이가 요구하는 정밀도보다 작아질 때까지 새로운 H_i 값을 이용하여 반복되어진다.

4.2 케이블의 휨

케이블의 휨은 기지의 수평력 H에 의하여 긴장된 단일 케이블의 해석으로부터 유도된다 [18], [77].

그림 4.7에서는 단면적 A, 단면 2차모멘트 I, 탄성계수 E이며, 지점 a와 b에 고정된 단일 케이블을 보여준다. 케이블은 수평력 H_g와 H에 대응하는 $g(x)$과 $q(x)$가 재하되어 있다.

케이블의 가설이 하중 g가 케이블에 어떠한 휨도 일으키지 않도록 수행되어진다고 가정한다. $g=$ constant (상수)에 대하여, $y(x)$로 주어진 케이블의 형상은 2차 포물선이다.

$$y(x)=f(x)+\frac{h}{l}x=\frac{g}{2H_g}x(l-x)+\frac{h}{l}x$$

$$=\frac{g}{2H_g}xl-\frac{g}{2H_g}x^2+\frac{h}{l}x$$

$$y'(x)=\frac{g}{2H_g}l-2\frac{g}{2H_g}x+\frac{h}{l}=\frac{g}{H_g}\left(\frac{l}{2}-x\right)+\frac{h}{l}$$

$$y''(x)=-\frac{g}{H_g}=\frac{1}{R_g} \tag{4.2.1}$$

하중 $q(x)$ 에 대한 케이블의 형상은 좌표로서 주어진다.

$$\eta(x)=y(x)+w(x)$$

$$\mathrm{d}\eta(x)=\mathrm{d}y(x)=\mathrm{d}w(x) \tag{4.2.2}$$

여기서, $w(x)$ 는 하중 $q(x)-g(x)$ 에 의한 케이블의 변형이다.

축력 $N(x)$ 와 전단력 $Q(x)$, 휨모멘트 $M(x)$ 에 의해 케이블은 긴장되어진다.

$$N(x)=H\cos\varphi(x)+V\sin\varphi(x)$$

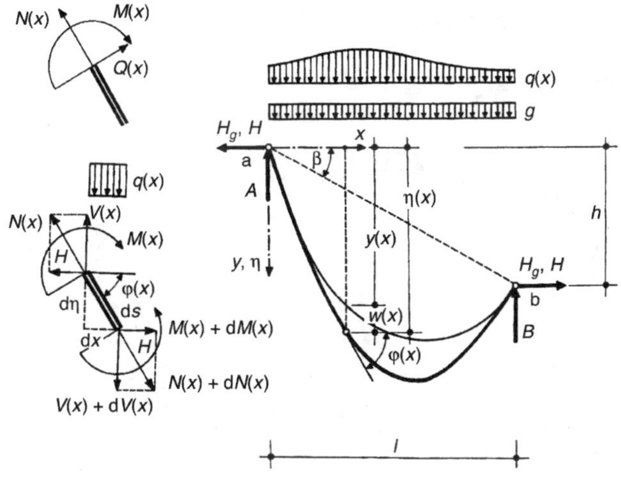

그림 4.7 케이블의 기하구조와 내력

$$Q(x) = -H\sin\varphi(x) + V\cos\varphi(x) \tag{4.2.3}$$

요소 $\mathrm{d}s$에서 평형조건으로부터 이와 같은 값들은 유도된다.

연직하중에 대하여,

$$H = \text{constant(상수)}$$

$$\sum V = 0$$

$$V(x) - q(x)\,\mathrm{d}x - (V + \mathrm{d}V) = 0$$

$$-q(x)\,\mathrm{d}x = \mathrm{d}V$$

$$-q(x) = \frac{\mathrm{d}V}{\mathrm{d}x} \tag{4.2.4}$$

그리고,

$$\sum M = 0$$

$$V(x)\,\mathrm{d}x - H\,\mathrm{d}\eta(x) + M(x) - \frac{1}{2}q(x)\,\mathrm{d}x^2 - (M(x) + \mathrm{d}M(x)) = 0 \tag{4.2.5}$$

$\mathrm{d}x^2 \ll \mathrm{d}x$이므로 $\mathrm{d}x^2$을 무시하면,

$$V(x)\,\mathrm{d}x - H\,\mathrm{d}\eta(x) - \mathrm{d}M(x) = 0$$

$$V(x) - H\frac{\mathrm{d}\eta(x)}{\mathrm{d}x} - \frac{\mathrm{d}M(x)}{\mathrm{d}x} = 0$$

$$\frac{\mathrm{d}V(x)}{\mathrm{d}x} - H\frac{\mathrm{d}^2\eta(x)}{\mathrm{d}x^2} - \frac{\mathrm{d}^2M(x)}{\mathrm{d}x^2} = 0$$

$$-q(x) = \frac{\mathrm{d}V(x)}{\mathrm{d}x}$$

$$M(x) = -EI\frac{\mathrm{d}^2w(x)}{\mathrm{d}x^2}$$

$$-q(x) - H\frac{\mathrm{d}^2\eta(x)}{\mathrm{d}x^2} - \frac{\mathrm{d}^2}{\mathrm{d}x^2}\left(-EI\frac{\mathrm{d}^2w(x)}{\mathrm{d}x^2}\right) = 0$$

$$EI\frac{\mathrm{d}^4w(x)}{\mathrm{d}x^4} - H\frac{\mathrm{d}^2\eta(x)}{\mathrm{d}x^2} = q(x) \tag{4.2.6}$$

그러므로

$$\eta(x) = y(x) + w(x)$$

$$EI\frac{\mathrm{d}^4w(x)}{\mathrm{d}x^4} - H\frac{\mathrm{d}^2\eta(x)}{\mathrm{d}x^2} = q(x)$$

$$EI\frac{\mathrm{d}^4w(x)}{\mathrm{d}x^4} - H\frac{\mathrm{d}^2y(x)}{\mathrm{d}x^2} - H\frac{\mathrm{d}^2w(x)}{\mathrm{d}x^2} = q(x)$$

$$\begin{aligned} EI\frac{\mathrm{d}^4w(x)}{\mathrm{d}x^4} - H\frac{\mathrm{d}^2w(x)}{\mathrm{d}x^2} &= q(x) + H\frac{\mathrm{d}^2y}{\mathrm{d}x^2} \\ &= q(x) + H\left(-\frac{g}{H_g}\right) \\ &= q(x) + H\left(\frac{1}{R_g}\right) \\ &= q(x) + \frac{H}{R_g} \\ &= q(x) - \frac{H}{H_g}g \end{aligned} \tag{4.2.7}$$

식(4.2.7)은 Winkler's 스프링(그림 4.8)에 의한 케이블의 일부분의 탄성기초를 나타내도록 쉽게 전개될 수 있다. 스프링 $k(x)$ 의 특성은 단위 변형에 대응한 "응력"이다.

$\sum V = 0$ 에 대하여,

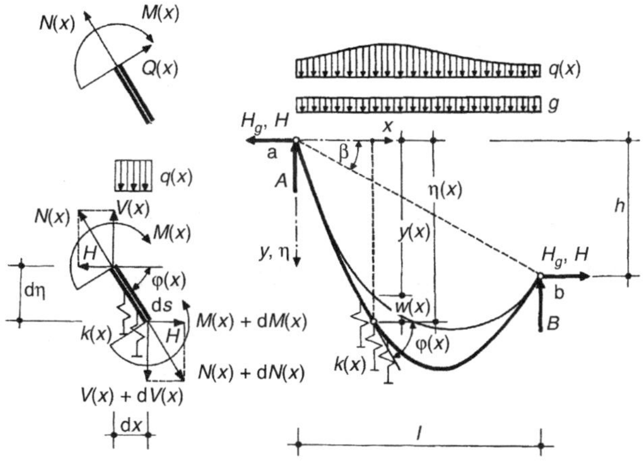

그림 4.8 유연지지 케이블에서 기하구조와 내력

$$V(x) - q(x)\ \mathrm{d}x + kw(x)\ \mathrm{d}x - (V + \mathrm{d}V) = 0$$

$$-q(x)\ \mathrm{d}x + kw(x) = \mathrm{d}V$$

$$-q(x) + kw(x) = \frac{\mathrm{d}V}{\mathrm{d}x} \tag{4.2.8}$$

$\sum M = 0$ 에 대하여,

$$V(x)\ \mathrm{d}x - H\,\mathrm{d}\eta(x) + M(x) - \frac{1}{2}q(x)\ \mathrm{d}x^2 + kw(x)\frac{1}{2}\ \mathrm{d}x^2 - (M(x) + \mathrm{d}M(x)) = 0 \tag{4.2.9}$$

$\mathrm{d}x^2 \ll \mathrm{d}x$ 이므로 $\mathrm{d}x^2$ 을 무시될 수 있다. 그러면,

$$EI\frac{\mathrm{d}^4 w(x)}{\mathrm{d}x^4} - H\frac{\mathrm{d}^2 w(x)}{\mathrm{d}x^2} + kw(x) = q(x) + \frac{H}{R_g} = q(x) - \frac{H}{H_g}g \tag{4.2.10}$$

식(4.2.7)을 풀면, 다음과 같이 쓸 수 있다.

$$w(x) = w_h(x) + w_p(x) \tag{4.2.11}$$

특별해 $w_p(x)$ 는 휨강성 없는 케이블의 변형과 부합된다. 일반해는 다음과 같다.

$$w_h(x) = A\ e^{\lambda x} + B\ e^{-\lambda x} + C + Dx$$

$$\lambda = \sqrt{\frac{H}{EI}} \tag{4.2.12}$$

직접해는 특별한 경우에 한해서만 가능하다(그림 4.9). 예로서 H_g와 H의 상응하는 수평력과 등분포 하중 g와 q가 재하된 케이블 지점 근처에서 휨모멘트 $M(x)$의 계산과정은 무한히 긴 케이블에 대하여 풀 수 있다.

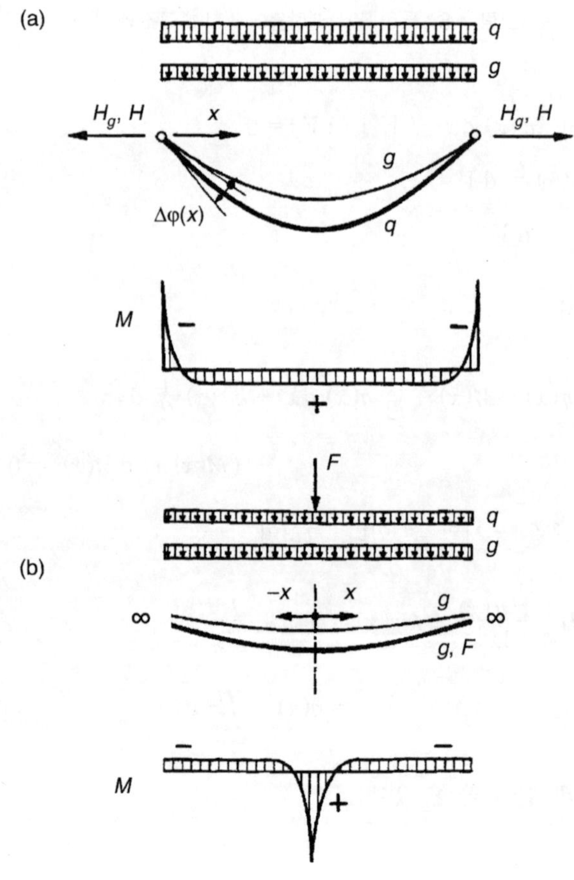

그림 4.9 휨모멘트 : (a) 지점, (b) 집중하중밑

특별해

$$w_p(x) = \eta(x) - y(x)$$

$$w_p(x) = \frac{q}{2H}(l-x)\,x - \frac{g}{2H_g}(l-x)\,x$$

$$w_p(x) = \frac{qlx}{2H} - \frac{qx^2}{2H} - \frac{glx}{2H_g} + \frac{gx^2}{2H_g}$$

$$w'_p(x) = \frac{ql}{2H} - \frac{qx}{H} - \frac{gl}{2H_g} + \frac{gx}{H_g}$$

$$w''_p(x) = -\frac{q}{H} + \frac{g}{H_g} = -\Delta q$$

$x=0$ 에 대하여,

$$w'_p(0) = \frac{ql}{2H} - \frac{gl}{2H_g} = \varphi_q(0) - \varphi_g(0) = \Delta\varphi \tag{4.2.13}$$

일반해

$x=\infty$ 에 대하여 $M=0$, $w=0$, $e^{\lambda x} \rightarrow \infty$ 이다. 그러므로, $A=0$, $D=0$ 이다. 그래서,

$$w_h(x) = B\ e^{-\lambda x} + C$$

$$w'_h(x) = -\lambda B\ e^{-\lambda x}$$

$$w''_h(x) = \lambda^2 B\ e^{-\lambda x}$$

$$w'(x) = w'_h(x) + w'_p(x)$$

$x=0$ 에 대하여,

$$w'(x) = 0 = -\lambda B\ e^0 + \Delta\varphi$$

$$B = \frac{\Delta\varphi}{\lambda} \tag{4.2.14}$$

$$w''(x) = w_h''(x) + w_p''(x) = \lambda^2 \frac{\Delta\varphi}{\lambda} \ \mathrm{e}^{-\lambda x} - \Delta q$$

$$M(x) = EJw''(x)$$

$$\lambda = \sqrt{\frac{H}{EI}}$$

$$M(x) = \Delta\varphi\sqrt{H \cdot EI} \ \mathrm{e}^{-\lambda x} + \Delta q EI \tag{4.2.15}$$

집중하중 F와 등분포하중 q가 재하된 무한히 긴 케이블에 대한 휨모멘트는 유사하게 유도될 수 있다(그림 4.9(b)). 휨을 일으킬 수 없는 등분포하중 g에 대하여 케이블은 수평력 H_g에 의해 긴장되며, 등분포하중 q와 집중하중 F에 대하여 케이블은 수평력 H에 의해 긴장된다. 휨모멘트의 계산과정은,

$$M(x) = \frac{F}{2\lambda} \ \mathrm{e}^{-\lambda x} + EI\Delta q$$

$$\lambda = \sqrt{\frac{H}{EI}}$$

$$\Delta q = \frac{q}{H} - \frac{g}{H_g} \tag{4.2.16}$$

다른 하중조건에 대하여 방정식을 풀기보다 저자는 “유한 차분법”[88]을 사용하여 변형과 휨모멘트, 이에 부합되는 전단력을 계산하는 프로그램을 개발하였다. 이와 같은 접근은 Winkler 스프링에 의한 케이블 부분의 지지와 케이블의 국부보강을 표현하는 것을 가능하게 한다.

해석에서 케이블은 길이 h의 짧은 요소로 나뉜다(실제 구조물에서 케이블 100 m는 0.010 m 길이의 10 000개의 요소로 나눈다). 이 요소들은 EI에 의해 주어진 다른 강성을 가질 수 있으며 다른 강성 스프링으로 지지될 수 있다.

잘 알려진 방정식에 의해 유도는 대체될 수 있다(그림 4.10).

$$\frac{\mathrm{d}^2 w(x)}{\mathrm{d}x^2} = \frac{1}{h}(w_{i-1} - 2w_i + w_{i+1})$$

$$\frac{\mathrm{d}^4 w(x)}{\mathrm{d}x^4} = \frac{1}{h^4}(w_{i-2} - 4w_{i-1} + 6w_i - 4w_{i+1} + w_{i+2}) \tag{4.2.17}$$

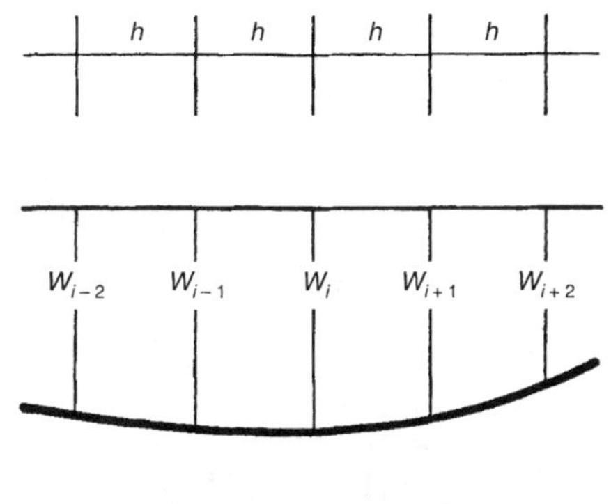

그림 4.10 유한차분법

이와 같은 방법으로 식(4.2.10)의 해는 선형 방정식 체계의 해로서 대체된다. 처짐의 특정값에 대하여 다음 방정식을 사용함으로서 휨모멘트와 전단력이 결정되어질 수 있다.

$$M_i = \frac{EI_i}{h^2}(w_{i-1} - 2w_i + w_{i+1})$$

$$T_i = \frac{M_{i+1} - M_{i-1}}{2h} \tag{4.2.18}$$

케이블 휨의 해석은 Elbe교(그림 2.10)를 위해서 개발된 케이블의 재하시험에 의해 검증되어졌다. 케이블은 15.5 mm 직경의 18개 스트랜드에 의해 구성되었으며 강튜브내에서 그라우트되어진다. 튜브와 모르타르는 활하중(그림 2.42)에 대한 강연선의 저항에 기여하며 강연선과 함께 혼합되었다. 중앙경간(그림 4.11)에 위치한 집중하중에 의해 실험 케이블은 재하된다. 중앙경간 및 지점부 단면에서 강튜브의 변형률은 실험하는 동안 면밀히 측정된다. 이 변형률로부터 휨모멘트가 계산되었다. 그림 4.12로부터 실험의 배치와 결과가 제시되었고, 결과는 아주 잘 일치됨을 알 수 있다.

해석하는 동안, 첫째로 케이블은 완전 유연부재로서 해석되어진다. 가설이 케이블의 휨이 없다는 것을 보장하는 단계에서 초기단계가 선택된다. 해석된 하중에 대하여 미지의 수평력이 결정된다. 그 후 이 힘은 변형, 전단력과 휨모멘트을 결정하는데 사용된다.

등분포로 재하된 실제 케이블에서 휨모멘트는 케이블 길이를 따라 거의 영(0)에 가깝다. 휨모멘트의 큰 값은 집중하중(그림 4.9) 밑이나 지점근처에서만 발생한다. 그들의 계산과정은 지수형이다. 유한요소법을 사용한 현대의 비선형 프로그램에 의하여 구조물을 해석할 때, 이런 현상을 깨

그림 4.11 사장케이블의 하중재하실험

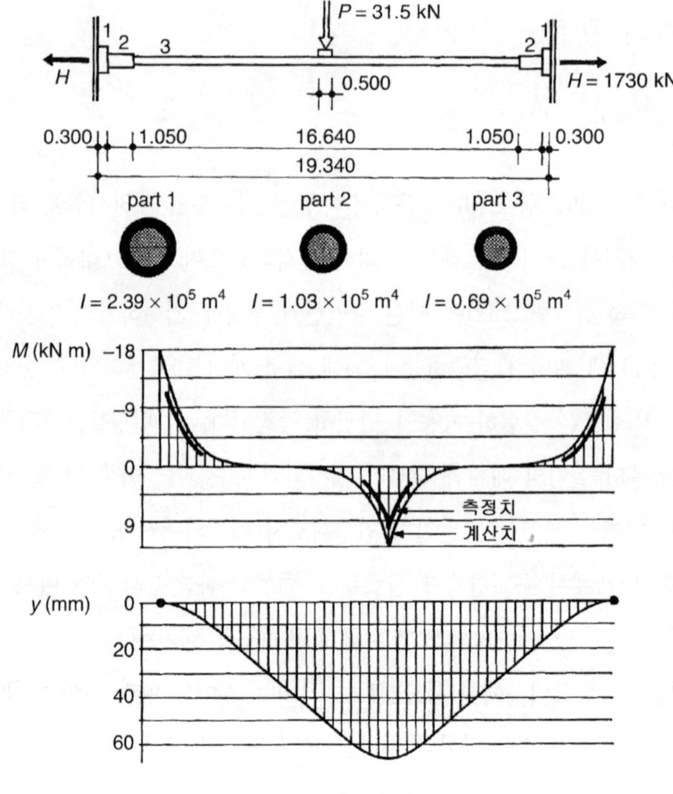

그림 4.12 실험케이블의 변형과 휨모멘트

닫는 것이 필요하다. 응력 집중을 보완하기 위하여 요소의 아주 작은 메쉬는 지점이나 집중하중 근처에 사용되어야 한다.

보와 케이블의 거동간에 차이를 알아보기 위해 지점의 연직처짐과 등분포하중이 재하된 경간 $L=33, 66, 99$ m의 스트레스 리본과 보구조물이 여기에 제시된다. 이 스트레스 리본은 케이블로서 모델링되고, 위의 절차에 의해 해석되어진다. 그 구조물은 면적 $A=1.25$ m^{2}과 단면2차모멘트 $I=0.0065104$ m^4, 탄성계수 $E=36000$ MPa을 가진다. 스트레스 리본구조물은 중앙경간에서 $f_{L/2}=0.02L$ (in m)의 새그와 부합되는 수평력 $H_g=gL^2/8f_{L/2}=6.25(gL)=195.3125L$(in kN)을 가진다. 고정하중 $g=31.25$ kN/m는 구조물에 휨을 생성하지 않는다.

그림 4.13(a)와 표 4.1은 하중 $p=20$ kN/m에 대한 보와 케이블에서의 변위와 휨모멘트를 보여준다. 스트레스 리본에서의 변위와 휨모멘트는 매우 작다는 것을 보여준다.

그림 4.13(b)와 표 4.2는 지점에서 연직변위 $\Delta=1$ m에 의하여 긴장되는 보와 스트레스 리본에서의 변위와 휨모멘트를 보여준다. 경간 길이가 증가함에 따라 보에서의 휨모멘트는 그들의 길이의 제곱에 비례하여 줄어든다.

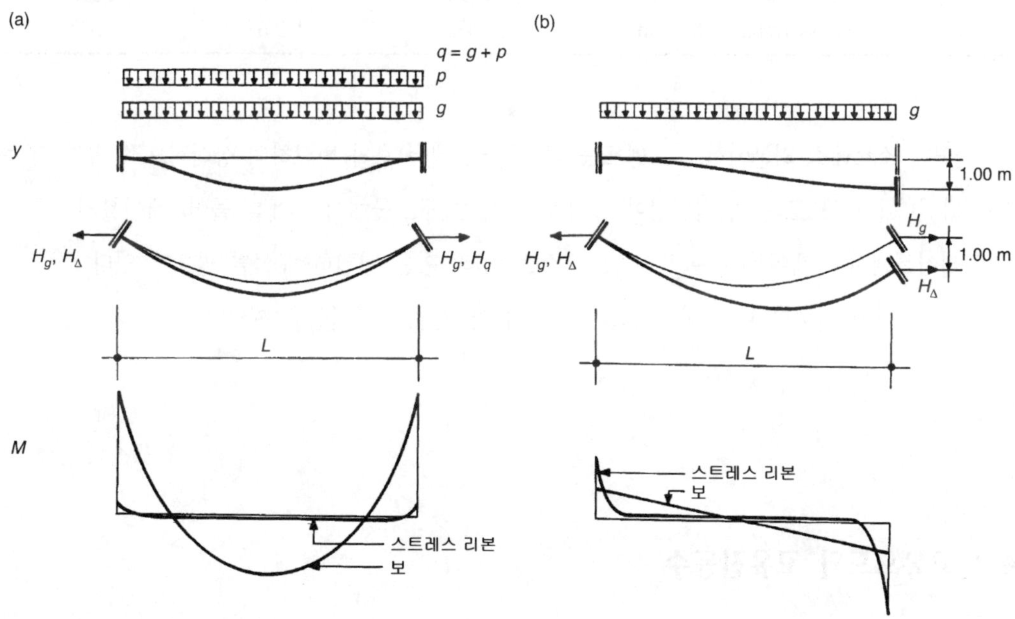

그림 4.13 보와 스트레스 리본에서 변형과 휨모멘트 : (a) 등분포하중, (b) 지점의 연직처짐

표 4.1 정적결과의 비교

		L : m		
		33	66	99
M_p	beam : MN m	−1.815	−7.262	−16.335
$M_{L/2}$	beam : MN m	0.908	3.631	8.168
$Y_{L/2}$	beam : m	0.5271	8.4332	42.6933
H_q	stress ribbon : MN	10.180	19.768	28.939
M_p	stress ribbon : MN m	−0.106	−0.339	−0.594
$M_{L/2}$	stress ribbon : MN m	0.034	0.039	0.036
$Y_{L/2}$	stress ribbon : m	0.0115	0.0726	0.1679

표 4.2 정적결과의 비교

		L : m		
		33	66	99
$M_{p,a}$	beam : MN m	−1.291	−0.323	−0.143
$M_{p,b}$	beam : MN m	1.291	0.323	0.143
H_q	stress ribbon : MN	8.266	13.542	19.730
$M_{p,a}$	stress ribbon : MN m	−1.429	−0.787	−0.637
$M_{p,b}$	Stress ribbon : MN m	2.485	1.166	0.839

반면에 스트레스 리본에서 휨모멘트는 더 긴 경간에서 보와 비교하여 상대적으로 훨씬 더 큰 값을 가진다. 그러므로 큰 연직변형이 발생할 수 있는 구조물에서 – 예를 들어, 케이블지지 구조물의 케이블에서 – 케이블(혹은 프리스트레스트 띠)의 휨은 면밀히 해석될 필요가 있다.

저자는 상기 치수의 보가 파괴되었기 때문에 이 연구가 가설임을 깨달았다.

4.3 고유모드와 고유진동수

단일케이블의 고유모드와 진동수는(그림 4.14) 다음의 방정식에 따라 결정될 수 있다[74].

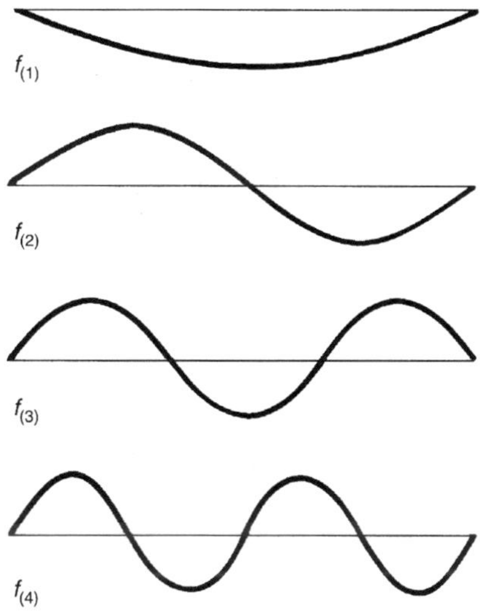

그림 4.14 고 유 모 드

$$f_{(1)} = \frac{1}{2}\sqrt{\frac{1}{\mu}\left(\frac{H}{l^2} + \frac{EAf^2\pi^2}{2l^4} + \frac{EI\pi^2}{l^4}\right)} \tag{4.3.1}$$

$$f_{(n)} = \frac{1}{2}\sqrt{\frac{1}{\mu}\left(\frac{Hn^2}{l^2} + \frac{EI\pi^2 n^2}{l^4}\right)} \tag{4.3.2}$$

여기서, H는 수평력이고, μ는 단위길이당 케이블의 질량, f는 케이블의 새그, E는 탄성계수, A는 면적과 I는 단면 2차모멘트이다.

식(4.3.1)의 항은 첫 번째 모드에서 진동할 때, 신장되어야 하는 케이블의 표준강성을 표현한다.

$$\frac{EAf^2\pi^2}{2l^4}$$

이런 이유로 어떤 경우에는 첫 번째 모드가 두 번째 모드보다 더 높다.

다음의 항은 엔지니어링 계산에서 무시할 수 있는 케이블 휨강성을 표현한다.

$$\frac{El\pi^2 n^2}{l^4}$$

진동의 고유모드는,

$$w(x\,,\,t)=\sum_{i=1}^{n}A_i\cos(2\pi f_i)\,t+B_i\sin(2\pi f_i)\,t\cdot\,\sin\frac{i\pi\left(x-\frac{l}{2}\right)}{l}$$

여기서, A_i, B_i는 방정식의 오른쪽의 수열에 의해 결정된다.

$$w(x,0)=g(x)$$

$$w'(x,0)=h(x)$$

제5장

프리스트레싱의 효과

Effects of prestressing

5. 프리스트레싱의 효과

Effects of prestressing

스트레스 리본교에서 프리스트레싱의 기능을 보다 더 잘 이해하도록 하기 위하여 몇 가지 기본적 사실이 반복될 것이다. 참고문헌[23]에 의하면 콘크리트 부재에 관련된 긴장재(프리스트레싱 보강)에 의하여 시공과정에서 프리스트레스가 적용된다. 프리스트레스는 고강도의 강재-바, 와이어 혹은 강연선-로 만들어진 긴장재에 의해 도입된다. 긴장재는 프리텐션이나 포스트텐션되어 진다.

포스트텐션된 긴장재는 횡단면의 외측(외부긴장재)이나 내측(내부긴장재)(그림 5.1)에 위치할 수 있다. 내부긴장재는 그라우팅에 의하여 구조물에 부착되거나 임시적으로 혹은 영구히 부착되지 않을 수 있다.

부착된 긴장재를 가진 구조물에서 프리스트레싱 강재와 덕트 사이의 그라우트된 시멘트모르타르는 "포스트텐션 후, 모든 단면에서 추가적인 변형률은 콘크리트와 강재에 대하여 같다"라는 것을 보장한다. 그러므로 "극한한계상태"에서 극한하중에 저항하는 강재의 힘은 균열 폭에 부합된다.

내부긴장재는 윤활재가 채워지고 싸여진 단선 강연선들에 의해 형성될 수 있다. 강재와 콘크리트사이가 부착 되어있지 않기 때문에 콘크리트와 강재 사이의 변형률은 다르다. 그러므로 "극한한계상태"에서의 극한하중에 저항하는 강재에서의 힘은 정착구 사이의 긴장재의 총신장량에 의존한다. 그래서 비부착 긴장재에서의 힘은 부착 긴장재에서 보다 작다.

외부긴장재는 단면 형고의 외측(그림 5.1.(b))이나 내측(그림 5.1(c))에 위치할 수 있다. 긴장재는 소위 앵커블럭이라는 곳에 정착되고 편향구(deviator)에서 방향이 변한다. 구조물과 긴장재의 변형은 앵커블럭과 편향구(deviator)에서만 같다. 편향구는 긴장재와 강결 연결되어지거나 덕트내에서 프리스트레스 강재의 이동을 허용할 수 있다. "극한한계상태"에서 외부긴장재에서의 힘은 긴장재 슬립을 방지하는 위치들 사이에 긴장재의 신장량에 부합된다. 해석에서 긴장재의 실제 기하조건이 고려되어야 한다. 단면상의 해석만으로는 불충분하다.

포스트텐션을 하는 동안과 구조물이 공용중일 때, 프리스트레스의 효과는 등가하중으로 표현될 수 있다 : ① 정착구에서 긴장재의 방향에 작용하는 힘 $N=-P$과 ② 덕트의 길이를 따르거나 편향구에서의 방사방향의 힘 r이 방사방향의 힘은 법선과 접선력 k와 t의 합력이다.

법선과 접선력은 곡선주위 케이블의 마찰손실이론으로부터 결정될 수 있다. 긴장재의 중심이 반경 $\rho(\alpha)$인 호(그림 5.2)를 따르는 프리스트레싱 긴장재의 미소길이 ds를 고려해 보자.

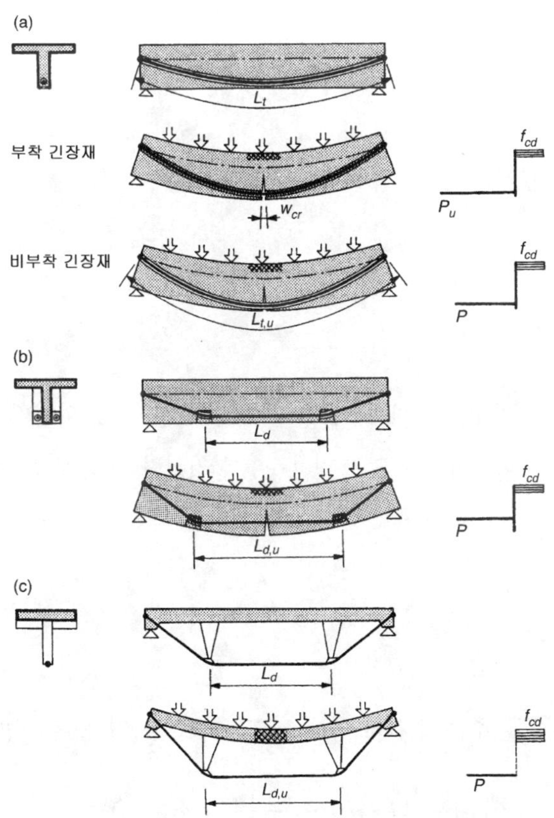

그림 5.1 프리스트레싱의 종류 : (a) 내부, (b) 주변(Perimeter)내의 외부, (c) 주변외의 외부

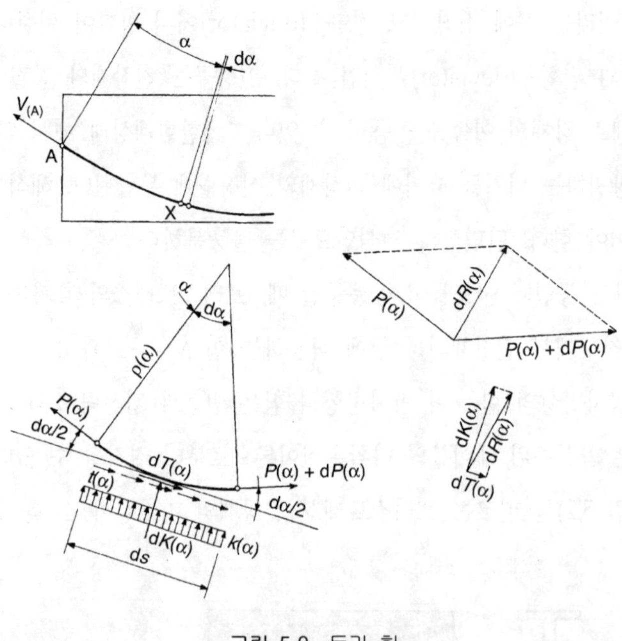

그림 5.2 등가 힘

길이 ds에 대한 각도변화는,

$$d\alpha = \frac{ds}{\rho(\alpha)} \tag{5.1}$$

$$ds = \rho(\alpha)\ d\alpha \tag{5.2}$$

길이 ds에 따라 힘 $P(\alpha)$는 $dP(\alpha)$에 의해 변하게 된다. 힘 $P(\alpha)$와 $P(\alpha)+dP(\alpha)$는 이 미소 요소에 작용한다. 이 같은 힘들의 작용은 축력 $k(\alpha)$와 접선력 $t(\alpha)$에 의해 대체될 수 있다. 그들의 합력은 다음과 같다.

$$dK(\alpha) = ds\ k(\alpha) \tag{5.3}$$

$$dT(\alpha) = ds\ t(\alpha) \tag{5.4}$$

이 같은 힘들은 평형상태를 주는 조건에 의해 결정되어질 수 있다. 접선방향의 평형상태는,

$$P(\alpha)\cos\frac{d\alpha}{2} - (P(\alpha) + dP(\alpha))\cos\frac{d\alpha}{2} = dT(\alpha) \tag{5.5}$$

이다. 그러므로,

$$\cos\frac{\mathrm{d}\alpha}{2} \cong 1, \quad \mathrm{d}T(\alpha) = -\mathrm{d}P(\alpha) \tag{5.6}$$

축방향의 평형상태는,

$$P(\alpha)\sin\frac{\mathrm{d}\alpha}{2} + (P(\alpha) + \mathrm{d}P(\alpha))\sin\frac{\mathrm{d}\alpha}{2} = \mathrm{d}K(\alpha) \tag{5.7}$$

이다. 그러므로,

$$\sin\frac{\mathrm{d}\alpha}{2} \cong \frac{\mathrm{d}\alpha}{2}, \quad \mathrm{d}P(\alpha)\frac{\mathrm{d}\alpha}{2} \cong 0$$

$$P(\alpha)\,\mathrm{d}\alpha = \mathrm{d}K(\alpha) \tag{5.8}$$

그리고,

$$\mathrm{d}K(\alpha) = P(\alpha)\frac{\mathrm{d}s}{\rho(\alpha)}$$

$$k(\alpha)\,\mathrm{d}s = P(\alpha)\frac{\mathrm{d}s}{\rho(\alpha)} \tag{5.9}$$

$$k(\alpha) = \frac{P(\alpha)}{\rho(\alpha)}$$

마찰력 $t(\alpha)$는 축압축력 $k(\alpha)$와 마찰계수 μ에 비례한다. 그래서,

$$t(\alpha) = \mu k(\alpha) \tag{5.10}$$

마찰력은 항상 긴장재의 이동방향 반대로 작용한다.

X점에서 긴장재 힘 $P(\alpha)$의 값은 잘 알려진 방정식에 의해 주어진다.

$$P(\alpha) = P_A e^{-\mu(\alpha + kx)} \tag{5.11}$$

여기서, P_A는 앵커에서의 프리스트레싱력, μ는 마찰계수, α는 x축을 따른 각 변위의 합이고, k는 예기치 않은 각 변위 혹은 워블(단위길이당)이고, x는 앵커로부터 긴장재의 길이이다.

식(5.9)와 식(5.10)을 사용하여 얻어진 $k(\alpha)$와 $t(\alpha)$에 의하여 합력 $r(\alpha)$는 다음과 같이 결정되어질 수 있다.

$$r(\alpha)=\sqrt{k^2(\alpha)+t^2(\alpha)} \tag{5.12}$$

이 힘은 케이블의 길이에 따라 작용하고 긴장재의 등가하중을 나타낸다. 이것은 전체좌표축 x, y로 변환될 수 있다.

현재 구조물의 대부분은 유한요소법에 의하여 해석되어지기 때문에 힘 $r(\alpha)$의 함수를 결정할 필요는 없다. 긴장재의 길이를 따라 몇 개의 절점에서 힘을 결정하는 것이 보다 적절하다. 그림 5.3(a)는 두 개 직선과 한 개의 포물곡선으로 구성된 긴장재의 표준형태를 보여준다. 긴장재는 왼쪽측 정착구로부터 포스트텐션되어진다.

그림 5.3(b)는 프리스트레싱 힘의 다이아그램을 보여주며 정착구에서의 Wedge draw-in과 마찰손실에 의해 영향을 받는다. 구조물 길이에 따라 긴장재는 연속 힘의 다이아그램을 일정한 절편 다이아그램으로 대체할 수 있는 몇 개의 요소로 나눌 수가 있다. 요소의 길이는 충분한 정밀도가 보장되도록 선택되어져야 한다.

요소에서 긴장재와 힘의 기하조건으로부터 등가의 방사방향 힘 R을 결정할 수 있다.

$$\tan\alpha_{i-1}=\frac{y_{i-1}-y_i}{x_i-x_{i-1}}$$

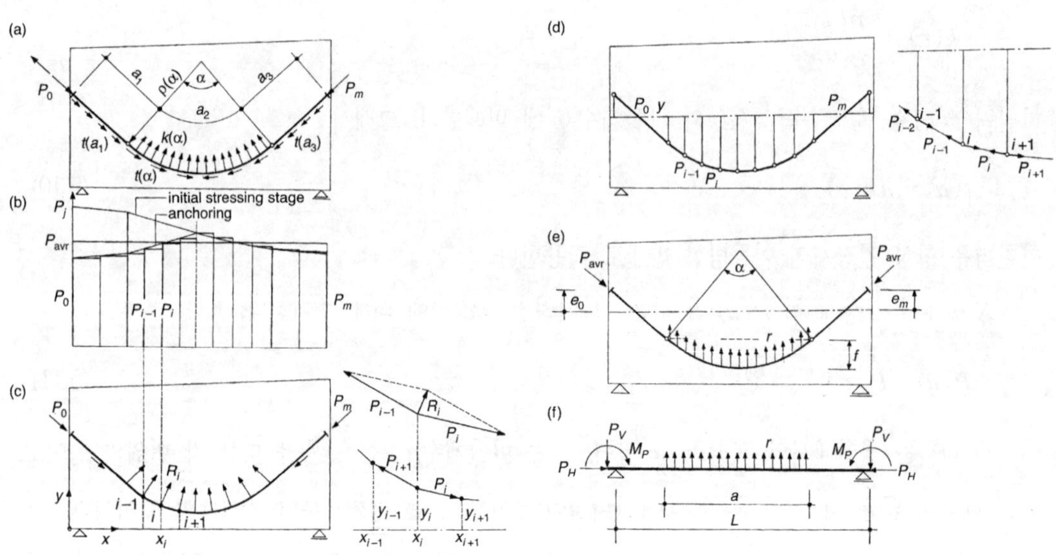

그림 5.3 프리스트레싱의 모델링

$$\tan\alpha_i = \frac{y_i - y_{i+1}}{x_{i+1} - x_i}$$

$$R_{xi} = P_{i-1}\cos\alpha_{i-1} - P_i\cos\alpha_i \tag{5.13}$$

$$R_{yi} = P_{i-1}\sin\alpha_{i-1} - P_i\sin\alpha_i \tag{5.14}$$

$$R_i = \sqrt{R_{xi}^2 + R_{yi}^2} \tag{5.15}$$

위의 절차가 비교적 간단할지라도, 어느 정도의 노력이 필요하다. 긴장재는 상호 연결된 일련의 직선요소로써 모델링하는 것이 보다 쉬울 수 있다. 요소들은 해석된 구조물의 절점에 강결링크에 의해 연결되어진다. 긴장재 요소는 강결링크에 핀으로 연결되어지며 포스트텐션 동안 강성을 가지고 있지 않다($EA = 0$). 그것들은 그림 5.3(b)에 따라 결정된 축력에 의해 긴장되어진다. 부재들이 강성이 없기 때문에 각 절점의 합력은 식(5.15)에 따라 결정된 힘과 같은 방향과 값을 가진다.

구조물을 포스트텐션한 후, 긴장재요소에 실제 강성(E_s, A_s)을 주고 구조물을 최종 연결시키는 것이 가능하다. 이와 같은 방법으로 구조물에서 긴장재의 기능을 정확히 묘사하는 것이 가능하다. 즉, 포스트텐션을 하는 동안 긴장재는 구조물의 일부가 아니고(강성행렬에 미포함), 포스트텐션 후 긴장재가 구조물의 강성에 기여한다(강성행렬에 포함). 긴장재에서 상응하는 응력을 일으킬 하중은 강성, 위치, 구조물과의 연결등에 비례한다.

일련의 직선부재에 의한 긴장재의 모델링은 평면에서 곡선인 (그림 5.4) 구조물의 처진(draped)긴장재의 기능을 쉽게 묘사한다. 그림 5.5는 포스트텐션 작업중(그림 5.5(a))과 공용중(그림 5.5(b)) 내부와 외부 긴장재에 의하여 포스트텐션된 구조물의 계산모델을 보여준다.

예비 계산에서 구조물은 프리스트레스 힘의 수평분력 P_H이 일정하고 프리스트레스 힘의 평균값 P_{avr}이 수평분력(그림 5.3(b))과 같도록 긴장재에 의해 포스트텐션된다고 가정할 수 있다.

$$P_H = P_{avr}\cos\alpha = \text{constant (상수)} \tag{5.16}$$

만약 덕트의 곡선이 2차 포물선(그림 5.3(e))이라면, 방사방향 힘 r이 축력 k와 같다고 가정하고 다음과 같이 주어진다.

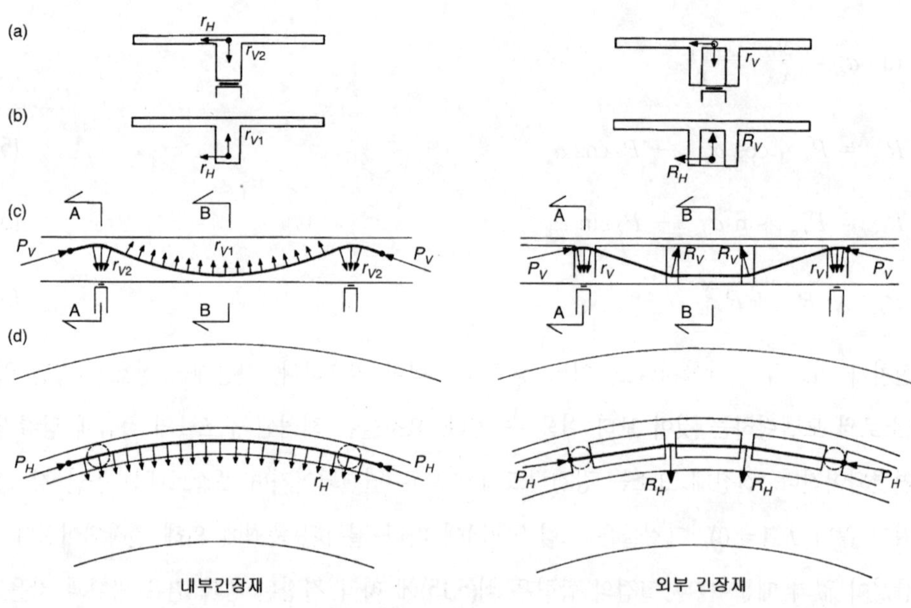

그림 5.4 곡선보 - 등가하중 : (a) 단면 A-A, (b) 단면 B-B, (c) 정면, (d) 평면

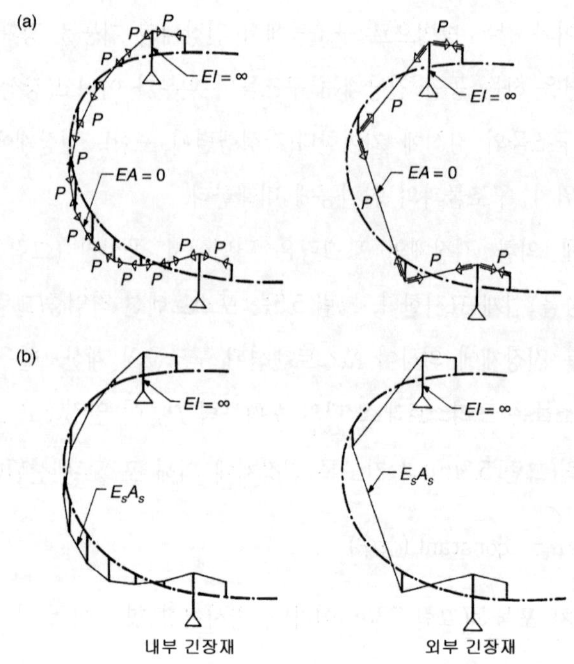

그림 5.5 곡선보의 모델링 : (a) 포스트텐션닝중, (b) 공용중

$$f = \frac{a}{4}\tan\frac{\alpha}{2}, \quad r = \frac{8f}{a^2}P_H \tag{5.17}$$

프리스트레스의 거동을 이해하기 위해 포스트텐션된 구조물의 몇 가지 기본적인 예를 검토하는 것은 유용하다.

그림 5.6은 단순지지보와 양단이 구속된 보를 보여준다. 보의 다른 쪽 끝이 회전하는 것은 방지하면서 종방향으로 자유로이 움직일 수 있는 반면에, 보의 한쪽 끝은 회전과 변위 어느 것도 허용되지 않도록 강결처리 되었다. 지간 L 인 이와 같은 보들은 직선과 포물선 긴장재에 의하여 포스트텐션된다. 프리스트레스 힘의 수평성분은 케이블의 길이를 따라 일정하다고 가정한다.

그림 5.6(1)에서 그림 5.6(4)는 직선 긴장재에 의해 포스트텐션된 보에서의 등가하중, 축력과 휨모멘트를 보여준다. 이 모든 경우에서 포스트텐션의 효과는 정착구의 콘크리트에 작용하는 등가하중에 의하여 표현되어 질 수 있다.

$$N = -P_H, \qquad M_a = M_b = Ne_b$$

케이스 2와 4에서 긴장재는 편심 $e_a = e_b$를 가지고 있기 때문에 축력 N은 보의 끝에 외부 휨모멘트를 도입한다.

모든 경우에서 거더는 일정축력 N으로 긴장되어진다. 그러나 휨모멘트는,

$$M = M_a = M_b$$

단순지지보의 경우에서만 나타난다. 보의 끝단에 작용하는 등가 휨모멘트가 보에 어떠한 회전도 일으키지 않으므로 구속된 끝단을 가진 보에서 휨모멘트는 영이다. 이러한 경우 소위 초기와 2차 휨모멘트는 부호만 반대이고 값은 같다.

$$M_a^0 = -M_a' = M_b^0 = -M_b' = Ne_b$$

그림 5.6(5)에서 그림 5.6(8)은 포물선 긴장재를 가지고 포스트텐션된 보에서의 등가하중, 축력과 휨모멘트를 보여준다. 모든 경우에서 긴장재는 같은 새그 f를 가진다. 전의 예제와 유사하게 포스트텐션의 효과는 정착구에 작용하는 등가하중에 의하여 표현될 수 있다.

$$N = -P_H = -P_{avr}\cos\alpha$$

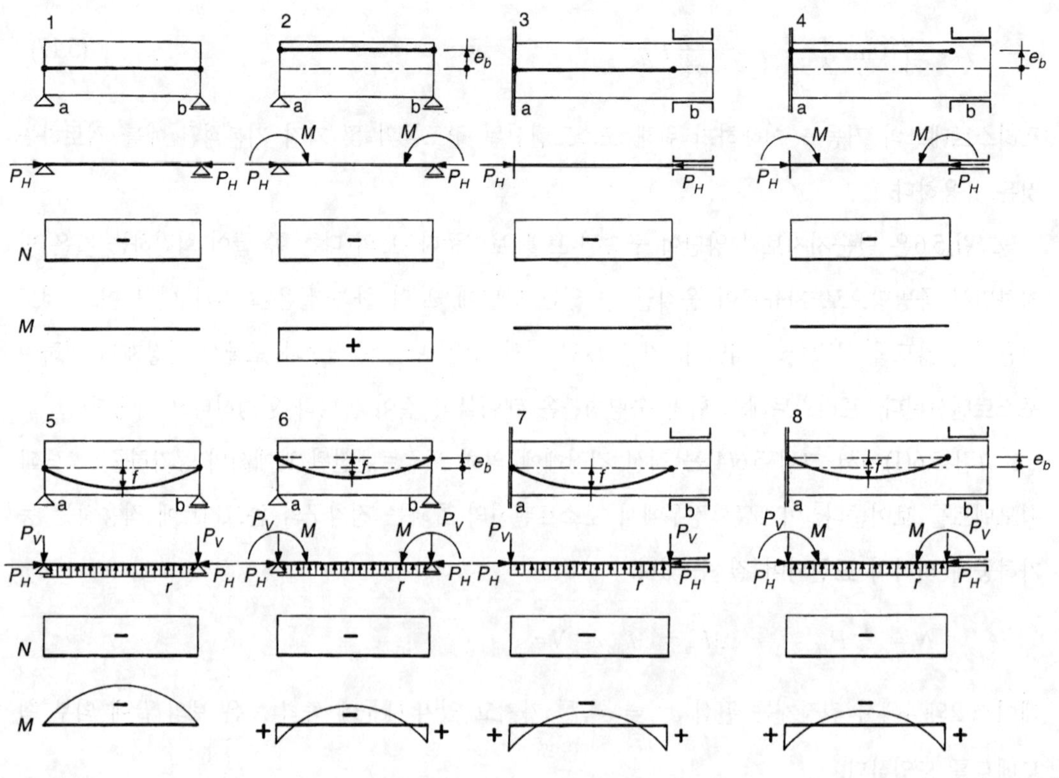

그림 5.6 직선보에서의 등가하중, 축력과 휨모멘트

케이스 6과 8에서 긴장재는 편심 $e_a = e_b$를 가지고 있기 때문에, 축력 N은 휨모멘트를 가진 보의 끝단에 재하된다.

$$M_a = M_b = Ne_b$$

긴장재는 포물선으로 배치되었기 때문에, 보는 방사방향 힘에 의해 재하되어 진다.

$$r = \frac{8f}{L^2} P_H$$

모든 경우에서 거더는 일정 축력 N에 의하여 긴장된다.

방사방향력이 일정하기 때문에 휨모멘트는 2차 포물선의 형태를 가진다.

그림 5.6(5)의 경우 중앙경간의 휨모멘트는,

$$M_{L/2} - \frac{1}{8} rL^2 = -P_H f$$

그림 5.6(6)의 경우 중앙경간의 휨모멘트는,

$$M_{L/2} = -\frac{1}{8} rL^2 + M_b = -P_H f + P_H e_b = -P_H (f - e_b)$$

그림 5.6(7)과 그림 5.6(8)에서 보여준 프리스트레스 강재의 배치에 대하여 휨모멘트의 형태와 값이 같다는 것을 주시하는 것이 중요하다. 또한 서술한 것처럼 보의 끝단에 작용하는 등가의 휨모멘트는 보의 어떠한 회전도 일으킬 수 없다. 그러므로 끝단의 휨모멘트는,

$$M_a = M_b = \frac{1}{12} rL^2 = \frac{2}{3} P_H f$$

중앙경간의 휨모멘트는,

$$M_{L/2} = -\frac{1}{24} rL^2 = -\frac{1}{3} P_H f$$

그림 5.7은 곡선긴장재로 포스트텐션된 곡선보를 보여준다. 긴장재는 보의 축에 놓이거나 축에 평행하게 위치한다. 경간 L의 보는 반경 ρ를 가진 곡선이다. 그림 5.7(1)과 그림 5.7(2)의 보는 단순지지 형태이며 그림 5.7(3)과 그림 5.7(4)의 보는 회전과 변위가 없는 강결단을 가지고 있다. 프리스트레스력 P는 케이블의 길이를 따라 일정하며 마찰력(접선부)은 영이라고 가정한다.

포스트 텐션의 효과는 정착구에 작용하는 등가하중과 방사방향력으로 묘사될 수 있다. 접선력은 영이기 때문에 방사방향력은 일정하다.

$$k = \frac{P}{\rho}$$

이와 같은 등분포의 방사방향력은 보에서 일정축력을 생성한다.

$$N = -P = -\rho r$$

이것은 또한 양쪽 끝단이 고정인 곡선보에 대해 사실이다. 휨모멘트는 편심긴장재에 의해 포스트텐션된 단순지지보(그림 5.7(2))에서만 생성된다. 정착력은 보의 끝단에서 등가모멘트를 생성한다.

$$M_a = M_b = P_H e_b$$

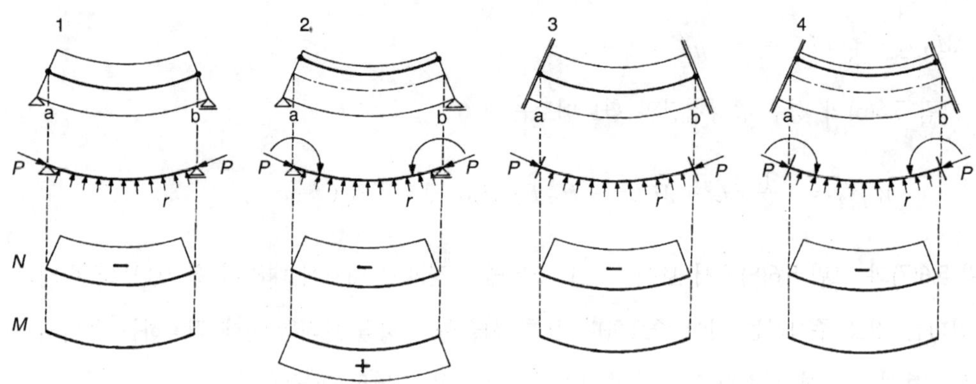

그림 5.7 곡선보에서의 등가하중, 축력과 휨모멘트

프리스트레스에 의한 반력은 영(0)이기 때문에 휨모멘트는 보의 길이에 따라 일정하다.

그림 5.7(3)과 그림 5.7(4)로부터 축과 평행하게 배치된 긴장재에 의해 포스트텐션된 아치구조물은 축력에 의해서만 긴장된다. 그러나 축력에 의한 변형이 크지 않은 구조물에 대해서만 적용된다.

최종응력상태가 변형형상으로부터 결정되는 기하학적 비선형 구조물과 같은 방법으로 해석된 얇은 구조물에서 휨응력은 중요하다. 방사방향력과 표준의 얇은 아치구조물의 변형을 보여주는 그림 5.8로부터 방사방향력은 그들의 값과 방향을 변화시킨다는 것이 명백히 보여진다. 그러므로 모든 해석은 이와 같은 현상을 포함하여야 한다.

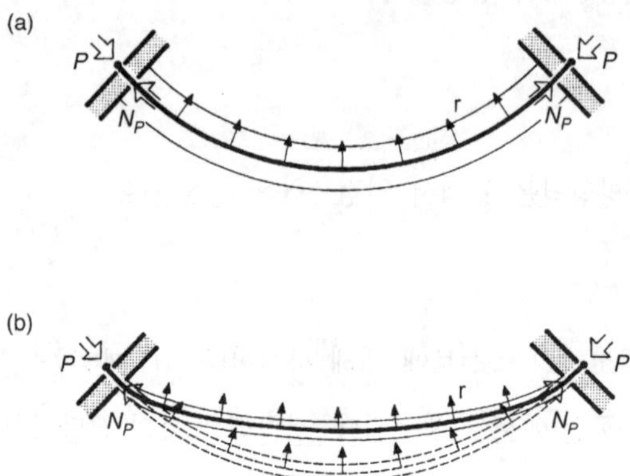

그림 5.8 강하고 얇은 아치에 작용하는 방사방향력

이것은 프리스트레스 긴장재가 축력에 의해 재하된 일련의 부재들로 모델화됨으로서 쉽게 성취될 수 있다.

제6장

콘크리트의 크리프와 건조수축

Creep and shrinkage of concrete

6. 콘크리트의 크리프와 건조수축

Creep and shrinkage of concrete

시공중 스트레스 리본과 케이블지지 구조물은 경계조건의 변화, 새로운 구조부재의 추가 및 타설, 포스트텐션의 적용과 임시 지점요소의 가설과 후속되는 철거 등 다른 정적시스템에 활용된다. 여러 재령의 구조부재들은 결합되어지고 점진적으로 콘크리트에 하중이 재하된다. 그러므로 콘크리트 구조물의 가설중과 공용중에 콘크리트의 크리프와 건조수축이 주의 깊게 고려되어야 한다.

건조수축과 크리프로 인한 콘크리트의 변형은 시멘트와 골재의 유형, 기후(온도와 습도), 부재의 크기와 재하시간 등에 의해 크게 변할 수 있다.

현대 크리프의 함수(그림 6.1)는 지체탄성의 이론(크리프의 최종값은 콘크리트의 재령에 의존하지 않음)과 크리프률 이론(Dishiger, Mörch, Ross) [73]이 결합된다.

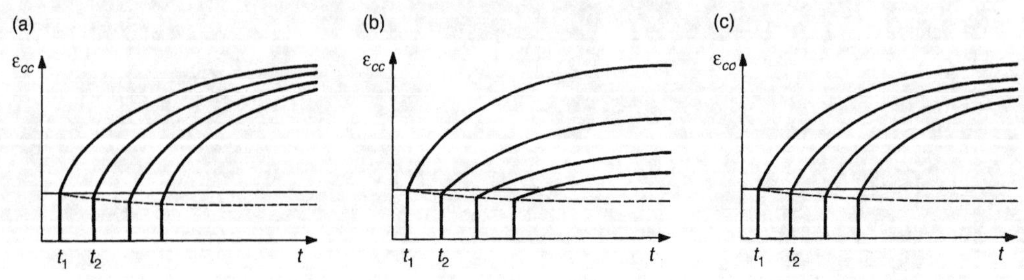

그림 6.1 크리프 함수 : (a) 지연탄성, (b) 크리이프율, (c) 수정 크리이프율

최종 설계를 위하여 CEB-FIP Model Code 90 (MC 90) [11]을 사용한 시간이력해석이나 특정실험이 적용되어야 한다. Model Code 90은 건조수축(cs)과 크리프(cc) 변형률에 대하여 다음과 같은 함수를 사용한다.

$$\varepsilon_{cs}(t, t_s) = \varepsilon_{cs0}\,\beta_s(t - t_s) \tag{6.1}$$

$$\varepsilon_{cc}(t, t_0) = \frac{f_c(t_0)}{E_c} \cdot \phi(t, t_0) \tag{6.2}$$

여기서, β_s는 시간에 따른 건조수축의 진전을 나타내는 계수이며, $\phi(t, t_0)$는 크리프 계수, f_c는 공칭응력, E_c는 28일 탄성계수, t_0는 재하시간[일], t_s는 건조수축 초기 또는 팽창초기의 콘크리트 재령[일], t는 콘크리트의 재령[일]이다.

표 6.1 건조수축변형률의 최종값 ε_{cs} [10^{-3}]

대 기 조 건	유효부재의 크기 $2A_c/u$ (mm)		
	50	150	600
건조 : 내부 (RH=50 %)	−0.53	−0.51	−0.36
습윤 : 외부 (RH=80 %)	−0.30	−0.29	−0.20

(주) A_c= 콘크리트의 횡단면적 ; $u = A_c$의 노출주변 (Permeter)

표 6.2 크리이프계수의 최종값 ϕ

재 령 t_0 (일)	유효부재의 크기 $2A_c/u$ (mm)					
	50	150	600	50	150	600
1	5.6	4.6	3.7	3.7	3.3	2.8
7	3.9	3.2	2.6	2.6	2.3	2.0
28	3.0	2.5	2.0	2.0	1.8	1.5
90	2.4	2.0	1.6	1.6	1.4	1.2
365	1.9	1.5	1.2	1.2	1.1	1.0

1. A_c= 콘크리트의 횡단면적 ; $u = A_c$의 노출주변 (Permeter)
2. 대기조건 : 건조 ; 내부 (RH=50 %) , 습윤 ; 외부 (RH=80 %)

초기 고려사항으로 콘크리트 크리프와 건조수축의 최종값은 표 6.1과 표 6.2 [23]에서 명시되어 있다. 이 표는 평균값을 나타내며, 재하시간 t_0에서 $0.4f_c$를 넘지 않는 응력을 받는 등급 20~50 MPa의 콘크리트에 적용한다.

재령에 따른 건조수축 변형률과 크리프 계수의 진전은 그림 6.1과 그림 6.2에서 추정될 수 있다.

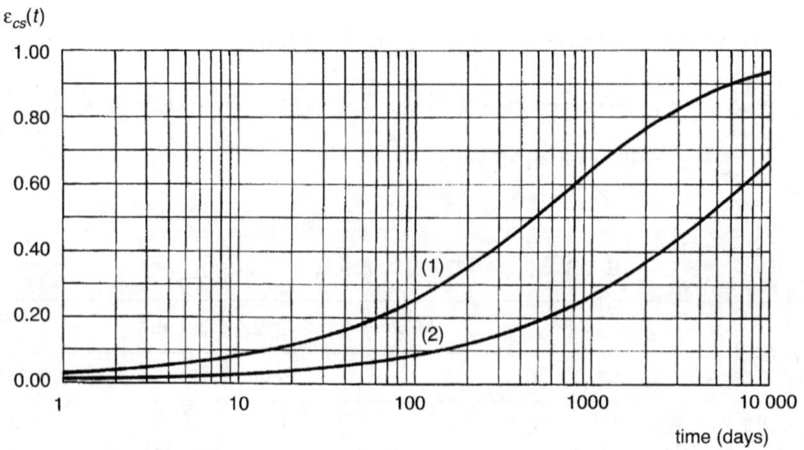

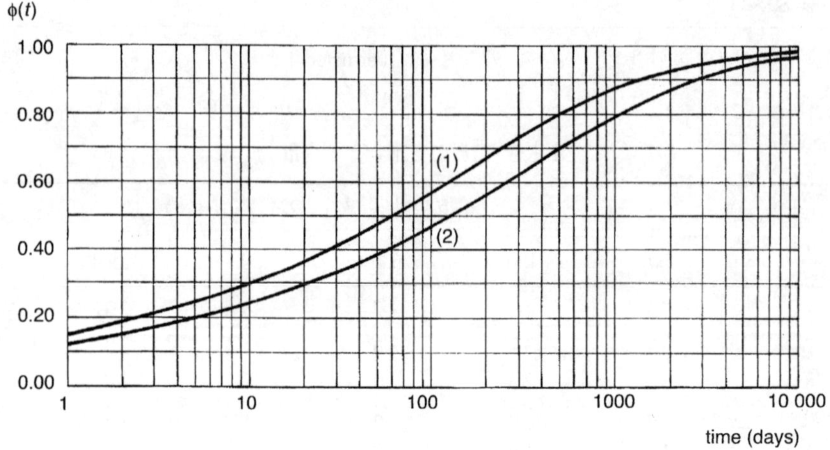

그림 6.2 [표 6.1]과 [표 6.2]에 주어진 극한 건조수축 혹은 크리이프계수에 의해 나누어진 시간 t (일)에서의 건조수축 변형률 $\varepsilon_{CS}(t)$과 크리이프계수 ϕ

시간의존해석

스트레스 리본과 케이블지지구조물의 시간의존해석에 대하여 특성화된 소프트웨어가 사용되어야 한다. 소프트웨어는 시공 요구조건의 모든 면을 다룰 필요가 있으며 많은 구조물이 재령이 다른 부재들로 결합되어 있다는 것을 고려하여야 한다. 이 책에서 수행하는 설계와 매계변수 연구를 위해 프로그램 TDA가 사용되어 졌다. 프로그램 시스템 SCIA [17]에 최근에 포함되어진 이 프로그램은 체코공화국 브르노에 있는 저자의 설계사무소 SHP [86]와 브르노기술대학의 나브라틸 박사에 의해 개발되었다. 해석을 위해 시간에 따른 선형 점탄성 이론이 적용되어진다. 이것은 크리프 예견 모델이 선형중첩법의 적용을 보장하기 위하여 응력과 변형률을 선형화한다는 가정에 기초를 두고 있음을 의미한다. 수치해는 유한합에 의한 Stieltjes' 유전적분으로 대체하는데 기초로 두고 있다. 그래서 일반적인 크리프의 문제는 일련의 탄성문제로 변환된다. 구조부재의 건조수축과 크리프는 평균상대 습도와 부재의 크기를 고려하는 주어진 횡단면의 평균특성에 의하여 예견되어진다. 재령에 의한 시간의 탄성계수 진전도 고려되어진다.

그 방법은 시간영역을 별개의 시간들(시간절점)에 의해 시간 간격으로 나누는 단계별 컴퓨터 처리에 기초를 둔다 [47]. 유한요소해석은 각 시간절점에서 수행되어 진다. 요소강성행렬과 하중벡터항은 축, 휨 및 전단변형의 효과를 포함한다. 요소의 중심축은 절점에 연결된 기준축에 편심되게 놓여질 수 있다. 6개의 외부와 2개의 내부 자유도가 사용된다. 내부절점계수의 정적축소(Static Condensation)가 사용되므로 편심요소들 사이의 완전 적합조건이 이행되어진다. 예를 들어, 요소는 프리캐스트 세그먼트, 복합슬라브, 사장케이블, 프리스트레스 긴장재나 철근보강(그림 6.3)들을 나타낸다. 그것들은 시공체계에 따라서 설치되거나 제거되어 질 수 있고 구조물의 종방향과 횡방향 모두에서 다른 재령의 콘크리트 영향을 고려한다. 세그먼트와 프리스트레스 케이블의 추가나 제거, 경계조건과 하중 그리고 규정변위의 변화와 같은 시공중에 적용되는 여러 작업은 모델링 될 수 있다.

응력-생성변형률은 탄성 즉시 변형률 $\varepsilon_e(t)$와 크리프 변형률 $\varepsilon_c(t)$로 구성된다. 재령에 의한 시간의 탄성계수 변화도 또한 고려된다. 크리프 예견 모델은 선형중첩법의 적용을 허용하는 응력과 변형률 사이의 선형이라는 가정에 기초를 한다.

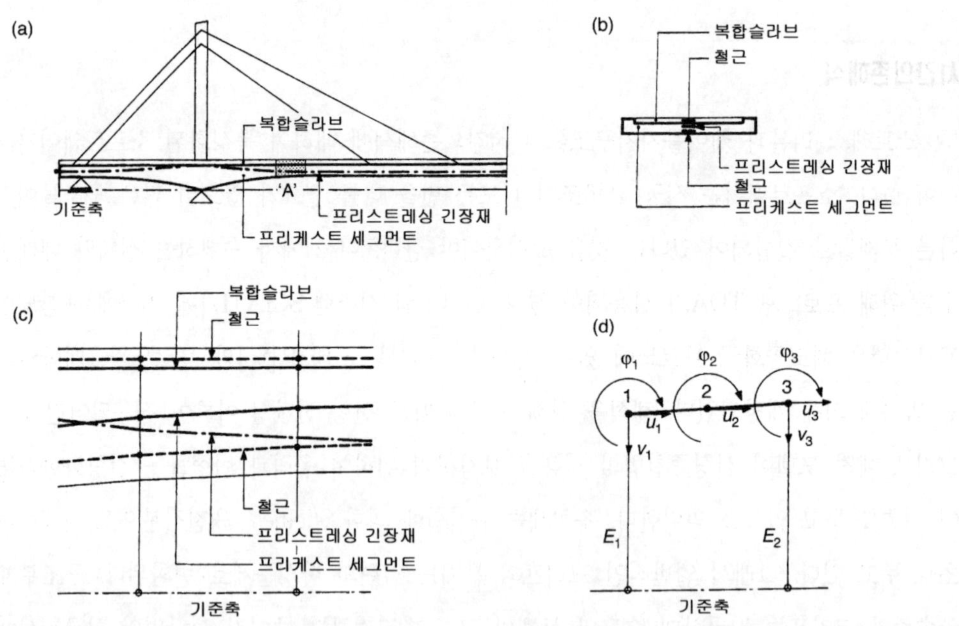

그림 6.3 케이블지지구조물의 시간의존 모델링 : (a) 부분정면, (b) 횡단, (c) 상세"A", (d) 유한요소 자유도

$$\varepsilon_m(t) = \sum_{j=0}^{n} \left\{ (1+\varphi(t, t_j)) \frac{\Delta f(t_j)}{E(t_j)} \right\} \tag{6.3}$$

여기서, $\varepsilon_m(t)$는 시간 t 에서의 총 변형률이다.

시간의존해석에 적용한 방법은 시간영역이 별개의 시간 절점 $t_i(i=1, 2, \cdots\cdots, n)$에 의해 시간 간격으로 나누어지는 단계별 컴퓨터 절차에 기초를 둔다. 시간 절점 i에서의 해는 다음과 같다.

① 간격 $\langle t_{i-1}, t_i \rangle$ 동안 크리프에 의해 생성되는 공칭변형률, 곡률, 전단 변형률의 증가분은 식(6.3)의 두 번째 합을 적용함으로서 계산된다. 이에 부합되는 건조수축 변형률도 계산된다.

② 단계 ①에서 계산되는 일반화된 변형률의 결과와 같은 하중 벡터 $d\boldsymbol{F}_p$는 모아서 결합된다.

③ 요소 강성 행렬 $\mathbf{K}$는 시간 t_i에 대하여 계산되어지고 전체 강성행렬 $\mathbf{K}_g$는 모아서 결합된다.

④ 식 $\mathbf{K}_g \, d\Delta_g = d\boldsymbol{F}_p$의 시스템이 해석되어 진다. 절점변위 $d\Delta_g$의 증가분의 벡터는 총 절점변위 Δ_g의 벡터에 더해진다.

⑤ 요소는 중심 좌표계에서 해석된다. 내력의 증가분과 탄성변형률의 증가분은 요소절점의 변위 증가분으로부터 계산된다.

⑥ 시간절점 t_i에서 구조형상의 증가분이 적용된다.

⑦ 시간절점 t_i에서 프리스트레스 되어진(혹은 온도변화에 의해 재하된) 요소의 일반화된 변형률 증가분이 계산된다. 구조물의 변형에 의한 프리스트레스의 손실은 내력의 증가분의 포함한 해석에서 자연적으로 포함된다.

⑧ 전체하중 벡터 $d\boldsymbol{F}_z$는 단계 ⑦에 계산된 내력과 동등한 것으로써 모아서 결합된다. 그래서 시간절점 t_i에서 적용된 장기하중의 다른 형태 증가분이 하중벡터 $d\boldsymbol{F}_z$에 더해진다.

⑨ 식 $\mathbf{K}_g \, d\Delta_g = d\,\boldsymbol{F}_z$의 시스템이 해석된다. 절점 변위 $d\Delta_g$의 증가분 벡터는 총절점 변위 벡터 Δ_g에 더해진다.

⑩ 내력과 탄성변형률의 증가분은 요소절점의 변위 증가분으로부터 계산된다.

⑪ 단계 ⑤와 단계 ⑩에서 계산된 내력의 증가분은 총 내력에 더해진다. 단계 ⑤와 단계 ⑩에서 계산된 탄성변형률의 증가분은 함께 더해지며 시간절점 t_i의 증가분으로서 탄성변형률의 이력에 더해진다.

⑫ 시간절점 $i+1$을 이용하여 이 과정의 첫 번째 단계로 되돌아간다.

입력 및 출력테이터의 광범위한 양을 감안하여 사용자에게 친숙한 전처리 및 후처리 그래픽 인터페이스가 개발되었다. 전처리 과정은 사용자에게 데이터 준비와 입력과정을 도와준다. 후처리과정은 사용자에게 요구된 데이터만 선택하고 보여주도록 한다. 그래픽 환경에서 출력데이터를 선별하고 개개의 매개변수(내력, 응력, 변형)를 활성 및 비활성화 할 수 있으며 구조물을 확대와 축소시키고 선택된 시간절점과 다른 조작을 볼 수 있게 한다.

수정된 수치 과정은 시간의존의 기하학적 비선형 구조해석에서 이행되어 진다. 방금 서술한 크리프와 건조수축해석에 대한 컴퓨터처리 과정은 체코공화국 브르노기술대학에서 사용한 유한요소 소프트 패키지 ANSYS와 잘 맞아서 적용될 수 있다. 단계 ①과 단계 ②에서 계산된 크리프와 건조수축의 영향, 그리고 단계 ⑥과 단계 ⑦에서 적용된 외력은 ANSYS 구조 모델에 대한 등가하중으로 변환되어진다. 완전한 기하학적 해석이 수행된 후 변위와 내력의 증가분은 단계 ⑤, 단계 ⑩과 단계 ⑪에 묘사된 방법에 따라 처리되고 그러고 나서 해석은 새로운 시간절점으로 이동한다.

시간의존해석의 중요성은 다음 예제에 의해 검증될 것이다.

다른 재령의 부재 사이의 응력재분배

응력의 중요 재분배는 강재와 콘크리트에 의해 형성된 구조물에서나 다른 재령의 부재들이 결합된 구조의 부재에서 일어난다. 이러한 현상의 중요성은 그림 6.5~그림 6.7에서 보여주며, 그림 6.4에서 보여주는 1m 부재의 다른 재령 콘크리트의 두 부분 사이에서 응력의 재분배를 나타낸다.

부재의 횡단면은 5.00 × 0.25 m의 사각형이다. 해석은 부재(표 6.3)의 첫 번째(A_{PS})와 두 번째(A_{CS})부분의 면적 특성에 의하여 달라지는 다섯 가지 경우에 대하여 수행된다.

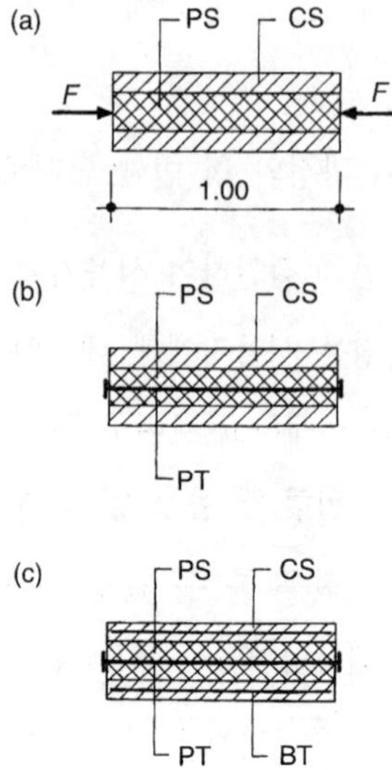

그림 6.4 점진적으로 타설되는 콘크리트 부재 : (a) 프리캐스트 세그먼트와 복합슬라브, (b) 프리캐스트 세그먼트, 복합슬라브와 프리스트레싱 긴장재, (c) 프리캐스트 세그먼트, 복합슬라브, 프리스트레싱과 지지 긴장재

표 6.3 점진적으로 타설되는 콘크리트 부재

Case	단면적 (m)^2		
	Part 1 PS	Part 2 CS	합 계
1	1.2500	0.0000	1.2500
2	0.9375	0.3125	1.2500
3	0.6250	0.6250	1.2500
4	0.3125	0.9375	1.2500
5	0.0000	1.2500	1.2500

프리캐스트 부재(프리캐스트 세그멘트 PS)를 나타내는 첫 번째 부분은 설계기준 강도 $f_c = 50$ MPa ($E_c(28) = 38.5$ GPa)을 가지고 있다고 가정된다. 단면의 현장타설부분(복합슬라브 CS)을 나타내는 두 번째 부분은 설계기준강도 $f_c = 40$ MPa ($E_c(28) = 36.50$ GPa)를 가진다고 가정된다. 응력의 재분배는 유동학적 함수 MC 90을 사용하는 프로그램 TDA에 의해 결정된다.

그림 6.5는 일정한 힘이 재하된 점진적으로 타설되는 콘크리트 부재의 두 부분 사이의 응력 재분배를 보여준다. 타설과 재하과정은 다음과 같다. 부재의 첫 번째 부분을 타설한다. 양생 3일후 수축이 허용되는 지점에 위치시킨다. 87일(시간 90일)이 지난 후, 부재의 두 번째 부분을 타설하고 3일 동안 양생한다. 추가 7일(시간 100일) 후, 일정 힘 $F = 12.5$ MN 로 요소를 재하한다.

그림으로부터 재하시 힘이 면적 A_c 와 탄성계수 $E_c(t)$ 의 곱으로 주어진 그들의 강성에 비례하여 부재의 두 부분으로 분배된다. 시간이 지나면 응력(혹은 힘의 부분)은 부재의 새로운 쪽에서 오래된 쪽으로 재분배된다.

그림 6.6은 프리스트레스 긴장재(그림 6.4(b))에 의해 포스트텐션된 점진적으로 타설되는 콘크리트 부재 두 부분 사이의 응력 재분배를 보여준다. 긴장재는 면적 $A_{PT} = 0.01512$ m^{2}과 탄성계수 $E_S = 195$ GPa을 가지고 있다. 타설과 재하과정은 전의 예제와 동일하다. 100일에 적용된 프리스트레스 힘은 $P = 12.5$ MN 이다. 포스트텐션을 주는 시기에 긴장재는 영강성($A_{PT} E_s = 0$)을 가지고 있다. 포스트텐션 후, 긴장재는 구조물로서 역할을 한다. 전의 예제와 유사하게 프리스트레스 힘은 재하시 면적 A_c와 탄성계수 $E_c(t)$의 곱에 의해 주어진 그들의 강성에 비례하여 부재의 요소로 분배된다. 시간에 따라 프리스트레스힘은 재분배된다. 콘크리트의 크리프와 건조수축에 의한 부재의 축소 때문에 긴장재에서의 인장력은 줄어든다. 또한 압축응력은 새로운 쪽에서

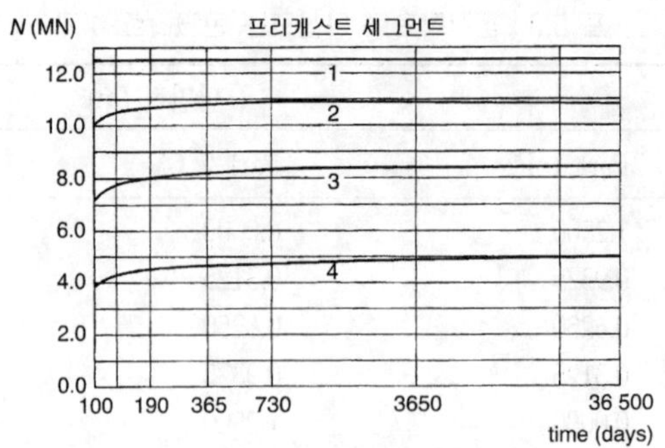

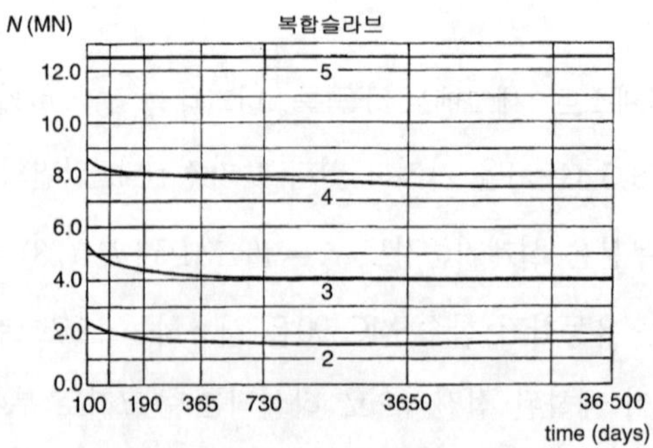

그림 6.5 부재의 힘의 재분배 (a)

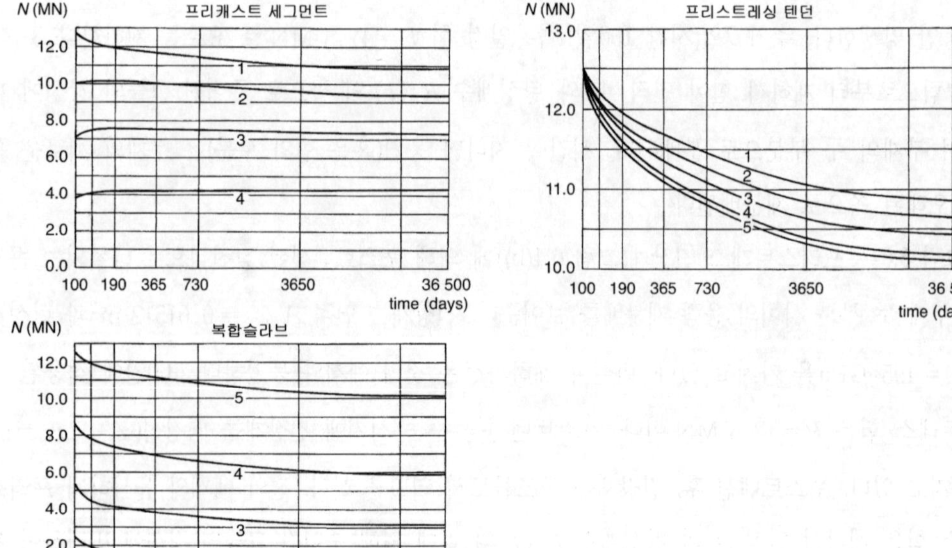

그림 6.6 부재의 힘의 재분배 (b)

오래된 콘크리트 쪽으로 재분배 된다.

그림 6.7은 프리스트레스 긴장재 PT (그림 6.4(c))에 의해 포스트텐션된 점진적으로 타설되는 콘크리트 부재의 두 부분 사이의 응력재분배를 보여준다.

긴장재는 면적 $A_{PT} = 0.01512\ m^2$과 탄성계수 $E_s = 195$ GPa을 가진다. 추가적으로 면적 $A_{BT} = 0.02408\ m^2$과 탄성계수 $E_s = 195$ GPa의 긴장되지 않은 긴장재는 두 번째 부분 타설 전에 부재로 배치된다. 이 긴장재는 스트레스 리본 구조물에서 사용되는 지지긴장재(BTs)을 나타낼 수 있다.

콘크리트 재령 100일에 적용된 프리스트레스힘은 $P = 12.5$ MN이다. 포스트텐션을 주는 시기에 프리스트레스 긴장재는 영강성($A_{PT} E_s = 0$)이다. 포스트텐션 후, 긴장재는 구조물의 일부분으로 된다.

프리스트레스 힘은 콘크리트부재의 두 부분뿐만 아니라 긴장되지 않은 긴장재에게도 분배된

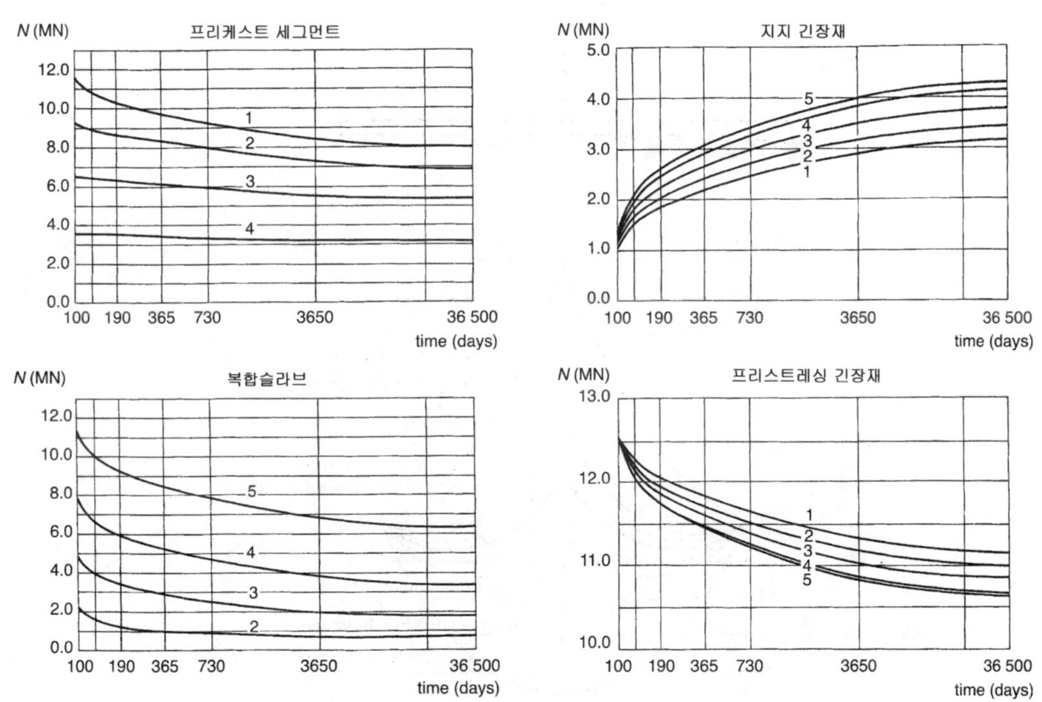

그림 6.7 부재의 힘의 재분배 (c)

다. 응력은 면적 A_{PT}와 탄성계수 E_s의 곱으로 주어진 긴장이 안 된 긴장재의 강성과 면적 A_c와 탄성계수 $E_c(t)$의 곱으로 주어진 강성에 비례하여 분배된다. 시간에 따라 프리스트레스힘은 재분배된다. 콘크리트의 크리프와 건조수축에 의한 부재의 축소 때문에 긴장재내의 인장력은 줄어든다. 또한 압축응력은 새로운 쪽에서 오래된 쪽으로 뿐만 아니라 콘크리트 강재로 재분배된다.

정적계의 변화를 수반하는 구조물의 응력재분배

시공중 정적계를 변화시키는 구조물에서 응력의 중요 재분배가 일어날 수 있다고 알려져 있다. 이러한 현상의 중요성은 간단한 케이블지지 구조물로 예증할 수 있다.

그림 6.8은 14일 양생 후, 매우 강한 사장케이블($E_sA_s = \infty$)이 중앙경간에 매달려 있는 12 m 경간장의 단순보를 보여준다. 매달림전에 힘(N)은 케이블에 도입된다. N의 값은 0, R과 $2R$이며, 여기서 R은 등분포하중하에 2경간연속보의 중간지점에서의 반력이다.

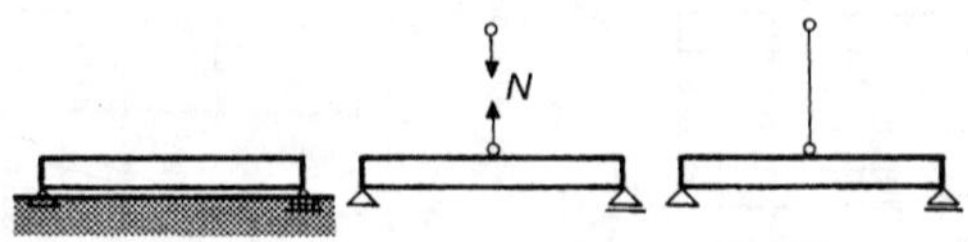

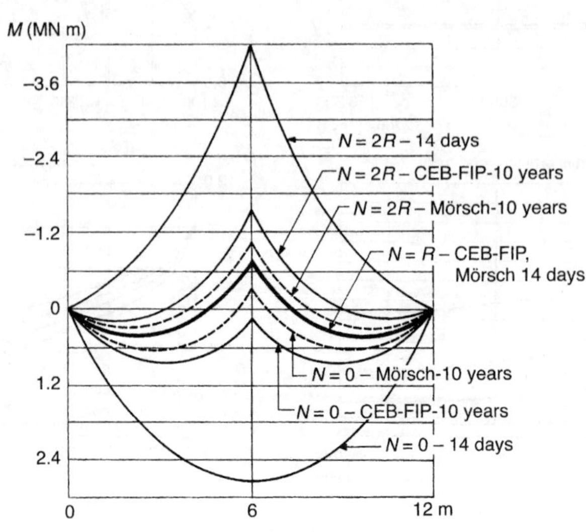

그림 6.8 2경간보의 휨모멘트 재분배

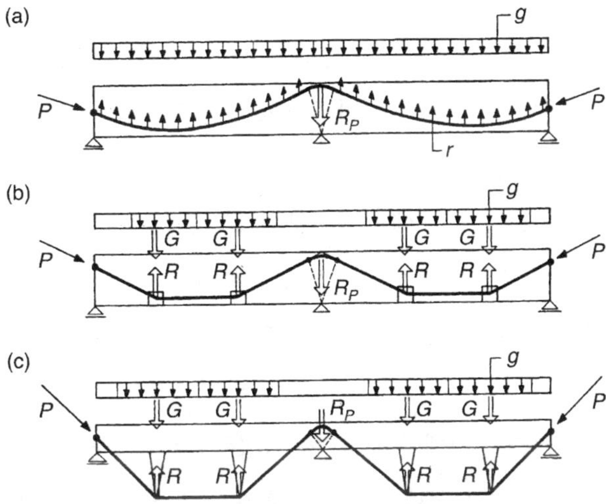

그림 6.9 (a) 내부 긴장재에 의한, (b) 횡단의 형고내에 위치하는 외부 긴장재에 의한, (c) 횡단의 형고외에 위치하는 외부 긴장재에 의한 2경간보에서 균형 고정하중

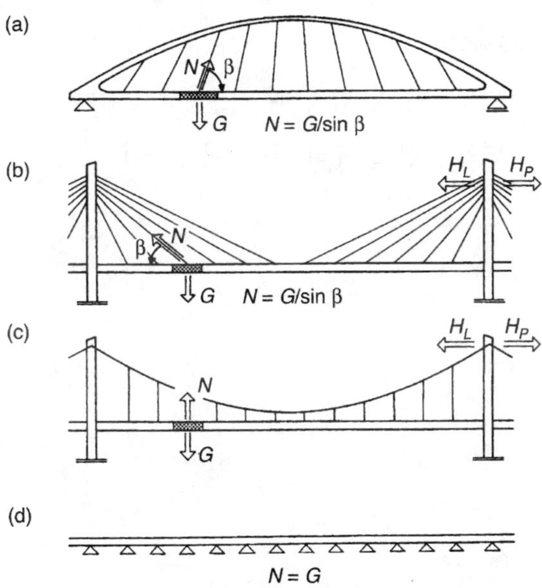

그림 6.10 고정하중의 균형 : (a) 아치 구조물, (b) 사장케이블 구조물, (c) 현수 구조물, (d) 등가 연속보

시간의존해석은 구 Mörsch와 CEB－FIP (MC 90) 크리프함수(그림 6.1)로 수행된다. 시간에 따라 휨모멘트의 중요 재분배는 $N=0$와 $N=2R$에 대하여 일어난다. 휨모멘트도는 2경간보의 휨모멘트도로 변한다. 콘크리트는 자연재료이며 구조물은 연속보처럼 자연적으로 거동한다. 이 경우 응력의 더 많은 재분배가 구 Mörsch 크리프함수에 대해 획득된다.

힘 $N=R$에 대하여 두 크리프함수에서 재분배가 없다는 것을 깨닫는 것이 중요하다. 구조물은 그 형태를 유지하고 그 응력은 일정하다. 그들의 값은 채택된 크리프함수에 의존하지는 않는다.

응력이 변하는 구조물을 설계하는 것은 어렵기 때문에 응력의 재분배가 최소인 초기단계에서 설계하는 것이 중요하다.

이것은 내부 프리스트레스 긴장재나 외부긴장재(상부구조의 주변 내측이나 외측에 위치)에서의 기하조건과 힘들이 고정하중과 함께 그들의 결과가 편향구(그림 6.9)에서 영변위를 생성하도록 결정되어져야만 한다는 것을 의미한다. 이것은 프리스트레스에 의해 고정하중이 균형을 이루어야 한다는 것을 의미한다. 그런 구조물은 축력에 의해서만 재하되어진다면 오랫동안 그 형태를 유지한다. F. Leonhardt와 T. Y. Lin 교수 [39], [43]에 의해 개발된 이같은 접근은 부분적이거나 제한적 또는 완전 프리스트레싱을 적용하는 방향으로 유도한다. 하중균형의 중요성은 R. Favre 교수 [21]에 의해 다시 입증되었다.

상부구조가 아치나 주탑에 매달려 있을 때 사장이나 현수케이블의 초기힘은 정착부(그림 6.10)에서 상부구조변위가 영인 조건으로부터 결정되어야 한다.

제 7 장

스트레스 리본 구조물

Stress ribbon structures

7. 스트레스 리본 구조물

Stress ribbon structures

2장에서 설명된 바와 같이 프리스트레스 콘크리트 상부구조를 가지는 스트레스 리본교는 증가되는 강성 때문에 우수한 거동을 가진다. 스트레스 리본 구조에 대하여 여기서 보다 상세하게 서술하고자 한다.

7.1 구조적 배치

스트레스 리본교는 1개 이상의 경간을 가질 수 있다. 가볍게 처진 형태는 이 구조형식의 특징이다(그림 7.1). 스트레스 리본구조물의 정확한 형태는 고정하중의 케이블카선 형태이다. 이와 같은 구조물은 보통 일정단면을 가지고 있고, 새그가 매우 작기 때문에 2차 포물선과 근접한 형태를 가지고 있다. 2경간 구조물의 표준 기하조건은 그림 7.2와 같다.

기하조건

다경간 구조물의 기하조건은 고정하중에 대한 수평력이 교량의 길이에 따라 일정하다는 조건으로부터 유도된다. 이것은 중간교각이 수평력에 의하여 긴장되지 않고 결과적으로 휨모멘트에 의하여 긴장되지 않는다는 것을 보장한다. 이러한 요구는 모든 케이블 지지구조물에 필수적이고 시공이 그것을 보장해야만 한다.

설계에서 첫째로 가장 긴 경간 L_{max}에 대하여 중간 경간 새그 f_{max}를 결정한다. 수평방향의 평형 조건식으로부터 길이 L_i의 경간에 대해 중간경간 새그 $f_{i_{max}}$는,

$$H = \frac{gL_i^2}{8f_i} = \frac{gL_{max}^2}{8f_{max}} \tag{7.1.1}$$

$$f_i = \frac{L_i^2}{L_{max}^2} f_{max} \tag{7.1.2}$$

경간 i에 대하여,

$$f_i(x) = 4f_i \frac{x(L_i - x)}{L_i^2} \tag{7.1.3}$$

그림 7.1 Grants Pass교, 오레건, 미국 : 변화경사

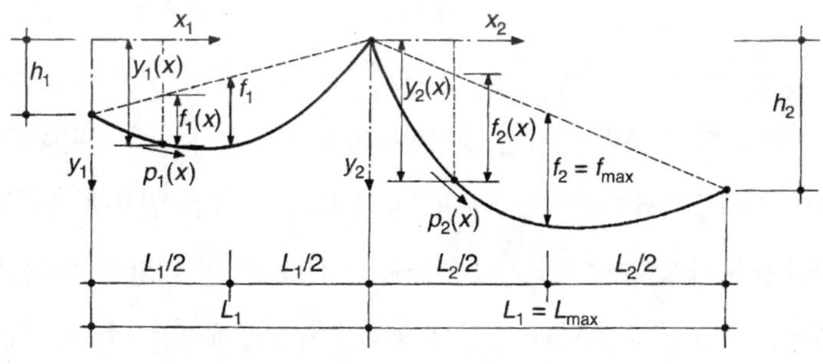

그림 7.2 상부구조의 기하조건

$$p_i(x) = 4\, f_i \frac{(L_i - 2x)}{L_i^2} \tag{7.1.4}$$

그림 7.2에 제시한 2경간 구조물에 대하여,

경간 1

$$y_1(x) = h_1 - \frac{h_1}{L_1}x + f_1(x) = h_1 - \frac{h_1}{L_1}x + 4 f_1 \frac{x(L_1 - x)}{L_1^2}$$

$$p_i(x) = -\frac{h_1}{L_1} + p_1^0 = -\frac{h_1}{L_1} + 4 f_1 \frac{(L_1 - 2x)}{L_1^2}$$

경간 2

$$y_2(x) = \frac{h_2}{L_2}x + f_2(x) = \frac{h_2}{L_2}x + 4 f_2 \frac{x(L_2 - x)}{L_2^2}$$

$$p_i(x) = \frac{h_2}{L_2} + p_2^0 = \frac{h_2}{L_2} + 4 f_2 \frac{(L_2 - 2x)}{L_2^2}$$

구조부재

스트레스 리본 구조의 상부구조는 단일밴드에 의해 형성되어지거나 프리캐스트 세그먼트들로부터 결합되어질 수 있다. 밴드는 교대에 고정되어지고 중간 교각(그림 7.3)에 의해 지지된다. 스트레스 리본에서 최대 경사의 한계 때문에 리본은 지반으로 전달되어야 할 큰 수평하중에 의해 긴장된다. 특별한 경우에서만 상부구조가 비계에 의해 지지되는 거푸집에 타설된다. 보통, 스트레스 리본 구조는 현존지형과 독립적으로 가설된다. 거푸집 혹은 프리캐스트 세그먼트는 지지긴장재에 의해 매달리고 지지케이블을 따라 설계위치(그림 7.4(a))로 이동된다. 세그먼트 사이의 죠인트들이나 전체 밴드가 타설된 후, 적용된 프리스트레스는 완전한 상부구조의 구조적 결합체를 보장한다. 스트레스 리본교의 구조적 배치는 정적작용과 시공과정에 의해 결정된다. 가설하는 동안 구조물은 완전 유연 케이블로서의 역할을 한다(그림 7.4(a)). 그것은 공용중 축력뿐만 아니라 휨모멘트에 의해 긴장되는 프리스트레스트 밴드(스트레스 리본)로서의 역할을 한다(그림 7.4(b)). 그러나 가설의 마지막에는 구조물의 응력과 형상이 공용중 구조물에 일어날 수 있는 응력의 크기를 결정한다.

그림 7.3 Koushita교, 일본 : 구조부재 (Oriental건설)

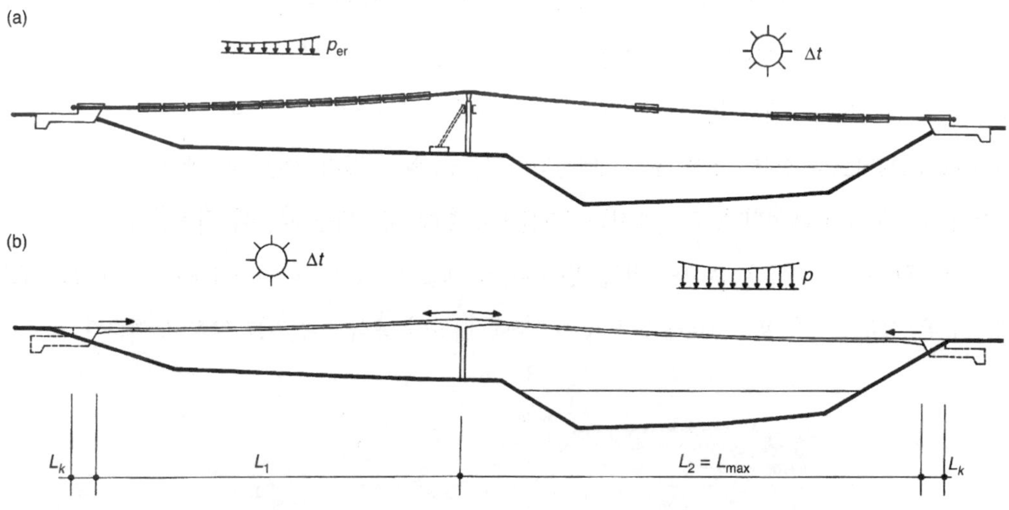

그림 7.4 정적작용 : (a) 가설중, (b) 공용중

7.2 프리스트레스트 밴드

비록 프리스트레스트 밴드가 매우 무거운 하중을 지지할지라도 그것은 매우 얇다(그림 7.5). 스트레스 리본구조물의 거동을 이해하기 위하여, 프리스트레스, 활하중과 온도변화에 의한 상부구조

에서 휨모멘트는 그림 7.6, 그림 7.7에 보여진다. 구조는 99 m의 경간장을 가지며 새그는 1.98 m이다. 상부구조는 그림 2.16에서 연구되었던 구조물의 상부구조와 같다. 탄성계수 $E_c = 36\,000$ MPa을 가지는 콘크리트 밴드는 폭 5 m, 두께 0.25 m의 기본적 사각형 단면으로부터 주어지는 단면 특성을 가지고 있다.

$$A_c = bh = 5 \times 0.25 = 1.25 \text{ m}^2$$

$$I_c = \frac{1}{12} bh^3 = \frac{1}{12} \times 5 \times 0.25^3 = 0.00651 \text{ m}^4$$

상부구조는 면적 $A_{s,\,BT} = 0.0196$ m^{2}의 지지긴장재에 매달려 있고, 면적 $A_{s,\,PT} = 0.0196$ m^{2}의 긴장재로 포스트텐션이 적용된다.

고정하중 $g = 33.345$ kN/m에 의한 수평력 H_g는 17.30 MN이다. 구조물은 (1) 고정하중, (2) 온도변화 $\Delta t = \pm 20$ ℃, (3) 활하중 $p = 20$ kN/m, (4) 전경간, (5) 경간의 반, (6) 중앙경간에 집중하중 $F = 100$ kN이 재하된다. 구조물은 프로그램 ANSYS에 의하여 프리스트레스싱 힘 $P = 25.52$ MN으로 상부구조에 포스트텐션되어진 경우와 그렇지 않은 경우에 대하여 기하학적 비선형 구조물로서 해석된다. 해석에서는 7.6절에서 후에 서술되는 과정이 적용된다.

그림 7.6과 그림 7.7은 하중의 위치, 변형과 휨모멘트를 보여준다. (a)와 (b)는 프리스트레스되지 않은 상부구조와 프리스트레스된 상부구조에 대하여 해석의 결과를 각각 보여준다.

그림 7.5 Brono-Komin교, 체코

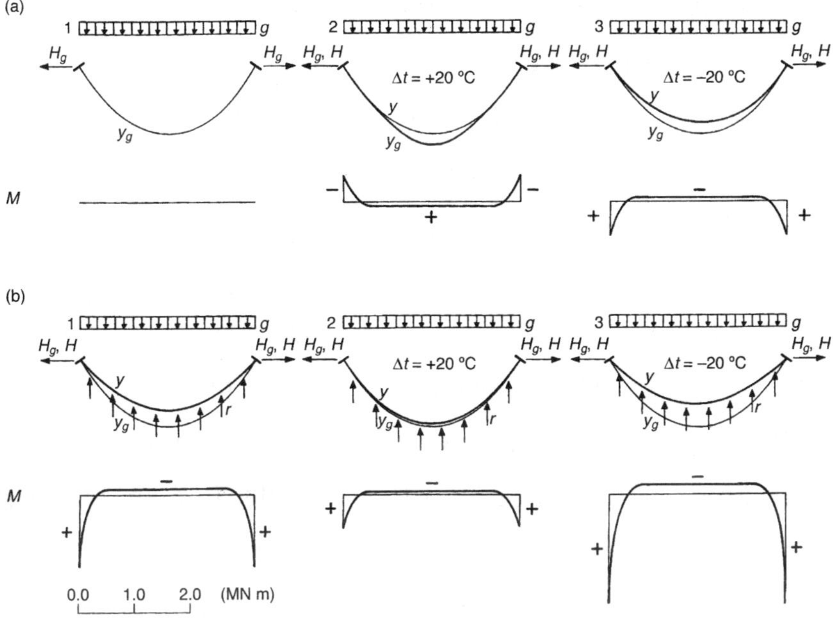

그림 7.6 변형과 휨모멘트 1 : (a) 프리스트레싱이 없는 경우, (b) 프리스트레싱이 있는 경우

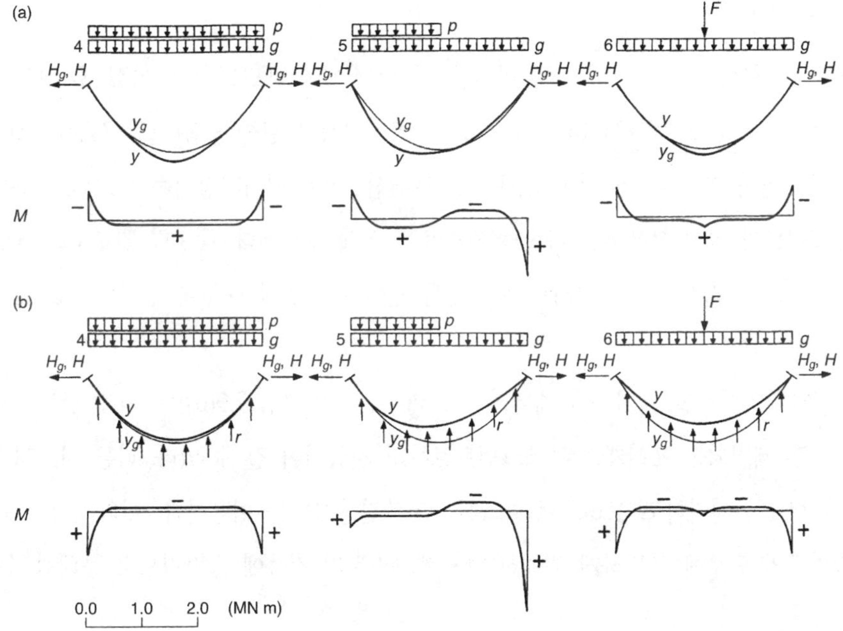

그림 7.7 변형과 휨모멘트 2 : (a) 프리스트레싱이 없는 경우, (b) 프리스트레싱이 있는 경우

이와 같은 결과로부터 지점에서만 큰 휨모멘트가 생성된다는 것을 알 수 있다. 표준 유지관리용 차량을 나타내는 집중하중에 의한 휨모멘트는 상대적으로 매우 작다. 상부구조가 항상 포스트텐션되어 있기 때문에 지점부에서의 부의 휨모멘트는 매우 작다. 그러나 정(+)의 휨모멘트는 매우 크고 지점에서의 스트레스 리본구조의 상세에 큰 영향을 미친다.

구조물의 전체길이를 따라 상부구조는 축력만 받기 때문에, 상부구조는 매우 얇은 충실단면으로 형성될 수 있다. 그리고 그 얇은 단면은 격자형태의 하부(그림 7.8)를 형성하는 와플에 의하여 보다 더 줄여질 수 있다. 상부구조의 최소면적은, 여러 재하조건하에(프리스트레스 포함) 상부구조에 제한된 인장응력이 있거나 또는 영(0) 인장응력이라는 조건과 최대 압축응력을 넘지 않는다는 요구조건으로부터 결정된다. 집중하중에 의한 휨모멘트가 작기 때문에 상부구조의 두께는 본질적으로 프리스트레스 강재의 피복조건에 의하여 결정되어진다. 최소두께는 대부분의 경우, 상부구조의 충분한 강성을 보장한다(그림 2.15).

스트레스 리본구조의 상부구조는 지지케이블(그림 7.9(a))에 매달리는 거푸집에 타설되거나 프리캐스트 세그먼트에 의해 가설된다. 보통 상부구조는 지지긴장재에 의해 매달려지고 프리스트레스 긴장재에 의해 프리스트레스 된다. 그러나 지지 및 프리스트레스 긴장재의 작용이 또한 혼합되어질 수 있다.

초기에 세그먼트는 길죽한 홈내에 위치한 지지긴장재에 매달려지고, 가설 후 상부구조는 세그먼트 내에 있는 덕트(그림 7.6(b), 그림 7.10, 그림 7.11)나 길죽한 홈(그림 7.7(c), 그림 7.12)내에 위치한 두 번째 그룹의 케이블에 의해 포스트텐션 된다. 지지긴장재는 세그먼트 사이의 죠인트부의 콘크리트와 함께 부은 현장타설 콘크리트에 의해 보호된다. 종방향 건조수축 균열은 현장타설 콘크리트와 프리캐스트 콘크리트 사이에서 일어나기 쉽게 때문에 방수처리로 표면을 보호하는 것을 권고한다.

상부구조는 임시가설 케이블에 매달려지고 내부긴장재(그림 7.9(d))에 의해 상부구조를 포스트프리텐션 후 제거되는 프리캐스트 세그먼트로부터 결합되어 질 수 있다. 다른 시스템은 상부구조 (그림 7.9(f))를 지지하고 프리스트레스하는 외부긴장재들을 이용한다. 이와 같은 외부긴장재들은 세그먼트의 단부에 조밀하게 위치하거나 세그먼트의 전폭에 등간격으로 분배될 수 있다(그림 7.13).

그림 7.8 Nymbury교, 체코 : 상자형 하면

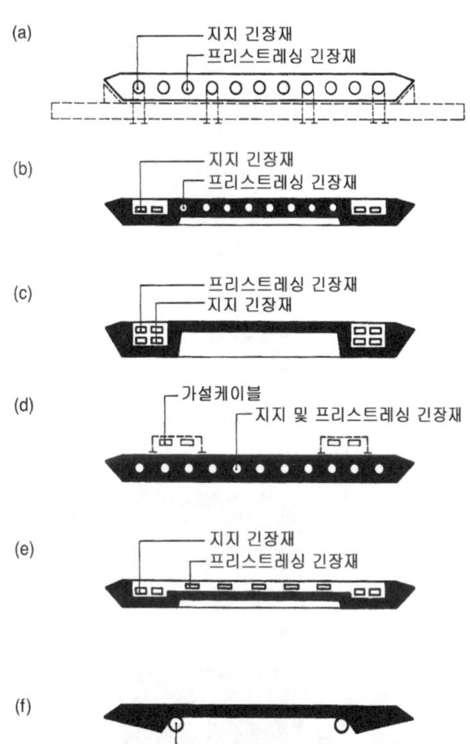

그림 7.9 프리스트레스트 밴드 : 표준단면

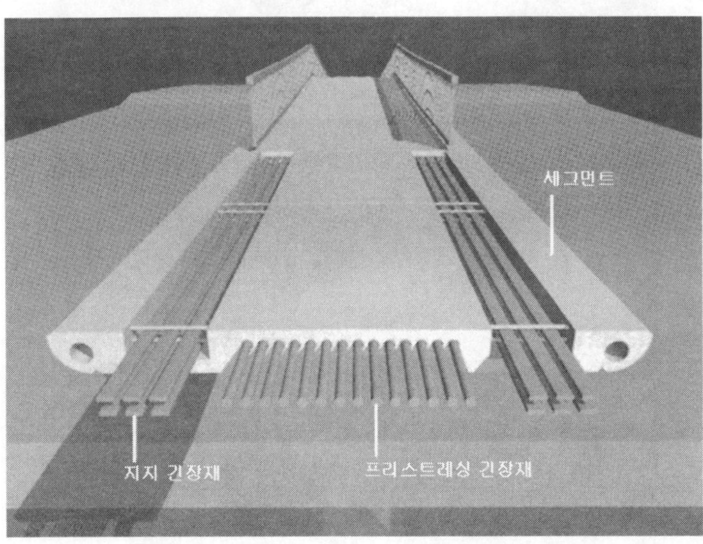

그림 7.10 DS-L교, 체코 : 프리스트레스트 밴드

그림 7.11 DS-L교, 체코 : 세그먼트

그림 7.12 Redding교, CA, 미국 : 세그먼트

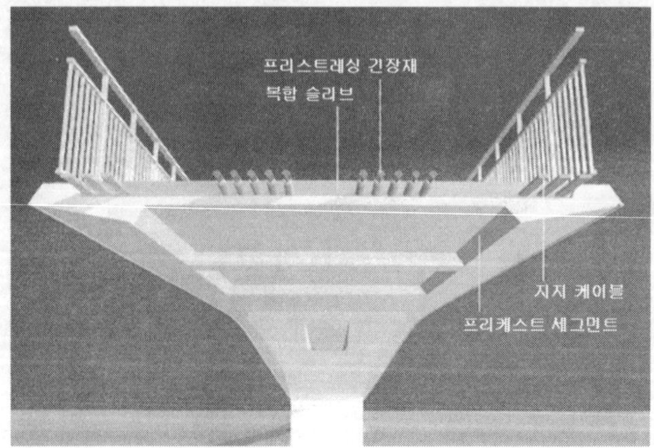

그림 7.13 Olomouc교, 체코 : 프리스트레스트 밴드

그림 7.14 Grant Pass교, 오레건, 미국 : 프리스트레스트 밴드

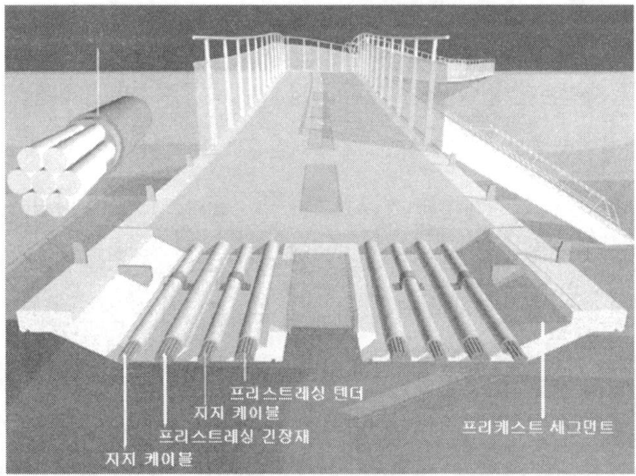

그림 7.15 Grant Pass교, 오레건, 미국 : 세그먼트

그림 7.16 Maidstone교, 영국 : 프리스트레스트 밴드

그림 7.17 Maidstone교, 영국 : 세그먼트

또 다른 배치는 복합 슬라브(그림 7.9(e), 그림 7.14 ~그림 7.17)의 프리캐스트 세그먼트로 구성된다. 세그먼트는 지지긴장재에 매달려지고 세그먼트 죠인트에서 동시에 타설되는 복합슬라브의 비계와 거푸집 역할을 한다. 프리캐스트 세그먼트와 복합슬라브는 현장타설 슬라브내의 지지긴장재를 따라 배치되어있는 긴장재에 의하여 포스트텐션되어진다. 죠인트 없는 연속 상부구조 슬라브는 프리스트레스 강재의 보호가 우수하여 최소의 유지관리비가 소요된다.

보통 지지긴장재는 복합슬라브(그림 7.18(a))나 길죽한 홈의 포스트텐션 콘크리트에 의해 보호된 강연선으로 구성된다. 프리스트레스 긴장재는 전통적인 덕트(그림 7.18(b))에 그라우트된 강연선에 의해 형성된다. 만약, 더 높은 방식이 요구되어진다면, 지지긴장재는 덕트내에 그라우트된 강연선으로 만들어지거나 PE덕트(그림 7.18(c), 그림 7.15)에 추가적으로 그라우트된 단일 강연선으로 만들어 질 수 있다.

스트레스 리본의 표준적인 단면으로 지점(그림 7.6, 그림 7.7)에서 발생하는 휨모멘트를 저항

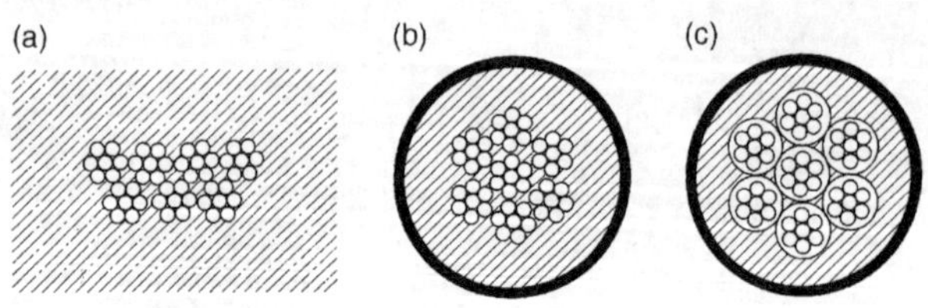

그림 7.18 지지 및 프리스트레싱 긴장재

할 수 없다. 그러므로 지점 휨모멘트는 다음과 같이 줄여질 수 있다.

- 지점에 근접된 유연지지부재의 생성(그림 7.19(b)). 이 부재의 작용은 사장케이블에서 보통 설계하는 네오프랜 링의 작용과 유사
- 포스트텐션과 온도하강동안 밴드가 끌어올려지고 온도의 증가에 따라 밴드가 원상태로 돌아오는 새들로 스트레스 리본을 지지(그림 7.19(c))
- 짧은 지지 헌치로 스트레스 리본을 강화(그림 7.19(d1), 그림 7.19(d2))

이러한 문제를 이해하고 계량하기 위하여 광범위한 매개변수연구가 수행되었다. 그림 7.19의 구조물은 지점부에 근접한 스트레스 리본의 다른 배치들에 대하여 분석되었다. 그림 7.6과 그림 7.7에 제시된 모든 하중에 대하여 해석이 수행되었다. 그림 7.20은 지지부재의 다른 강성에 대하여 그리고 프리스트레스력 P와 온도변화 $\Delta t = \pm 20$℃에 의한 하중에 대하여 지점 근처의 스트레스 리본에서의 휨모멘트를 보여준다. 지지부재는 탄성계수 E가 변하는데 대하여 길이 $l = 1$ m이며 면적 $A = 1$ m^{2}의 보부재로 모델링되었다. 강성 k는 변형 $\Delta l = 1$을 일으키는 힘이다. 해석은 $k = 0$, 10^3, 10^4, 10^5, 10^6 kN/m에 대하여 수행되었다.

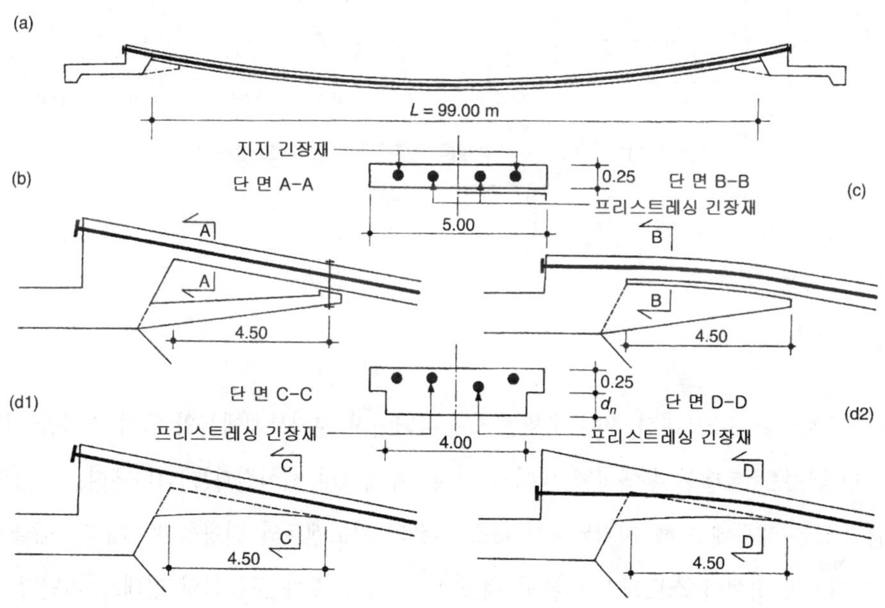

그림 7.19 지점에서의 스트레스 리본

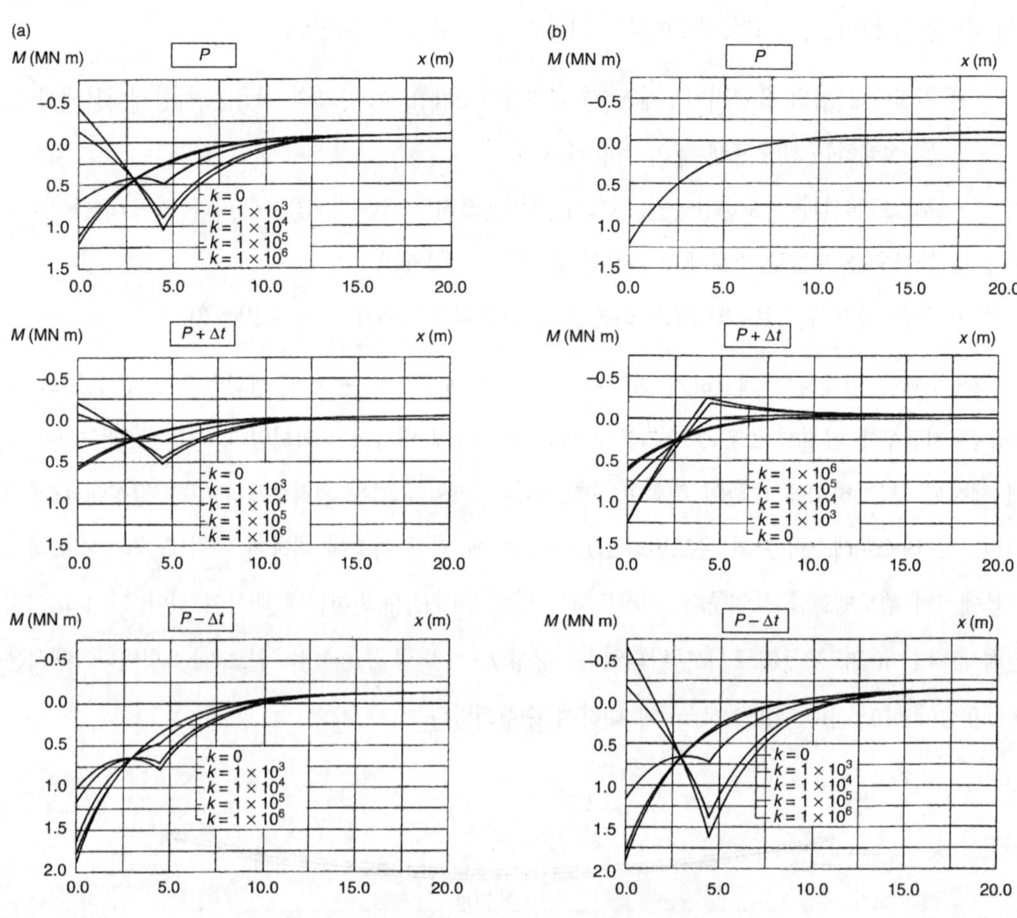

그림 7.20 유연한 지점부재를 가진 구조물에서의 휨모멘트

$$\Delta l = \frac{kl}{EI} = 1$$

$$k = \frac{EA}{L} = E$$

그림 7.20(a)은 포스트텐션 전에 구조물에 부착되어진 지지부재에서의 해석 결과를 나타낸다. 그림 7.20(b)은 포스트텐션 후에 부착되어진 지지부재에서의 해석결과를 나타낸다.

그림 7.21은 새들에 의해 지지된 스트레스 리본의 휨모멘트와 변형을 보여준다. 새들의 표면은 새들단에서의 접선이 스트레스 리본의 접선과 일치하는 2차 포물선의 형태를 지닌다. 새들은 매우 큰 강성을 가지는 것으로 가정한다. 그러므로 새들은 접촉부재에 의해 스트레스 리본에 연

결된 강성부재로 모델링되어 진다(그림 7.22(b), 그림 7.22(c)). 이 같은 부재들은 인장에 저항하지 않기 때문에 리본은 올라갈 수 있다.

포스트텐션 때문에 스트레스 리본은 부분적으로 새들로부터 올라온다. 스트레스 리본이 온도의 상승에 따라 온도가 재하되어 질 때 원상태로 돌아오지 않는다는 것을 주목해야 한다(그림 7.21(b)).

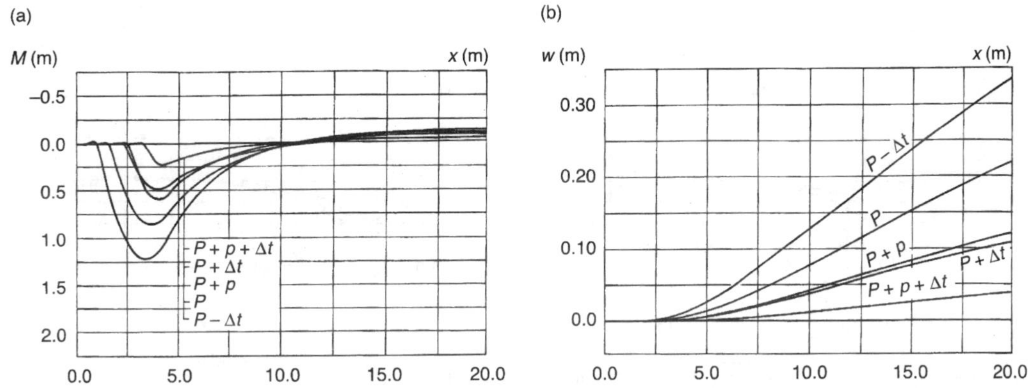

그림 7.21 새들을 가진 구조물에서의 (a) 휨모멘트와 (b) 변형

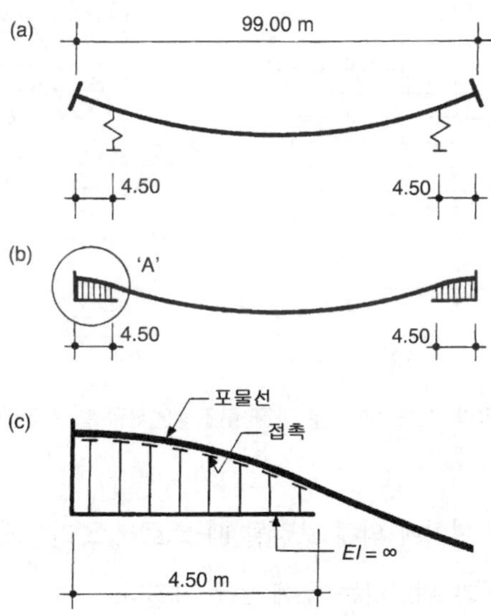

그림 7.22 (a)지점부재와 (b)새들의 모델링

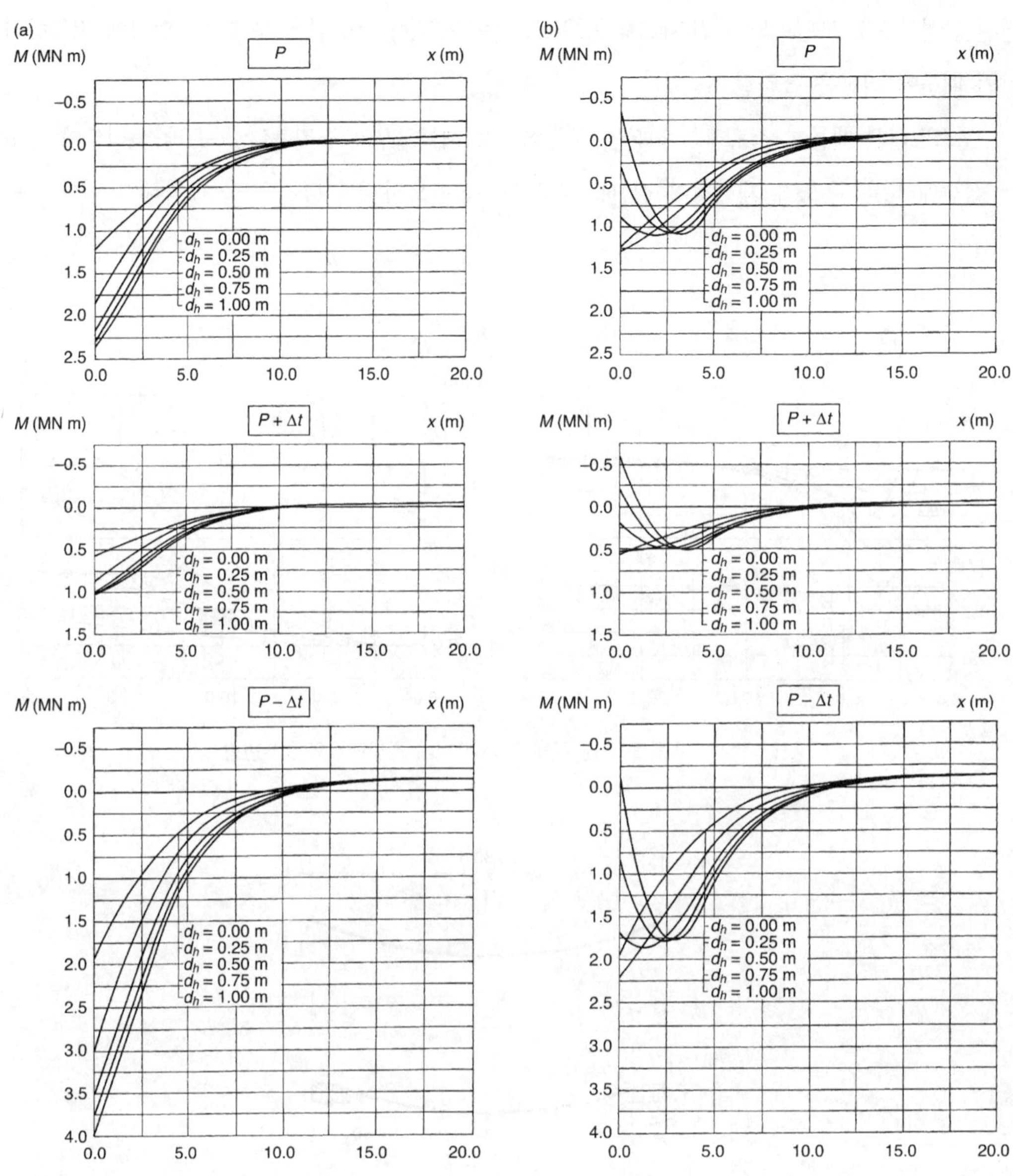

그림 7.23 헌치를 가진 구조물에서의 휨모멘트

그림 7.23은 짧은 포물선 헌치에 의해 보강될 때 스트레스 리본에서 일어나는 휨모멘트를 보여준다. 헌치는 4 m의 일정폭과 변화하는 두께 d를 가진다.

깊이 $d_h = 0, 0.25, 0.50, 0.75, 1.00$ m에 대해 계산이 수행되었다. 그림 7.23(a)는 프리스

트레싱 긴장재가 상부구조의 표면에 평행한 구조물에 대한 결과를 보여주고, 그림 7.23(b)는 프리스트레싱 긴장재가 헌치의 도심을 따르는 구조물에 대한 결과를 보여준다.

기술되어진 방법들로 휨응력을 많이 줄일 수 있더라도 지점 근처에의 스트레스 리본을 설계하는 데는 주의를 기울어야 한다. 리본을 설계하는데 있어서 바닥면에서 인장을 일으키는 정(+)의 휨모멘트가 결정적이다. 교량받침이나 프리스트레싱 긴장재가 바닥면으로부터 충분히 떨어져 있기 때문에 그곳의 균열을 받아들일 수 있으며, 보강으로 균열폭과 피로응력이 검토되어지는 부분포스트텐션부재로서 리본을 설계할 수 있다. 만약, 새들 위의 리본이 프리캐스트부재로부터 결합되어진다면, 죠인트에서 압축을 보장할 필요가 있다. 이것은 교각 세그먼트에 위치한 추가적인 짧은 텐던으로 해결할 수 있다.

7.3 교각과 교대

표준적으로 스트레스 리본 구조물은 새들이나 교각과 교대에서의 짧은 헌치로서 설계되어진다. 그림 7.24와 그림 7.25에서 표준적인 배치를 보여주고 있다. 이같은 부분의 상세는 국부적 조건과 선택된 기술에 의존할 것이다(그림 7.26, 그림 7.27).

그림 7.27(a)는 새들에 의해 지지되는 현장타설 상부구조를 보여준다. 그림 7.27(c)와 그림 7.28에서 그림 7.30까지는 새들에 의해 지지되는 프리캐스트 세그먼트의 해법을 제시한다. 새들 부분에서 더 큰 곡률을 받아들이기 위해서 교각 세그먼트의 길이는 표준 세그먼트의 1/3 이 되어

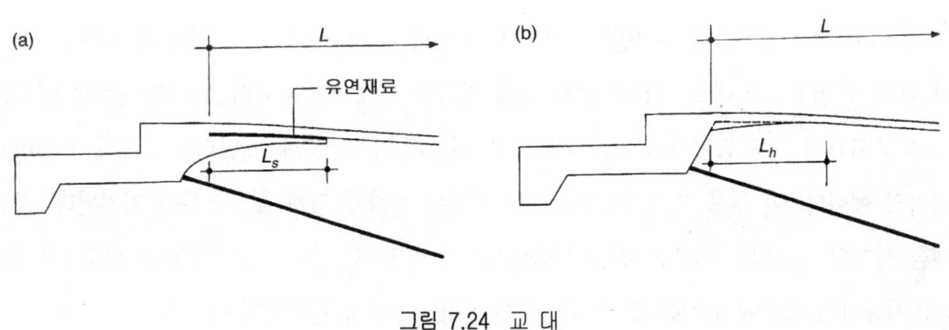

그림 7.24 교 대

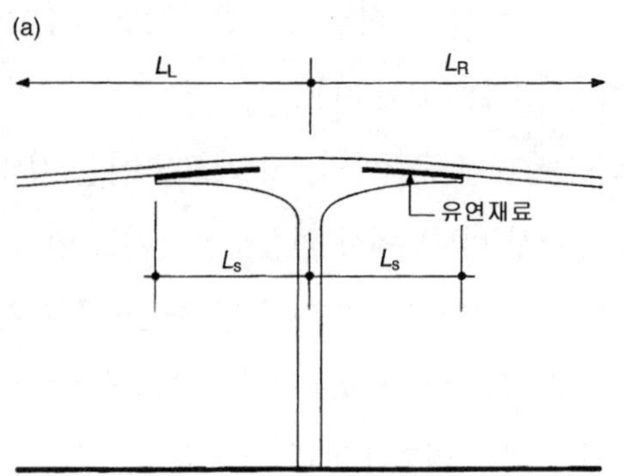

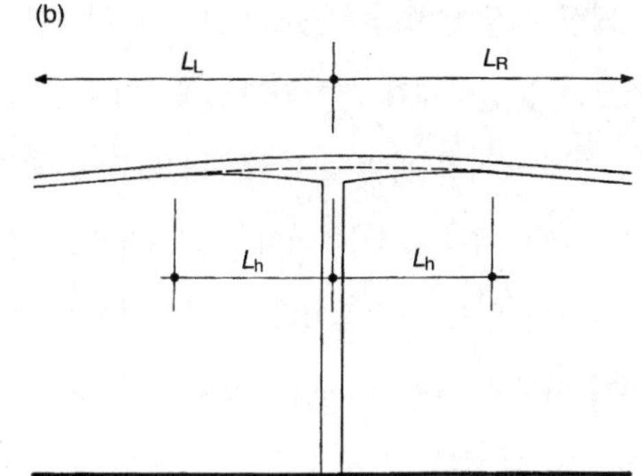

그림 7.25 중간교각

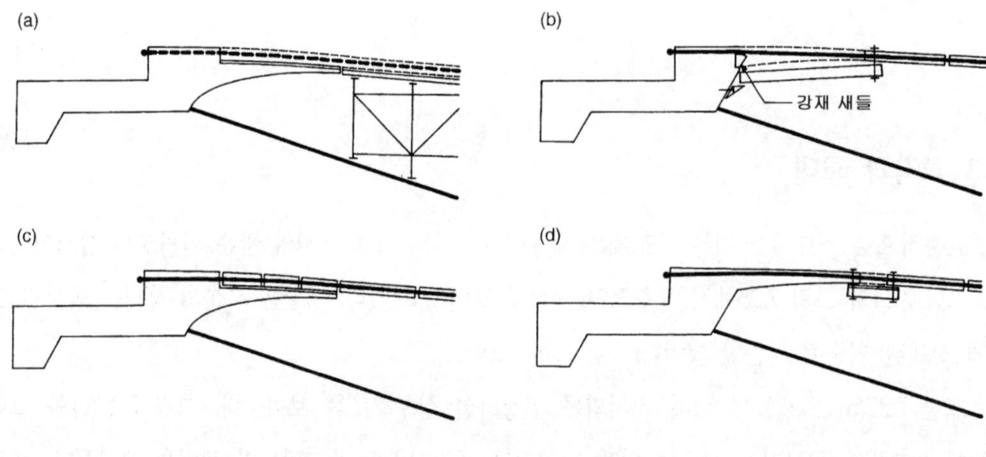

그림 7.26 교대에서 응력리본의 가설

야 한다. 세그먼트는 지지긴장재가 배치되고 인장되어지기 전에 가설된다.

교각 위에 직접 위치하는 세그먼트는 시멘트 모르타르 위에 놓인다. 나머지 세그먼트는 네오프렌 판 위에 놓인다. 스트레스 리본은 교각 위에 위치한 세그먼트 사이의 보강된 새들에 연결된다.

그림 7.31에서 그림 7.34까지는 교각과 이미 가설된 세그먼트에 매달린 거푸집에서 현장타설한 헌치의 예이다. 이 경우 지지긴장재는 교각기둥에 정착된 강재 새들로부터 지지된다. 강연선과 새들 사이의 마찰력은 테프론 판을 사용함으로서 줄일 수 있다(그림 7.27(e)). 상부구조자체가 구속을 제공하기 때문에 교각은 임시 버팀대를 사용함으로서 안정화될 수 있다.

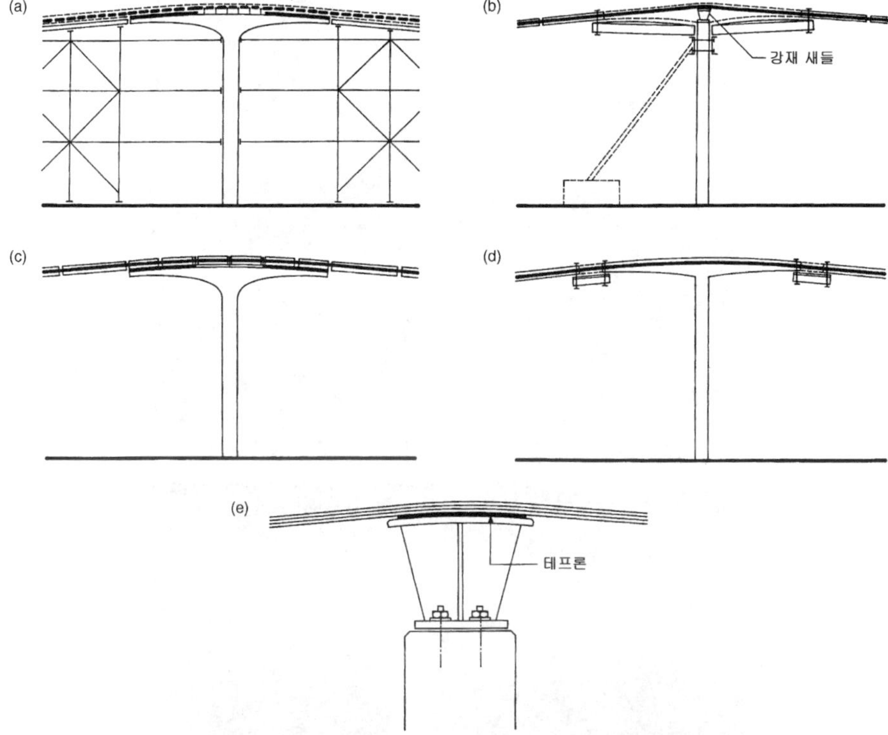

그림 7.27 중간교각에서 스트레스 리본의 가설

그림 7.28 Grants Pass교, 오레건, 미국 : 중간교각

그림 7.29 Grants Pass교, 오레건, 미국 : 중간교각

그림 7.30 Grants Pass교, 오레건, 미국 : 중간교각

그림 7.31 Prague-Troja교, 체코 : 중간교각

그림 7.32 Prague-Troja교, 체코 : 중간교각

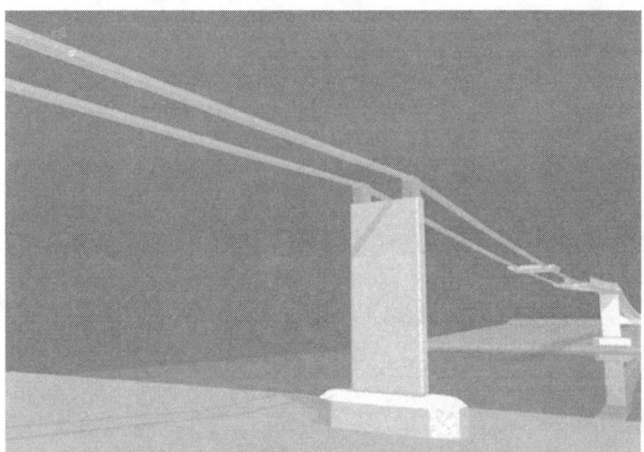

그림 7.33 Prague-Troja교, 체코 : 가설중 중간교각

그림 7.34 Prague-Troja교, 체코 : 헌치의 비계

그림 7.35에서 그림 7.37은 세그먼트 가설전 교대와 교각의 헌치를 현장 타설하는 해법을 보여준다. 지지긴장재가 놓여지는 덕트는 상부구조의 시공 동안 경사의 변화를 허용해야만 한다. 그럼으로써 새들과 세그먼트 사이의 폐쇄부가 제공된다.

그림 7.27(b)에서 보여준 해법의 주요 장점은 초기 긴장값과 세그먼트의 실제 중량뿐만 아니라 타설시의 온도에 의존하는, 이미 가설된 상부구조의 기하조건에 따라 새들의 형상이 쉽게 조정될 수 있다는 것이다.

다른 해법들은 이미 가설된 세그먼트의 기하조건과 죠인트가 타설되기 전 긴장재에서 힘의 조절에 대한 면밀한 검토가 요구된다.

그림 7.35 Maidstone교, 영국 : 중간교각

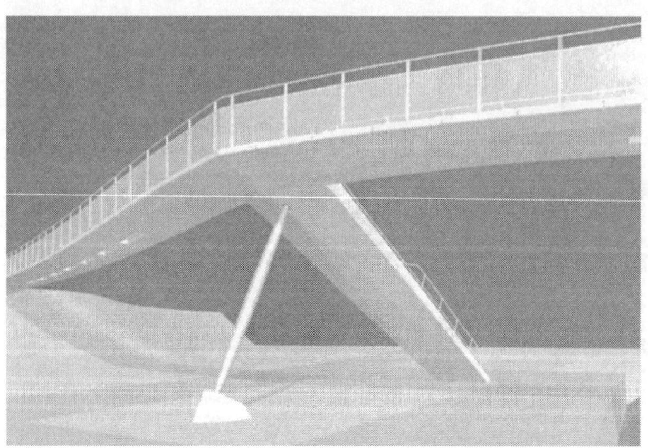

그림 7.36 Maidstone교, 영국 : 중간교각

그림 7.37 Maidstone교, 영국 : 가설중 중간교각

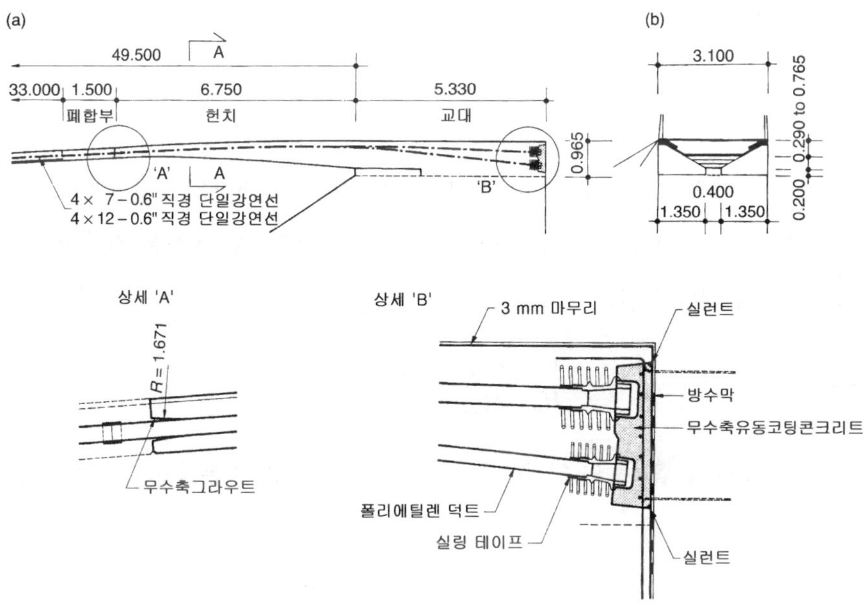

그림 7.38 Maidstone교, 영국 - 교대 : (a) 정면, (b) 횡단

교각과 교대에서 매우 다양한 구조적이며 조형적 배치가 있다. 새들은 교각에 의해서만 지지되는 것이 아니라 케이블에 의해 매달려 질 수 있다.

교대에서의 지지긴장재와 프리스트레스긴장재 모두 정착부에서의 방수에 대하여 면밀히 검토되어야 한다. 엄격한 영국(UK) 규칙에 부합되는 해법이 그림 7.38에 제시된다.

7.4 스트레스 리본의 힘을 지반에 전달

스트레스 리본은 보통 교대의 구성요소인 앵커블럭에 고정된다. 그러므로 교대는 암반이나 지반앵커에 의해 매우 큰 수평력을 지반에 전달할 수가 있다. 불행하게도 특별한 경우에만 노면 가까이에 견고한 암반이 있다. 그 경우, 앵커블럭은 그림 7.39와 그림 7.40에 보여준 간단한 형태를 가질 수 있다.

대부분의 경우 노면 아래 일정 깊이에 우수한 지반이 위치하고 교대는 그림 7.41에서 제시된 것과 유사한 배치를 가져야만 한다. 이와 같은 경우에 최대 재하조건뿐만 아니라 모든 시공단계에 대하여 전도와 활동에 대한 저항과 지지력을 검토할 필요가 있다. 암반앵커나 타이는 포스트텐션되어야 한다는 것을 깨닫는 것이 중요하다. 이것은 연직 V_{an}과 수평 H_{an} 성분을 가지는 편심의 경사힘 N_{an}이 기초에 재하된다는 것을 의미한다.

포스트텐션하는 동안 앵커의 능력이 검토된다. 포스트텐션에 의해서 혹은 기초를 지반에 정착시킴에 의해서, 앵커에서의 응력변화는 제거되고 활동에 대한 저항은 보장된다.

그림 7.41에서 기초는 전단키가 제공된다. 그러므로 활동에 대한 저항은 키의 바닥에서 검토되어야 한다. 활동에 대한 안전은,

$$s = \frac{V\tan\phi + Ac}{H} = \frac{(V_q + V_{an})\tan\phi + Ac}{H_q - H_{an}} \geq s_0 \qquad (7.4.1)$$

여기서, V_q는 고정하중과 활하중의 연직하중이며, H_q는 스트레스 리본에서의 힘의 수평성분이다.

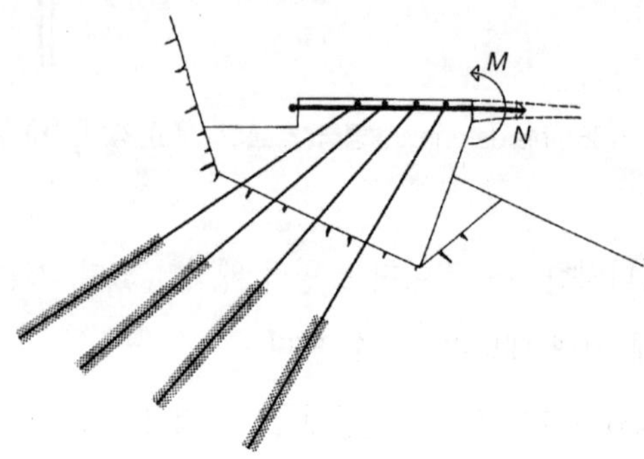

그림 7.39 락 앵 커

그림 7.40 Redding교, CA, 미국 : 락앵커

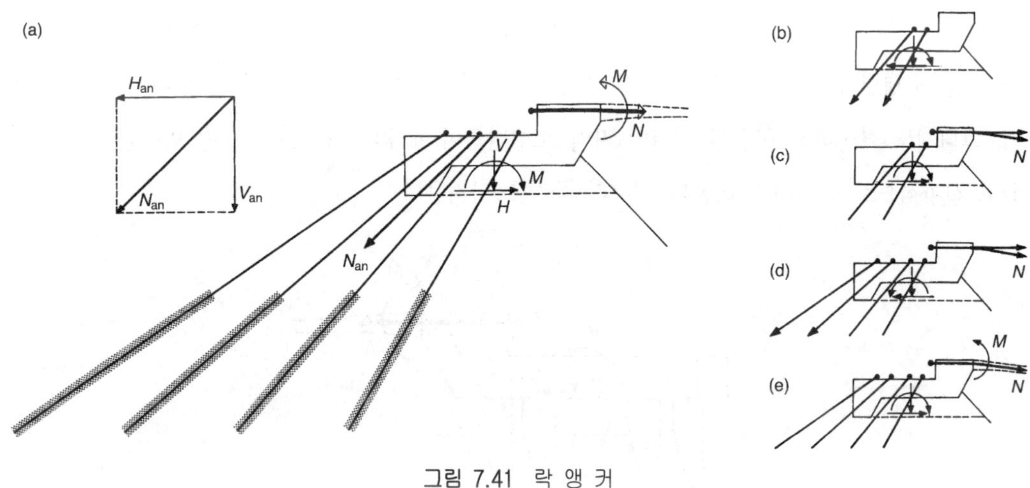

그림 7.41 락 앵 커

ϕ는 흙의 내부마찰각이고, A는 키 위치에서의 기초면적이다. C는 점착력이고 s_0는 활동에 대한 요구 안전율이다.

활동에 대한 이와 같은 안전계수는 국가적 규준에 의존하며 대체적으로 1.5에서 2.0 사이에 있다.

안전계수는 시공의 모든 단계에서 결정되어야 한다. 일반적으로 수평력 H_{an}이 매우 크고, 포스트텐션의 방향으로 기초의 활동이 일어나기 때문에 상부구조의 가설 전에 모든 암반 앵커들을 포스트텐션 한다는 것은 불가능하다. 그러므로 포스트텐션은 보통 두 단계로 도입되고 활동에 대한 안전은 다음과 같이 검토되어야 한다.

① 암반앵커의 처음 절반을 포스트텐션시 (그림 7.41(b))

② 상부구조의 가설시 (그림 7.41(c))

③ 암반 앵커의 두 번째 절반의 포스트텐션시 (그림 7.41(d))

④ 공용시, 전체 활하중과 온도변화 (그림 7.41(e))

암반 및 지반앵커의 적용은 스트레스 리본으로부터의 압력뿐만 아니라 앵커힘의 수직성분으로부터의 압력에 저항하기 위한 충분한 지지능력을 지반에 요구한다.

만약 충분한 능력이 없다면 스트레스 리본 힘의 연직과 수평성분 둘 다에 저항하기 위하여 현장타설말뚝이 사용되어질 수 있다(그림 7.42). 비록 현장타설말뚝은 수평력에 저항하는 비교적 큰 능력을 가지고 있을 지라도 그들의 수평변형은 크며 해석에서 이들을 고려하는 것이 필요하다. 탄성 수평변형은 마감죠인트들의 타설 전에 구조물이 프리로드되어지는 가설과정에서 제거된다. 그럼에도 불구하고 시간이 지남에 따라 소성변형이 교대의 적지않은 수평 변위를 일으킬 수 있고 결과적으로 스트레스 리본의 새그의 증가를 가져온다.

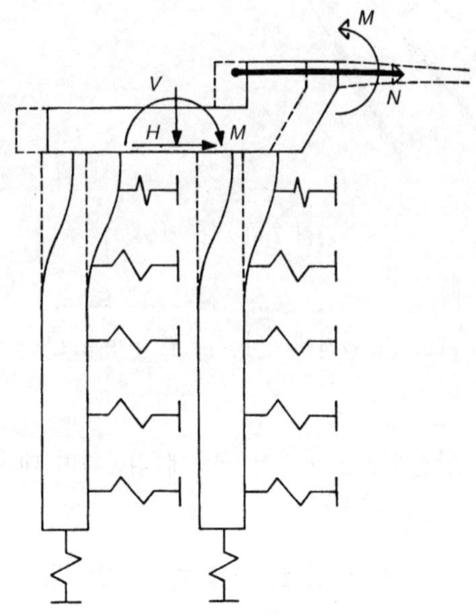

그림 7.42 현장타설말뚝

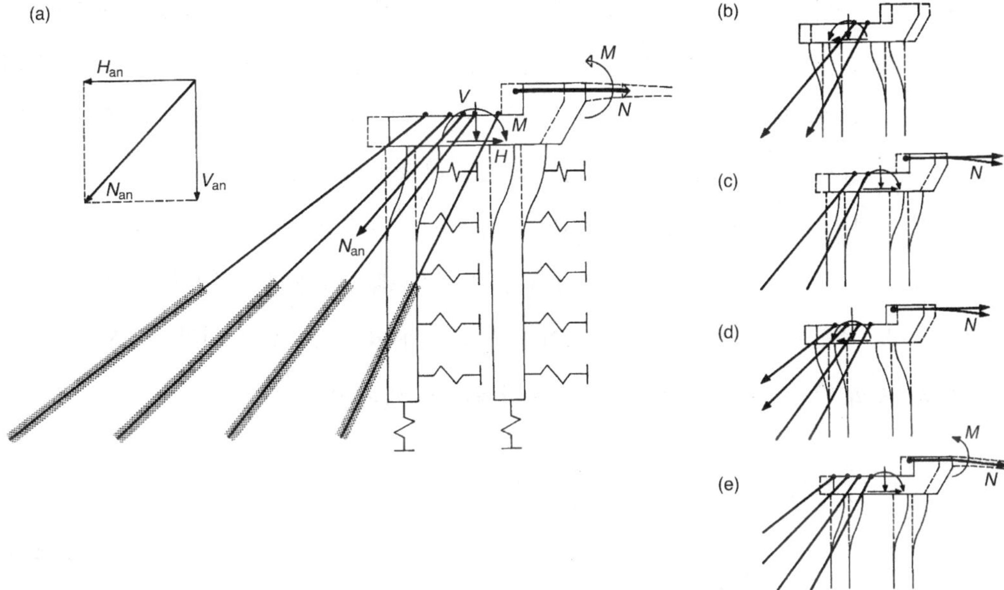

그림 7.43 현장타설말뚝과 지반앵커

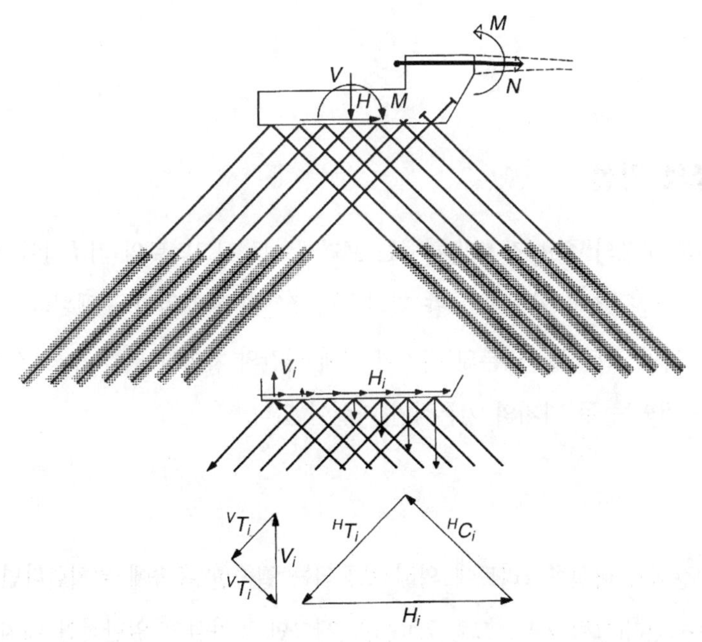

그림 7.44 경사 마이크로파일

그림 7.43은 지반앵커가 결합된 현장타설말뚝의 해법을 보여준다. 설계의 이 같은 형태에서 앵커의 점진적인 인장과 기초의 가능한 수평이동을 고려할 필요가 있다. 공용중 기초는 그림 7.43(d)에서 그림 7.43(e)와 같이 위치가 이동할 수 있다. 구조적 배치와 정적해석은 이 현상을 고려하여야 한다. 또한 앵커에서의 부합되는 응력의 변화도 고려되어야 한다.

스트레스 리본이 타격식 마이크로 파일에 의해 지지된 우수한 해법이 그림 7.44에서 나타나 있다. 마이크로 파일은 인장과 압축성능 때문에 하중을 스트레스 리본에서 흙으로 전달한다. 파일의 최대 인장은 수평력 $^{H}T_i$에 의한 인장력이 연직력 V와 휨모멘트 M에 의해 생성되는 상향력 (V_i) 으로부터의 인장력에 의해 증가되는 마지막 열에서 일어난다.

$$V_i = -\frac{V}{n} \pm \frac{M}{I} z_i$$

$$I = \sum z_i^2 \tag{7.4.2}$$

여기서, n은 마이크로 파일의 수이고, z_i는 마이크로 파일의 그룹의 무게중심으로부터 각 마이크로 파일까지의 거리이다.

7.5 상부구조의 가설

스트레스 리본 구조의 주요 장점의 하나는 프리캐스트 세그먼트의 거푸집이 지지긴장재에 매달려지기 때문에 상부구조의 가설이 교량 밑의 지형조건과 관계없이 수행된다는 것이다.

비록 지지점 위의 스트레스 리본의 배치에 의해 약간의 차이가 있을 수 있지만 지지긴장재의 배치에 의하여 구별되는 두 가지의 기본적인 가설이 있다.

[배치 A]

만약 지지긴장재가 타설콘크리트에 의해 보호되는 길죽한 홈속에 위치한다면 가설 케이블로서 사용될 수 있다(그림 7.45, 그림 7.46(a)). 세그먼트 가설의 일반적인 배치는 그림 7.47과 그림 7.48에서 보여준다. 시공과정은 다음과 같다.

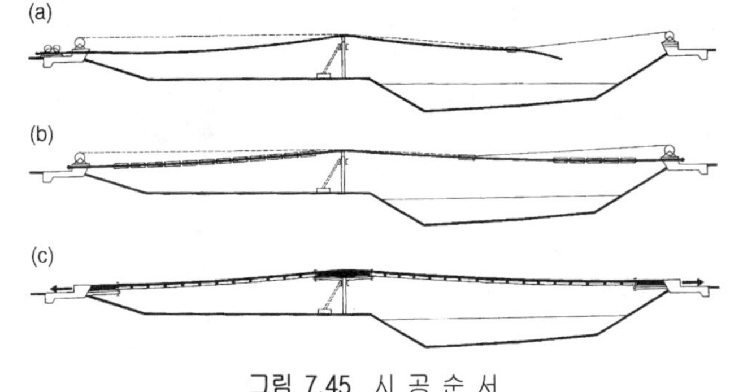

그림 7.45 시 공 순 서

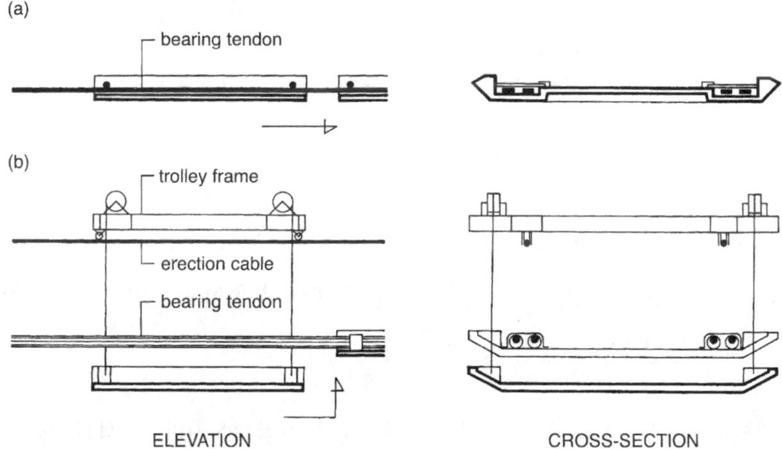

그림 7.46 세그먼트의 가설 : (a) 가설 A, (b) 가설 B

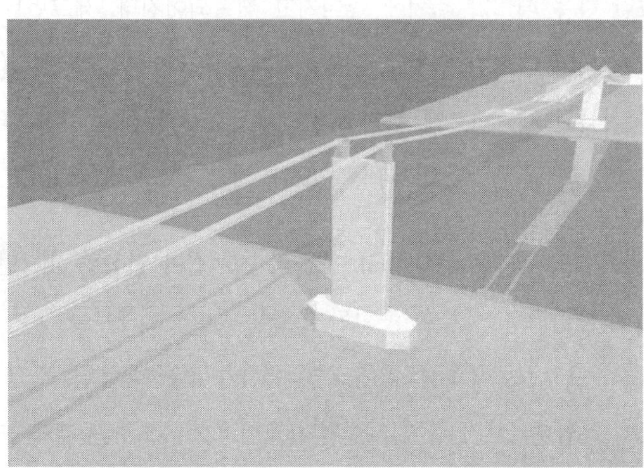

그림 7.47 Prague-Troja교, 체코 : 가설계획

그림 7.48 Grants Pass교, 오레건, 미국 : 가설계획

(a) 첫째, 지지긴장재는 윈치에 의해 당겨진다. 강연선은 코일로부터 풀리며 모든 강연선이 같은 길이를 가지도록 케이블 브레이크에 의해 교대에서 천천히 아래로 내려온다. 보조로프는 견인로프를 끌어당길 수 있는 가설긴장재에 부착될 수 있다(그림 7.49). 끌어당김 후에 각각의 긴장재는 규정된 응력으로 인장된다.

(b) 세그먼트는 크레인 트럭에 의하여 각 경간에서 가설되어진다. 가설된 세그먼트는 우선 지지긴장재 밑에 놓여지고 긴장재가 길죽한 홈의 밑에 접촉될 때 까지 끌어올려진다(그림 7.50). 그런 다음 행거가 위치에 놓여지고 결속되어진다. 세그먼트는 견인 및 보조로프에 부착되고 미리 결정된 위치로 지지긴장재를 따라 견인되어진다(그림 7.51). 세그먼트가 이전에 가설된 세그먼트에 부착되기 전에 프리스트레스 긴장재의 덕트들을 연결하는 튜브가 놓인다(그림 7.52). 이 과정이 모든 세그먼트가 결합되어질 때까지 반복된다.

(c) 모든 세그먼트가 가설될 때(그림 7.53), 새들의 거푸집이 인접된 세그먼트와 교각 혹은 교대(그림 7.34)에 매달린다. 새들이 포함된 구조물에서는 폐쇄부를 위한 거푸집이 매달려진다. 그리고 나서 프리스트레스 긴장재(그림 7.54)와 철근이 놓인다. 그 후 죠인트, 새들과 길죽한 홈 혹은 복합슬라브가 함께 타설된다(그림 7.55). 모두 부재에 콘크리트가 타설되어질 때까지, 콘크리트를 배합에서 콘크리트의 경화를 지연시켜주는 지연제를 사용할 필요가

있다. 건조수축, 온도저하와 보행자의 예기치 않은 이동을 줄이기 위하여, 가능한 한 빨리 상부구조를 부분적으로 프리스트레스 하는 것이 권장된다. 최소 규정강도를 얻었을 때, 스트레스 리본은 전 설계응력으로 프리스트레스되어진다.

그림 7.49 Grants Pass교, 오레건, 미국 : 지지긴장재

그림 7.50 Prague-Troja교, 체코 : 세그먼트의 가설

그림 7.51 Prague-Troja교, 체코 : 세그먼트의 올림

그림 7.52 Brno-Komin교, 체코, 죠인트에서 튜브의 배치

그림 7.53 Grants Pass교, 오레건, 미국 : 세그먼트 가설후의 상부구조

그림 7.54 Grants Pass교, 오레건, 미국 : 지지 및 프리스트레싱 긴장재

그림 7.55 Grants Pass교, 오레건, 미국 : 상부구조 슬라브의 타설

[배치 B]

만약 지지긴장재가 덕트내에 놓인다면 시공과정은 수정되어져야 한다(그림 7.46(b), 그림 7.56). 세그먼트의 가설에 대한 일반적인 과정은 그림 7.56에서 보여준다. 시공과정은 다음과 같을 수 있다.

(a) 첫째, 가설케이블이 가설되어지고 교대에 정착되어진다. 그런 다음 덕트가 점진적으로 매달려지고 연결되며 가설케이블을 따라 설계위치로 이동되어진다. 덕트가 완성되어졌을

때 강연선이 덕트를 통하여 당겨지거나 밀어지고 규정된 긴장력으로 인장되어진다.

(b) 세그먼트는 크레인 트럭에 의해 가설되어 질 수 있다. 만약 장애물을 횡단하는 경간이 비교적 짧고 크레인이 충분한 붐길이를 가지고 있다면 모든 세그먼트를 가설할 수 있다(그림 7.57). 가설 세그먼트는 C 골조에 놓이고 지지긴장재 아래로 미끄러져 이동된다. 그런 다음 지지긴장재와 접촉되도록 들어 올려지며 그 후 행거가 위치에 놓이고 결속되어진다. 만약 경간이 길다면 현수구조물(그림 8.34)의 가설에서 사용된 가설기법을 적용하는 것이 가능하다. 세그먼트는 가설골조에 매달려지고 견인과 보조로프가 부착되어 있는 가설케이블에 의해 지지된다. 윈치를 사용함으로서 세그먼트는 지지긴장재에 접촉되어질 때까지 들어 올려 미리 결정한 위치로 가설 케이블을 따라 움직여진다. 그런 다음 행거가 놓여지고 결속되어진다. 이런 과정이 모든 세그먼트가 결합되어질 때까지 반복되어진다.

(c) 모든 세그먼트가 결합되어질 때 마감을 위한 거푸집이 매달려지고 프리스트레스 긴장재와 철근이 놓여진다. 그런 다음 죠인트, 새들과 길죽한 홈 혹은 복합 슬라브가 타설되고 포스트텐션되어진다(그림 7.58). 이 과정의 나머지는 이전에 기술한 가설방법과 유사하다.

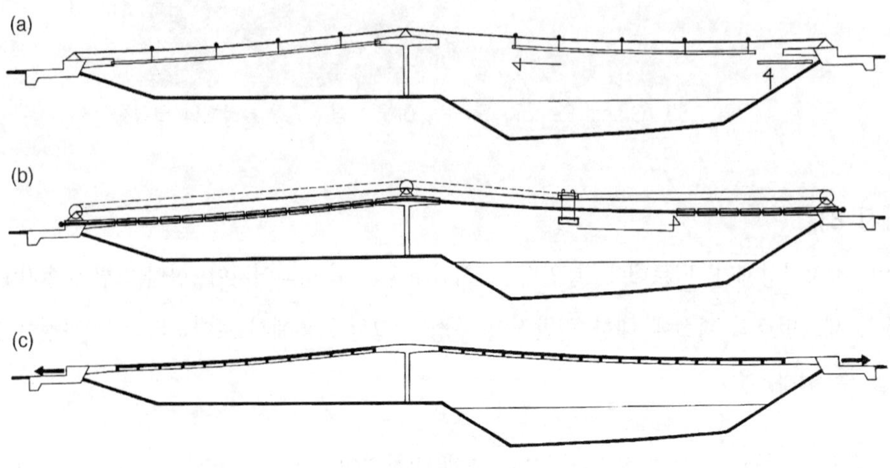

그림 7.56 시공순서 B

그림 7.57 Maidstone교, 영국 : 세그먼트의 가설

그림 7.58 Maidstone교, 영국 : 상부구조 슬라브의 타설

7.6 정적 및 동적 해석

정적 작용

전에 말했던 것처럼 스트레스 리본 구조물의 정적거동은 그들의 구조적 배치와 시공과정에 의해 결정된다. 프리캐스트 세그먼트로 결합된 표준적인 스트레스 리본 구조물의 정적거동의 설명을 돕기 위하여 두개의 다른 시스템이 논의될 것이다.

그림 7.59는 지지긴장재가 길이 l_p 인 연결이 안 된 프리캐스트 콘크리트 패널 상부를 지지하는 구조형태를 보여준다(그림 2.15). 중량 g 는 지지긴장재의 중량 ^{T}g 와 패널의 중량 ^{S}g 로 구성된다. 케이블이 등가하중이 정점에 놓인 케이블카 곡선을 따르는 다각형이라고 생각해보자. 각 죠인트 i 에서 지지긴장재의 합력 $^{T}R_i$ 는 연직하중 $G_i = gl_p$ 와 균형을 이룬다. 앵커블럭은 지지긴장재에서 생성되는 인장력 $^{T}N_0$ 와 $^{T}N_m$ 에 의해 재하된다. 시공중 지지긴장재의 초기 새그 f_T 는 세그먼트가 놓여질 때, f_g 로 증가한다(그림 7.60(a)).

그림 7.61은 비계 위에 타설된 구조물을 보여준다. 콘크리트가 충분한 강도에 도달하였을 때, 상부구조는 프리스트레스되어진다. 상부구조는 프리캐스트 패널길이에 상응하는 직선부재의 다각형상을 가지는 것으로 가정한다. 중량 g 는 지지긴장재의 중량 ^{T}g 와 패널의 중량 ^{S}g 로 구성된다. 프리스트레스는 거푸집으로부터 스트레스 리본을 들어올린다. 지지긴장재의 힘은 일부분은 고정하중을 견디고 다른 부분이 상부구조를 프리스트레스하는 이중 작용을 한다.

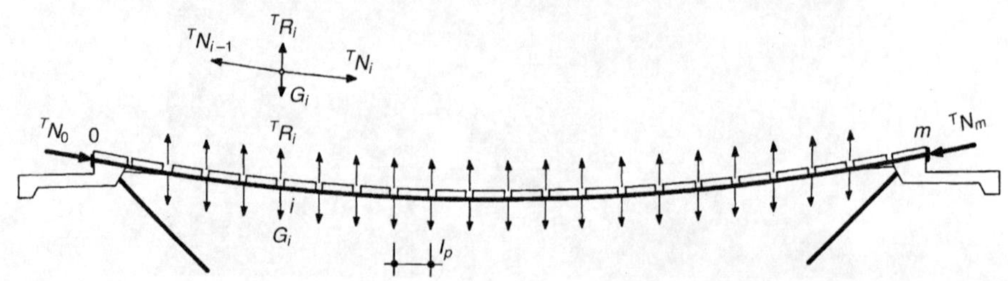

그림 7.59 고정하중에 의해 보강된 스트레스 리본구조물

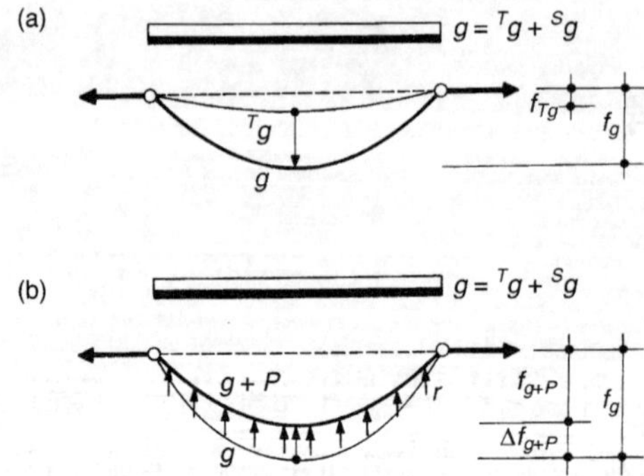

그림 7.60 (a) 고정하중에 의해 보강된, (b) 비계위에 타설된 스트레스 리본구조물의 하중과 변형

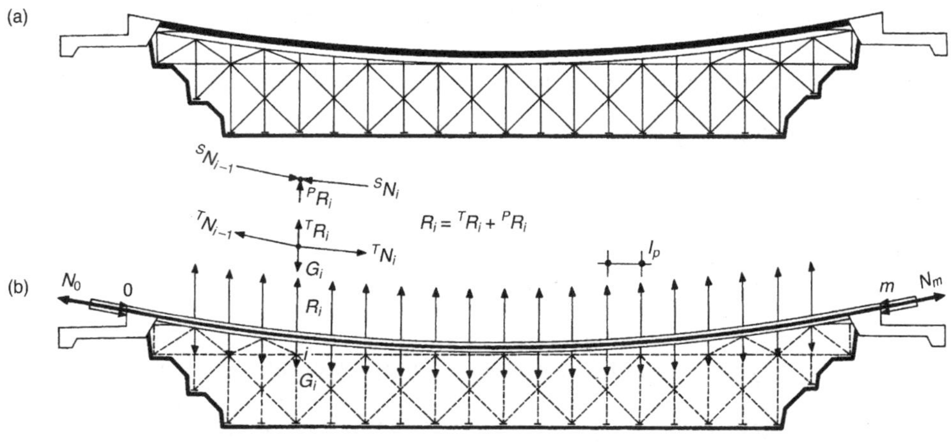

그림 7.61 비계위에 타설된 현장타설 스트레스 리본 구조물 : (a) 비계위에 타설됨, (b) 프리스트레싱

각 죠인트 i 에서 내부합력 R_i 는 연직하중 G_i 와 균형을 이루는 힘 $^{T}R_i$ 와 구조물에 재하되고, 결과적으로 상부구조 프리스트레스를 주는 힘 $^{P}R_i$ 로 구성되어 진다. 프리스트레스를 적용함으로서 스트레스 리본의 초기 새그 f_g 는 f_{g+P} 로 감소한다(그림 7.60(b)). 앵커블럭은 새그 f_{g+P} 로 구조물의 인장에 부합되는 인장력 N_0 와 N_m 에 의해 재하된다.

그림 7.62와 그림 7.63은 현장타설 복합슬라브(CS)를 가진 프리캐스트 세그먼트(PSs)로 가설되는 구조물을 보여준다. 길이 $l_s = l_p$ 인 세그먼트는 지지긴장재(BTs)에 매달린다. 복합슬라브와 죠인트의 타설후 구조물은 프리스트레스 긴장재(PTs)에 의해 포스트텐션되어진다. 프리캐스트 세그먼트는 면적 A_{PC} 와 복합슬라브 A_{CS}, 지지긴장재 A_{BT} 와 프리스트레싱 긴장재 A_{PT} 를 가진다. 프리캐스트 세그먼트 E_{PC} 와 복합슬라브 E_{CS} 의 탄성계수는 그들의 재령에 의존하는 반면에, 긴장재의 탄성계수 E_s 는 일정하다.

중량 g 는 지지 및 프리스트레싱 긴장재의 중량 ^{T}g 와 세그먼트 및 현장타설 슬라브의 중량 ^{S}g 으로 구성된다.

시공중과 공용중 구조물에서 생성되는 힘의 이력을 따라가는 것도 흥미롭다. 복합슬라브와 죠인트가 타설된 후, 지지긴장재는 모든 고정하중을 지지한다. 지지긴장재들은 인장력 $^{BT}N = N_g$ 에 의해 긴장된다. 각 죠인트 i 에서 지지긴장재에서의 내부 합력 $^{BT}R_i$ 는 연직하중 $G_i = gl_s$ (그림

7.62(a), 그림 7.63(a))와 균형을 이룬다. 앵커블럭은 인장력 $^{BT}N_0$ 과 $^{BT}N_m$ 에 의해 재하된다.

죠인트에서의 콘크리트가 충분한 강도에 도달하였을 때 상부구조는 프리스트레스되어진다(그림 7.62(b), 그림 7.63(b)). 구조물은 탄성계수 E_{PC} 와 유효단면 $^{P}A_e$ 인 복합단면을 가진 하나의 연속 구조부재가 된다.

$$^{P}A_e = A_{PC} + \frac{E_{CS}}{E_{PS}} A_{CS} + \frac{E_s}{E_{PS}} A_{BT}$$

프리스트레싱 긴장재를 긴장함에 따라 죠인트에서의 방사방향의 힘 $^{P}R_i$ 가 생성된다. 결과적으로 스트레스 리본은 올라온다. 새그 f_g 는 f_{g+P} 로 줄어들기 때문에 프리캐스트 세그먼트(PSs), 복합슬라브(CS)와 지지긴장재(BTs)로 구성된 복합스트레스 리본은 압축력 N_P 뿐만 아니라 새그 축소 Δf_{g+P} 에 부합되는 인장력 ΔN_{g+P} 에 의해 긴장된다.

$$\Delta N_{g+P} = N_{g+P} - N_g$$

$$\Delta f_{g+P} = f_{g+P} - f_g$$

축력은,

$$^{S,P}N = -N_P + \Delta N_{g+P}$$

탄성계수와 구성요소의 면적에 비례하여 프리캐스트 세그먼트(PSs), 복합 슬라브(CS)와 지지긴장재(BTs)로 분배된다.

앵커블럭은 새그 f_{g+P} 의 구조물 인장에 상응하는 인장력 N_0 와 N_m 에 의해 재하된다.

프리스트레싱 긴장재가 그라우트 되어진 후, 그들은 면적 A_e 의 복합 단면과 탄성계수 E_{PC} 의 부분으로 된다.

$$A_e = A_{PC} + \frac{E_{CS}}{E_{PS}} A_{CS} + \frac{E_s}{E_{PS}} A_{BT} + \frac{E_s}{E_{PC}} A_s$$

모든 사용하중들(그림 7.63(c))은 축력에 의해 긴장되어진 복합단면으로 저항한다.

$$^{S}N = -N_P + \Delta N_q$$

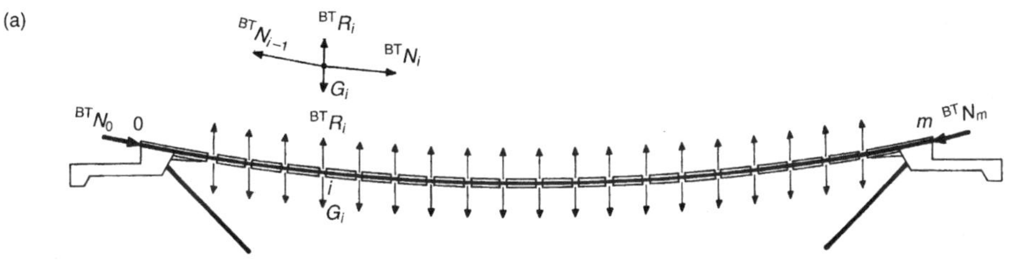

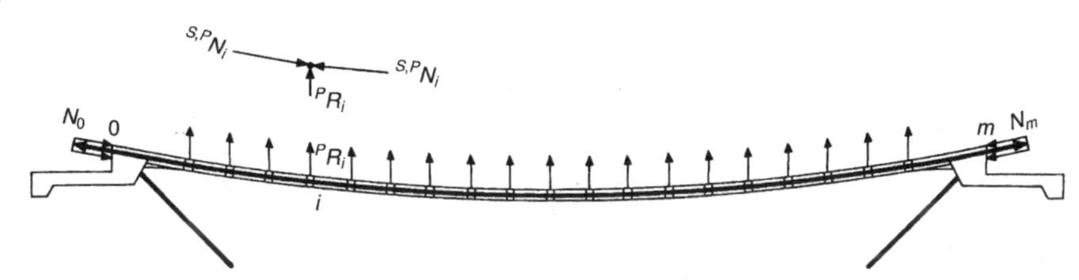

그림 7.62 프리캐스트 스트레스 리본구조물 : (a) 죠인트 타설후, (b) 프리스트레싱

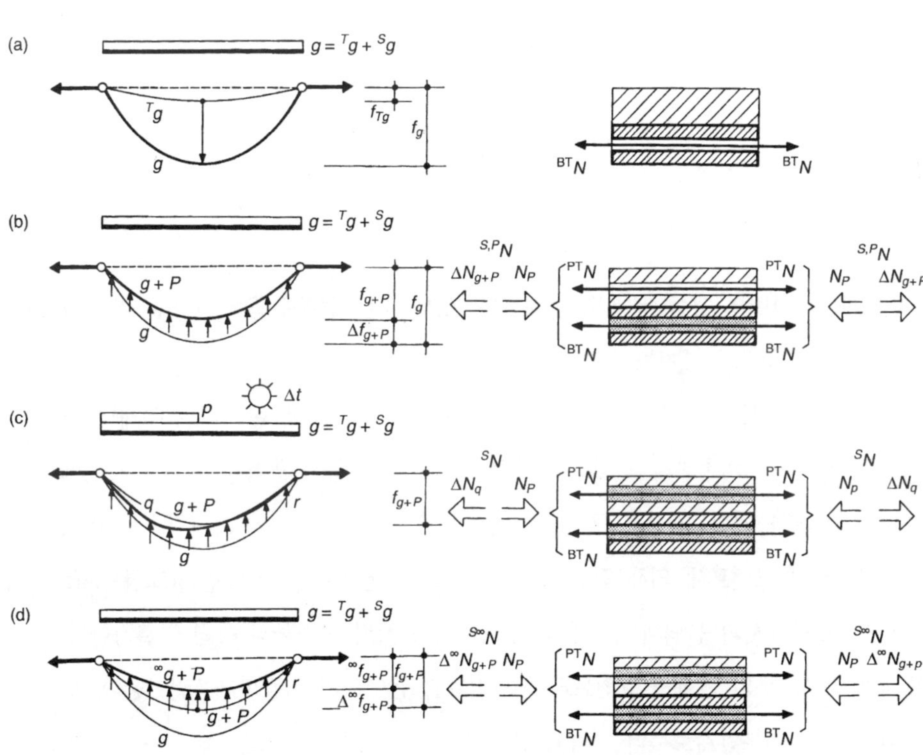

그림 7.63 프리캐스트 스트레스 리본구조물의 하중,변형과 응력 :
(a) 죠인트의 타설, (b) 프리스트레싱, (c) 공용하중, (d) 콘크리트의 크리프와 건조수축

여기서,

$$\Delta N_q = N_q - N_g$$

힘 N_q는 고정하중, 활하중, 온도변화 및 ΔN_{g+P}에 의해 재하된 스트레스 리본에서 생성되는 축력이다.

힘 ${}^{S}N$은 탄성계수와 면적에 비례하여 프리캐스트 세그먼트(PSs), 복합 슬라브(CS), 지지긴장재(BTs)와 프리스트레싱 긴장재(PTs)로 분배된다.

시간이 지남에 따라 복합단면 개개의 부재에서 내력은 크리프나 건조수축 때문에 재분배되어진다. 6장에서 서술한 응력의 재분배와 달리 여기의 상황은 더욱 복잡하다. 콘크리트의 수축으로 인하여 스트레스 리본은 올라오며 원래의 새그 f_{g+P}는 ${}^{\infty}f_{g+P}$로 줄어든다. 그러므로 스트레스 리본은 추가적으로 인장력에 의해 인장되어진다.

$${}^{S\infty}N = -N_P + \Delta^{\infty}N_{g+P}$$

여기서,

$$\Delta^{\infty}N_{g+P} = N_{g+P} - N_g - N_{c+sh}$$

$$\Delta^{\infty}f_{g+P} = f_{g+P} - f_g - f_{c+sh}$$

힘 ${}^{S\infty}N$은 복합 단면의 모든 부재로 분배된다. 또한 모든 공용하중은 줄어든 새그와 그로인해 보다 더 높은 인장응력을 가지는 구조물에 작용한다.
그러므로 스트레스 리본의 모든 구조부재에서의 응력은 시공단계, 콘크리트 부재의 재령과 구조물에 재하되는 시간에 의존한다는 것은 분명하다. 또한 시공중과 공용중의 거동 사이에는 구별이 필요하다는 것도 분명하다. 가설시 구조물은 케이블과 같은 역할을 하고(그림 7.4(a)), 공용중에는 축력뿐만 아니라 휨모멘트에 의해 긴장되는 스트레스 리본으로 역할을 한다(그림 7.4(b)). 가설의 마지막에서 구조물에서의 응력과 구조물의 형태는 공용시의 구조물의 응력을 결정한다. 케이블에서 스트레스 리본으로의 변화는 죠인트의 콘크리트가 굳어지기 시작할 때 일어난다. 모든 설계의 계산은 이와 같은 기본단계로부터 시작되어야 한다.

가설해석을 하는 동안 구조물은 지지긴장재가 긴장되어지는 단계로 점진적으로 비재하되어진다. 이러한 방법으로 요구 잭킹력이 얻어진다(그림 7.64(a)~그림 7.64(c)).

설계자는 프리스트레스후의 구조물의 형태에 맞춘다(그림 7.64(e)). 이 형태는 프리스트레스로 인한 구조물의 변형에 의존하기 때문에 기본단계에서 예측되어야 한다. 그러고 나서 프리스트레스에 의한 구조물의 변형이 계산되어지고 요구된 마지막 단계에 대하여 검토된다. 계산은 합리적인 일치가 얻어질 때까지 반복되어져야 한다.

기본단계는 모든 공용하중에 대한 구조물의 후속 해석을 위한 초기단계이다(그림 7.64(d)~그림 7.64(f)).

저자는 그의 첫 번째 구조물에 적용한 단순화된 해석이 어떠한 것인가를 기술할 것이다. 이러한 접근은 예비해석이나 혹은 이 책에서 더 많이 서술되는 현대적 해석프로그램으로부터 얻어지는 결과를 검토하기 위하여 사용된다.

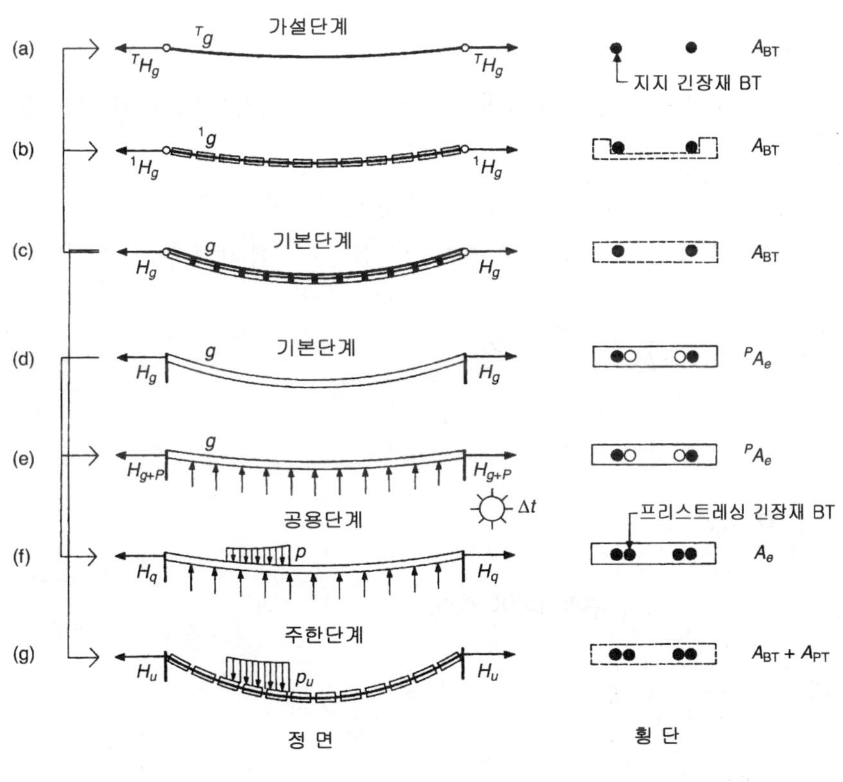

그림 7.64 정적작용

케이블로서 구조물의 해석

가설단계

가설중 모든 하중은 케이블로서 역할을 하는 지지긴장재에 의해 지지된다. 긴장재는 보통 새들에 연결되지 않기 때문에 재하된 하중에 따라 자유로이 활동할 수 있다. 이것은 지지긴장재가 강재 혹은 콘크리트 새들에 의해 지지되는 구조물이나 지지헌치의 덕트를 통과하는 지지긴장재의 구조물 모두에 대하여 상기의 사실은 분명하다.

따라서 케이블이 고정지점을 횡단하는 m개 경간의 연속 케이블로서 역할을 한다(그림 7.65). 어떤 하중의 변화는 새들에서 연직반력 R과 마찰계수 μ에 의존하는 크기의 마찰을 일으킨다. 모든 지점에서 마찰력 ΔH는 케이블의 움직임에 반대방향으로 작용한다.

$$\Delta H = R\mu$$

지지긴장재에서의 응력은 또한 정착블럭에서의 신장과 끝단지점에서의 가능한 변위에 의해 영향을 받는다. 미지의 수평력 H_i는 단일 케이블 해석에 사용된 방정식(4.1.37)에 의해 주어진다.

$$aH_i^3 + bH_i^2 + cH_i + d = 0 \tag{7.6.1}$$

길이 s와 케이블의 신장 Δs, 둘 다 연속 케이블의 전체 길이에 대하여 계산되어 지므로

$$s = \sum_{j=1}^{m} s_j = \sum_{j=1}^{m} \frac{l_j}{\cos\beta_j} + \frac{\cos\beta_j}{2H_j} D_j \tag{7.6.2}$$

$$\Delta s = \sum_{j=1}^{m} \Delta s_j = \sum_{j=1}^{m} \frac{2H_j}{EA\cos\beta}\left(s_j - \frac{l_j}{2\cos\beta_j}\right) \tag{7.6.3}$$

$$D_j = \int_0^{l_j} Q_j^2 \, dx$$

a, b, c, d항은 다음과 같이 수정되어야 한다.

$$a = \sum_{j=1}^{m} \frac{l_{j,i}}{EAcos^2\beta_{j,i}} + k$$

$$b = Ln_i - \sum_{j=1}^{m} \frac{l_{j,i}}{\cos\beta_{j,i}}$$

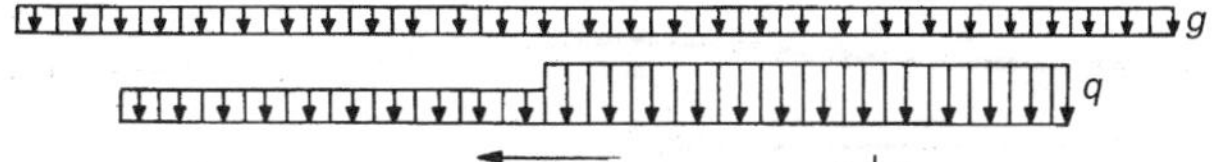

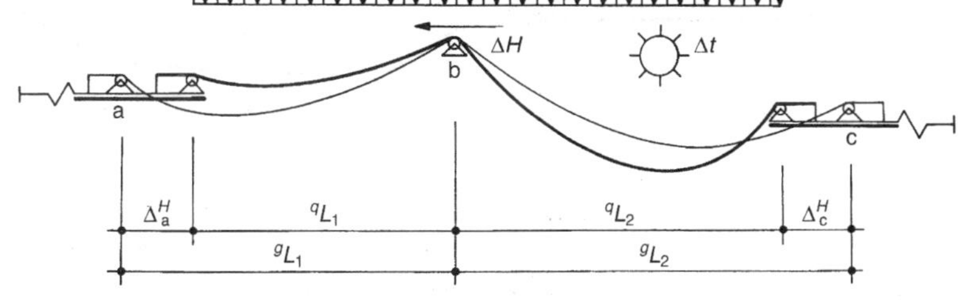

그림 7.65 가설단계 - 적정작용

$$c = \sum_{j=1}^{m} \frac{D_{i,j}}{EA}$$

$$d = \sum_{j=1}^{m} \frac{\cos\beta_{j,i}}{2} D_{j,i}$$

경간 j에서의 수평력 H_j는 경간 j와 최대로 재하된 경간 사이에 위치하는 지점에서 마찰손실합에 의해 줄어든 최대재하 경간에 작용하는 가장 큰 수평력으로 취급된다.

a, b, c, d항은 수평력 H_i에 차례로 의존하는 연직차이 $h_{j,i}$와 경간길이 $l_{j,i}$에 의존하기 때문에 식(7.6.1)을 풀음으로서 직접적으로 미지 H_i를 결정하는 것은 불가능하다. 그러므로 반복작업에 의하여 H_i를 결정하는 것이 필요하다. 첫째, 미지 H_i는 앵커블럭에서 케이블의 신장이 없고 지점에서 변형이 없는데에 대하여 계산된다. 이러한 힘에 대하여 연직 반력 A_i, B_i와 R_i, 경간길이 $l_{j,i}$와 연직차이 $h_{j,i}$, 부재 a, b, c, d와 새로운 수평력 H_i가 계산된다. 이러한 반복 작업은 후속해와의 차이가 요구하는 오차범위보다 작을 때까지 반복된다.

이 해석은 모든 가설단계에 대하여 반복되어져야 한다. 해석의 목적은 지지긴장재의 잭킹력뿐만 아니라 부분구조물에 영향을 미치는 구조물의 변형과 부합되는 응력들을 결정하는 것이다. 가설해석의 예로서 2경간구조의 지지긴장재에서 힘의 이력을 그림 7.66에서 제시한다.

공용단계

구조물이 매우 얇기 때문에 국부전단과 휨응력은 집중하중 밑과 지점에서만 발전된다. 이 응력은 상대적으로 작기 때문에 구조물의 전체 거동에는 영향을 미치지 않는다. 이것은 밀접한 두

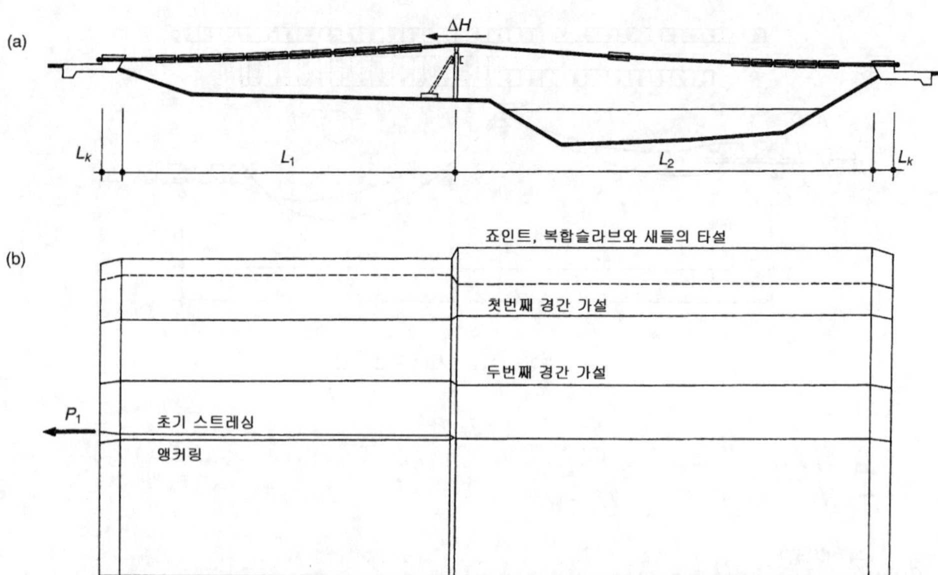

그림 7.66 가설중 지지긴장재에서의 힘

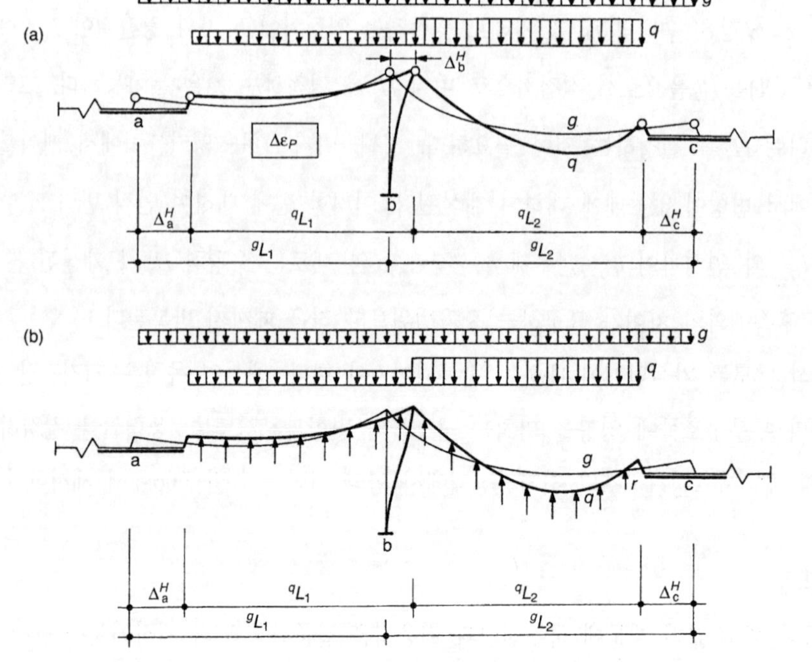

그림 7.67 공용단계-정적작용 : (a) 케이블로서의 해석, (b) 프리스트레스트 콘크리트 밴드로서의 해석

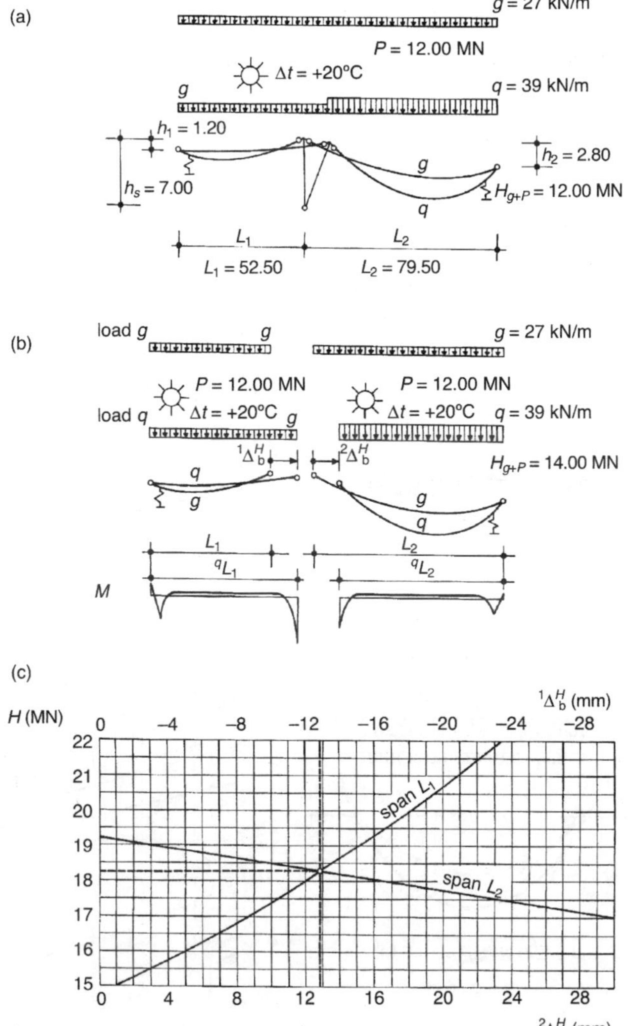

그림 7.68 2경간 구조물의 해석 : (a) 연속케이블, (b) 단순케이블, (c) 수평력의 결정

개의 관련 단계에서 구조물의 해석을 가능하게 한다.

[단계 1]

스트레스 리본은 교대와 중간교각 위(그림 7.67(a))에서 스트레스 리본구조의 지점이 제공되는 완전 유연 케이블로서 해석되어진다. 온도저하처럼 시뮬레이션되는 프리스트레스의 효과는 케이블의 길이를 짧게 한다. 크리프와 건조수축의 효과는 유사한 방법으로 해석되어질 수 있다. 그러나 콘크리트 단면의 개별부재사이의 응력재분배 때문에 반복계산 접근방법이 사용된다. 이러한 해석을 편하게 하기 위하여 연속케이블에 대하여 표준 컴퓨터 프로그램이 사용된다.

주어진 하중과 다른 수평지점이동(그림 7.68)에 대하여 각각의 경간을 분리하여 해석하는 것이 가능하다. 각 경간에서 수평력이 같아야 한다는 요구조건으로부터 수평력(H_i)은 얻어진다. 이와 함께 단일경간 지점의 변형이 계산되어 질 수 있다.

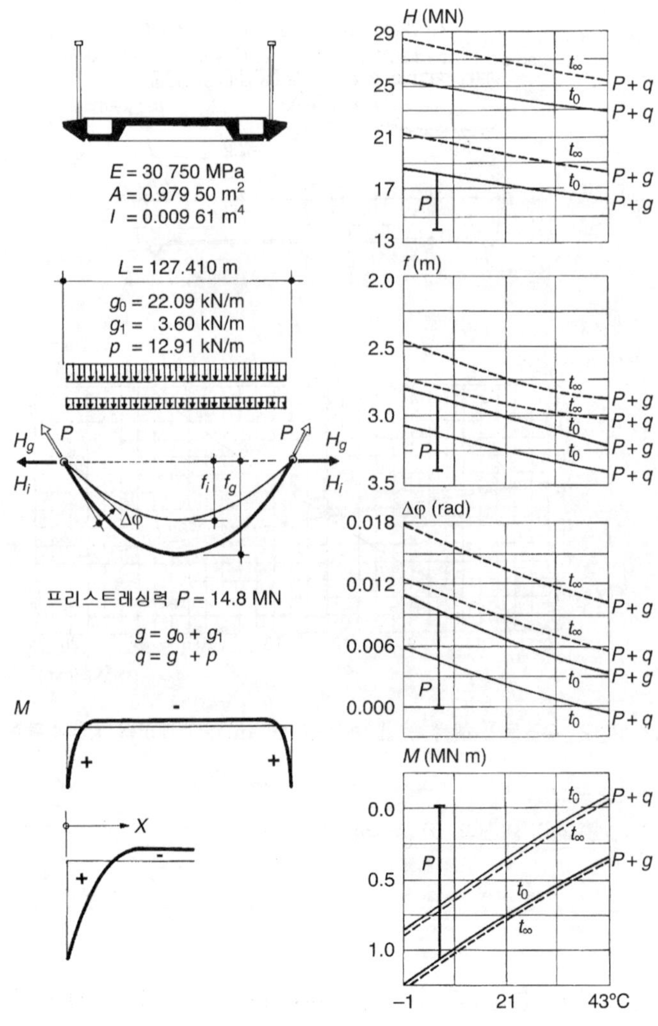

그림 7.69 Redding교, CA, 미국, 케이블로서의 해석

[단계 2]

단일경간들에서의 전단 및 휨 응력은 단일 케이블의 휨 해석을 사용함으로서 계산된다(4.2절). 케이블은 하중 $q(x)$와 [단계 1]에서 결정된 수평력과 지점 변형에 대하여 해석되어질 수 있다.

서술된 과정의 예로서 그림 7.69와 그림 7.70은 11.1.5절의 Redding교에 대하여 수행된 해석의 결과를 제시한다. 그림 7.69는 계산 모델, 적용하중과 부합되는 수평력 지점에서 케이블의 변위와 회전을 보여준다. 이와 같은 값으로부터 지점 휨모멘트가 결정되어진다.

휨모멘트는 비교적 크기 때문에 지점단면은 부분 프리스트레스된 부재로서 해석되어지고 그러므로 균열에 의한 휨강성의 감소는 해석에서 고려되어져야 한다. 그림 7.70은 헌치의 상부(t)와 하부(b)에서의 휨모멘트와 축응력을 보여준다. 해석은 헌치와 축소강성의 헌치를 가진 일정단면의 스트레스 리본에 대하여 수행된다.

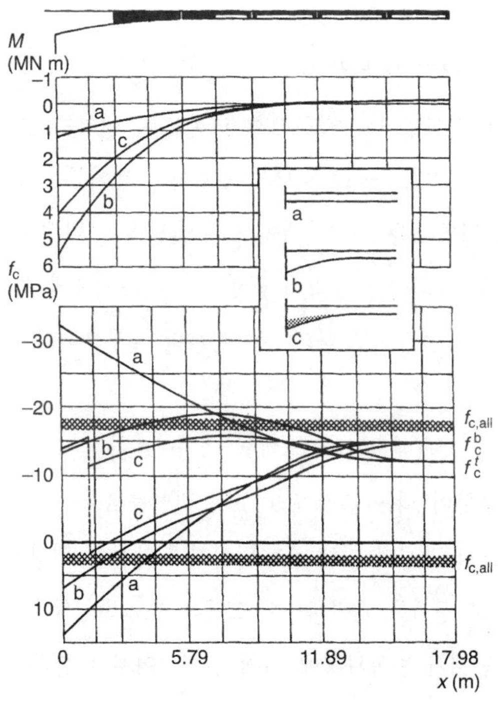

그림 7.70 Redding교, CA, 미국 : 지점헌치에서의 휨모멘트와 응력

기하학적 비선형 구조로서 구조물의 해석

현대 구조프로그램은 가설중이나 공용중인 스트레스 리본구조의 거동을 우리가 이해할 수 있게 해준다. 이와 같은 프로그램에서 큰 변형과 인장강성효과(그림 7.67(b))를 얻을 수 있다. 구조물은 지지긴장재(BTs), 프리스트레스긴장재(PTs), 프리캐스트 세그먼트(PSs)와 현장타설슬라브(CS) 혹은 길죽한 홈을 나타내는 일련의 평행부재로 모델링되어 질 수 있다(그림 7.71). 지지와 프리스트레스 긴장재는 초기 힘 혹은 변형률이 결정되어야 하는 케이블 부재로서 모델화되어질 수 있다. 프리캐스트 세그먼트와 현장타설슬라브는 휨과 막(membrane)능력을 모두 가지는 3차원 바나 쉘요소로 모델링되어질 수 있다.

프로그램은 소위 "휴면부재"(Frozen Members)를 사용하기 때문에, 구조물의 정적계의 변화(케이블에서 스트레스 리본으로의 변화)와 진행되는 가설 모두를 모델링하는 것이 가능하다. 프로그램 시스템은 또한, 압축력에만 저항하는 "접촉부재"(Contact Members)를 포함한다. 이러한 부재들은 스트레스 리본이 들어 올려지는 곳에서 새들의 모델링에 사용될 수 있다. 이러한 해석에서 긴장재의 초기응력은 결정되어야 한다.

초기 힘들은 구조물이 케이블에서 스트레스 리본으로 변하는 초기단계(그림 7.64(c), 그림 7.64(d))에서 일반적으로 결정된다. 케이블에서의 초기힘은 케이블을 해석함으로서 결정되어진다.

몇몇의 프로그램(예, LARSA)은 초기단계에서 강성(면적과 탄성계수)이 없는 케이블 부재를 가지고 있다. 케이블 부재들은 외력과 정확히 균형되도록 초기힘에 의해 긴장된다. 모든 후속되는 하중에 대하여 이러한 요소들은 구조물의 전체강성의 일부분이다. 프리스트레싱 긴장재는 이러한 방법으로 모델링되어진다.

불행하게도 몇몇의 프로그램(예, ANSYS)에서 초기단계가 실제 강성(면적과 탄성계수)을 가짐으로써 구조물의 강성 부분이 되는 긴장재의 초기 변형률로서 모델링되어진다. 변형률과 부합되는 응력의 일부분이 그들의 강성에 의해 흡수되어지기 때문에 긴장재의 변형률과 부합되는 응력은 기본단계에서의 하중과 정확히 균형하도록 그들의 초기변형률을 인위적으로 증가시키는 것이 필요하다. 이것은 초기단계가 반복과정에 의해 결정되어져야 한다는 것을 의미한다.

기본단계에서 시작되는 해석은 가설과 공용단계의 해석에 모두 사용될 수 있다. 가설중에 구조물에서의 응력과 지지긴장재에서의 잭킹력은 구조물의 점진적인 비재하를 시뮬레이션 함으로서 결정된다. 중첩의 원리가 적용되지 않기 때문에 공용단계의 해석을 다음의 흐름도에 따라 수행되어야 한다.

프리스트레싱 효과			
↓	↗	온도저하	활하중
추가 고정하중	→		활하중
↓	↘	온도상승	활하중
콘크리트의 크리프와 건조수축			
	↗	온도저하	활하중
지점의 장기간 변위	→		활하중
	↘	온도상승	활하중

그림 7.71은 (a) 형상과 휨모멘트, (b) 고정하중, 프리스트레스와 콘크리트의 크리프 및 건조수축이 재하된 1경간 구조물의 계산모델을 보여준다. 크리프와 건조수축 때문에 새그는 줄어들고 시간 t_{∞} 에서 모든 내력이 높아진다는 것이 분명하다.

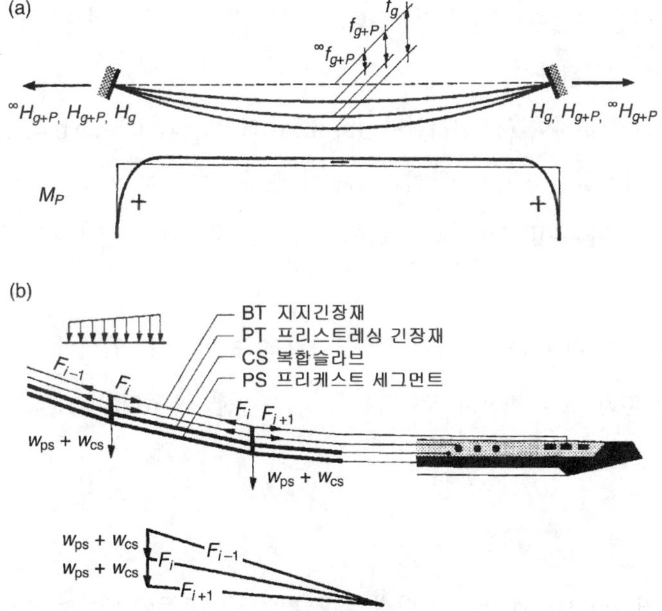

그림 7.71 스트레스 리본 구조물 : (a) 변형과 휨모멘트, (b) 상부구조의 모델링

더군다나 지지와 프리스트레싱 긴장재의 면적이 전통적인 콘크리트 구조물보다 크므로 시간이 지남에 따라 강재와 콘크리트간의 응력의 큰 재분배가 일어난다.

프리캐스트 세그먼트와 현장타설 슬라브로부터 결합된 구조물에서 이 부재들간의 응력재분배 또한 고려되어야 한다.

크리프와 건조수축의 해석에 대하여 시간의존적 해석을 수행하는 것이 필요하다. 크리프와 건조수축에 의해 생성되는 초기변형률에 대하여 한 단계에서 구조물을 해석한다는 것은 불가능하다. 이것은 매우 큰 변형과 지점에서 더 큰 휨모멘트를 일으킨다.

불행하게도 일반 프로그램은 시간의존적, 기하학적 비선형 구조해석이 제공되지 않는다. 그러므로 저자는 시간의존해석과 유한요소 소프트웨어 패키지 ANSYS가 결합되는 과정을 사용한다. 그 과정은 6장에서 서술하였다. 그러나 저자는 가장 발전된 프로그램(예를 들면 소프트웨어 회사 TDV에 의해 생산된 RM2000)이 복합 스트레스 리본구조의 시간의존적, 기하학적 비선형 구조해석을 제공할 수 있다는 것을 알게 되었다.

Blue강교의 설계 동안(11.1.9절) 저자는 구조물의 상세 시간의존적 해석을 수행하였다. 구조물은 현장타설 슬라브를 가진 프리캐스트 세그먼트에 의해 형성된다. 세그먼트는 지지긴장재에 매달리고 프리스트레싱 긴장재에 의해 긴장된다. 실제 교량은 지점에 현장타설 헌치를 가지는 스트레스 리본에 의해 형성된다.

문제점을 이해하기 위하여 (a) 일정단면, (b) 4.5 m의 새들과 (c) 4.5 m의 포물선 헌치를 가지고 지점부근이 상세화된 구조물의 세 가지 가능한 배치에 대하여 해석을 수행하였다. 구조물은 프리스트레스효과와 CEB-FIP (MC 90)유동학적 함수를 사용한 크리프 및 건조수축의 효과에 대하여 해석되었다.

그림 7.72는 시간 t_0와 t_∞에 대하여 지점부근의 스트레스 리본에서의 휨모멘트를 보여준다. 휨모멘트는 시간에 따라 크게 변하지 않는다는 것을 보여줄 수 있다.

동적 해석

3장에서 말한 것처럼 사람과 바람에 의해 유발된 요구조건 들에 대하여 스트레스 리본구조의 동적거동을 면밀히 검토 할 필요가 있다. 또한 지진하중에 대한 적절한 반응이 검증되어야 한다.

표준적으로 첫 번째 단계는 이동하중에 의한 동적거동의 검토로 수반되는 고유모드와 진동수를 결정하는 것이다.

예비계산에서 연직고유모드는 4.3절에 주어진 단순 케이블의 진동방정식을 사용함으로서 결정될 수 있다. 동적실험이 그들의 신뢰성을 증명하였다.

최종 설계에서 동적해석은 비선형 해석에서 사용된 계산 모델로서 수행된다. 동적해석이 보통 선형이고 대부분의 프로그램이 소위 인장강성효과를 적용함으로서만 스트레스 리본과 케이블 지지구조물의 특정거동을 묘사할 수 있다는 것을 깨닫는 것이 중요하다.

표준 1경간 스트레스 리본구조는 그림 7.73에서 제시한 고유모드에 의해 특성화되어진다. 연직모드는 A와 B로 표시되었고 첫 번째 가로흔들이모드는 C로 표시되었으며 첫 번째 비틀림 모드는 D로 표시되었다. 프리스트레스된 밴드의 연직 곡률 때문에 수평적 움직임은 비틀림과 항상 결합되어지고 그러므로 순수한 비틀림 모드를 발견하기가 어렵다.

첫 번째 연직모드에 수반되는 진동은 (A) 케이블의 신장을 요구하고 부합되는 진동수는 두 번

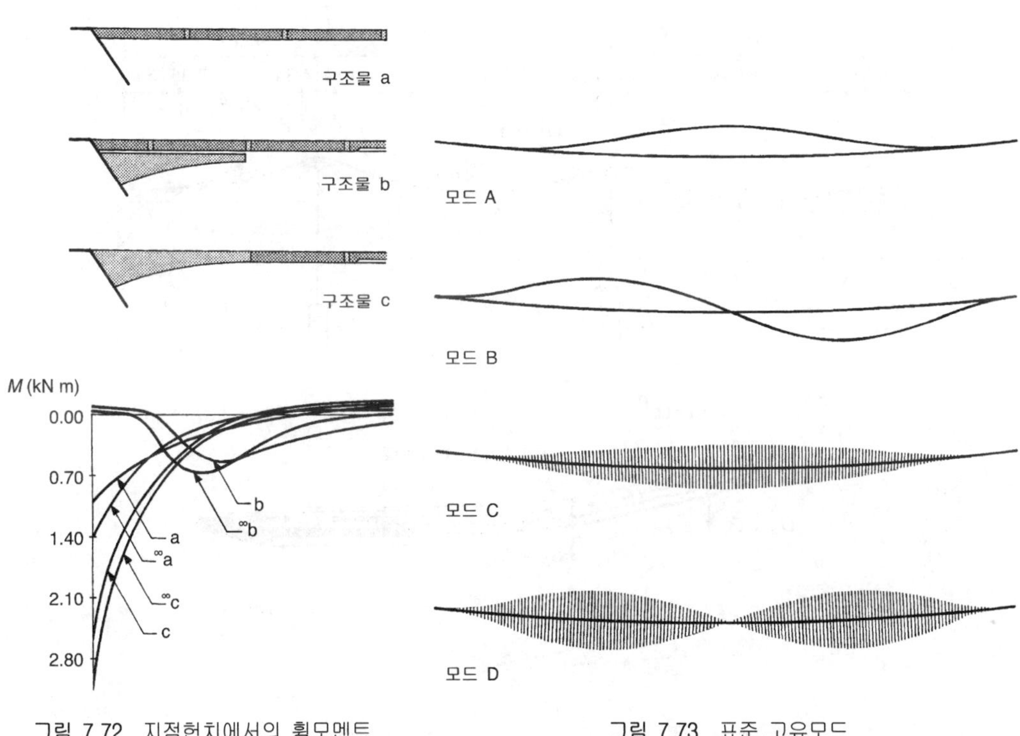

그림 7.72 지점헌치에서의 휨모멘트

그림 7.73 표준 고유모드

째 연직모드(B)의 진동수보다 어떤 경우에는 더 높다.

다경간 구조물을 해석할 때 지점의 수평변위가 있을 때만 교량이 연속구조로서 거동한다는 것을 주목하여야 한다. 보행자의 무리에 의해 발생 될 수 있는 작은 하중에 대하여 응력의 변화는 매우 작으며 개개의 경간들은 분리된 케이블처럼 거동한다. 그러므로 구조물이 불쾌한 느낌을 일으키는 움직임에 대하여 검토되어 질 때 동적해석은 전 구조물 외에도 개별 경간에 대하여 수행되어야 한다.

해석 예

그림 7.74에서 그림 7.79까지는 Grants Pass교와 Maidstone교(11.1.10절, 11.1.12절)의 계산모델과 해석결과를 보여준다. 두 구조물 모두 프리캐스트 세그먼트(PSs), 복합슬라브(CS), 지지긴장재(BTs)과 프리스트레스 긴장재(PTs)을 모델화한 평행한 3D 요소로부터 결합되어지는 3D 구조물

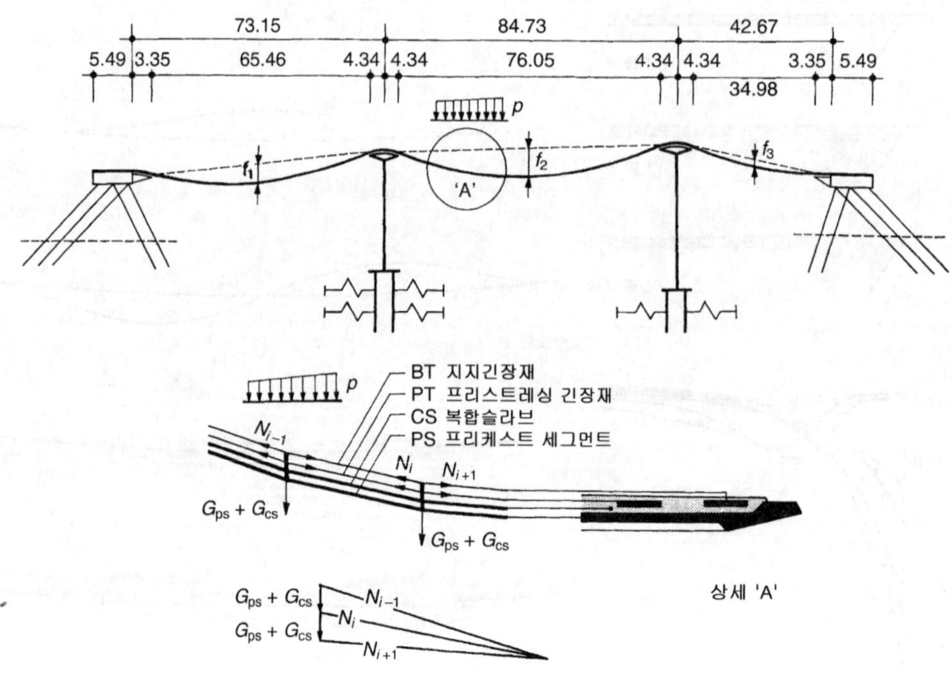

그림 7.74 Grants Pass교, 오레건, 미국 : 구조물의 계산모델

로서 모델화되어진다. 요소들의 길이는 세그먼트의 길이와 부합된다.

Grants Pass교에서 새들은 변화하는 깊이의 길이 0.3 m인 3D 보요소로 모델화 되어졌다. 이 같은 요소들은 접촉부재로 스트레스 리본과 연결되어 진다(그림 7.75). Maidstone교의 경우 새들은 헌치의 깊이에 따른 변화하는 깊이를 가지는 길이 0.5 m의 3D 보요소로서 모델화되었다.

그림으로부터 계산모델이 지반과 유연하게 연결되는 스트레스 리본 구조물의 실제 배치로 묘사될 수 있음을 알 수 있다.

Grants Pass교의 동적해석 결과는 그림 7.76에 제시된다. 첫 번째 횡방향 진동수가 0.701에서 1.478 Hz 범위에 놓인다는 것은 흥미롭다. 교량의 공용중 보행자에 의해 하중이 크게 재하되었지만 불쾌한 느낌은 보고되지 않았다.

비교적 횡방향 유연지점은 응답 스펙트럼도에서 보여진 것처럼 지진요구조건에서 구조물의 거동을 크게 줄였다.

그림 7.78은 Maidstone교의 스트레스 리본 상부구조에서의 휨모멘트도를 나타낸다. 교대와 교각 헌치에서의 프리스트레스 긴장재의 배치 때문에 이들 위치에서 보통 나타나는 정(+)의 휨모멘트는 크게 줄어든다. 그림 7.79에서 보여준 고유모드와 진동수로부터 혼합된 모드에서 이 복합 구조가 진동한다는 것은 명확하다. 또한 이것은 얇은 구조물의 좋은 거동을 보여준다.

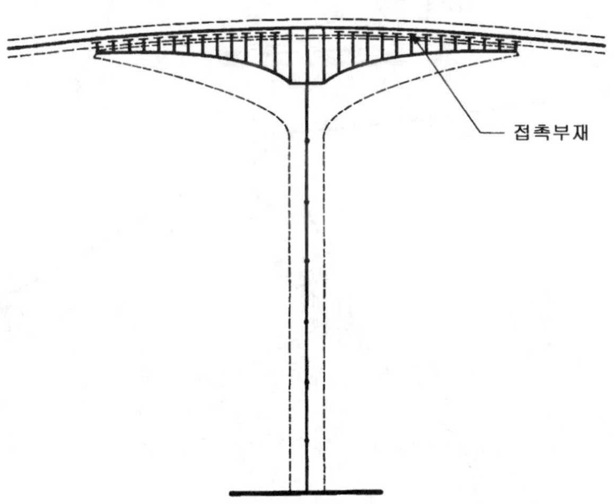

그림 7.75 Grants Pass교, 오레건, 미국 : 교각의 계산모델

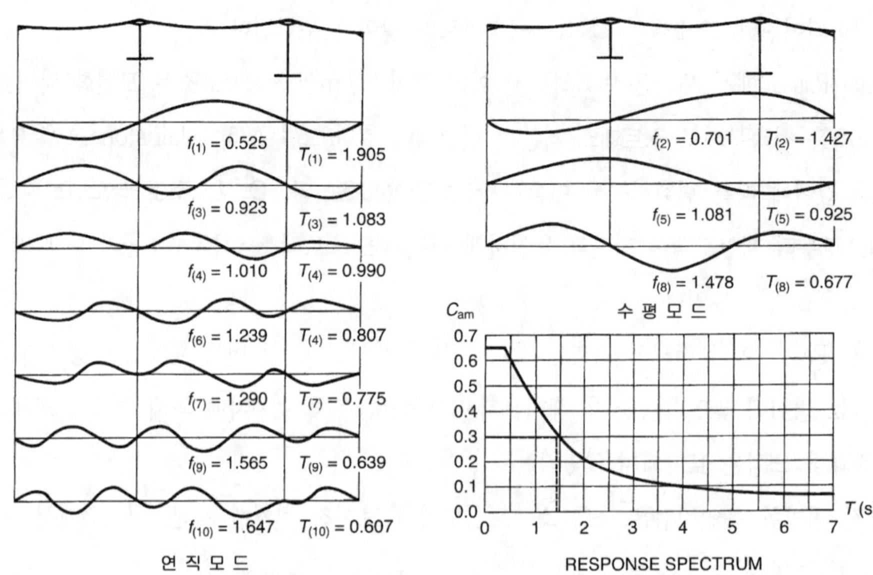

그림 7.76 Grants Pass교, 오레건, 미국 : 고유모드와 진동수

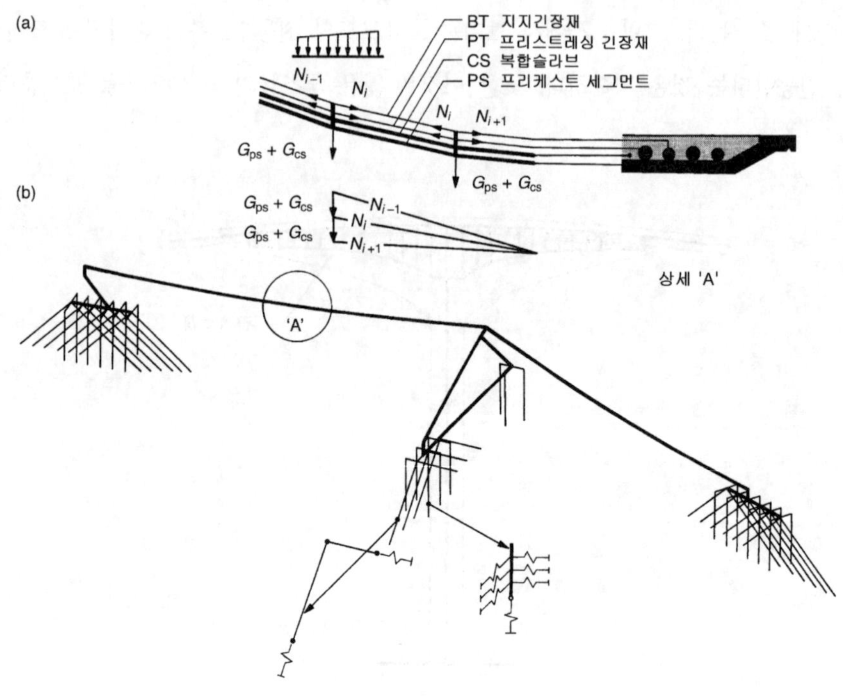

그림 7.77 Maidstone교, 영국 : 계산모델

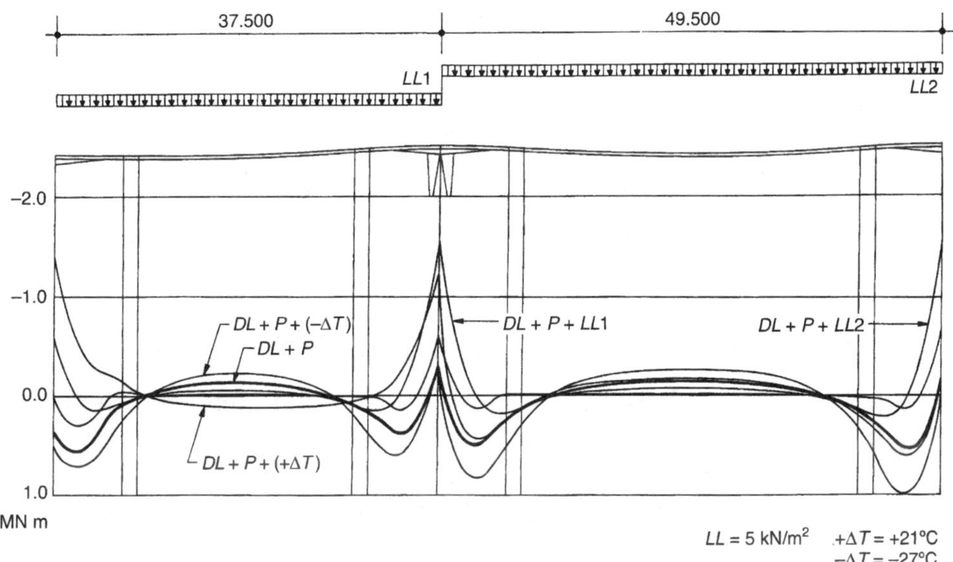

그림 7.78 Maidstone교, 영국 : 상부구조에서의 휨모멘트

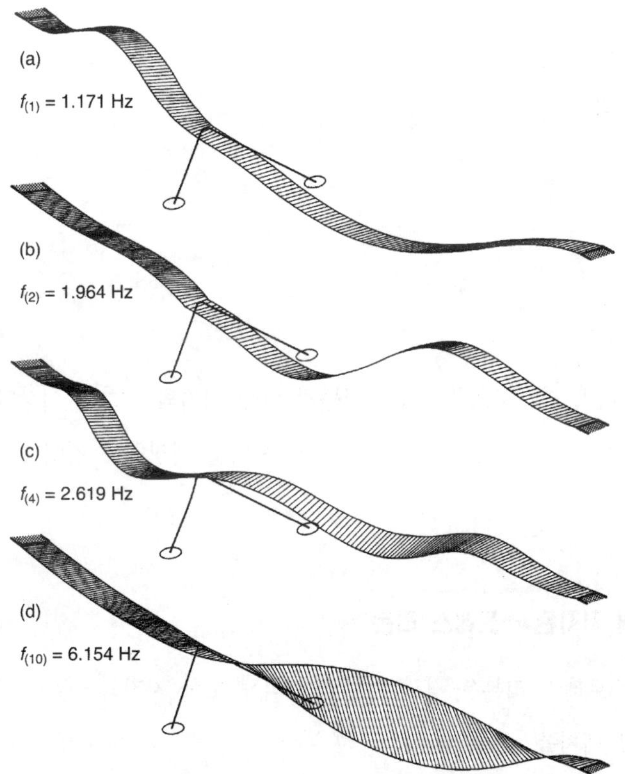

그림 7.79 Maidstone교, 영국 : 고유모드와 진동수

구조부재들의 설계

스트레스 리본구조는 구조용 콘크리트로부터 보통 구조물로서 설계된다. 그로써, 모든 부재를 균열폭, 긴장재의 피로응력과 보강철근이 고려되어져야 하고, 부분 프리스트레스되어진 것으로 검토하는 것이 합리적이다. 또한 콘크리트에서의 최대 압축응력도 검증되어야 한다.

프리스트레스된 밴드에서 응력의 범위는 보통 프리스트레스 콘크리트 구조물의 응력범위내에서 있기 때문에 지지와 프리스트레스 긴장재에서의 응력은 적절한 국가표준에 따라 보통 프리스트레스 긴장재로 취급되어야 한다. 보통 부착된 긴장재와 비부착된 긴장재에 대하여 최대 사용응력은 각각 $0.7f_u$와 $0.6f_u$를 넘지 않아야 한다.

콘크리트 밴드에서 죠인트와 균열은 하중이 증가함에 따라 벌어지기 때문에 스트레스 리본은 극한하중에서 케이블로서 거동한다(그림 7.64(g)). 하중은 지지와 프리스트레싱 긴장재 모두에 의해 지지된다. 추가하중은 큰 새그를 생성하기 때문에 긴장재에서의 응력은 하중에 선형비례하는 것보다 작게 증가한다. 이것은 사용하중에 대하여 긴장재에서 비교적 높은 허용응력을 적용하는 것이 가능한 이유이다.

7.7 특별배치

보통 일반 스트레스 리본구조물은 연직기둥에 의해 지지되는 하나 이상의 경간을 가진 직선 상부구조로 구성된다. 그러나 스트레스 리본의 적용분야를 확장하는 것이 가능하다.

경사 버팀보에 의해 지지된 스트레스 리본

2경간 이상의 스트레스 리본은 경사 버팀보에 의해 또한 지지되어질 수 있다. 그림 7.80은 2경간 구조의 가능한 배치를 보여준다.

고정하중으로 인한 버팀보에서의 휨을 제거하기 위해 상부구조의 추가인장으로 버팀보에서 축

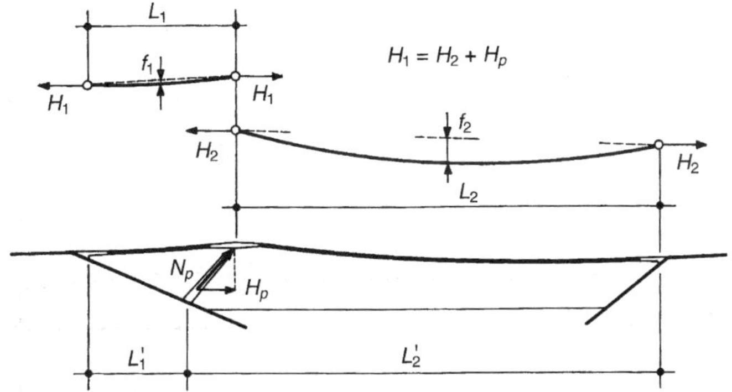

그림 7.80 경사버팀보에 의해 지지된 스트레스 리본

력의 수평성분을 균형을 이루도록 하는 것이 필요하다. 초기단계에서 더 짧은 경간에서 수평력 H_1 은 더 긴경간에서의 수평력 H_2 와 버팀보 H_p 의 수평성분의 합과 균형을 이루어야 한다.

$$H_1 = H_2 + H_p = \frac{gL_1^2}{8f_1} = \frac{gL_2^2}{8f_2} + H_p$$

또한 활하중과 온도변화에 의한 인장력은 버팀보의 경사와 휨강성에 비례하여 더 짧은 경간에서 더 크다. 그러므로 지지긴장재의 수와 그 경간에서의 프리스트레스 수준을 증가시키는 것이 필요하다. 이 인장은 또한 교대와 교각새들에 정착된 외부긴장재에 의해 지지될 수 있다.

구조물이 그림 7.80과 유사하게 배치될 때 더 큰 수평력이 한계치 2 Hz에 근접한 연직 고유진동수를 증가시킬 수 있기 때문에 더 짧은 경간들에서의 움직임에 보다 세심한 주의가 요구된다.

사장케이블에 매달린 스트레스 리본

스트레스 리본은 또한 스트레스 리본의 새들과 주탑에 정착된 연직 혹은 경사 사장케이블에 매달릴 수 있다. 그림 7.81은 3경간 구조물의 가능한 배치를 보여준다.

구조물의 기하조건은 힘의 평형이 보장되어야 하는 초기단계에서 주어진다. 주경간에서의 수평력은 측경간 수평력과 사장케이블 힘의 수평성분의 합에 의해 지지된다.

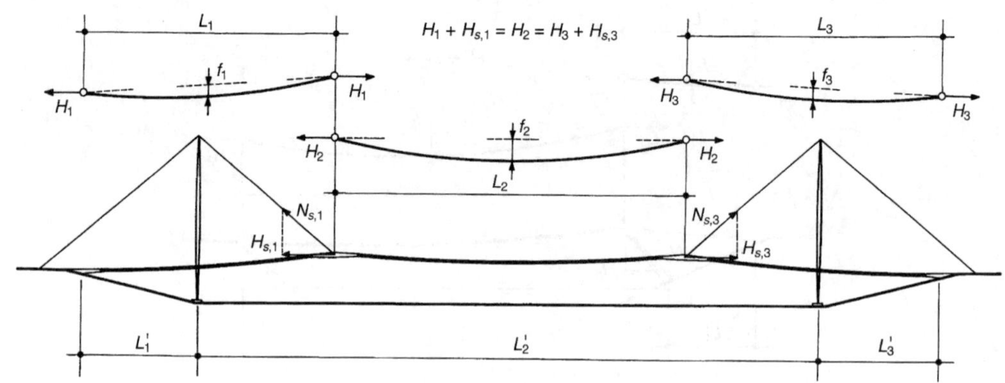

그림 7.81 사장케이블에 의해 지지된 스트레스 리본

$$H_1 + H_{s,1} = H_2 = H_3 + H_{s,3}$$
$$= \frac{gL_1^2}{8f_1} + H_{s,1} = \frac{gL_2^2}{8f_2} = \frac{gL_3^2}{8f_3} + H_{s,3}$$

스트레스 리본의 크랭크형 배치

2경간 이상의 스트레스 리본 구조물은 평면상에서 크랭크형 배치를 할 수 있다. 이러한 해법은 몇몇의 구조적, 정적문제를 수반할지라도 현장에 교량이 놓이는데 발생하는 특별한 문제를 해결할 수 있으며 구조물의 경관적 이미지를 증가시킬 수 있다.

그림 7.82는 중간지점 b 와 c 에서 크랭크 모양으로 구부러지는 3경간 구조물의 가능한 해법을 보여준다. 부합되는 횡방향 힘에 저항하는 교각은 각도 α_b 와 α_c 의 이등분선에 위치한다(그림 7.82(a)). 경사부재시스템으로, 즉 압축버팀보와 인장타이로 횡방향 힘을 저항 할 수 있다(그림 7.82(c)). 타이없이 경사진 교각으로 설계하는 것도 가능하다(그림 7.82(d)). 교각의 경사는 고정하중에 대하여 횡방향 휨모멘트가 영이 되도록 결정되어져야 한다. 연직력 V_p 와 수평력 H_p 는 외부하중과 온도의 변화에 따라 변하며 교각은 모든 이 하중들을 감안하여 설계되어져야 한다는 것을 주목하여야 한다.

고정하중에 대하여 교각은 종방향 모멘트는 또한 영이어야 한다. 그러므로 개별 경간들에서 기하조건과 힘들은 개별경간들에서 수평력이 같아야만 하는 직선의 스트레스 리본구조물의 경우와 유사하게 결정되어야 한다.

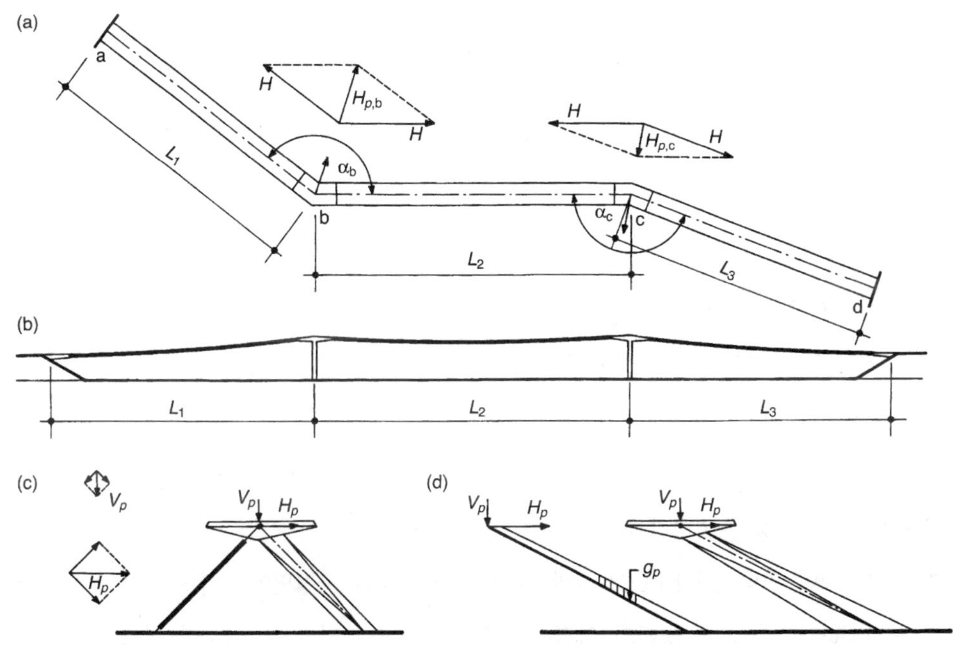

그림 7.82 스트레스 리본의 크랭크배치

그림 7.83 Hadrian's교, 스코틀랜드, 영국(Cezary Bednarski)

초기단계에서 스트레스 리본은 전 고정하중을 받는 연속 케이블로서 거동한다. 모든 다른 하중들에 대하여(프리스트레스 포함)는 횡방향 휨모멘트와 비틀림 휨모멘트와 전단력이 작용되어지는 스트레스 리본으로 거동한다.

지금까지 이와 같은 형태의 유일한 구조물이 영국의 Maidstone(11.1.12절)에 가설되어졌다. 유사한 구조물이 스코틀랜드에 가설되기로 예정된 Hadrian교로 Cezary Bednarski에 의해 제안되었다(그림 7.83). 이 설계에서 크랭크형 배치는 한 경간에서의 경사버팀보 지점과 결합되었다.

스트레스 리본의 별모양 배치

스트레스 리본 구조물은 또한 평면에서 별모양 배치로서 설계되어질 수 있다. 중앙에서 개별 경간들은 교각이나 인장링에 연결되어질 수 있다.

그림 7.84는 중간지점에서 개별 경간들이 연결되어지는 구조물의 가능한 해법을 보여준다. 그림 7.85는 중앙 승강장에 경간들이 연결된 구조물을 보여준다. 구조물은 60° 각도로 연결된 3 경간으로 구성되어 진다. 기하구조(새그와 경간)는 연결점의 수평면에서 힘이 평형을 이루는 방법으로 결정된다. 보다 많은 경간의 연결이 가능하고 그로부터 많은 다양한 구조물을 생성하는 것이 가능하다.

중간교각에 연결된 구조물에 대하여 개별 경간들의 길이와 새그는 다음과 같아야 한다.

$$\frac{f_i}{L_i^2} = \frac{f_1}{L_1^2} = \frac{f_2}{L_2^2} = \frac{f_3}{L_3^2}$$

개별 경간들이 연결된 중앙승강장은 수평이어야 한다. 그러므로 지지긴장재의 초기력은 경간 $2L_i$인 케이블의 힘에 부합된다.

$$H_i = \frac{g(2L_i)^2}{8f_i} = \frac{g4L_i^2}{8f_i}$$

그러면, 개별 경간들의 경간 길이와 새그는 다음과 같아야 한다.

$$\frac{f_i}{4L_i^2} = \frac{f_1}{4L_1^2} = \frac{f_2}{4L_2^2} = \frac{f_3}{4L_3^2}$$

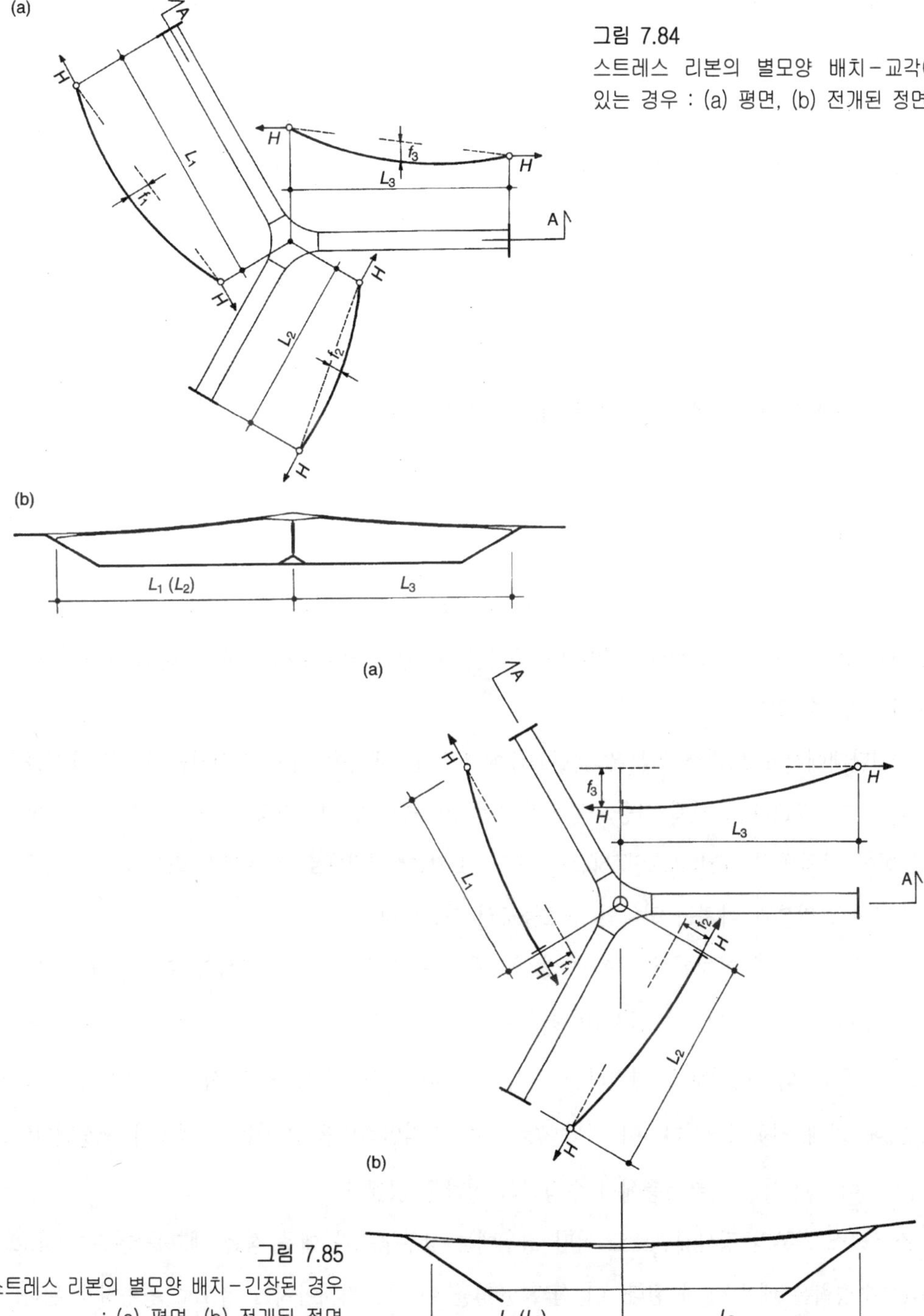

그림 7.84
스트레스 리본의 별모양 배치 - 교각이 있는 경우 : (a) 평면, (b) 전개된 정면

그림 7.85
스트레스 리본의 별모양 배치 - 긴장된 경우 : (a) 평면, (b) 전개된 정면

초기상태에서 스트레스 리본은 전 고정하중을 받는 연속 케이블과 같이 거동한다. 모든 다른 하중들(프리스트레싱 포함)에 대하여 횡방향 휨모멘트와 비틀림 휨모멘트, 그들과 부합되는 전단력에 의해 긴장되어지는 스트레스 리본으로 거동한다.

집필시 별형상을 가진 1개의 구조물만 가설되었고 그것은 일본에 설치되었다(11.1절).

7.8 아치에 의해 지지되는 스트레스 리본

구조적 배치

다경간 스트레스 리본의 중간지점은 아치의 형상을 가질 수도 있다(그림 7.86). 아치는 포스트텐션과 온도저하동안 스트레스 리본이 올라갈 수 있는 새들로서 역할을 하고 온도상승 동안 밴드가 기댈 수 있다.

초기단계에서 스트레스 리본은 끝단교대에 고정된 새들에 의해 지지되는 2경간 케이블로서 거동한다(그림 7.86(b)). 자체 자중, 새들 세그먼트의 중량과 지지긴장재에 의해 생성되는 방사방향의 힘이 아치에 재하된다(그림7.86(c)). 프리스트레스 긴장재로 스트레스 리본을 포스트텐션한 후, 스트레스 리본과 아치는 하나의 구조물로서 거동한다.

스트레스 리본과 아치에서의 형상 및 초기응력은 스트레스 리본에서의 수평력 H_{SR}과 아치에서의 수평력 H_{A}가 같도록 선정되어질 수 있다. 그러면 스트레스 리본과 아치기초를 수평력과 균형을 이루는 압축버팀보에 연결하는 것이 가능하다. 수평력에 의해 생성된 모멘트 $H_{SR}h$는 ΔVL_P에 의해 저항되어진다. 이 방법으로 오직 연직반력만을 가지는 자정식이 생성된다(그림 7.86(d)). 이 자정식은 상부토층에서 수평력의 정착을 없앤다.

스트레스 리본의 경사제한으로 어떤 경우에는 상부구조가 매우 작은 새그를 가져야 하고 부합되는 수평력은 매우 크게 된다. 이 힘과 균형을 이루는 지지아치는 극도로 평평하게 된다. 만약 지형이 더 높은 아치를 요구한다면, 부분적 자정식을 개발하는 것도 가능하다.

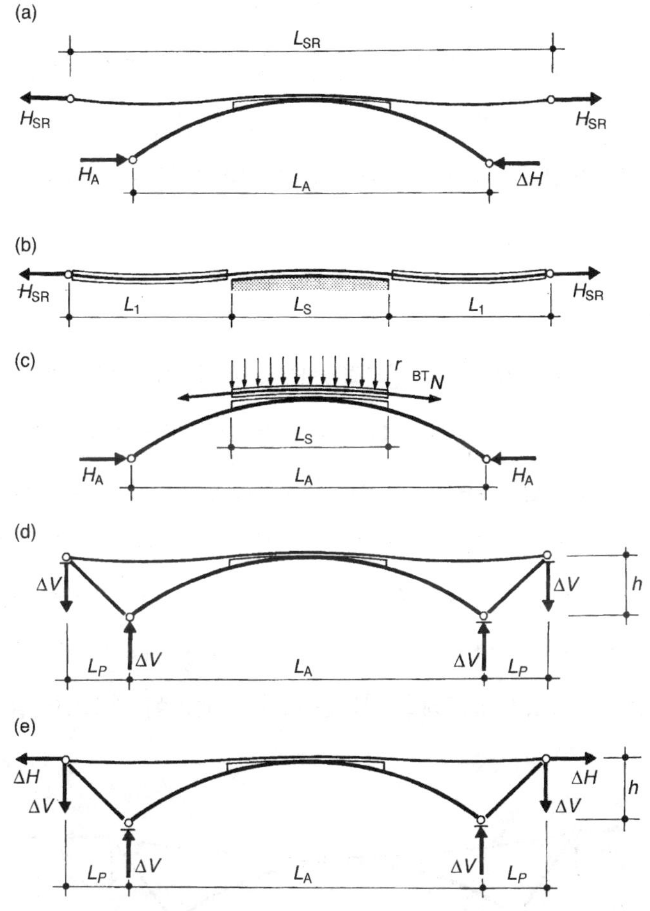

그림 7.86 아치에 의해 지지된 스트레스 리본
(a) 스트레스 리본과 아치, (b) 스트레스 리본, (c) 아치, (d) 자정식, (e) 부분 자정식

아치는 최적의 라이즈와 이에 부합되는 수평력에 대하여 설계되어진다. 그러면 이 수평력 H_A이 경사진 버팀보에 의해 스트레스 리본의 앵커블럭으로 전달된다. 앵커블럭은 다음의 차이만을 저항해야 한다.

$$\Delta H = H_{SR} - H_A$$

수평력에 의해 생성된 모멘트 $H_A h$는 연성 $\Delta V L_P$에 의해 저항되어진다.

아치가 스트레스 리본의 수평력을 줄이는데 도움이 되는 많은 부분적 자정식을 개발하는 것이 가능하다. 그림 7.87은 하나의 가능한 정적작용을 서술한다. 초기단계에서 아치는 그것의 자중과 새들 세그먼트의 중량에 의해서만 재하되어진다. 이 경우 스트레스 리본은 지지긴장재가 새들의 각 측면에서 세그먼트의 중량만을 받는 1경간 구조를 형성한다.

수평력 H_{A}는 경사버팀보에 의해 스트레스 리본 앵커블럭으로 전달되어지며 앵커블럭은 다음식의 차이를 저항하여야 한다.

$$\Delta H = H_{SR} - H_{A}$$

수평력에 의해 생성된 모멘트 $H_{A}h$는 연직력 ΔVL_{P}의 연성에 의해 저항되어진다.

스트레스 리본이 아치로부터 매달려지는 것도 가능하다. 몇몇의 완전 혹은 부분적 자정식을 개발하는 것이 가능하다. 그림 7.88은 그런 시스템을 적용함으로서 개념을 제시한다.

그림 7.88(a)는 얇은 프리스트레스트 콘크리트 상부구조의 앵커블럭에 고정된 아치를 보여준다. 이 아치는 자중과 스트레스 리본의 중량에 의해서 뿐만 아니라 프리스트레스 긴장재의 방사방향힘에 의해서도 재하된다. 그림 7.88(b)는 그림 7.86(d)에서 제시한 구조물과 유사한 정적 거동을 가진 구조를 보인다. 2경간 스트레스 리본은 프리스트레스된 밴드가 곡률을 변화 시키는 새

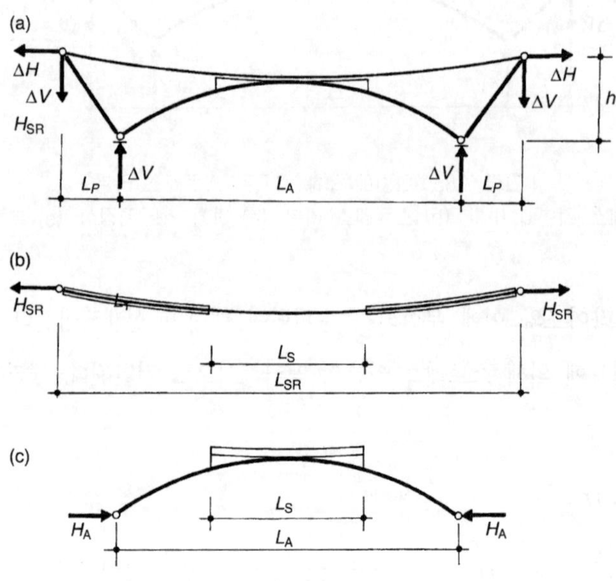

그림 7.87 아치에 의해 지지된 스트레스 리본 : (a) 부분 자정식, (b) 스트레스 리본, (c) 아치

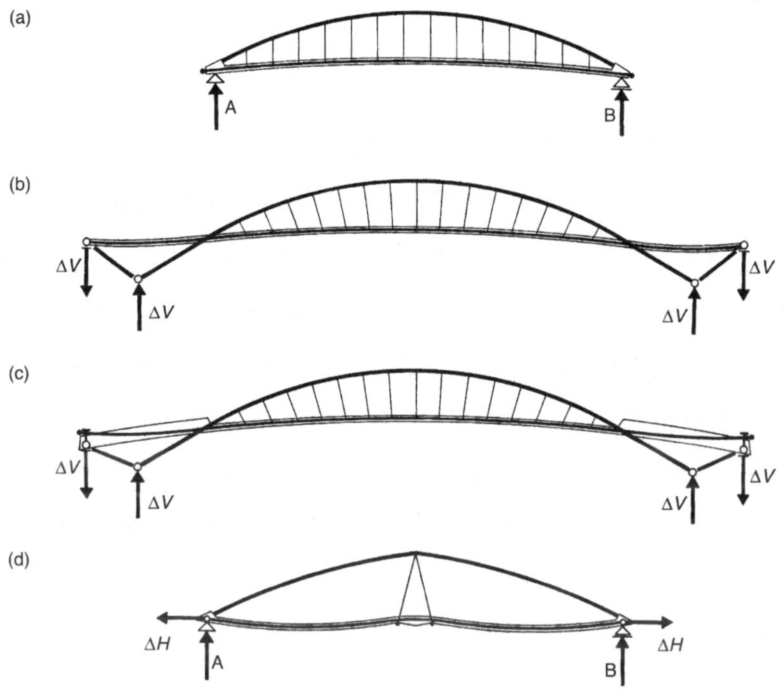

그림 7.88 아치에 의해 지지된 스트레스 리본 : (a) 타이드아치, (b) 측경간을 가진 타이드아치, (c) 휨강성 측경간을 가진 타이드아치, (d) 아치위에 매달린 2경간 스트레스 리본

들로서의 역할을 하는 아치에 매달린다. 초기단계에서 스트레스 리본은 새들에 의해 지지된 2경간 케이블로서 거동한다(그림 7.86(b)). 아치는 자중, 새들세그먼트의 중량과 지지긴장재에 의해 발생하는 방사방향력에 의해 재하되어진다. 스트레스 리본이 포스트텐션되어질 때, 스트레스 리본과 아치는 하나의 구조물로 거동한다.

스트레스 리본 앵커블럭에서의 인장력을 줄이기 위하여, 스트레스 리본 수평력에 완전히 혹은 부분적으로 균형을 이루는 압축 버팀보로 응력과 아치기초를 연결시키는 것이 가능하다.

그림 7.88(c)는 얇은 프리스트레스 콘크리트밴드가 아치로부터 매달려지지 않은 구조물의 비현수 부분에서의 휨강성을 증가시키는 유사한 구조를 보여준다.

그림 7.88(d)는 프리스트레스밴드의 곡률 변화가 아치로부터 매달린 짧은 새들내에서 달성되는 구조물을 제시한다. 아치는 자중과 스트레스 리본의 집중하중에 의해 재하되기 때문에 이 하중에 부합되는 케이블카선 형상을 가져야 한다.

모델 실험

저자는 아치에 의해 지지된 스트레스 리본 구조시스템은 스트레스 리본 구조의 응용분야를 확대시킨다고 믿는다. 몇몇의 분석이 이것을 증명하기 위하여 수행되었다. 구조는 상세정적 및 동적해석뿐만 아니라 정적과 완전공기역학적 탄성모델에서 검토되어졌다. 실험은 설계가정과 풍하중하에 구조물의 거동을 증명하였고 완전 구조계의 극한능력을 결정하였다.

모델실험은 Plzen의 Radbuza강을 가로지르는 제안된 보도교에 대하여 수행되었다. 이 구조물은 경간 길이가 77 m이고 라이즈-지간비 (라이즈 f로 지간 L을 나눈 값의 제곱비)가 973 m인 강관아치를 스트레스 리본상부구조에 결합하도록 설계되어졌다(그림 7.89). 콘크리트가 채워진 두 개의 강관은 2경간 스트레스 리본 상부구조를 지지하는 아치를 형성한다.

상부구조는 프리캐스트 콘크리트와 현장타설 부분으로 구성된 복합 부재이다. 난간 사이의 상부구조의 폭은 4 m이다. 상부구조는 중앙경간에서 아치와 고정 연결되어진다. 경사변화율 8%

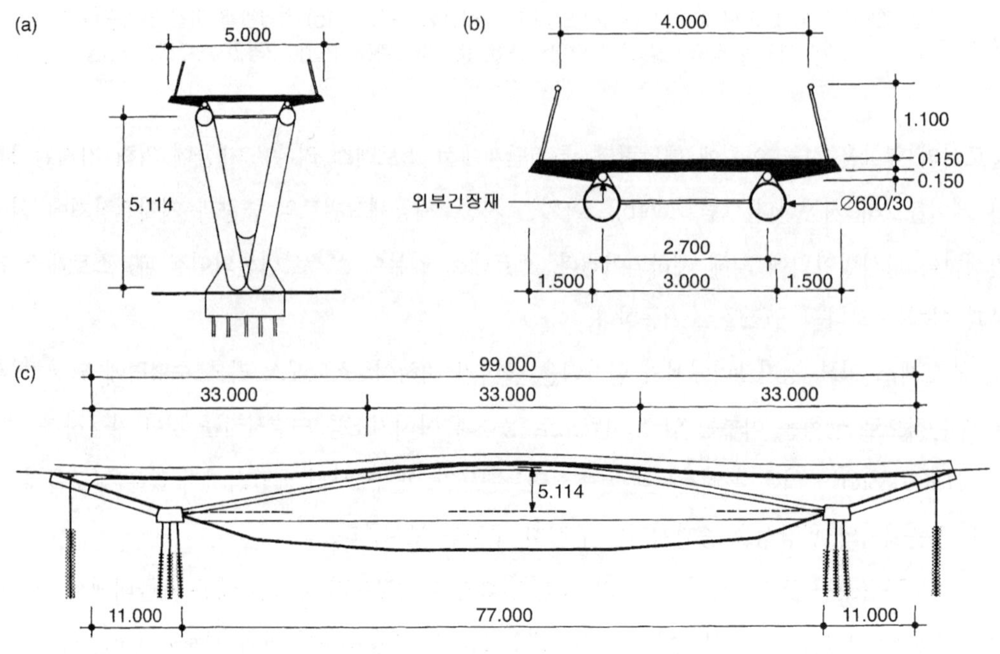

그림 7.89 해석된 교량 : (a) 횡단, (b) 중앙경간에서의 횡단, (c) 정면

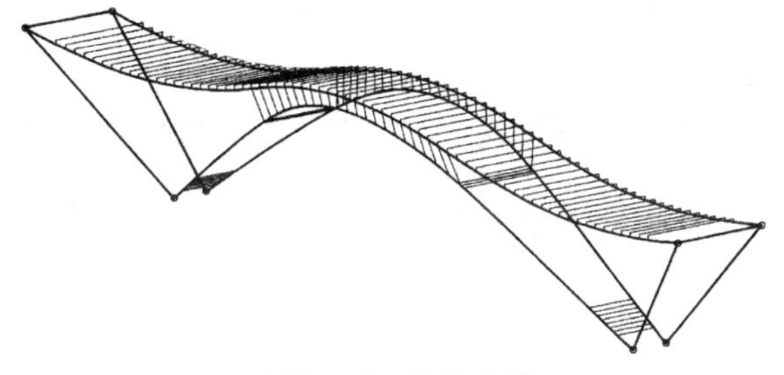

그림 7.90 계산모델

이내를 지키기 위하여 상부구조는 크라운 위치의 강판 위에 지지된다. 끝단에서 스트레스 리본은 아치의 기초에 강결연결된 두개의 경사 현장타설버팀보에 의해 지지된 다이어프램에 고정된다. 두개의 인장된 말뚝은 상향력에 대하여 다이어프램을 지지한다. 9개의 압축된 말뚝이 아치기초를 지지한다. 그래서 구조물은 스트레스 리본으로부터의 수평력이 경사 콘크리트 버팀보를 통하여 아치 수평성분에 대응하여 균형을 이루는 기초로 전이되는 자정식을 형성한다.

구조물의 거동은 프로그램 시스템 ANSYS에 의해 수행된 상세 정적 및 동적해석으로 확인되었다. 계산모델(그림 7.90)은 구조물의 비선형거동을 포함하여 시공과정뿐만 아니라 구조물의 공간적 거동을 묘사할 수 있다.

정적 모델

정적 물리적 모델은 1 : 10 축척으로 구성되었다. 형상과 실험준비는 그림 7.91에서 보여준다. 모델의 규모와 단면, 하중과 프리스트레스력은 유사 규칙에 의해 결정된다. 스트레스 리본은 18 mm 두께의 프리캐스트 세그먼트와 결합되어지고 현장타설 헌치는 강찬넬 단면으로 만들어진 앵커블럭에 정착된다. 아치는 두개의 강파이프로 구성되고 끝단의 버팀보는 찬넬 단면에 의해 조립된 두개의 강상자형으로 구성된다. 새들은 연직보강재로 보강된 종방향 판에 지지되어진 두개의 강앵글에 의해 만들어졌다.

아치와 경사버팀보에 공통인 기초는 두 찬넬 단면으로 조립된 강재상자로부터 결합된다. 기초는 두개의 I 단면으로 구성된 강재기둥에 의하여 지지된다. 끝단 타이는 4개의 직사각형 튜브로 구성된다. 강재기둥과 타이는 실험바닥에 정착된 종방향 강재보에 의하여 지지된다.

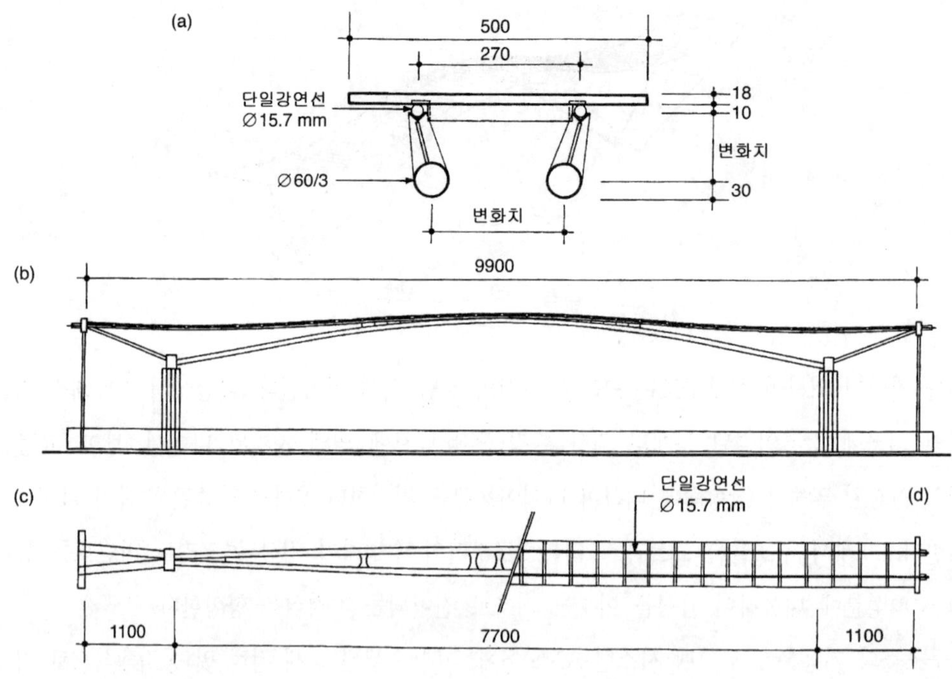

그림 7.91 교량의 모델 : (a) 횡단, (b) 정면, (c) 아치의 평면, (d) 상부구조의 평면

프리캐스트 세그먼트는 50 MPa 특성강도의 마이크로 콘크리트로 만들어진다. 스트레스 리본은 단면의 바깥쪽에 위치한 두개의 단일 강연선에 의해 지지되고 포스트텐션되어진다. 그들의 위치는 세그먼트에 감싸여진 두개의 앵글에 의해 결정된다. 이와 같은 앵글들은 세그먼트의 바깥쪽에 위치한 횡방향 다이아프램에 용접된다.

유사의 규칙에 따라 결정된 하중들은 아치와 횡방향 다이아프램에 매달린 강재원형의 바(bar)로 구성된다. 바(bar)의 수는 원하는 하중에 따라 변한다.

모델의 가설은 실제 구조물의 가설과 부합된다. 아치와 끝단 버팀보를 결합한 후 단일 강연선은 가설되고 인장된다. 그리고 나서 세그먼트는 단일 강연선 위에 놓이고 하중이 적용된다. 다음, 세그먼트 사이의 죠인트들과 헌치들이 타설된다. 콘크리트가 최소규정강도에 도달할 때, 단일 강연선이 설계력으로 인장된다.

세그먼트의 가설전에 변형률게이지가 강재부재에 부착되고 구조물의 초기응력이 측정된다.

스트레스 리본의 한계점에 변형률게이지는 죠인트가 타설되기전에 부착된다. 세그먼트의 가설동안 죠인트의 타설과 구조물의 포스트텐셔닝, 아치와 상부구조의 변형을 면밀히 모니터해야 한다. 단일 강연선에서의 힘은 이들 앵커에 위치한 동적계측기에 의해 측정된다(그림 7.92).

그림 7.92 교량의 모델

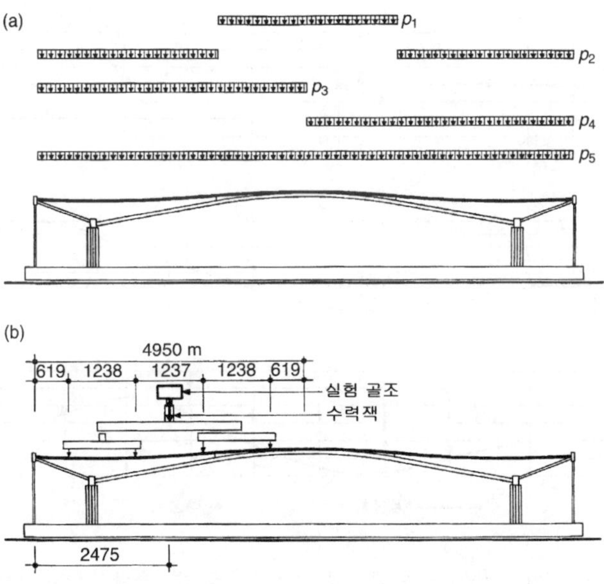

그림 7.93 하중 : (a) 공용하중, (b) 극한하중

모델은 그림 7.93(a)에 보여진 활하중의 다섯 가지 위치에 대하여 실험되었다. 실험된 구조물은 프로그램 ANSYS를 적용하여 기하학적 비선형 구조물로서 해석되어진다. 모든 가설단계와 5가지의 하중 케이스에 대하여 측정결과가 해석의 결과와 비교되어진다.

그림 7.94는 스트레스 리본을 따라 몇 개의 점에서 계산되고 측정된 축응력과 활하중의 한 위치에 대하여, 리본과 아치를 따라 몇 개의 점에서 계산되고 측정된 변형을 제시한다. 이와 같은 결과들이 해석과 측정사이의 합리적인 일치를 증명한다.

실험의 마지막에는 전체구조물의 극한능력이 결정되어진다. 죠인트가 열린 후에는 전하중이 단일강연선의 인장능력에 의해 저항되기 때문에 구조물의 능력이 스트레스 리본의 능력에 의해 주어지지 않는다는 것은 분명하다.

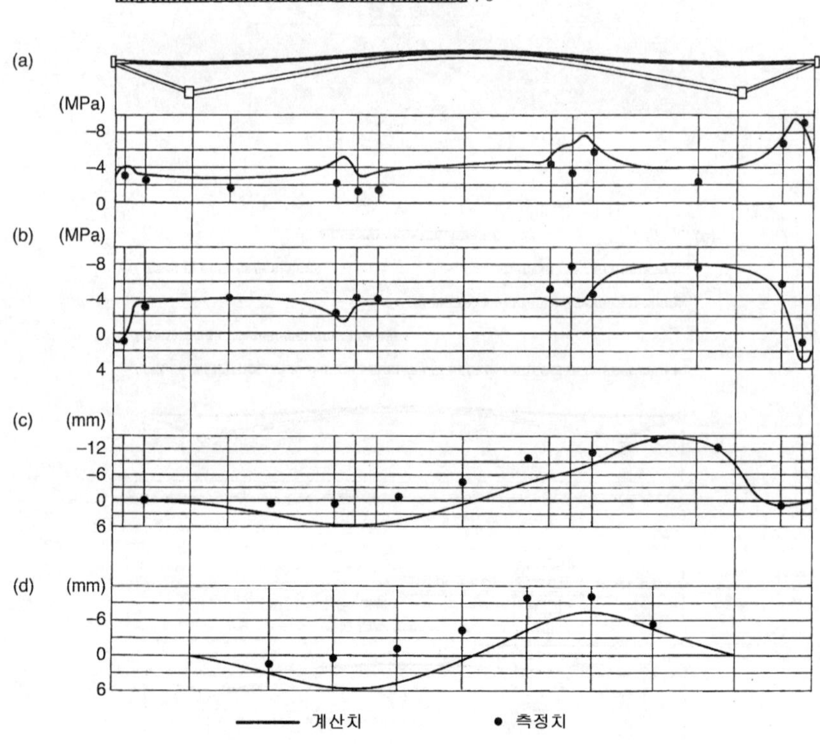

그림 7.94 하중 p_3 : (a) 프리스레스트 밴드의 상연 축응력, (b) 프리스레스트 밴드의 하연 축응력, (c) 프리스레스트 밴드의 변형, (d) 아치의 변형

그림 7.95 극한하중 - 파괴전 구조물

그림 7.96 아치의 좌굴

구조물의 능력은 아치의 휨능력에 의해 주어지기 때문에 모델은 구조물의 편측에 재하하는 하중에 대하여 실험되어진다(그림7.93(b)). 구조물은 추가로 매달린 강봉을 사용함으로서 적용되는 증가 고정하중(1.3 G)에 대하여 실험되어지고, 재하된 뼈대의 반력으로 작용하는 수압잭을 사용함으로서 힘조절이 적용된 점진적으로 증가하는 활하중 P에 대하여 실험되어진다(그림 7.95).

요구된 극한하중 $Q_u = 1.3G + 2.2P$ 보다 1.87 배 더 높은 하중에서 아치의 좌굴(그림 7.96)

로 구조물이 파괴된다. 스트레스 리본 자체는 하중이 제거된 후, 닫히는 균열에 의해 부분적으로만 파괴된다. 구조물은 또한 횡방향으로 매우 강하다는 것이 증명되어졌다.

구조물의 좌굴능력은 구조물이 점진적으로 증가되는 하중에 대하여 해석되는 비선형 해석을 적용함으로서 계산된다. 구조물의 파괴는 해석해가 수렴되지 않을 때에 발생한다. 제작상 불완전함이 있는 경우와 없는 경우의 아치에 대하여 해석이 수행된다. 불완전성은 아치의 크라운부와 스프링부 절점에서 sin형 곡선으로 도입된다. 해석해와 모델 사이의 최대일치는 10 mm의 불완전 최대치를 가진 구조물에서 얻어졌다. 이 값은 제작오차와 매우 근접하다.

실험은 해석적 모델이 사용하중과 극한하중 모두에서 구조물의 적정기능을 정확히 묘사할 수 있다는 것을 증명하였다.

동적 모델

제안된 구조물의 동적거동은 체코공화국(ITAM)의 과학아카데미 “이론과 응용역학” 협회의 Miros Pirner 교수에 의해 수행된 동적실험과 풍동실험에 의해 증명되었다. 이와 같은 실험들에 대하여 기하학과 공기 동역학적으로 1:66 축적에서 유사한 모델이 만들어 졌다(그림 7.97). 상부구조와 아치 모두 에폭시로 타설된다. 힘의 유사성을 보장하기 위하여 아치 스프링부는 조절 볼트에 의해 지지되며, 상부구조는 설계력을 생성하게 하는 와이어에 의하여 지지되어지고 포스트텐션되어진다. 앵커블럭과 아치스프링은 기본보와 상호 연결된 측면 강상자형(교대)에 의하여 지지된다.

전체모델은 기본보로서 지지되어진다. 모델은 기본보의 중간경간에 위치한 여진기에 의해 여진된다. 이 보의 진동은 교대를 통하여 구조물로 전이된다. 구조물의 거동은 아치와 상부구조를 따라 등분포된 26개의 절점에서 측정된다. 표 7.1은 그림 7.98에서 보여준 연직모드의 계산진동수와 여진진동수를 제시한다. 진동수의 범위는 12에서 13까지의 범위에 있다.

풍동실험(그림 7.99)의 결과는 그림 7.100에 보여준다. 그림은 절점 1과 절점 2에서의 모델의 공기흐름 속도와 연직 및 수평루트평균자승(RMS) 사이의 관계를 보여준다. 모델의 한계 풍속은 11.07 m/s 이며, 부합되는 교량의 한계 풍속은 90.03 m/s 이다 [53].

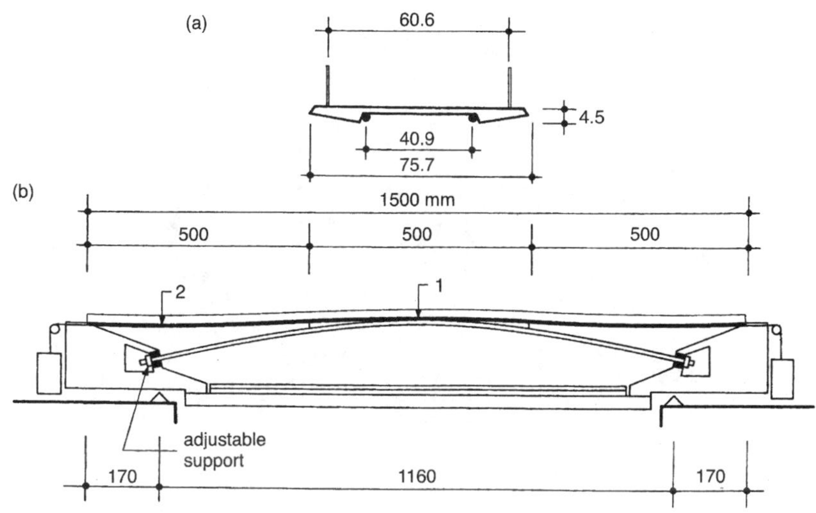

그림 7.97 구조물의 공기역학적 모델 : (a) 횡단면도 , (b) 종단면도 (치수는 mm)

표 7.1 고유모드와 진동수

모 드	구조 계산치(Hz)	모델 측정치(Hz)
V1	1.719	22.250
V2	1.799	32.500
V3	2.590	50.250

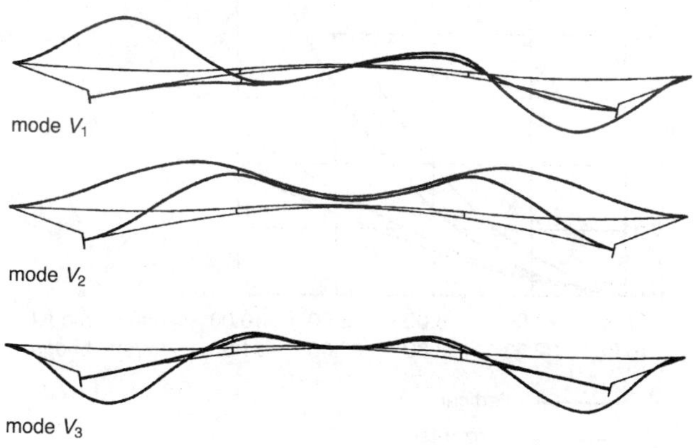

그림 7.98 고 유 모 드

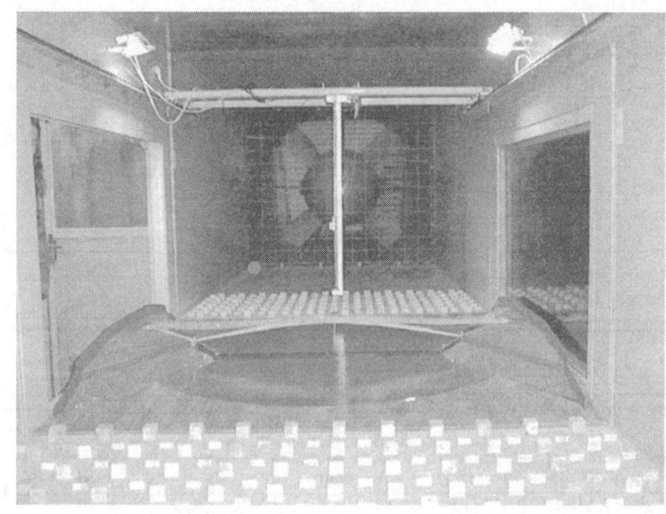

그림 7.99 풍동에서의 공기동역학 모델

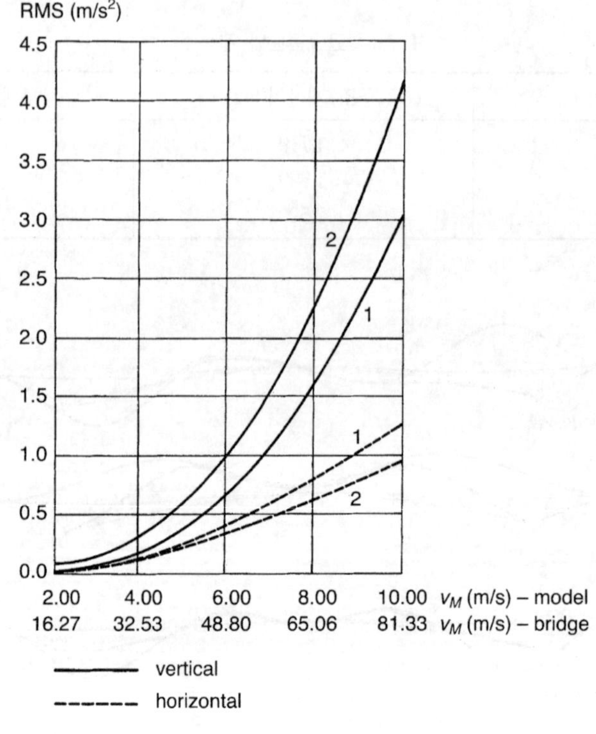

그림 7.100 모델의 연직 및 수평거동

7.9 외부긴장재에 의해 보강된 구조물

스트레스 리본 구조물은 횡단면의 주변(perimeter) 밖에 위치하는 프리스트레스 긴장재에 의해 보강되어 질 수 있다. 그들은 밴드에 평행하게 위치될 수 있고, 현수케이블 형태를 가지거나 상부구조 아래에 위치할 수 있다. 마지막 두 해법들은 프리스트레스 강재의 양을 줄인다. 그러나 유지관리 되어야 하는 추가 구조부재를 요구한다. 그러므로 이와 같은 해법들은 특정한 적용의 경우나 장경간에 대해서만 적절하다.

외부긴장재의 거동을 이해하기 위하여 99 m 경간의 표준 스트레스 리본구조가 외부케이블에 의해 보강된 198 m 경간의 구조물과 비교되었다.

그림 7.101에서 보여준 99 m 구조는 3 m 길이의 세그먼트로 구성된다. 상부구조는 폭 5 m, 단면의 두께가 250 mm 혹은 125 mm인 사각형 단면을 가진다. 250 mm 두께의 구조물에서는 지지와 프리스트레싱 긴장재는 내부에 놓이며 125 mm 두께의 구조물에서는 그것들이 외부에 위치한다. 콘크리트밴드의 탄성계수는 $E_c = 36,000$ MPa로 주어진다.

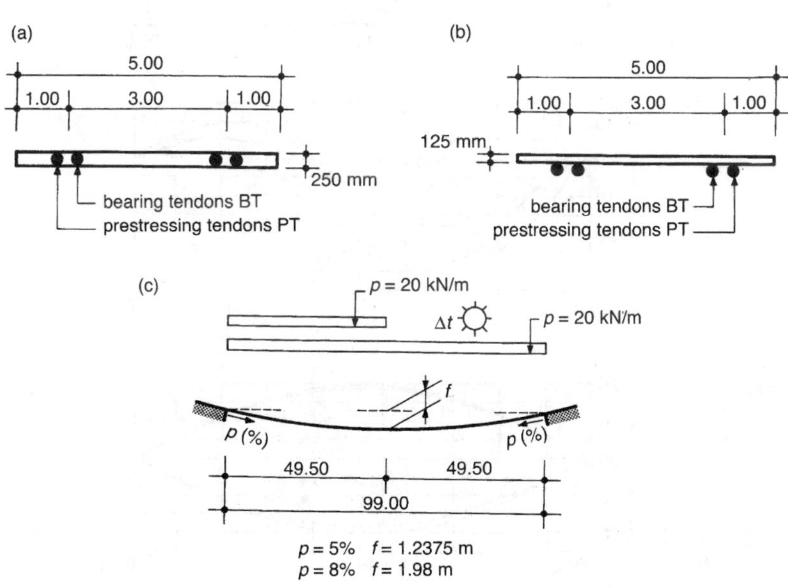

그림 7.101 스트레스 리본 $L = 99$ m : (a) 횡단, $d = 250$ mm, (b) 횡단, $d = 125$ mm, (c) 종단

지지와 프리스트레싱 긴장재의 수는 고정하중, 활하중(4 kN/m^2)과 온도변화($\Delta t = \pm 20$ ℃)의 요구조건으로부터 결정된다. 해석은 포스트텐션 후, 교대에서의 최대 경사 $p = 5\%$와 $p = 8\%$를 가지는 구조물에 대하여 수행되어진다. 중앙 경간에서의 부합되는 새그는 1.2375 m와 1.98 m이다.

그림 7.102는 (a) 교량의 전길이에 활하중이 놓이는 경우, (b) 상부구조의 반쪽에 활하중이 놓이는 경우, (c) 온도변화에 대한 구조물의 변위이다.

기본고유모드(그림 7.73)와 진동수는 표 7.2에서 제시된다. 첫 번째 두 연직모드는 매우 근접되어 있기 때문에 모드 A와 모드 B로 표시되고 표는 외형상의 순서를 명확히 한다. 모드 C는 횡방향과 비틀림운동의 결합되어진 첫 번째 흔들림모드를 나타낸다. 모드 D는 비틀림 모드를 나타낸다. 또한 표는 공기 동역학적 비안정성의 가능성을 표시하는 모드 B에 대한 모드 D의 진동수비를 보여준다.

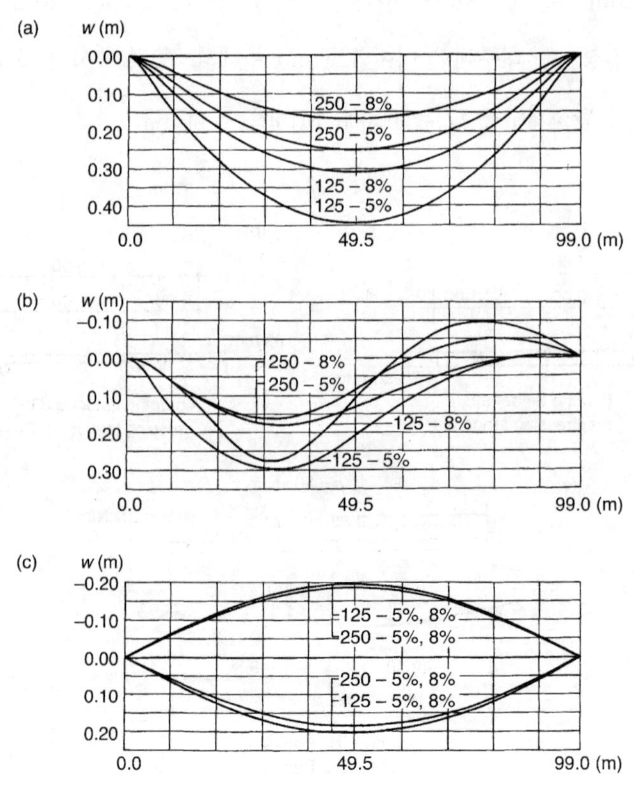

그림 7.102 스트레스 리본 $L = 99$ m의 변형 : (a) 전길이에 재하, (b) 전길이의 절반에 재하, (c) 온도변화

표 7.2 고유모드와 진동수

$L=99$ m

	모드 A		모드 B		모드 C		모드 D		fD/fB
	모드	진동수(Hz)	모드	진동수(Hz)	모드	진동수(Hz)	모드	진동수(Hz)	
250-5%	1st	0.7698	2nd	1.0890	3rd	1.3460	7th	2.5400	2.3324
250-8%	2nd	0.9311	1st	0.8733	4th	1.4380	8th	2.5450	2.9142
125-5%	1st	0.7600	3rd	1.0460	2nd	0.9257	4th	1.5840	1.5143
125-8%	2nd	0.9215	1st	0.8300	3rd	1.0600	5th	1.5550	1.8735

$L=198$ m

	모드 A		모드 B		모드 C		모드 D		fD/fB
	모드	진동수(Hz)	모드	진동수(Hz)	모드	진동수(Hz)	모드	진동수(Hz)	
구조 A									
250-5%	1st	0.4640	3rd	0.7310	2nd	0.6301	6th	1.2980	1.7756
250-8%	1st	0.3528	3rd	0.5784	2nd	0.5696	7th	1.2430	2.1490
125-5%	1st	0.4616	4th	0.7181	2nd	0.5096	5th	0.9086	1.2653
125-8%	2nd	0.5286	3rd	0.5686	1st	0.4899	7th	0.8404	1.4780
구조 B									
250-5%	1st	0.4639	2nd	0.7313	3rd	0.7863	7th	1.5450	2.1127
250-8%	1st	0.5282	2nd	0.5785	3rd	0.7065	7th	1.4690	2.5393
125-5%	1st	0.4613	2nd	0.7170	3rd	0.7729	6th	1.2820	1.7880
125-8%	1st	0.5281	2nd	0.5684	3rd	0.6892	7th	1.1940	2.1006
구조 C									
250-5%	1st	0.4343	2nd	0.6022	3rd	0.6388	7th	1.4350	2.3829
250-8%	2nd	0.4905	1st	0.4949	3rd	0.5996	8th	1.4300	2.8895
125-5%	1st	0.4341	2nd	0.5984	3rd	0.6273	6th	1.0830	1.8095
125-8%	2nd	0.4971	1st	0.4885	3rd	0.5749	7th	1.0960	2.2436
구조 D									
250-5%	1st	0.4406	3rd	0.6489	2nd	0.5822	6th	1.3640	2.1020
250-8%	2nd	0.5431	3rd	0.5544	1st	0.5392	7th	1.3290	2.3972
125-5%	2nd	0.4249	3rd	0.5298	1st	0.3651	6th	0.9178	1.7324
125-8%	3rd	0.4897	2nd	0.4045	1st	0.3963	7th	0.8984	2.2210

198 m 경간의 구조물은 99 m 교량과 같은 상부구조 기하학적 조건을 가진다. 상부구조는 단면의 내부에 위치하는 지지긴장재에 의해 매달려지고 외부긴장재에 의해 포스트텐션되어진다. 외부긴장재의 4가지 다른 배치가 연구되어졌다(그림 7.103, 그림 7.104).

[구조 A]

긴장재들이 상부구조의 밑에 위치한다. 긴장재들은 그들이 부착된 상부구조의 기하조건을 따른다.

[구조 B]

긴장재(케이블)들은 상부구조의 양 측면에 위치한다. 종단에서 케이블은 스트레스 리본의 형태를 따른다. 그러나 계획에서는 최대 5 m의 새그를 가진 2차 포물선의 형태를 가진다. 중간 경간에서 케이블은 상부구조에 붙여진다. 길이를 따라 세그먼트로부터 확대되는 강한 횡방향 보에 의하여 상부구조에 연결되어 진다.

[구조 C]

긴장재는 현수케이블의 형태를 가진다. 경사케이블은 2차 포물선을 따른다. 수평 새그는 5 m이고, 연직 새그는 $f+5$ m이다. 중간경간에서 케이블은 직접 상부구조에 붙여지고 다른 곳에서는 경사 행거에 의해 죠인트에서 현수케이블에 연결되어 있다.

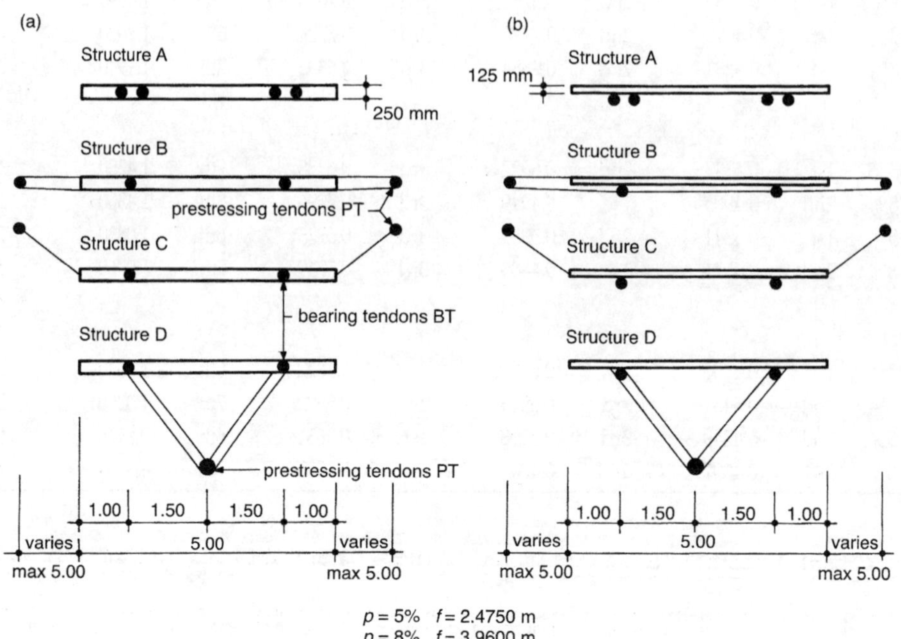

그림 7.103 스트레스 리본 $L=198$ m : (a) 횡단, $d=250$ mm , (b) 횡단, $d=125$ mm

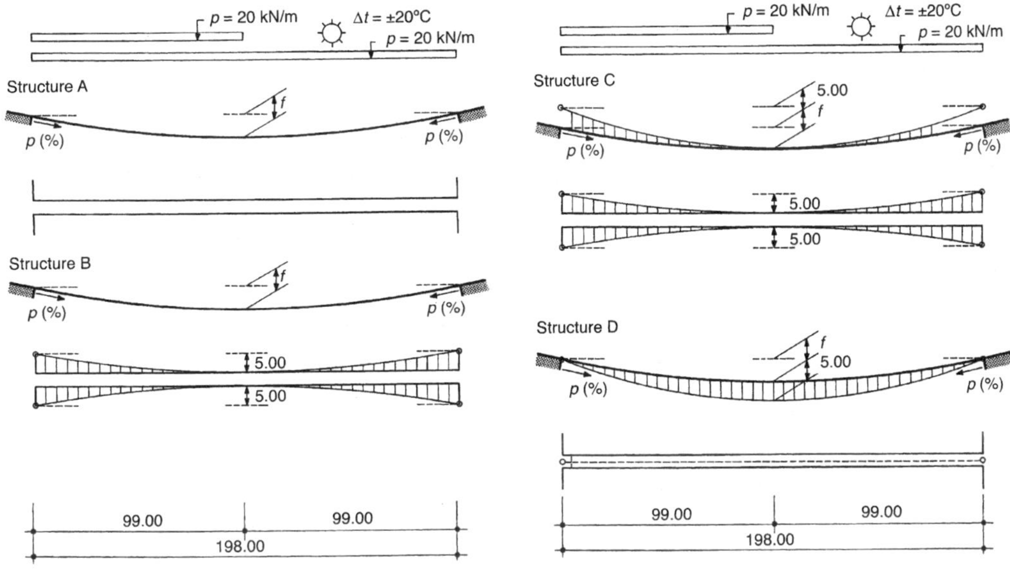

그림 7.104 스트레스 리본 $L = 198$ m : 종단과 평면

[구조 D]

긴장재는 상부구조 아래에서 교축으로 위치한다. 케이블은 최대 새그가 $f+5$ m 를 가지는 2차 포물선의 형태를 가진다. 케이블은 세그먼트 사이의 죠인트에 위치하는 연직골조에 의하여 상부구조에 연결되어진다. 상부구조의 횡방향에서 골조는 삼각형 형태를 가진다.

지지와 프리스트레싱 긴장재에서 강연선의 수는 고정 하중과 활하중(4 kN/m²), 온도변화($\Delta t = \pm 20$ ℃)의 요구조건으로부터 결정된다. 포스트텐션 후, 교대에서 최대경사 $p = 5\%$에서 $p = 8\%$를 가지는 구조물에 대하여 해석이 수행된다. 중간경간에서 부합되는 새그는 2.475 m와 3.96 m이다.

표 7.3에서 주어진 15.5 mm 프리스트레싱 강연선의 수는 전체 활하중이 재하된 구조물에서 영 인장상태로부터 결정되어 진다. 콘크리트에서 초기 압축응력의 높은 수준은 고강도 콘크리트 사용을 요구하는 것이 분명하다.

그림 7.105는(a) 상부구조의 전길이에 활하중이 놓여질 경우, (b) 상부구조의 반에만 활하중이 놓여진 경우, (c) 온도변화의 경우에 대한 구조물의 변위를 나타낸다. 구조 A와 구조 B 그리

고 구조 C 와 구조 D는 같은 연직 강성을 가지기 때문에, 그들의 연직변형은 같으며 한 그림에서 그려질 수 있다.

구조물은 외부케이블에 의해 강해질지라도 그들의 기본 고유모드는 그림 7.73에서 보여준 모드와 유사하다. 모드와 부합되는 진동수는 표 7.2에서 제시된다. 99 m 구조와 유사하게 첫 연직모드는 매우 근접되며 모드 A와 모드 B로 표시된다. 표 7.2는 외형상 그들의 순서를 명확히 한

표 7.3 지지 및 프리스트레싱 강연선의 수

	구조물 A 와 B				구조물 C 와 D			
	5 %		8 %		5 %		8 %	
깊이 (mm)	250	125	250	125	250	125	250	125
지지긴장재	350	170	275	130	360	180	284	138
프리스레싱긴장재	350	170	275	130	120	60	120	60

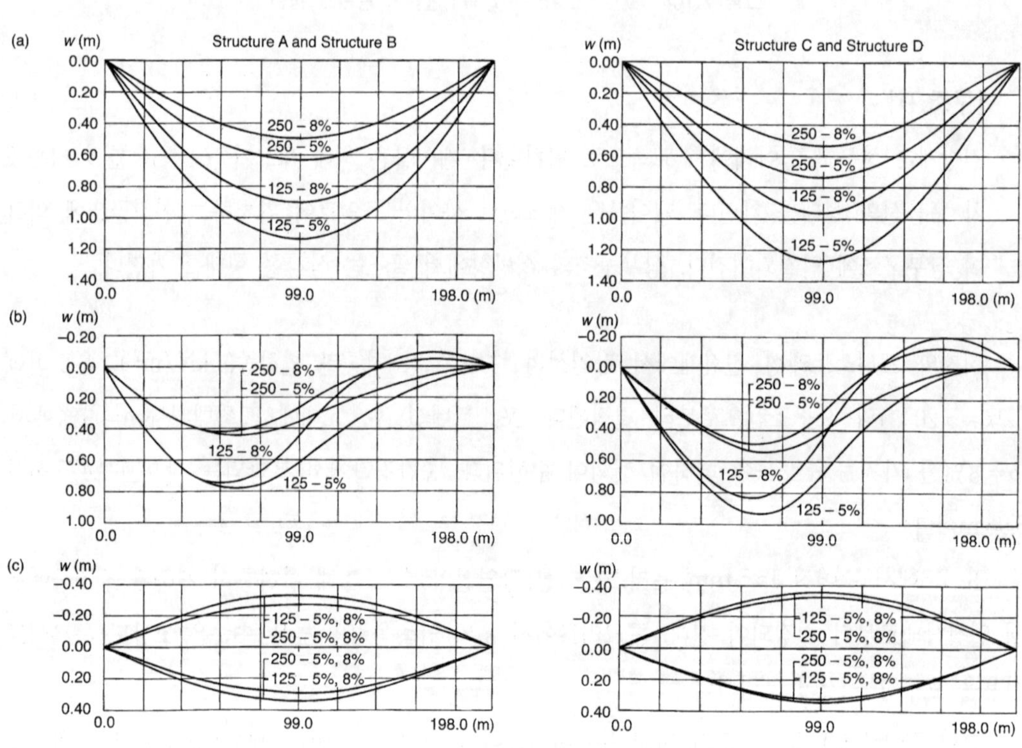

그림 7.105 스트레스 리본 $L = 198$ m의 변형 : (a) 전길이에 재하, (b) 전길이의 절반에 재하, (c) 온도변화

다. 교량의 장경간 때문에 수평과 비틀림운동이 결합된 첫 번째 흔들림모드를 나타내는 모드 C는 낮은 진동수를 가진다. 모드 D는 모드 B에 근접되지만 공기동역학적 비안정성의 가능성을 표시하는 비틀림모드를 나타낸다. 표는 또한 비틀림 모드 D와 모드 B의 비를 보여준다.

구조 C와 구조 D는 매우 작은 프리스트레싱량을 요구하기 때문에 그들은 강성이 약하며 그로 인해 구조 A와 구조 B보다 더 많이 변형한다. 그 결과는 구조물의 강성은 주로 프리스트레스된 콘크리트 상부구조의 인장강성에 의해 주어진다는 것을 보여준다. 또한 상부구조의 양측에 위치한 외부긴장재는 교량의 횡방향으로 구조물을 강하게 한다.

해석은 위에서 서술한 단순 직사각형단면에 대하여 수행된다. 실제 구조적 배치는 모든 연구된 옵션이 포함되어진 그림 7.106에서 보여준다. 가능한 조형적 배치는 그림 7.107과 그림 7.113에서 보여준다.

비록 그와 같은 배치가 구 로우프구조에서 사용되었을지라도 프리스트레스된 콘크리트 상부구조의 해로서 최근에 사용되어진다. 구조 D에 제안된 것과 유사한 구조가 2001년 일본에서 가설되었다(11.1절).

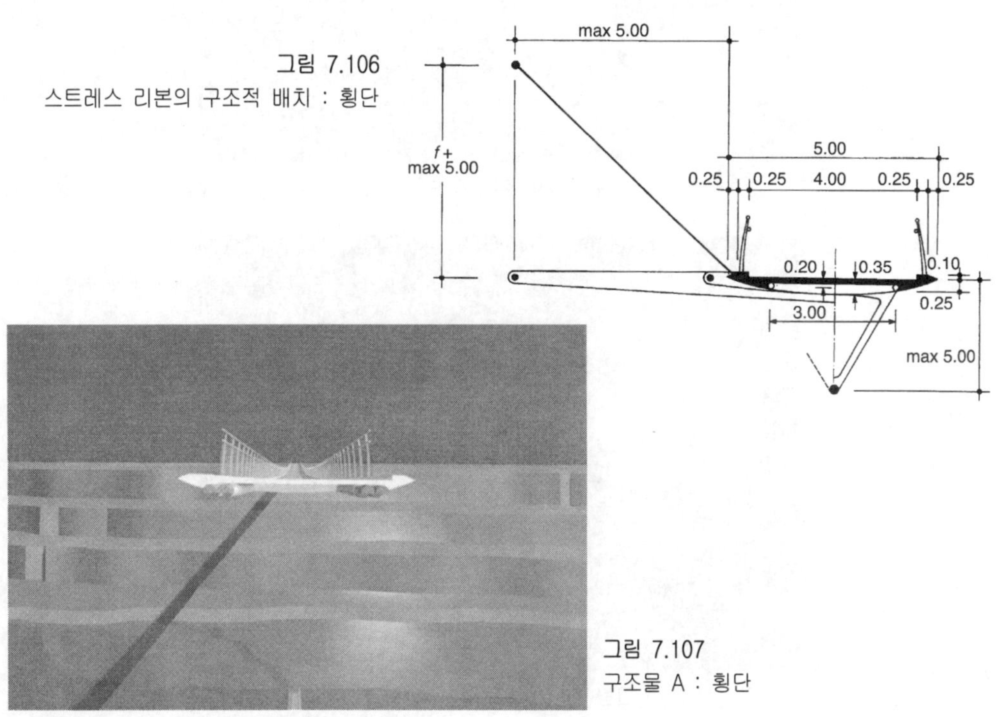

그림 7.106
스트레스 리본의 구조적 배치 : 횡단

그림 7.107
구조물 A : 횡단

그림 7.108 구조물 B : 횡단

그림 7.109 구조물 B : 전경

그림 7.110 구조물 C : 횡단

그림 7.111 구조물 C : 종단

그림 7.112 구조물 C : 전경

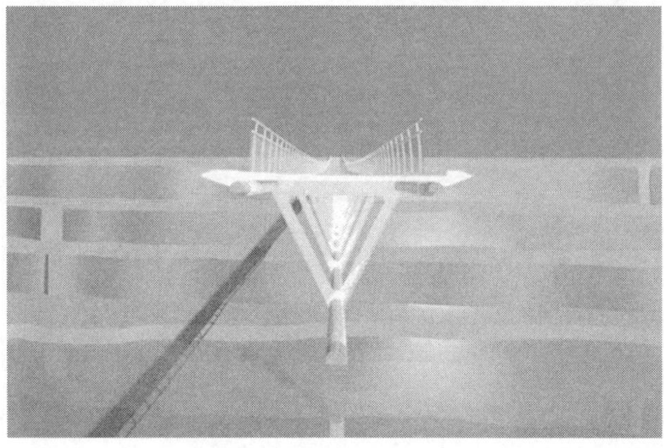
그림 7.113 구조물 D : 횡단

7.10 정적과 동적하중 재하실험

저자의 최초 스트레스 리본 구조물(DS−L, 11.1.4절)과 미국에서 가설된 최초 스트레스 리본교의 설계가정과 기술의 품질이 프리스트레싱 시기와 하중 재하실험동안에 상부의 변형을 측정함으로서 검토되어졌다. 동적실험 또한 이 구조물들에 대하여 수행되어졌다. 여기서는, 표준구조물의 극 소수의 중요한 결과만 나타내었다. 스트레스 리본 구조물의 형상이 온도의 변화에 극도로 민감하기 때문에 교량의 온도는 항상 면밀히 기록되어야 한다.

정적하중 재하실험

Brno−Komin(11.1.4절)의 보도교는 102와 110 kN(그림 7.114) 사이의 차량자중을 사용하여 실험하였다. 교량은 차량의 두 가지 위치에 대하여 실험되었다. 처음에는 교량중심에 대칭으로 여섯 대의 트럭이 놓여지고, 다음에는 교량의 한 편측에 놓이는 4대의 트럭에 의해 수행된다. 그림 7.115에서는 구조물의 측정된 변형값과 계산된 변형값을 비교하였다.

Prague−Troja(11.1.4절)에 있는 보도교는 2.8에서 8.4 tons (28과 84 kN) 사이의 38대 차량자중에 대하여 실험되었다(그림 7.116). 첫째 차량은 구조물의 전 길이를 따라 놓여졌으며 각각의 경간에 놓여졌다. 실험동안 경간의 중앙부의 변형과 모든 지점의 수평변위만 측정되었다(표 7.4). 보여진 것처럼 비교결과는 매우 양호했다.

그림 7.114 Brono-Komin교, 체코 : 중차량에 의한 하중재하실험

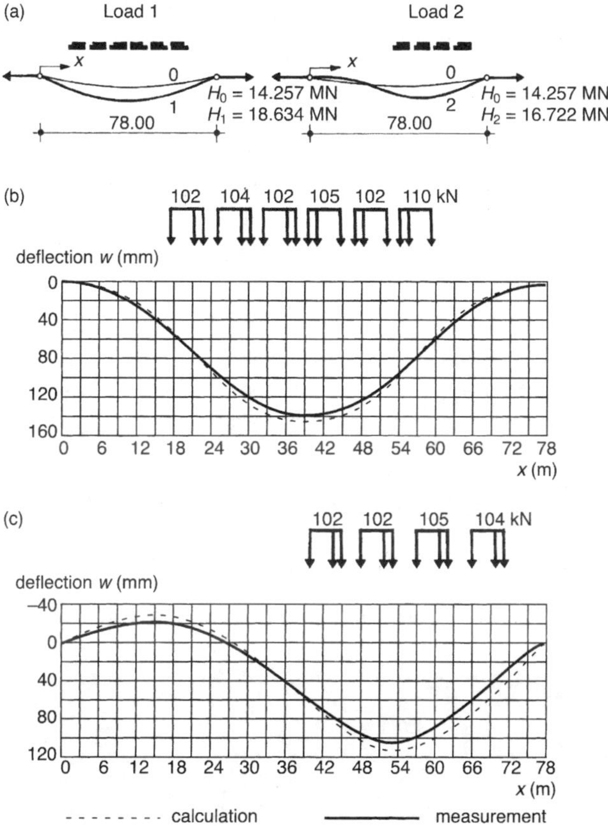

그림 7.115 Brono-Komin교, 체코 : 하중재하실험 - (a) 종단, (b) 하중1의 변형, (c) 하중2의 변형

그림 7.116 Prague-Troja교, 체코 : 38차량에 의한 하중재하

표 7.4 체코, Prague–Troja 보도교의 중앙경간에서의 변형

재하된 경간		경간 1 (mm)	경간 2 (mm)	경간 3 (mm)
1 , 2 , 3	계 산 치	40	200	56
	측 정 치	40	186	57
1	계 산 치	301	−124	−62
	측 정 치	272	−92	−48
2	계 산 치	−126	312	−78
	측 정 치	−95	289	−50
3	계 산 치	−38	−76	221
	측 정 치	−25	−56	182

Redding에 있는 Sacramento강(11.1.5절)을 횡단하는 교량은 41.7 tons (417 kN)의 총 자중을 가지는 24대 차량을 사용하여 실험하였다(그림 7.117). 그림 7.118은 하중을 받는 세 지점에 대한 실험의 결과를 제시한다. 여기서 보여진 것처럼 결과의 비교는 아주 양호했다.

동적하중 재하실험

Brno−Bystrc, Brno−Komín, Prerov와 Prague−Troja에 가설된 스트레스 리본구조물(DS−L, 11.1.4절)은 ITAM의 Miros Pirner 교수에 의해 동적하중 재하실험이 수행되었다. 하중재하실험을 통하여 자기고유진동수와 이론값의 일치가 조사되었다(그림 7.119). 구조물은 인간의 힘으로나 진동로켓엔진 혹은 기계적 회전자기기에 의하여 자기되어진다(그림 7.120). Prague−Troja의 교량은 공용 14년 후, 다시 동적으로 실험되었다. 두 번째 실험에서 구조물의 동적거동이 변하지 않음이 증명되었다 [54].

예로서 그림 7.121은 자기연직모드를 보여준다. 표 7.5는 감쇄의 부합되는 대수적 감소에 따라 계산되고 측정된 진동수를 제시한다.

미국의 Oregen, Grants Pass와 영국의 Kent, Maidstone에서 보도교가 개설되는 동안, 교량에 많은 보행하중이 재하되었다(그림 7.122). 교량은 비교적 강하며 보행자가 교량을 횡단 보행할 때 불안감을 느끼지 않았다. 과도한 연직 혹은 수평운동이나 소위 “구속효과”는 보고되지 않았다.

그림 7.117 Redding교, CA, 미국 : 24차량에 의한 하중재하

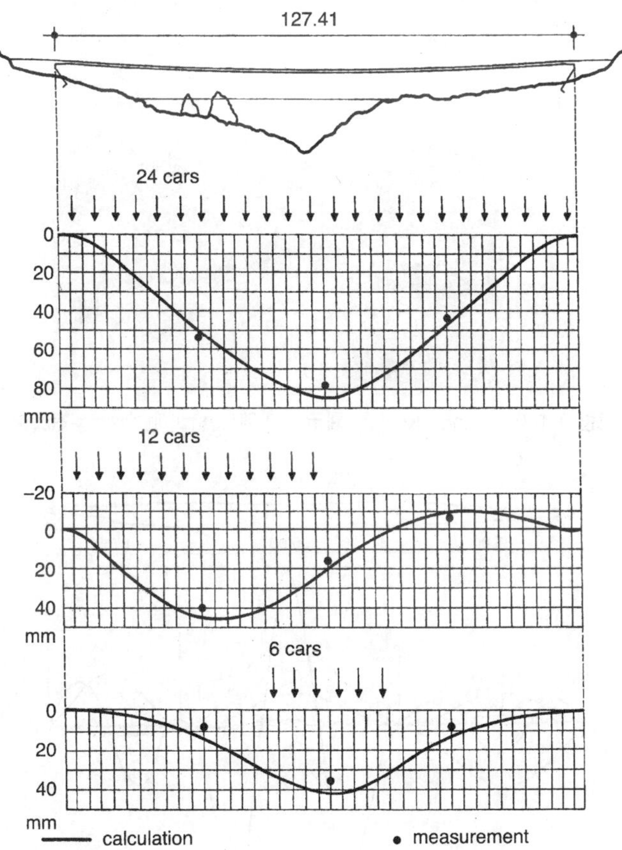

그림 7.118 Redding교, CA, 미국 : 변형

그림 7.119 Brono- Komin, 체코 : 뛰는 사람에 의한 동적실험

그림 7.120 Brono-Komin, 체코 : 기계 자발기에 의한 동적실험

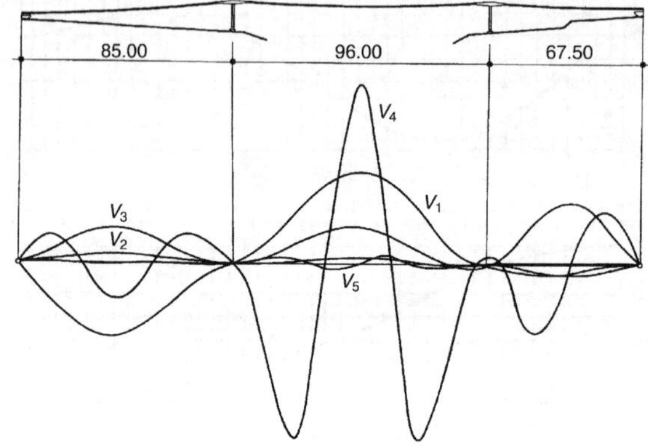

그림 7.121 Prague-Troja교, 체코 : 자발기-유발모드

표 7.5 Prague-Troja교의 계산과 측정된 고유진동수

Mode	계 산 치(Hz)	측 정 치(Hz)	감쇄의 대수감소
V 1	0.514	0.525	0.033
V 2	0.646	0.650	0.149
V 3	1.204	0.925	0.034
V 4	1.721	1.625	0.018
V 5	2.416	2.275	

그림 7.122 Grants Pass교, 오레건, 미국 : 교량의 개통

그림 7.123 Redding교, CA, 미국 : 말을 타고 달림.

산책로에 가설된 Redding의 Sacramento강 교량은 보행자와 자전거뿐만 아니라 승마에도 적용된다(그림 7.123). 지금까지 교량의 사용을 금지할만한 과도한 거동의 문제는 보고되지 않고 있다.

풍동실험

저자가 최초로 스트레스 리본교(DS-L 11.1.4절)를 설계하는 동안 단면모델은 체코공화국 Prague의 Klokner Institute의 Studnickora 교수에 의해 풍동실험되어졌다. 모델은 10 m 길이의 상부구조단면이고 1 : 20 축척으로 만들어졌다. 모델은 현수설비를 모델링한 현수튜브가 있는 경우와 없는 경우에 대하여 실험되었다(그림 7.124).

측정에 의해 정적양력(C_L), 항력(C_D)과 비틀림모멘트(C_M)계수가 얻어졌다. 상부구조는 −12°와 8°의 입사각 범위에서 바람의 경사를 모의 실험하는 공기의 흐름과 관련하여 회전된다. 측정결과는 그림 7.125에서 제시된다.

구조물에 작용하는 부합되는 힘은 다음과 같다.

$$\text{양 력} = \frac{1}{2}\rho v^2 B C_L$$

$$\text{항 력} = \frac{1}{2}\rho v^2 B C_D$$

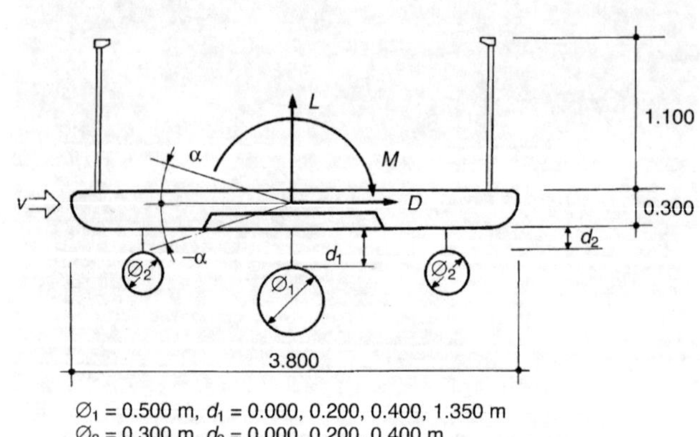

그림 7.124 DS-L교 : 횡단모델

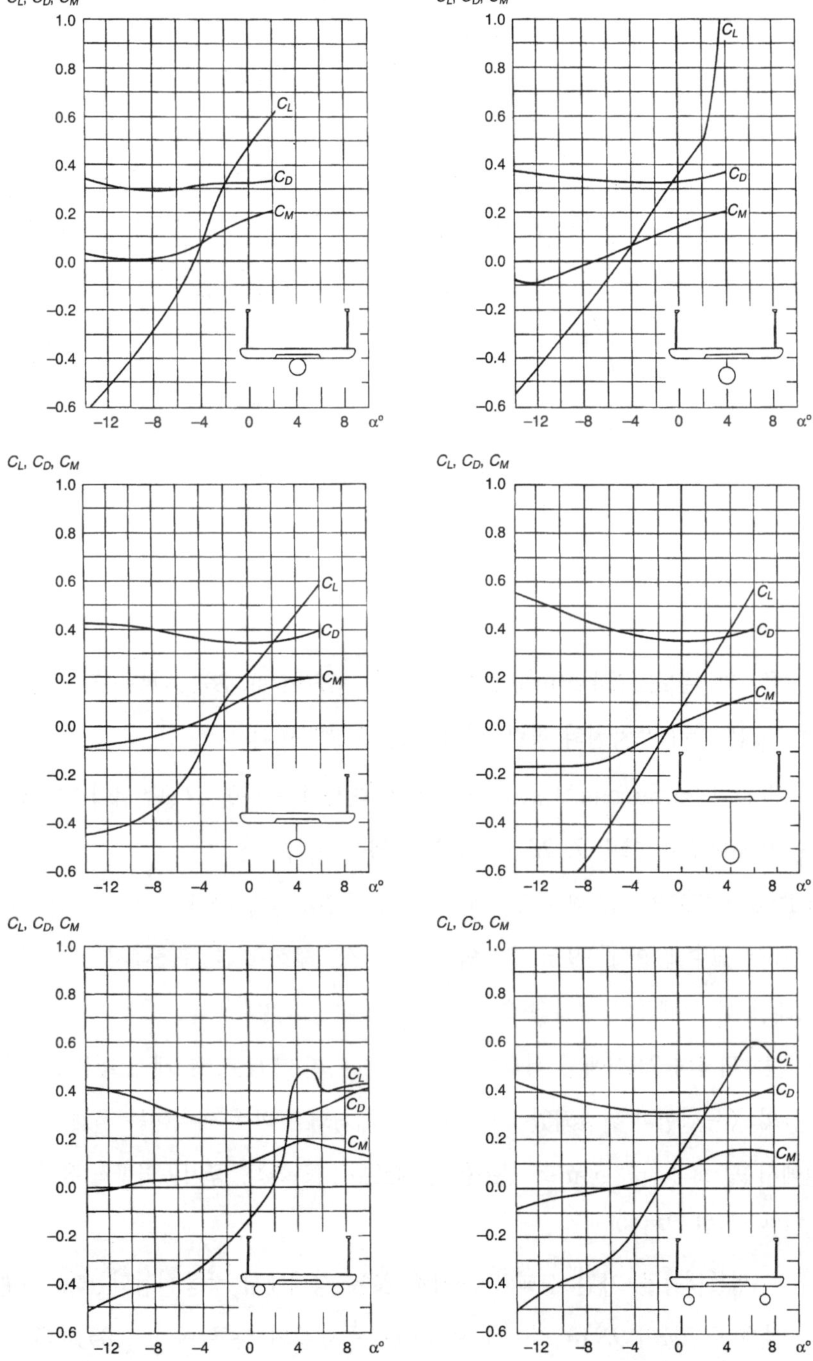

그림 7.125 DS－L : 정적양력(C_L), 항력(C_D), 비틀림모멘트(C_M)계수

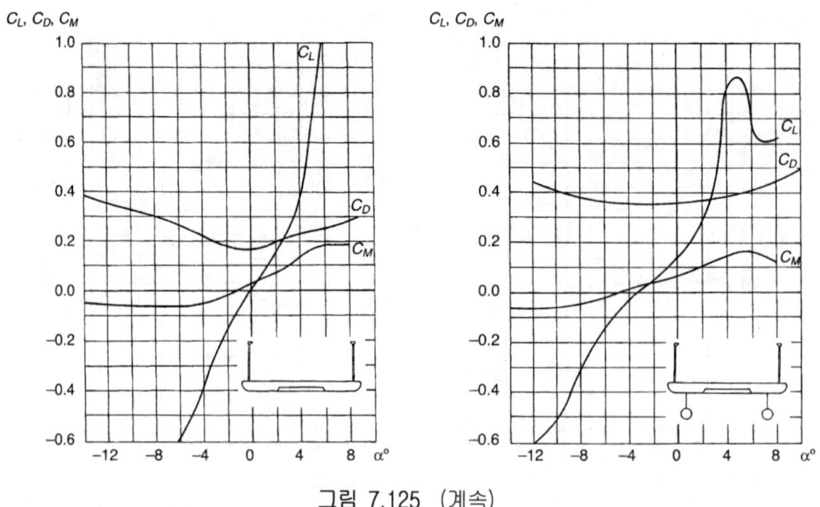

그림 7.125 (계속)

$$\text{모멘트} = \frac{1}{2}\rho v^2 B C_M$$

여기서, ρ는 공기의 밀도(1.25 kg/m³), v는 바람의 속도(m/s), B는 상부구조의 폭(3.8 m)이고 C_L, C_D와 C_M은 각각 무차원의 항력, 양력, 모멘트 계수이다.

CA. Redding의 Sacramento 강교량의 설계에 대하여 유사한 모델실험이 수행되었다. 그림 7.126은 모델을 보여주고, 그림 7.127은 실험의 결과를 보여준다.

Grants Pass 보도교의 설계에는 2번째와 3번째 중간경간에 관찰 플랫폼이 위치한다. ITAM의 Miros Pirner 교수에 의해 99 m 경간의 단경간 스트레스 리본 구조에서 공기동력학 거동의 풍동실험에 대한 이 플랫폼의 영향을 측정하는 것이 수행되었다.

이 실험들을 위하여 7.8절에서 서술한 아치에 의해 지지되는 스트레스 리본구조가 적용되었다. 이 구조물의 풍동실험이 완료되었을 때, 아치는 제거되고 와부 와이어는 설계하중으로 인장된다. 이 방법에서 99 m 경간과 5 m 폭 구조물의 새로운 기하학적, 공기동역학적 유사 모델이 얻어졌다(그림 7.128, 그림 7.129).

구조물은 원형플랫폼을 가진 상태와 가지지 않은 상태에서 풍동실험되었다. 플랫폼의 150 mm 길이는 실제 구조물의 9.9 m 길이에 부합된다. 플랫폼의 다른 폭 w (105 , 145, 175 mm)은 실제 구조물의 폭 6.93, 9.57, 11.55 m에 부합된다.

그림 7.126 Redding교, CA, 미국 : 단면모델

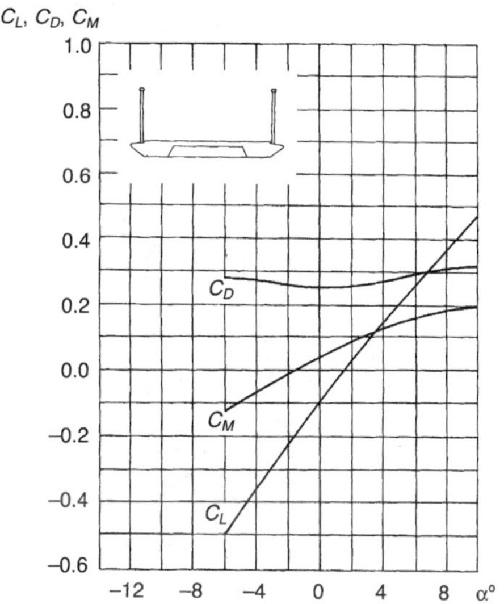

그림 7.127 Redding교, CA,미국 : 정적양력(C_L), 항력(C_D), 비틀림모멘트(C_M)계수

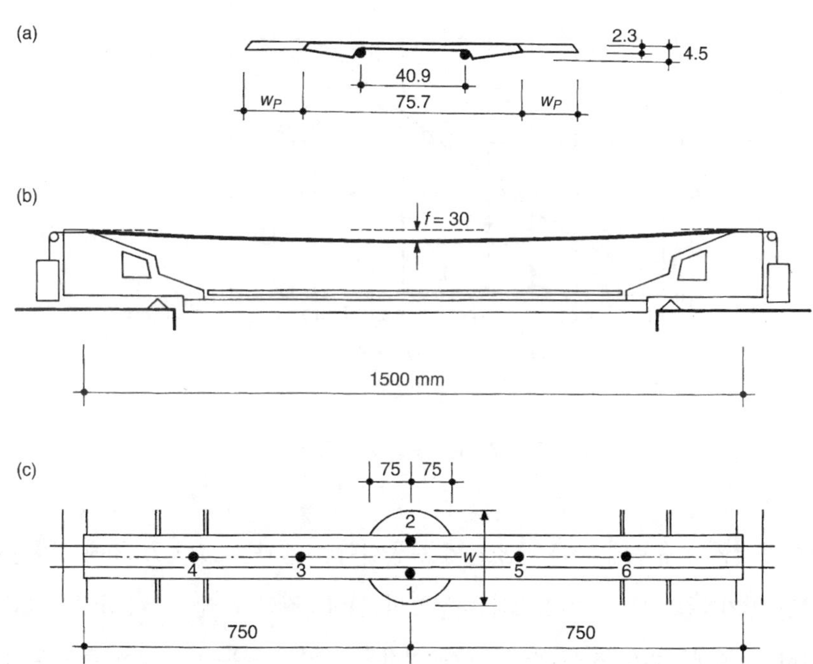

그림 7.128 스트레스 리본구조물의 공기동역학 모델 : (a) 횡단, (b) 종단, (c) 평면 (치수 mm)

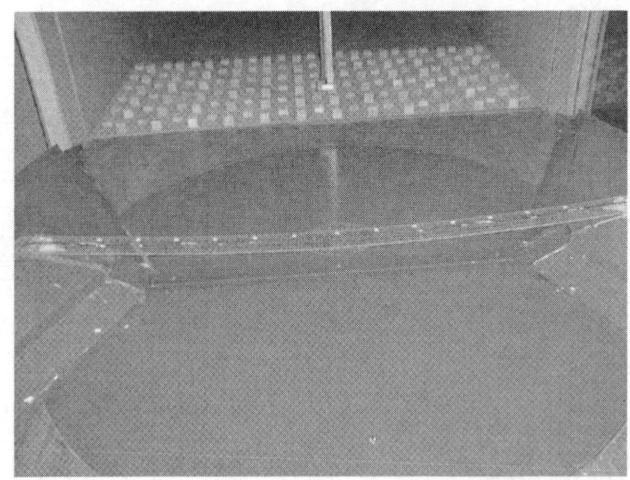

그림 7.129 풍동에서의 공기동역학 모델

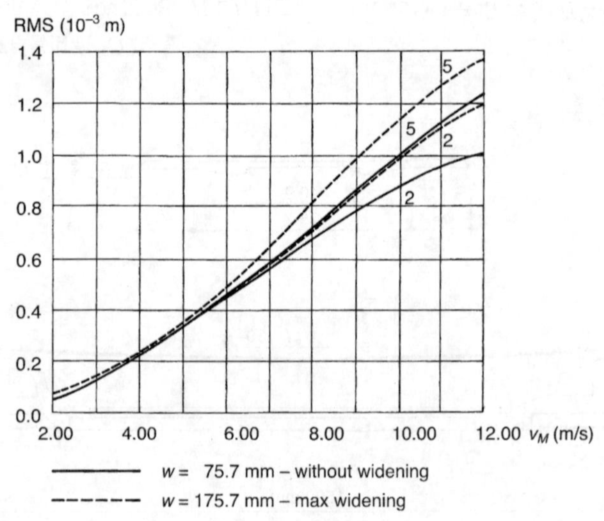

그림 7.130 모델의 연직거동

최대폭의 플랫폼의 유무에 따른 구조물의 풍동실험의 결과는 그림 7.130에 보여준다. 이 그림에서는 모델 공기흐름 속도와 절점 2와 절점 5의 연직처짐의 연직 루트평균자승(RMS) 사이의 관계를 제시한다. 플랫폼은 본질적으로 거동에 영향을 미치지 않는다는 것이 증명되었다. 거동의 증가는 개략 15%이다. 공기동역학적 비안정성의 징후는 보이지 않았다.

제8장

현수구조물

Suspension structures

8. 현 수 구 조 물

Suspension structures

현수구조물들은 많은 우수한 책([8], [26], [39], [97])들에서 서술되어있다. 그러므로 얇은 상부구조를 가진 현수구조물에 대한 추가적인 정보만 이번 8장에서 서술되어진다.

8.1 구조적 배치

2장에서 서술된 것처럼, 현수구조물은 현수케이블(그림 2.6(a), 그림 2.6(c))에 의하여 지지되거나 매달리는 얇은 상부구조에 의해 형성된다. 그러므로 상부구조의 계획고는 지역적 조건에 부합하는 최적의 배치를 가질 수 있다. 구조물은 1경간 또는 그 이상을 가질 수 있으며, 경간 길이는 실제적으로 제한되지 않는다(그림 8.1).

현수케이블은 흙에 정착될 수 있고(그림 2.11(a), 그림 8.2), 소위 타정식을 형성할 수 있다. 또는 상부구조에 정착되고 자정식을 형성할 수 있다(그림 2.11(b), 그림 8.3). 현수케이블은 상부구조 위, 상부구조 아래 혹은 상부구조의 위·아래에 위치할 수 있다.

현수케이블은 구조물의 자중으로 인하여 케이블카선 형상을 가진다. – 현수케이블은 자중과 균형을 이루고 오직 축력에 의해 구조부재들이 긴장되어진다는 것이 보장된다. 사용하중에 대하여 현수구조물은 상부구조가 하중을 분산하고 모든 구조부재들이 구조계의 저항에 기여하는 복잡한 시스템을 형성한다.

그림 8.1 Vranov호수 보도교, 체코

타정식 현수교의 장점은 상부구조의 가설이 교량 아래의 지반과 독립적으로 수행 될 수 있다는 것이다(그림 8.2). 그러나 현수케이블이 먼저 가설되어야 하고 앵커블럭은 큰 인장력을 흙에 전달해야 한다.

반면에 자정식 현수교는 비용이 많이 드는 앵커블럭이 필요 없으며 콘크리트 상부구조의 압축력을 이용한다. 그러나, 상부구조가 먼저 가설되어야 하고 그 다음에 현수케이블이 가설되고 인장되어질 수 있다(그림 8.3). 상부구조의 가설에 비계가 필요하고 교량 아래의 지반에 의존한다는 것 때문에 많은 경우에서 이 시스템이 사용되지 않고 있다.

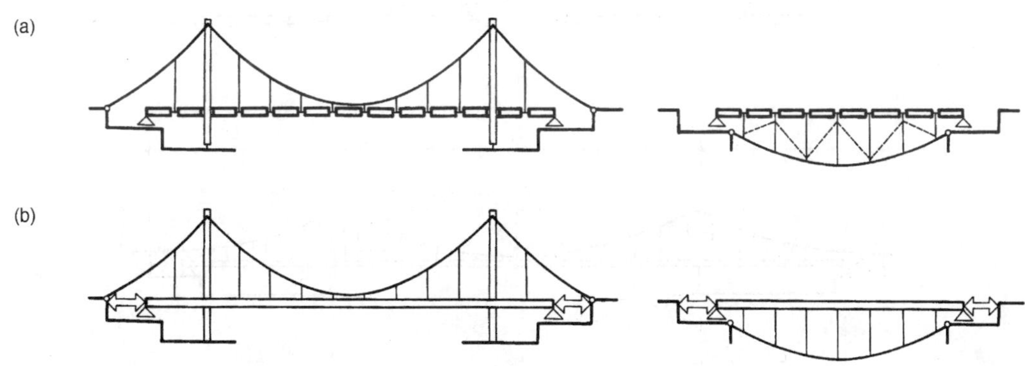

그림 8.2 타정식 현수구조물 : (a)가설시, (b) 공용시

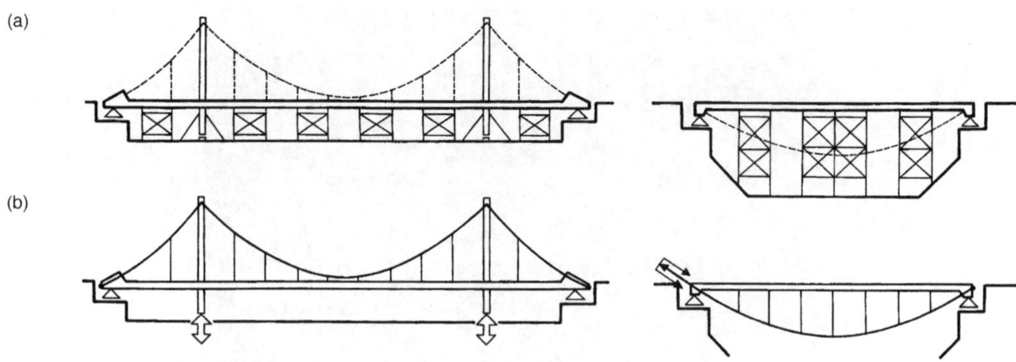

그림 8.3 자정식 현수구조물 : (a) 가설시, (b) 공용시

몇몇의 새로운 적용에서 앵커블럭이 오직 가설하중에 대해서만 설계되어진다는 방법으로 구조물의 가설이 설계되어진다. 가설이 완료되었을 때, 인장력의 일부분 또는 전체가 앵커블럭으로부터 상부구조로 전이된다. 이와 같은 방법으로 부분 혹은 전체 자정식이 생성된다(그림 8.2(b)).

타정식 현수교는 케이블에 매달린 프리캐스트 부재들로부터 보통 결합된다. 프리캐스트 세그먼트는 핀에 의해 서로 연결되기 때문에 현수케이블은 주어진 하중에 의하여 자동적으로 케이블 카선 형상을 가진다.

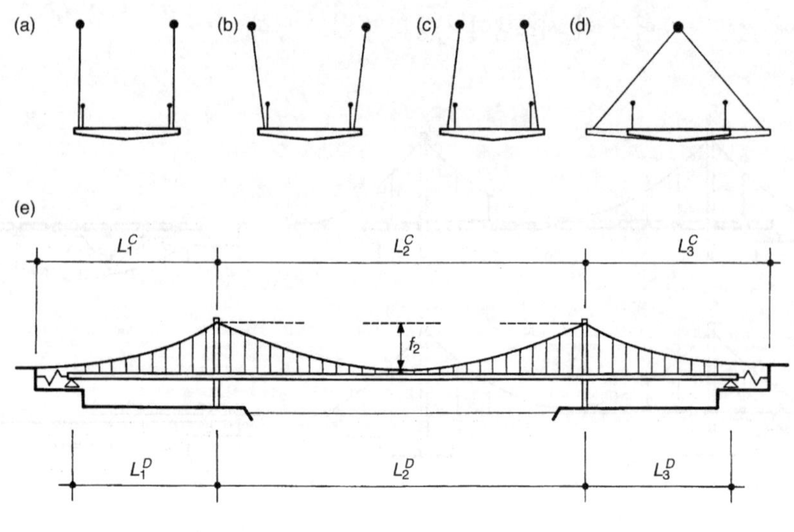

그림 8.4 타정식 현수구조물의 표준배치

자정식 구조물은 보통 비계 위에서 현장타설된다. 자중은 구조물의 포스트텐션에 의해 현수케이블에 전달되고 앵커에서 잭킹하거나 주탑에서 들어올려서 행해질 수 있다. 이 작업은 상부구조의 캠버와 케이블의 비인장 길이가 신중하게 결정되어야 할 필요가 있다.

상부구조의 위에 케이블이 위치하는 고전적 현수구조물은 보통 한 개나 두개의 주탑에 매달려지고 1경간에서 3경간을 가진다. 측경간은 현수케이블에 전체나 부분적으로 매달려 질 수 있다. 현수된 측경간의 길이는 보통 주경간의 절반길이 보다 작다(그림 8.4).

케이블의 기하조건

얇은 상부구조를 가지는 현수구조물의 행거 사이의 상호거리는 매우 짧다. 그러므로 케이블 기하조건의 예비결정을 위하여 등분포하중을 집중하중으로 대체할 수 있으며, 케이블과 현수재의 고정하중 g_C 와 상부구조 g_D 는 일정하다고 가정한다. 그러면 총 고정하중은,

$$g = g_C + g_D = \text{constant (상수)}$$

만약 상부구조가 전길이를 따라 매달려지거나 지지되어진다면, 케이블은 2차포물선(그림 8.5)의 형상을 가진다. 모든 경간에서 수평력 H_g 는 일정해야 하기 때문에 i 경간에서의 케이블의 기하조건은 다음과 같이 주어진다.

$$H_g = \frac{gL_i^2}{8f_i} = \frac{gL_{\max}^2}{8f_{\max}} = \frac{gL_1^2}{8f_1}$$

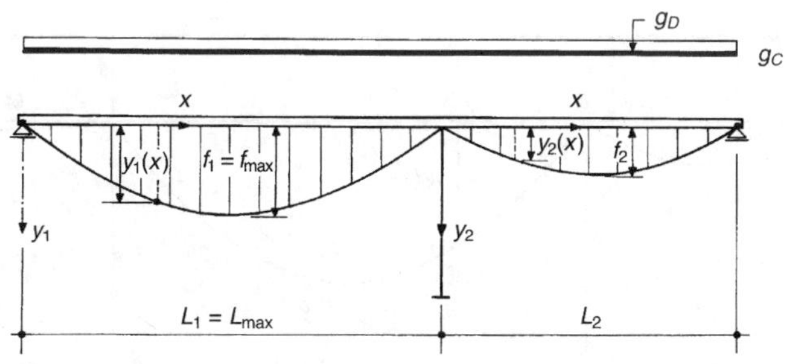

그림 8.5 케이블의 기하조건 - 케이블에 의해 지지되는 상부구조

$$f_i = \frac{L_i^2}{L_{max}^2} f_{max}$$

$$y_1(x) = f_1(x) = 4 f_1 \frac{x(L_1 - x)}{L_1^2}$$

$$y_2(x) = f_2(x) = 4 f_2 \frac{x(L_2 - x)}{L_2^2}$$

만약 다른 높이에서 주탑에 정착되어지고 측경간의 상부구조가 부분적으로 케이블에 매달려진다면 케이블의 기하조건은 4장에서 주어진 식(4.1.7)로부터 결정되어질 수 있다. 선택된 $f_2 = f_{max}$에 대하여 그림 8.6에서 보여준 구조물은 다음에 의하여 긴장된다.

$$H_g = \frac{g L_{max}^2}{8 f_{max}} = \frac{g L_2^2}{8 f_2}$$

그러므로 경간 2에서의 케이블 기하조건은 다음과 같이 주어진다.

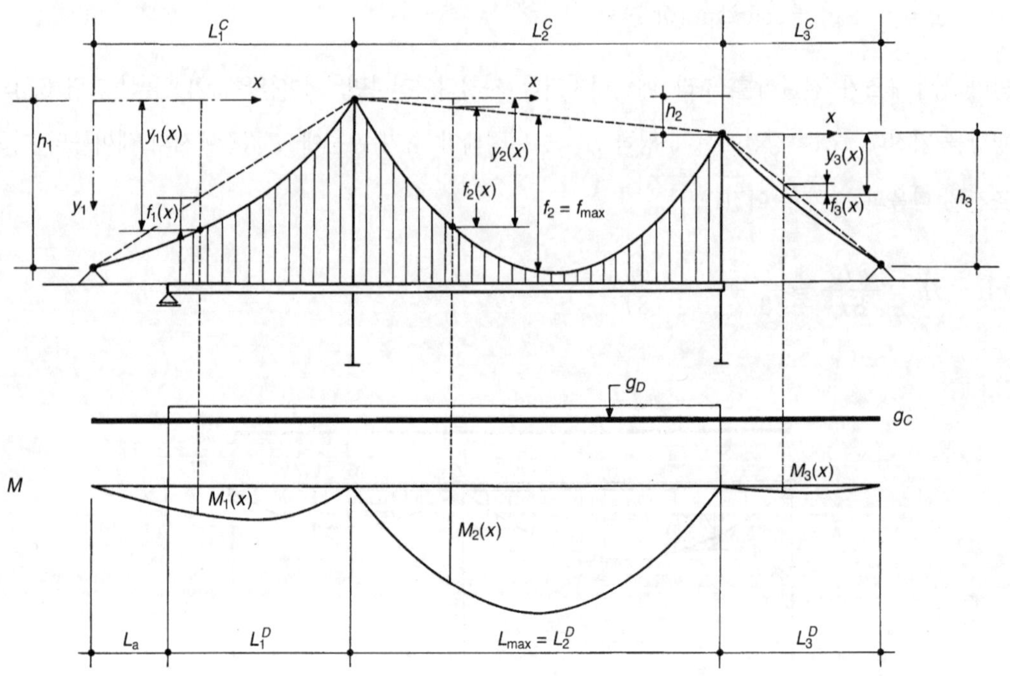

그림 8.6 케이블의 기하조건-케이블에 의해 현수되는 상부구조

$$f_2(x) = 4f_2 \frac{x(L_2 - x)}{L_2^2}$$

$$y_2(x) = \frac{h_2}{L_2} x + f_2(x)$$

경간 1에서의 케이블의 기하조건은 하중 g_C와 $g = g_C + g_D$가 재하된 경간 L_1^C의 단순보에서 휨모멘트로부터 유도될 수 있다.

$$A_1 = \frac{1}{L_1^C}\left[g_C L_a\left(L_1^D + \frac{L_a}{2}\right) + \frac{g(L_1^D)^2}{2}\right]$$

$x \le L_a$에 대하여,

$$f_1(x) = A_1 x - \frac{g_C x^2}{2}$$

$x > L_a$에 대하여,

$$f_1(x) = A_1 x - g_C L_a\left(x - \frac{L_a}{2}\right) - \frac{g(x - L_a)^2}{2}$$

$$y_1(x) = h_1 - \frac{h_1}{L_1^C} x + f_1(x)$$

경간 3에 대하여,

$$H_g = \frac{gL_2^2}{f_2} = \frac{g_c L_3^2}{f_3}$$

$$f_3 = \frac{g_c L_3^2}{gL_2^2} f_2$$

$$f_3(x) = 4f_3 \frac{x(L_3 - x)}{L_3^2}$$

$$y_3(x) = \frac{h_3}{L_3^C} x + f_3(x)$$

횡방향 케이블 지지 구조물의 가능한 배치는 2.2절에서 서술되었다(그림 2.24, 그림 2.25).

상부구조 위에 위치하는 현수케이블은 보통 강재 혹은 프리스트레스 콘크리트 기성제품에서 발전된 케이블에 매달려진다(그림 2.31). 상부구조 밑에 위치하는 현수케이블은 프리스트레스 콘크리트밴드나 압축타이에 의해 형성된다(그림 2.29, 그림 2.40).

많은 구조물에서 현수케이블은 스파이럴 강연선, 록 코일 강연선, 평행와이어(그림 2.31(a))에 의해 형성되어지고 행거는 스파이럴 강연선이나 구조로프에 의해 형성된다(그림 2.35). 그것들은 구조물과 케이블 사이(그림 2.32)에 하중을 전달할 수 있는 소켓형의 결합물로 제작된 공장제작품이며 현장에 설계 길이로 운반된다.

프리스트레싱 긴장재로부터 발전된 현수케이블은 평행 와이어나 프리스트레싱 강연성에 의해 형성되고(그림 2.31(b)), 현장에서 쉽게 조립되어 질 수 있다. 현장에서 케이블을 가설하기 위해 흔히 필요한 Catwalk을 피하기 위하여, 저자는 강재튜브에 싸여진 강연선케이블을 사용했다. 유지관리 문제 때문에 저자는 바(bar) 보다는 행거를 선호한다. 튜브는 케이블에 행거를 간단히 연결할 수 있게 해주고(그림 8.7), 중앙경간에서 상부구조에 케이블을 연결할 수 있게 해준다(그림 8.8).

그림 8.7 Mckenzie강교, 오레건, 미국

그림 8.8 Mckenzie강교, 오레건, 미국

케이블에 매달린 구조물

타정식 현수구조의 표준배치는 그림 8.4에서 보여준다. 상부구조는 3경간으로 케이블에 매달려지며 앵커블럭에 정착되어진다. 케이블은 새들에서 편향되어지거나(그림 8.9) 앵커판(그림 8.10)에 정착되어진다. 케이블은 주탑과 겹쳐지는 앵커블럭에 정착되어 질 수 있다(그림 8.11).

보통 상부구조는 연직면이나 경사면에 배치될 수 있는 두개의 케이블에 매달려진다(그림 8.4(a)). 일반 경간의 현수구조물에서 콘크리트 상부구조는 횡방향 강성을 보장한다. 후에 서술되어지는 것처럼 바깥쪽 방향의 경사(그림 8.4(b))는 구조물의 횡방향 강성을 크게 증가시키지 않는다. 또한 안쪽 방향의 경사(그림 8.4(c))는 시스템의 비틀림 강성을 크게 증가시키지 않는다. 그러나 그것은 소위 "문효과(Gate Effect)"와 안정감을 생성한다(그림 8.12). 더욱이 이와 같은 구조물등은 순수한 횡방향 모드에 진동하지 않는다. 모든 횡방향 모드는 시스템의 강성에 기여하는 상부구조의 뒤틀림에 의해 동반된다.

그림 8.9 Weser강교, 독일 (Schlaich Bergermann & Partner)

그림 8.10 Nordbahnhof교, 슈투트가르, 독일 (Schlaich Bergermann & Partner)

그림 8.11 Willamette강교,오레건,미국

그림 8.12 Vranov 호수교, 체코

상부구조는 일면의 중앙케이블(모노케이블)로 교축에 매달릴 수 있다. 이 방법은 비틀림이 강한 상부구조가 요구된다. 얇은 상부구조를 가질 경우 횡단경사 행거를 적용할 수 있다(그림 8.4(d)). 시설한계를 확보하기 위하여 케이블은 상부구조 위에서 충분히 높아야 하고, 상부구조 슬라브는 행거 이상으로 충분히 넓어져야 한다.

종방향에서 행거는 연직이거나 경사질 수 있으며 상부구조와 함께 강한 트러스 구조 시스템을 형성한다. 그러나 행거와 현수케이블 연결부의 구조적 상세는 간단하지 않다(그림 2.27).

앵커블럭은 콘크리트 블럭에 의해서 뿐만 아니라 강재인장 타이에 의해서도 형성될 수 있다. 그림 8.13과 그림 8.14는 오레건에서 가설된 Willamette교의 설계에 적용된 강재 타이를 보여준다(11.2.5절).

2.2절에 논의 된 것처럼 주탑은 다른 배치를 할 수 있다(그림 2.25). 그들은 교량받침에 의해 지지되거나(그림 8.15) 기초에 강결처리될 수 있다(그림 8.16). 그러나 가설동안 수평력에 균형을 맞추기 위하여 힌지에 의해 주탑이 지지될 필요가 있다. 강결고정은 공용하중만 저항하도록 제공되어진다.

그림 8.13 Willamette강교, 오레건, 미국

그림 8.14 Willamette강교, 오레건, 미국

그림 8.15 Nordbahnhof교, 스투트가르트, 독일 (Schlaich Bergermann & Partners)

그림 8.16 Willamette강교, 오레건, 미국

2.1절에서 지적하였던 것처럼 상부구조의 수평이동 제한은 변위와 부합되는 현수 상부구조의 휨응력을 크게 감소시킨다. 그러나 온도변화와 크리프, 콘크리트의 건조수축에 의해 발생되는 영향 때문에 교대에 상부구조의 고정연결부를 만든다는 것이 어렵다. 이러한 이유로 저자는 상부구조의 부분적 고정연결을 사용한다.

Vranov교(11.2.4절)의 경우, 아치 상부구조가 케이블에 매달려지며 프리스트레스트 콘크리트 타이로드에 의해 앵커블럭에 차례로 상호연결되는 교대에 유연하게 연결되어진다(그림 8.17). 유연부재들은 가설 세그먼트와 잭들을 사용하여 이미 가설된 구조물에 반대로 압박을 가하는 격자판에 의해 형성되어진다. 압축이 생성된 후, 교대와 가설 세그먼트 사이의 공간은 콘크리트로 채워지고 세그먼트는 교대에 연결되어진다. 압축치는 온도저하와 콘크리트의 크리프 및 건조수축으로 상부구조의 최대 축소하에서 0.5 MPa의 최소 압축이 죠인트에서 유지되는 방식으로 결정되어진다. 이런식으로 현수케이블로부터의 인장력은 상부구조를 부분적으로 포스트텐션하고 상부구조에서의 압축응력이 전 구조물을 보강하게 하는 시스템을 생성한다.

활하중, 온도변화와 바람의 영향에 대하여 구조물은 콘크리트 상부구조의 압축능력과 현수케이블의 인장능력 모두에 의해 하중에 저항하는 폐합형 시스템을 형성한다. 팽창 때문에 격자형 죠인트는 비선형 거동을 가지며 상부구조와 케이블에 의해 저항받는 하중의 범위는 구조물의 재령과 온도에 의존한다.

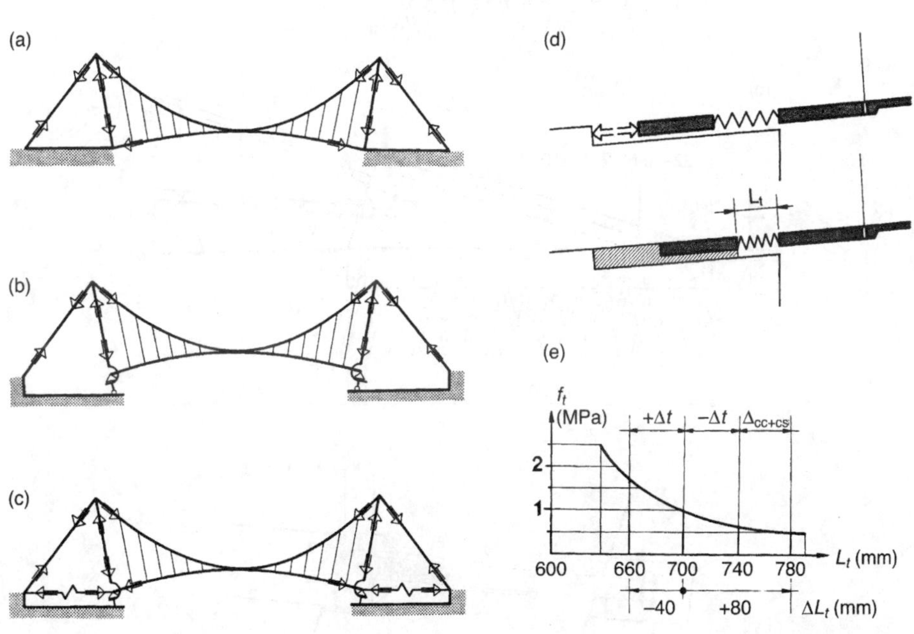

그림 8.17 Vranov호수교, 체코 – 상부구조의 부분적 고정

McKenzie River교의 경우, 네오프랜 패드가 교대 끝 벽과 끝 세그먼트 사이에 놓여졌다(그림 8.18(b)). 패드와 교대 사이의 압축력은 콘크리트의 크리프와 건조수축으로 인한 상부구조의 축소에 따라 길이가 조절되는 볼트에 의해 제공된다. 이와 같은 방법으로 부분자정식이 또한 생성된다.

지역적 조건 때문에 Willamette교 측경간의 프리캐스트 상부구조는 곡선램프와 계단에 고정으로 연결되었다. 그러므로 신축이음은 주탑에 근접된 세그먼트들 사이에 있도록 설계되었다. 주경간과 측경간의 상부구조는 갑작스런 하중에 의한 상부구조의 이동은 방지하나 콘크리트의 크리프 및 건조수축과 온도변화에 의한 상부구조의 이동은 허용하는 스토퍼(충격전이계)에 의해 연결된다.

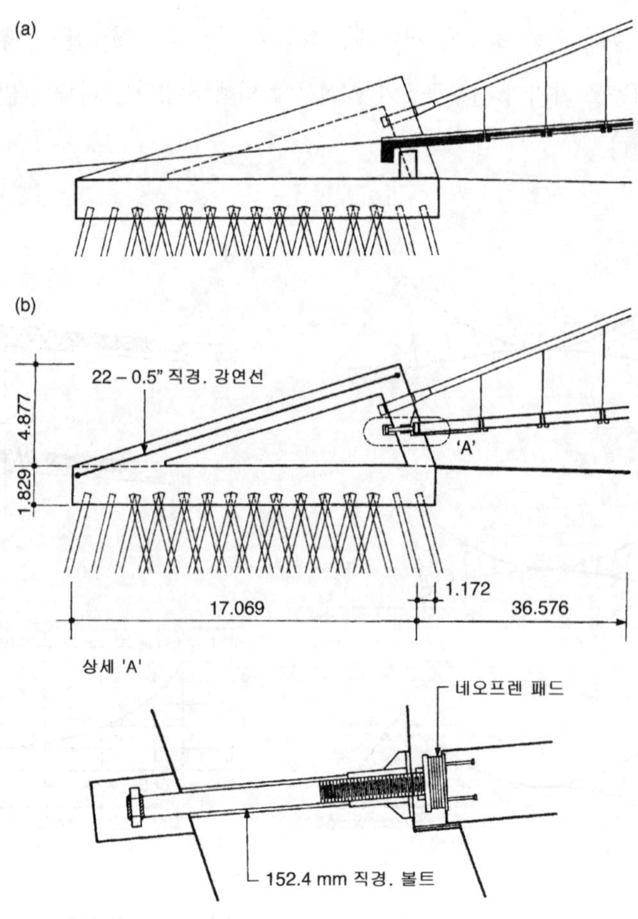

그림 8.18 Mckenzie강교, 오레건, 미국 – 상부구조가 부분적 고정

주경간 길이 L_{max}의 중간경간에서 케이블의 새그 f_{max}는 보통 0.12 에서 0.08 L_{max} 사이이다. 상부구조는 현수케이블에 매달리거나 중간경간에서 현수케이블에 고정연결 될 수 있다(그림 8.8). 논의되었던 것처럼 상부구조의 수평이동은 허용되어지거나 제한되어 질 수 있다.

위 두 매개변수를 향상시키기 위해 광범위한 연구가 수행되었다. 상부구조 강성의 영향과 상부구조의 수평이동의 제한은 2.1절에서 논의되었다(그림 2.19). 새그의 다른 값 영향, 상부구조와 케이블의 연결, 수평이동의 제한이 8.3절에서 제시된다.

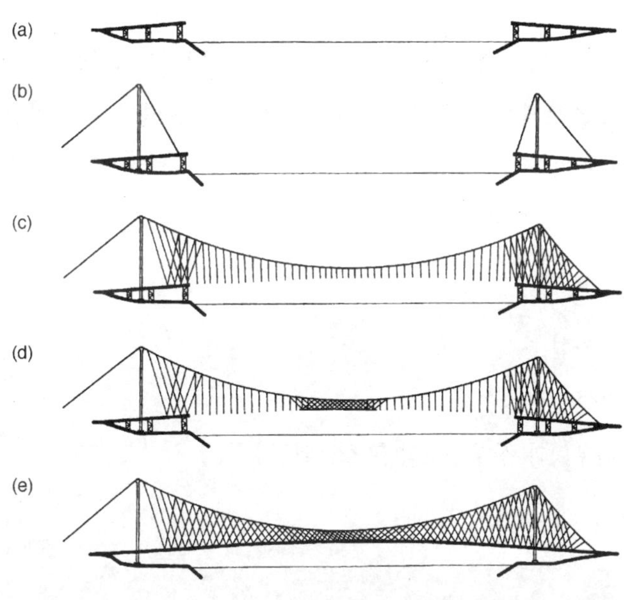

그림 8.19 Max-Eyth-See교, 스투트가르트, 독일, 시공순서

8.2 구조물의 가설

이미 언급하였듯이 현수구조물은 타정식이나 자정식으로 할 수 있다. 타정식의 장점은 상부구조의 가설이 교량 밑의 지형과 독립적으로 수행될 수 있다는 것이다.

타정식 현수구조물

케이블 현수구조물

시공은 보통 앵커블럭, 교대와 기초를 시공함으로써 시작된다. 그런 다음 주탑과 행거를 포함한 현수케이블이 가설된다. 스파이럴강연선, 록코일 강연선 혹은 평행 와이어에 의해 구성된 현수케이블은 설계길이로서 현장에 운반되고, 프리스트레싱 강연선에 의해 형성된 케이블은 보통 현장에서 조립된다.

현수케이블이 가설된 후, 상부구조가 조립된다(그림 8.19). 세그먼트는 Pontoon 위에 설치된 크레인(그림 8.20)이나 스트레스 리본교에서 개발된 기술을 사용함으로써 가설되어질 수 있다. 이 기술은 후에 더 상세히 기술할 것이다.

교량의 가설은 4단계를 포함한다(그림 8.21).

(a) 주탑의 가설
(b) 현수케이블의 가설
(c) 세그먼트의 가설
(d) 케이블의 그라우팅과 상부구조의 포스트텐셔닝

그림 8.20 Max-Eyth-See교, 스튜트가르트, 독일-상부구조의 가설 (Schlaich Bergermann & Partner)

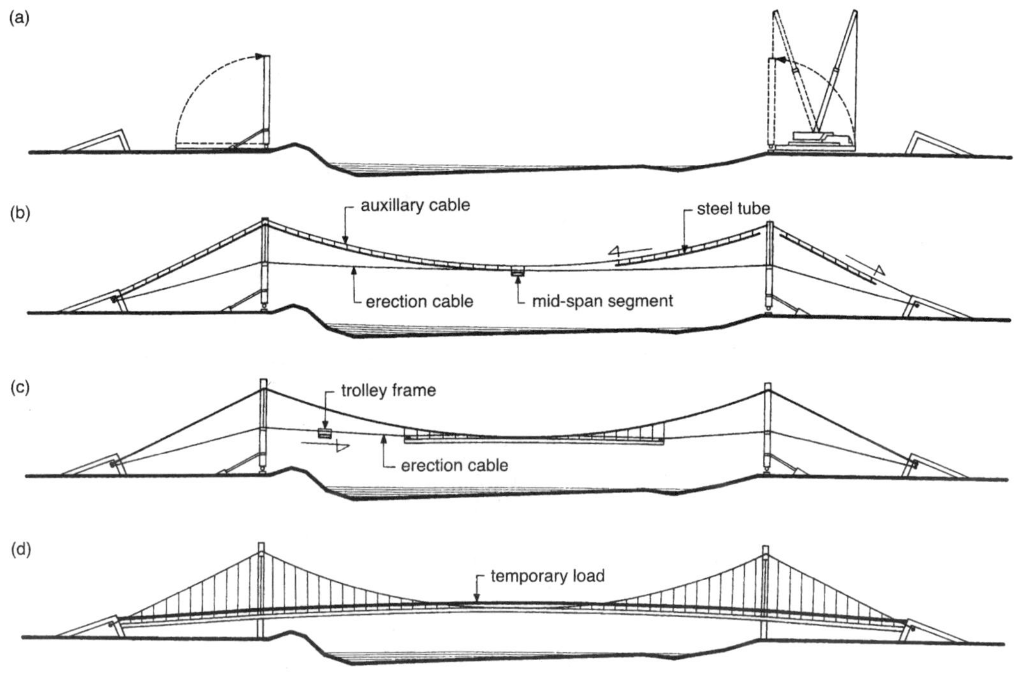

그림 8.21 Mckenzie강교, 오레건, 미국 - 시공순서

(a) 주탑의 가설

콘크리트 주탑은 설계위치로 회전을 허용하는 힌지를 갖춘 수평위치에서 타설되고(그림 8.22), 강재주탑은 설계위치 근처에서 조립되어 진다. 그런 다음 주탑은 크레인에 의해 들어올려지고(그림 8.23, 그림 8.24), 그들의 위치는 임시가설 버팀보에 의해 안정된다. 주탑의 꼭대기는 상부구조의 가설동안 수평으로 움직이기 때문에 경사진 위치에서 안정되어진다.

Vranov교의 30 m 높이 주탑이 수평위치에서 타설되어졌다. 가설 크레인을 위한 장소가 없기 때문에 반대편 주탑에 정착된 케이블을 인장함으로써 설계위치로 올려졌다. 우선, 주탑은 주탑의 꼭대기와 가설지점에 정착된 짧은 연직케이블을 인장으로 잡아당김으로 부분적으로 직립위치로 올라온다(그림 8.25(a), 그림 8.26). 케이블은 하중을 지점으로 전달하는 강재거더 위에 위치하여 강재앵커 부재로 지지되는 수압잭으로 당겨졌다(그림 8.27).

두 번째 단계에서 주탑은 주탑 꼭대기에 정착된 케이블을 인장함으로써 최종설계위치로 올려졌다(그림 8.25(b), 그림 8.25(c)). 만을 가로지르는 가설케이블은 수압잭에 의해 당겨진다.

그림 8.22 Mckenzie강교, 오레건, 미국－주탑의 타설

그림 8.23 Mckenzie강교, 오레건, 미국－주탑의 가설

그림 8.24 Willamette강교, 오레건, 미국－주탑의 가설

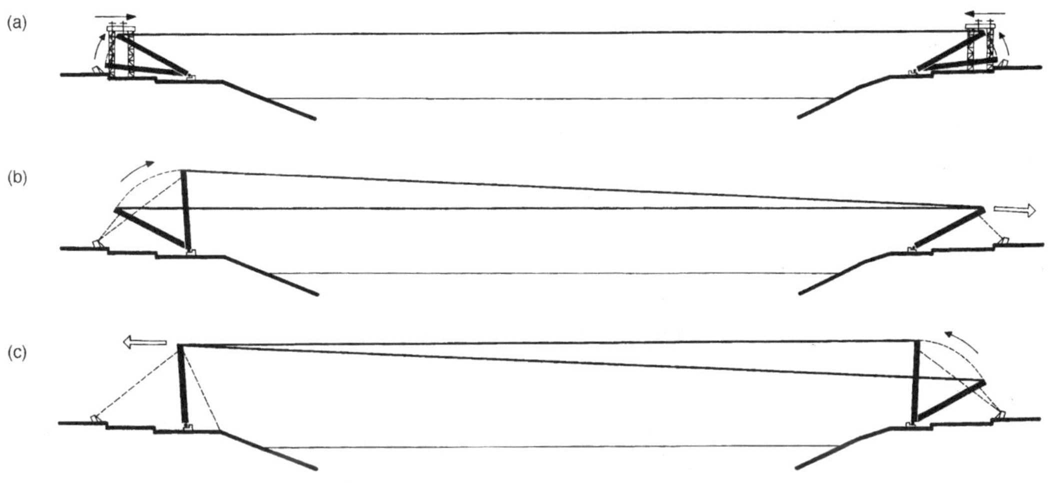

그림 8.25 Vranov호수 보도교, 체코-주탑가설의 시공순서

그림 8.26 Vranov호수 보도교, 체코 -주탑의 부분적 올림

그림 8.27 Vranov호수 보도교, 체코-긴장잭에 의한 주탑의 부분적 올림

우선, 부분적으로 직립된 탑의 고정하중에 균형을 이루도록 케이블이 인장되어진다. 그런 후, 가설지점은 제거되고 첫 번째 주탑은 두 번째 주탑에 위치한 잭에 의해 발생되는 인

그림 8.28 Vranov호수 보도교, 체코-주탑의 올림

장당김에 의해 최종위치로 올려진다(그림 8.28). 첫 번째 주탑의 위치가 임시케이블에 의해 안정됐을 때, 두 번째 주탑이 첫 번째 주탑에 놓인 잭에 의한 인장당김으로 올려졌다.

(b) 현수케이블의 가설

현수케이블의 가설은 중간경간 세그먼트의 가설에 의하여 시작된다(그림 8.22(b)). 세그먼트는 강연선에 의해 형성된 가설케이블을 따라 움직이는 가설골조에 매달려진다. 이와 같은 케이블들은 앵커블럭의 끝에 정착되어지고 주탑 상단에 정착되어 포스트텐션된 바에 매달려진 임시 새들에 의해 지지되어진다(그림 8.29). 세그먼트는 이 케이블들을 따라 설계위치로 이동되어진다. 이 방법으로 현수케이블의 가설이 가능한 중앙의 가설 플랫폼이 준비되어진다.

중간경간 세그먼트의 가설 후, 주 현수케이블이 가설된다. 강판은 가설강연선에 점진적으로 매달려지고 설계위치로 이동된다(그림 8.30). 그런 다음 주현수케이블을 형성하는 강연선이 당겨지고 설계길이에 따라 인장되어진다. 이 방법에서 섬형태 세그먼트의 자중은 가설케이블로부터 주 현수케이블로 전달된다.

중간경간에 관찰플랫폼이 설계된 Willamette교의 경우, 상부구조의 가설이 약간 수정되었다. 플랫폼 때문에 현수케이블이 중앙의 넓은 상부구조 세그먼트(섬형태)를 관통하여야 했다. 그러므로 중앙플랫폼은 하나의 중앙세그먼트에 의해 생성되지 않고 8개의 섬형태 세그먼트에 의해 형성된다. 세그먼트의 가설 후(그림 8.31, 그림 8.32), 현수케이블은 설치되어지고 강연선은 인장되어진다. 이 방법에서 섬형태 세그먼트의 중량은 가설케이블에서 현수케이블(그림 8.33)로 전달된다(그림 8.33).

그림 8.29 Mckenzie강교, 오레건, 미국－케이블의 가설

그림 8.30 Mckenzie강교, 오레건, 미국－주현수케이블의 가설

그림 8.31 Willamette강교, 오레건, 미국－섬 세그먼트의 가설

그림 8.32 Willamette강교, 오레건, 미국－가설케이블에 매달린 섬 세그먼트

그림 8.33 Willamette강교, 오레건, 미국－주현수케이블에 매달린 섬 세그먼트

(c) 세그먼트의 가설

세그먼트의 가설전에 주탑의 임시 가설버팀보가 해체된다. 중간세그먼트의 가설에 사용된 지지케이블은 경간 세그먼트들의 가설을 위해 가설케이블로도 또한 사용된다. 세그먼트는 케이블을 따라 설계위치로 이동된다(그림 8.21(c), 그림 8.34, 그림 8.35). 우선 세그먼트의 전면끝단은 전에 가설된 세그먼트에 핀으로 연결된다(그림 8.36). 그런 다음 후면 끝단은 주현수케이블에 매달려진다(그림 8.37). 가설동안 구조물은, 현수재의 길이와 하중에 따라 오목형태에서 볼록형태로 점진적으로 변한다(그림 8.38～그림 8.40).

그림 8.34 Willamette강교, 오레건, 미국 - 표준 세그먼트의 가설

그림 8.35 Willamette강교, 오레건, 미국 - 표준 세그먼트의 올림

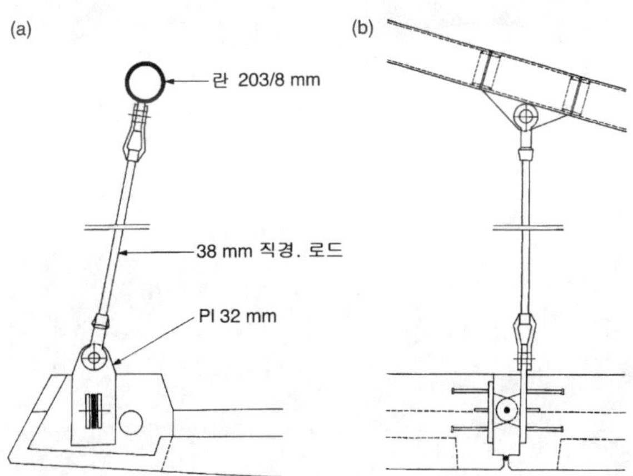

그림 8.36 Mckenzie강교, 오레건, 미국 - 행거 (a) 횡단면, (b) 부분정면도

그림 8.37 Mckenzie강교, 오레건, 미국-표준 세그먼트의 현수

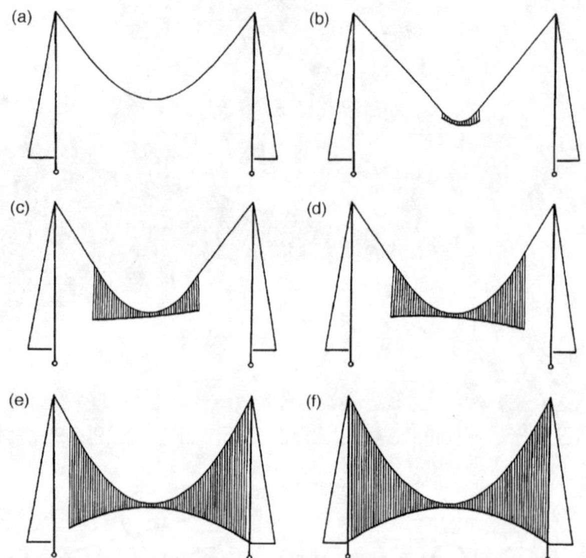

그림 8.38 Vranov호수 보도교, 체코-가설중 구조물의 기하조건

그림 8.39 Vranov호수 보도교, 체코-세그먼트 가설중 구조물(1)

그림 8.40 Vranov호수 보도교, 체코-세그먼트 가설중 구조물(2)

(d) 케이블의 그라우팅과 상부구조의 포스트텐션닝

모든 세그먼트의 가설 후, 세그먼트 사이의 죠인트가 타설되고 포스트텐션되어진다.

현수케이블의 시멘트 모르타르에서의 인장응력을 제거하기 위해 상부구조는 케이블을 그라우트하기 전에 임시로 재하된다(그림 2.41). 하중은 물이 채워진 플라스틱관에 의해 생성된다. 모르타르가 충분한 강도에 도달하였을 때 하중이 제거된다. Vranov교의 경우 임시하중이 외부긴장재를 인장시킴으로서 생성되었다. 이것은 구조물에 방사형 하중으로 재하된다.

케이블에 의해 지지된 구조물

그림 8.2(a)는 상부구조 밑에 위치하는 케이블에 의해 지지되는 타정식 현수구조물을 보여준다. 현수 인장현은 지지긴장재에 매달린 프리캐스트 세그먼트의 결합체인 스트레스 리본에 의해 보통 형성된다. 스트레스 리본은 버팀보와 상부구조의 가설을 위하여 가설 플랫폼을 형성한다.

스트레스 리본은 고전적인 스트레스 리본구조물에서처럼 결합된다. 연직 혹은 경사버팀보를 가진 세그먼트는 지지긴장재를 따라 설계위치로 이동되어진다(그림 8.41). 상부구조는 점진적으로 프리캐스트 세그먼트로부터 결합되어진다. 세그먼트는 버팀보에 의해 지지된 가설레일(그림 8.42)을 따라 이동되어지거나 가설트럭(그림 8.43)에 의해 설계위치로 운반되어진다. 모든 세그먼트의 가설 후, 모든 프리캐스트 부재 사이의 죠인트가 타설되고 포스트텐션되어진다.

그림 8.41 Ishikawa Zoo교, 일본 - 스트레스 리본 세그먼트의 가설 (Sumitomo건설)

그림 8.42 [그림 8.41] Ishikawa Zoo교, 일본 - 상부 세그먼트의 가설 (Sumitomo건설)

그림 8.43 Nozomi교, 일본 - 상부 세그먼트의 가설 (Oriental건설)

자정식 현수구조물

자정식 현수구조물이 사실 상부구조의 횡단면 주변의 외부에 위치하는 외부긴장재에 의해 프스트레스된 고전적 콘크리트 구조물이라는 것을 깨닫는 것이 중요하다. 설계와 가설의 목적은 자중에 대하여 축력만으로 긴장되어지는 구조물을 생성하는 것이다.

자정식 구조물의 시공은 기초와 교대를 타설함으로써 시작된다. 다음은 주탑이 임시적으로 가설되고 그들의 위치가 확보되어진다. 그런 후 상부구조가 프리캐스트 세그먼트로 결합되어지거나 현장타설된다(그림 8.44).

그런 다음에 현수케이블, 행거나 버팀보가 놓이고 케이블이 포스트텐션되어진다. 포스트텐션닝은 수압잭을 사용하는 케이블을 포스트텐션닝하거나 캠버에서 상부구조를 타설하는 등의 여러 방법으로 행해질 수 있다. 이와 같은 작업들은 모두 구조부재에서 요구되는 구조형태와 응력상태가 보장되도록 주의깊게 설계되고 수행되어야한다.

자정식 교량은 앵커블럭에 임시로 정착된 고전적인 현수구조물로서 결합되어지는 것이 분명하다. 일본의 Gammon교의 경우(11.2.12절), 스트레스 리본의 지지긴장재가 교대에 정착된 긴장재와 임시적으로 연결되어진다. 상부구조의 가설이 완료된 후, 연결부는 해체되어졌다. 이 방법에서 스트레스 리본으로부터의 해체력이 구조물에 프리스트레스를 주었다.

오레건의 Springwater Trail의 Johnson Creek교(11.2.16절)의 기본설계에서 저자는 교량 밑의 지형과 독립적인 상부구조가 가설되어지고 교대는 상대적으로 적은 수평력을 받는 부분자정 시스템을 개발하였다. 상부구조는 프리캐스트 세그먼트와 교대끝단에 정착된 외부케이블에 의해 포스트텐션된 복합상부구조 슬라브로 형성된다.

가설순서는 스트레스 리본구조물의 가설로부터 발전되었다. 첫째, 상부구조의 복합부분 내에 위치하는 가설지지긴장재가 가설되어지고 인장되어진다. 다음, 강버팀보로 가설되어지는 세그먼트가 긴장재에 매달려지고 설계 위치도 텐던을 따라 이동된다(그림 8.45(a)). 설계위치에서 세그먼트는 고정이나 핀연결을 보장하는 강재부재의 두 형식에 의해 상호 연결되어진다.

그런 후, 외부케이블이 가설되고 인장되어진다(그림 8.45(b)). 케이블을 인장함으로서 구조물은 설계의 위치로 이동한다(그림 8.45(c), 그림 8.46). 그 다음에 세그먼트 사이의 죠인트가 타설되고 상부구조는 외부긴장재에 의해 포스트텐션 되어진다. 이 방법으로 자정구조가 생성된다.

그림 8.44 Tobu교, 일본 - 비계공 (Oriental건설)

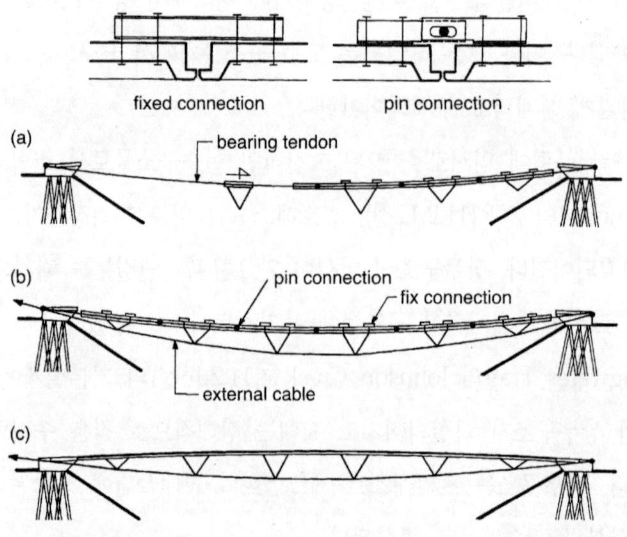

그림 8.45 Johnson Creek교, 오레건, 미국 : 시공순서

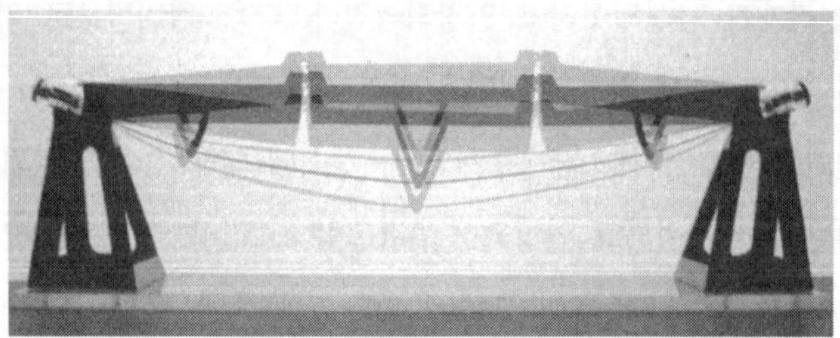

그림 8.46 Johnson Creek교, 오레건, 미국 : 가설모델

8.3 정적 및 동적해석

현수구조물은 기하학적 비선형 구조물로서 해석되어져야 한다. 현대 프로그램 시스템은 시공중과 공용시 현수구조물의 기능을 표현할 수 있다. 그러나 대변형의 구조물을 해석하며 소위 인장보강(Tension Stiffening)을 사용하는 프로그램을 사용할 필요가 있다. 현수구조물은 현수케이블, 행거와 상부구조에 대해 형성된 3차원의 공간구조물로 모델화되어야 한다.

현수케이블과 행거는 케이블요소에 의해 모델화되어야 한다. 상부구조는 횡방향 부재에 의해 행거에 연결되는 3차원(3D) 바가 결합된 보로서 모델화 될 수 있거나(그림 8.47(a)) 혹은 휨과 막(membrane)능력을 모두 가지는 쉘요소에 의해 모델화 될 수 있다(그림 8.47(b)).

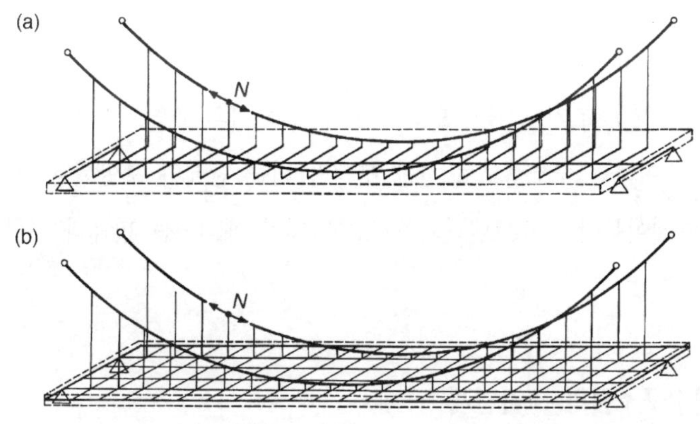

그림 8.47 현수구조물의 모델링 : (a) 3D바에 의해 모델링된 상부구조, (b) 쉘부재로 모델링된 상부구조

만약 상부구조가 프리캐스트 세그먼트와 프리스트레싱 긴장재에 의해 포스트텐션되어진 현장타설 상부구조 슬라브로 구성된다면, 그것은 스트레스 리본구조물의 상부구조로 모델화 될 수 있다. 다시말해 프리스트레싱 긴장재(PTs), 프리캐스트세그먼트(PSs), 복합슬라브(CS)를 나타내는 상호 연결된 일련의 평행부재로서 모델화될 수 있다. 프리스트레싱 긴장재는 초기력 혹은 변형률이 결정되어야 하는 "케이블" 부재로 모델화되어야 한다. 프리캐스트 세그먼트와 복합슬라브는 3D 바(bar)나 쉘 요소로서 모델화되어질 수 있다.

프로그램은 소위 “휴면부재(Frozen Members)”들을 사용하기 때문에, 상부구조 세그먼트의 힌지연결에서 고정연결으로의 변화 혹은 케이블에서 스트레스 리본으로의 변화와 같은, 정적시스템의 변화를 표현할 수 있다. 해석에서 현수케이블의 초기응력이나 변형률이 결정되어야만 한다. 초기력은 보통 기본단계에서 구조물에 대하여 결정되어진다.

7.6절에서 논의되었던 것처럼, 어떤 프로그램들은 초기단계에서 영강성(면적과 탄성계수)을 가지는 “케이블 부재”를 포함하고 있다는 것을 인식할 필요가 있다. 케이블 부재들은 입력데이터에서 주어진 하중에 정확히 부합하는 초기력에 의하여 긴장된다. 모든 다른 하중에 대하여 이 요소들은 구조물 전체강성의 부분인 구조물의 일부분이다. 불행하게도 몇몇의 프로그램에서는 실제 강성의 케이블에 대하여 초기단계에서 규정되어진다. 변형률과 부합되는 응력의 일부분이 그들의 강성에 의해 흡수되기 때문에, 텐던에서의 변형률과 부합하는 응력이 기본단계에서 하중과 정확히 균형을 이루도록 그것들의 초기변형률을 증가시킬 필요가 있다. 이것은 초기단계는 반복 작업에 의해 결정되어져야 한다는 것을 의미한다.

타정식 구조물의 경우 초기단계는 프리캐스트부재 사이의 죠인트가 타설되고, 상부구조가 하중에 대한 저항에 기여하는 구조적으로 강한 부재가 되는 단계와 부합된다. 자정식 구조물의 경우 초기단계는 현수케이블이 포스트텐션되어지고 비계가 제거되는 단계와 부합된다.

8.3.1 타정식 현수구조물의 초기단계

현수구조물의 초기단계는 스트레스 리본구조물과 유사하게 현수케이블이 구조물의 자중을 지지하고 구조물이 요구되는 기하조건을 갖는 상태이다.

가설 중, 전하중은 축력만 저항 할 수 있는 완전 유연케이블로써 작용하는 현수케이블에 의해 보통 저항을 받는다. 이러한 가정 하에서는 케이블의 곡선은 케이블과 수평력 H 또는 새그의 선택된 값에 적용된 하중의 케이블카 곡선과 일치한다. 보통 상호간 핀으로 연결되는 가설된 세그먼트는 하중에 대한 저항에 기여하지 못한다.

연직면으로 배치된 케이블에 매달린 구조물의 초기단계

연직케이블에 매달려진 구조물의 초기단계를 결정하는 것은 비교적 간단하다. 그것은 단일 케이블의 해석으로부터 유도된다. 식(4.1.7)에 따라 케이블의 기하조건은 다음식에서 의해 주어진다.

$$p^0(x) = \frac{Q(x)}{H}$$

$$p(x) = y'(x) = p^0(x) + \frac{h}{l} = p^0(x) + \tan\beta$$

$$f(x) = \frac{M(x)}{H}$$

$$y(x) = \frac{M(x)}{H} + \frac{h}{l}x = f(x) + x\tan\beta$$

여기서, $Q(x)$와 $M(x)$는 경간 l의 단순보에서의 전단력과 휨모멘트이다.

그림 8.48은 힌지 **a** 와 **b** 에 매달린 수평경간길이 L 의 케이블에 의해 형성된 현수구조물을 보여준다. 힌지들의 높이차이는 h 이다. 케이블은 행거의 중량과 매달려지는 세그먼트의 중량을 나타내는 자중과 집중하중에 의해 긴장되어진다. 세그먼트들은 상호간에 핀 연결되어 있기 때문에 행거는 인접 세그먼트의 중량의 반에 해당하는 하중을 견딘다. 케이블의 기하조건은 절점 i 에서 케이블이 새그 f_i 를 가지는 요구조건에 의하여 주어진다.

정확한 형태는 반복 작업으로 결정되어진다. 첫째, 하중에 대한 기하조건이 결정되어진다.

$$G_i = \frac{g_C}{2}(\Delta_C^L + \Delta_C^R) + g_H\Delta_H + \frac{g_D}{2}(\Delta_S^L + \Delta_S^R) \qquad i = 1, \cdots\cdots, n \tag{8.3.1}$$

여기서, g_C, g_H와 g_D는 각각 케이블, 행거, 상부구조 세그먼트의 단위길이당 중량이다. Δ_C^L, Δ_C^R, Δ_H, Δ_S^L, Δ_S^R 값의 의미는 그림 8.48로부터 보여준다.

첫째, 다음과 같이 가정된다.

$$\Delta_C^L = \Delta_S^L, \qquad \Delta_C^R = \Delta_S^R \quad \& \quad \Delta_H = 0$$

하중 G_i 에 대하여 휨모멘트 다이아그램은 결정되어진다. 그런 후, 미지 수평력이 결정되어진다.

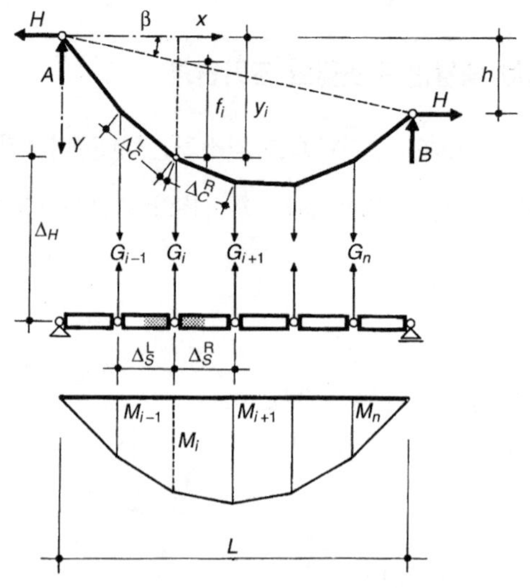

그림 8.48 초기상태 – 연직케이블

$$H = \frac{M_i}{f_i} \tag{8.3.2}$$

그러고 나서 어떤 점 x에 대한 케이블의 형태가 다음과 같이 주어진다.

$$f(x) = \frac{M(x)}{H}$$

$$y(x) = \frac{M(x)}{H} + \frac{h}{L}x = f(x) + x\tan\beta \tag{8.3.3}$$

그런 다음 각 절점 i에 대하여 거리 Δ_C^L, Δ_C^R과 ΔH와 새로운 하중 G_i가 결정되어진다. 그 후, 케이블의 새로운 수평력과 기하조건이 계산되어진다. 계산은 충분한 정밀도가 얻어질 때 끝낸다. 세그먼트가 케이블과 행거의 중량에 비하여 비교적 무겁기 때문에 단지 몇 번의 반복단계만 요구된다.

강재튜브내에 그라우트된 강연선에 의해 형성된 케이블의 기하조건을 결정하는 것이 보다 복잡하다. 강연선은 가설중에 강재튜브에 그라우트되지 않기 때문에 행거로부터의 연직력은 케이블의 접선방향과 방사방향 두 가지 성분으로 분배되어야 한다. 중간경간에서 강결연결된 아치로서의 역할을 하는 강제튜브의 압축능력으로 접선력방향에 저항한다. 방사방향력은 강연선의 인장능력으로 저항한다. 그러므로 현수케이블의 기하조건은 원에 가깝다. 그림 8.49는 강재튜브내의 강연선에 의해 형성된 케이블과 전통적인 현수케이블의 기능들을 비교하였다. 튜브내에 강연선이 그라우트되어 질 때, 강연선, 튜브와 시멘트모르타르의 복합적인 역할에 의해 하중에 저항한다. 초기단계는 반복 작업에 의해 결정되어야 한다.

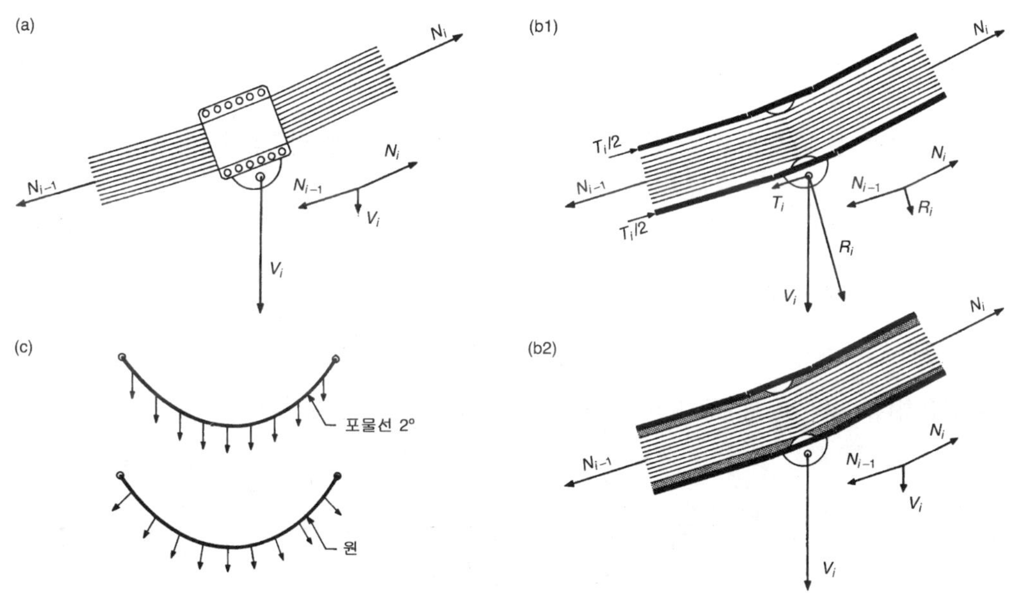

그림 8.49 정적작용 : (a) 고전적 케이블, (b) 강관내의 강연선에 의한 케이블, (c) 케이블카선 1-그라우트전, 2-그라우트후

경사케이블에 매달린 구조물의 초기단계

경사케이블에 매달린 구조물의 해석은 더 복잡하다. 그림 8.50은 상부구조가 변폭을 지니며 **a**, $\mathbf{b}_L$과 $\mathbf{b}_R$점에 지지되는 두개의 현수케이블에 매달려지는, 대칭현수구조물을 제시한다. 힌지들은 h의 높이 차이를 가진다. 횡방향의 케이블 위치는 좌표 z_i'에 의해 주어진다.

케이블은 자중에 의해서 그리고 행거의 중량과 매달려진 세그먼트의 중량을 나타내는 집중하중에 의하여 긴장되어진다. 상부구조를 형성하는 세그먼트들은 상호간에 핀으로 연결되어 있기 때문에 행거는 인접 세그먼트의 중량의 반에 부합되는 하중을 받는다. 케이블의 기하조건은 절점 i에서 케이블이 새그 f_i를 가진다라는 조건에 의해 주어진다.

먼저, 두 개의 케이블에 미지의 수평력 H가 결정된다. 이 수평력으로부터 케이블의 모든 절점 i에서 연직좌표 y_i가 전장에서 서술한 과정을 사용함으로써 결정될 수 있다. 그림 8.50으로부터 다음이 입증되어진다.

$$y_i' = y_a - y_i = y_a - \frac{h}{L} x_i - f_i \tag{8.3.4}$$

경사행거의 내력은 기지의 연직성분 G_i와 미지의 수평성분 F_i에 의존한다.

$$N_i = \sqrt{G_i^2 + F_i^2} \tag{8.3.5}$$

이 값은 좌표 z_i에 의해 주어진 행거의 미지경사에 의존한다.

이 값을 결정하기 위하여 이 미지의 좌표를 적용함으로써 케이블에 작용하는 힘을 표현하는 것이 필요하다. 그림 8.50(a)에 따라 힘 F_i의 값은 다음과 같이 계산된다.

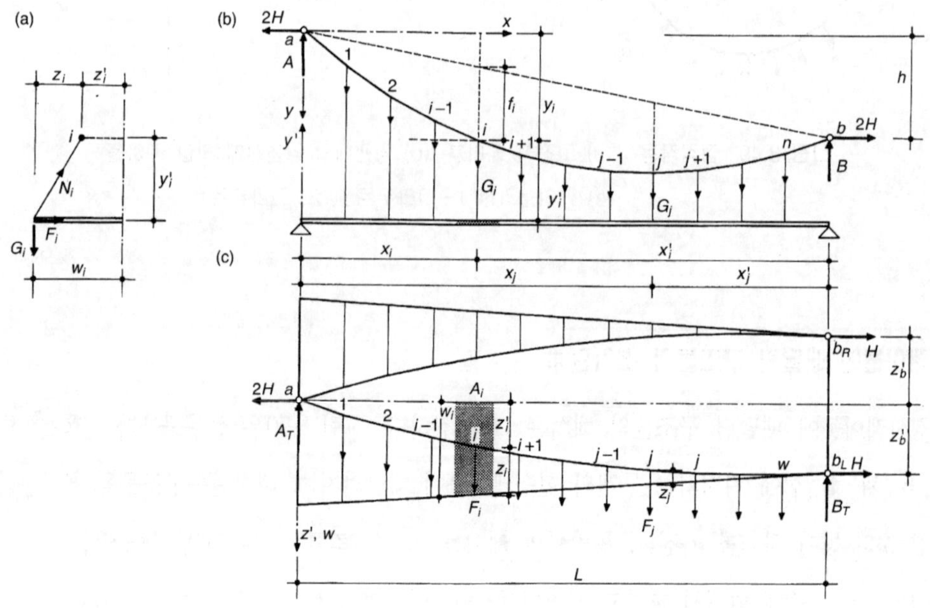

그림 8.50 초기상태-경사케이블 (a) 횡단면도, (b) 정면, (c) 평면

$$\frac{G_i}{F_i} = \frac{y_i'}{z_i}$$

$$F_i = G_i \cdot \frac{z_i}{y_i'} = k_i \cdot z_i \,, \qquad \text{여기서, } k_i = \frac{G_i}{y_i'} \tag{8.3.6}$$

힌지 **a** 에서 횡방향 반력은 다음과 같이 주어진다.

$$\begin{aligned} A_T &= H \cdot \frac{z_b'}{L} + \sum_{j=1}^{n} \frac{F_j \cdot x_j'}{L} \\ &= H \cdot \frac{z_b'}{L} + \sum_{j=1}^{n} \frac{k_j \cdot x_j'}{L} \cdot z_j \end{aligned} \tag{8.3.7}$$

절점 i 에서 횡방향 휨모멘트는,

$$\begin{aligned} M_i &= A_T \cdot x_i - H \cdot z_i' - \sum_{j=1}^{i} F_j \cdot (x_i - x_j) \\ &= H \cdot \frac{z_b' \cdot x_i}{L} + x_i \cdot \sum_{j=1}^{n} \frac{k_j \cdot x_j'}{L} \cdot z_i - H \cdot z_i' - \sum_{j=1}^{n} k_j \cdot z_i \cdot (x_i - x_j) \end{aligned} \tag{8.3.8}$$

케이블의 각 절점에서 휨모멘트는 다음과 같음을 알 수 있다.

$$M_i = 0 \,, \qquad \text{여기서, } i = 1, \cdots\cdots, n \tag{8.3.9}$$

이 방법에서 n 개의 미지좌표 z_i 에 대하여 n 개 방정식을 얻을 수 있다. 이 시스템을 해결함으로써 좌표 z_i 를 얻을 수 있다. 그 후 힘 F_i 와 N_i 가 결정될 수 있다.

8.3.2 현수구조물의 해석

타정식 현수구조물

가설과 사용하중 모두에 대한 구조물해석은 초기 기본단계로부터 시작한다. 가설해석동안 구조물은 케이블만으로 형성되거나(그림 8.20(c)), 섬형태 세그먼트와 함께 케이블에 의해 형성되어지는 단계까지 점진적으로 비재하되어진다(그림 8.22(b)). 또한 주탑의 초기경사도가 결정된다(그림 8.51).

사용하중에 대한 구조물의 해석도 같은 초기 기본단계로부터 시작한다. 그러나 세그먼트 사이의 죠인트를 타설하고 포스트텐션닝 후, 상부구조는 실제 강성을 가지고 사용하중에 대한 구조물의 저항력을 가진다.

케이블에 의해 지지되는 현수구조물의 해석은 유사하다. 만약 구조물이 스트레스 리본에 의해 지지된다면, 상부구조와 버팀보가 제거될 뿐만 아니라 리본을 형성하는 세그먼트도 제거된다(그림 8.52). 사용하중에 대한 구조물의 해석은 스트레스 리본의 포스트텐션닝에 의해 시작된다.

극한하중의 해석에서도 같은 해석모델이 사용된다.

콘크리트의 크리프와 건조수축으로 인하여 시간이 지나면 상부구조에서 응력이 재분배됨을 인식할 필요가 있다. 가설 후, 상부구조는 일련의 단순보로서의 기능을 한다. 죠인트의 타설과 포스트텐션닝 후, 죠인트의 자유회전은 사용하중의 영향뿐만 아니라 크리프와 건조수축의 영향 때문에 제한되어진다.

이 제한은 모멘트를 경간에서 지점으로 전달시키고 휨모멘트의 과정은 연속보와 유사하다(그림 8.53). 재분배는 포스트텐션닝되는 때의 콘크리트 재령에 의존한다(6장 그림 6.8, 그림 6.10). 그러나 고정하중으로 인한 휨모멘트는 활하중으로 인한 휨모멘트에 비하여 매우 작기 때문에 이 재분배는 설계에 중요하지 않다.

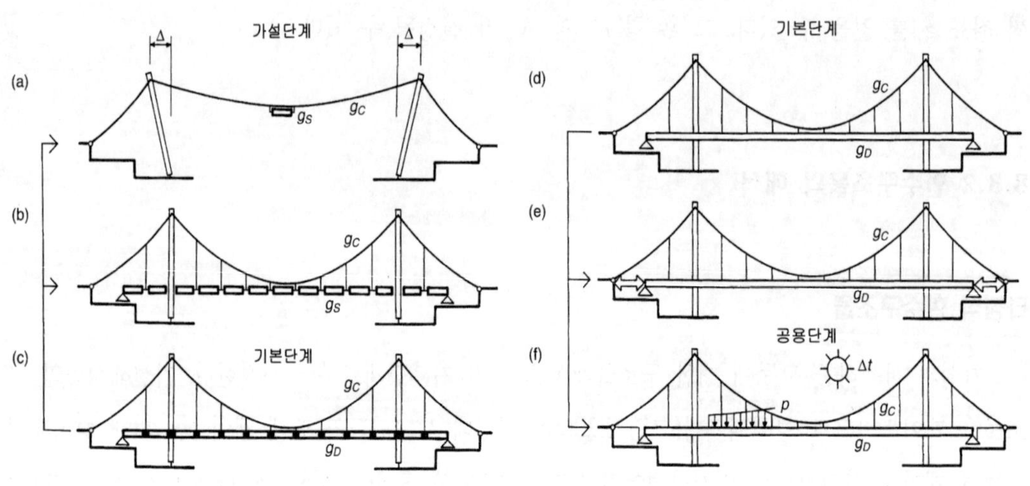

그림 8.51 자정식 현수구조물(케이블에 매달린 상부구조) – 정적작용

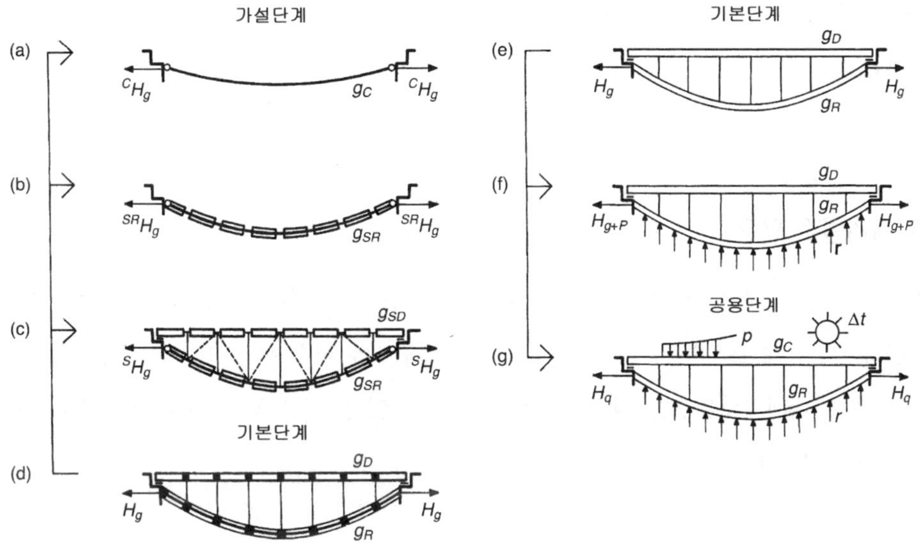

그림 8.52 타정식 현수구조물(케이블에 의하여 지지된 상부구조) – 정적작용

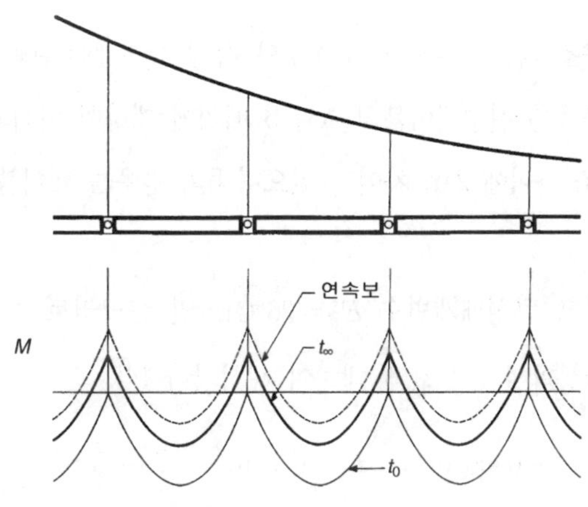

그림 8.53 상부구조에서 휨모멘트의 재분배

자정식 현수구조물

자정식 구조물의 해석은 현수케이블의 최적 힘이 결정되어지는 단계로부터 시작된다. 결합되고 타설되는 동안 구조물의 형태는 구조물에 비재하함으로써 얻어진다. 다시 말해 케이블에서 프

리트스트레싱 힘을 제거함으로서 얻어진다. 사용하중에 대한 구조물 해석은 타정식 구조물의 해석과 같다.

8.3.3 매개변수 연구

경간 $L = 99$ m 인 표준 현수구조물의 거동을 이해하기 위하여 광범위한 매개변수연구가 수행되어졌다. 우선 새그의 영향, 중간경간에서의 상부구조와 현수케이블의 연결, 지점에서의 수평이동의 제한에 대해 2차원(2D) 현수구조물에서 연구되었다. 다음 3차원(3D) 현수구조물의 공간거동이 해석되어졌다.

2차원 현수구조물

경간 $L = 99$ m 의 구조물은 중간경간 새그 f와 함께 현수케이블에 매달린 콘크리트 상부구조에 의해 형성된다. 구조물은 현수케이블의 A와 B 배치에 대하여 해석되어졌다(그림 8.54). A의 경우는 케이블과 상부구조 사이에 2 m 차이가 있으며 B의 경우는 케이블이 중앙경간에서 상부구조에 연결되었다.

면적 $A_d = 1.5\ \text{m}^2$이고 탄성매개변수 $E_d = 36$ GPa인 콘크리트 상부구조는 단면2차모멘트에 의해 특성화되는 휨강성의 4가지 값에 대하여 해석되어졌다.

$$I_d = 0.005\ \text{m}^4,\quad I_d = 0.05\ \text{m}^4,\quad I_d = 0.5\ \text{m}^4,\quad I_d = 5\ \text{m}^4$$

초기단계는 강연선에 의해 형성된 현수케이블에 대해, 부합하는 면적 A_c와 탄성계수 $E_c = 190$ GPa 와 함께 중간경간 새그 f의 3개 값이 결정되었다.

$$f = L/8 = 12.375\ \text{m} \qquad A_c = 8.49 \times 10^{-3}\ \text{m}^2$$

$$f = L/10 = 9.9\ \text{m} \qquad A_c = 9.905 \times 10^{-3}\ \text{m}^2$$

$$f = L/12 = 8.25\ \text{m} \qquad A_c = 11.886 \times 10^{-3}\ \text{m}^2$$

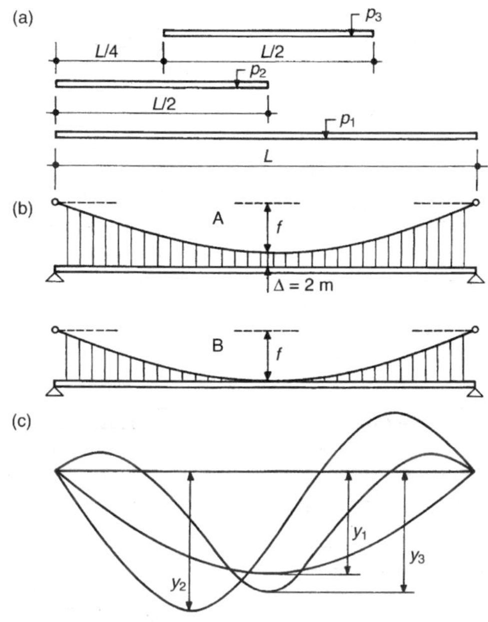

그림 8.54 2D구조물의 매개변수연구 (a) 하중, (b) 연구대상 구조물, (c) 특성화된 변형

3 m 간격인 행거는 면적 $A_h = 1.608 \times 10^{-3}$ m²과 탄성계수 $E_h = 210$ GPa의 바에 의해 형성된다.

구조물은 다음의 세 가지 하중에 대하여 해석된다.

하중 1 – 고정하중 + 활하중 : 16 kN/m 가 전상부구조길이에 재하

하중 2 – 고정하중 + 활하중 : 16 kN/m 가 상부구조길이의 반에 재하

하중 3 – 고정하중 + 활하중 : 16 kN/m 가 상부구조길이의 중앙부분에 재하

구조물은 프로그램 ANSYS에 의해 기하학적 비선형 구조물로서 해석되어졌다. 초기단계에서 케이블의 힘은 고정하중의 결과와 균형을 이룬다. 해석으로부터 모든 구조부재에서의 구조물의 변형과 내력과 모멘트가 얻어진다. 특성화된 변형이 그림 8.54에 제시되고 여기에서 하중 1, 2, 3에 의해 생성된 변형 y_1, y_2, y_3의 최대값도 보여준다.

상부구조의 휨모멘트는 상부구조의 변형에 비례한다는 것이 분명하다. 많은 결과로부터, 그림 8.55는 단면2차모멘트 $I_d = 0.005$ m⁴와 $I_d = 0.05$ m⁴인 구조물에서 생기는 하중 1, 2, 3에 대한 변형의 최대값인 y_1, y_2, y_3만을 보여준다.

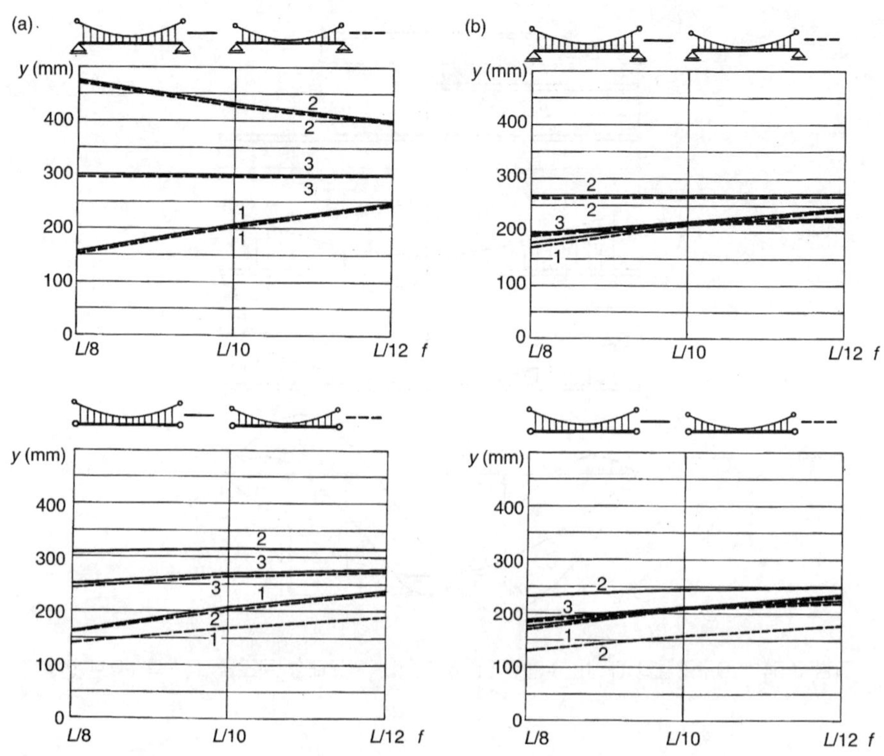

그림 8.55 2D구조물의 매개변수연구-상부구조의 변형 : (a) $I_d = 0.005\ \mathrm{m}^4$, (b) $I_d = 0.05\ \mathrm{m}^4$

그 결과들로부터 변위의 최대축소는 지점에서 수평이동을 제한함으로써 일어난다는 것이 분명하다. 변위의 최대축소는 수평적 고정과 케이블과 상부구조의 연결을 결합함으로서 성취된다. 현수케이블의 다른 새그들은 주로 케이블의 강재량에 영향을 미친다.

3차원 현수구조물

경간 $L = 99$ m 의 같은 구조물(그림 8.56, 그림 8.57)에 대하여 공간거동이 증명되었다. 콘크리트 상부구조는 새그의 두 현수케이블에 매달려진다.

$f = 0.1L = 9.9$ m

구조물은 현수케이블의 두 형태의 배치(A와 B)에 대하여 해석되어졌다(그림 8.56). 해석은 또한 C라고 표시된 중앙경간 $r = 1.98$ m의 최대라이즈를 가진 연직포물선 곡선에 위치하는 상부구조에 대하여 수행되었다. 이 경우 현수케이블은 중앙경간의 상부구조에 연결되어졌다.

교대에서 상부구조는 이동교량받침(M)나 고정교량받침(F)에 의해 지지된다. 현수케이블은 연직이거나 내부 또는 외부로 경사진다.

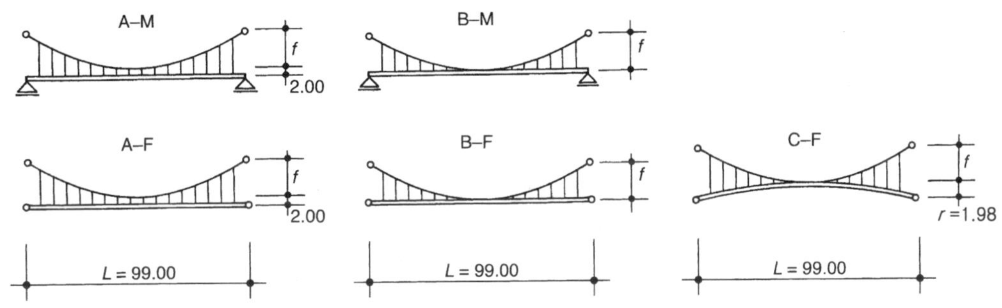

그림 8.56 3D구조물의 매개변수연구 – 연구대상 구조물

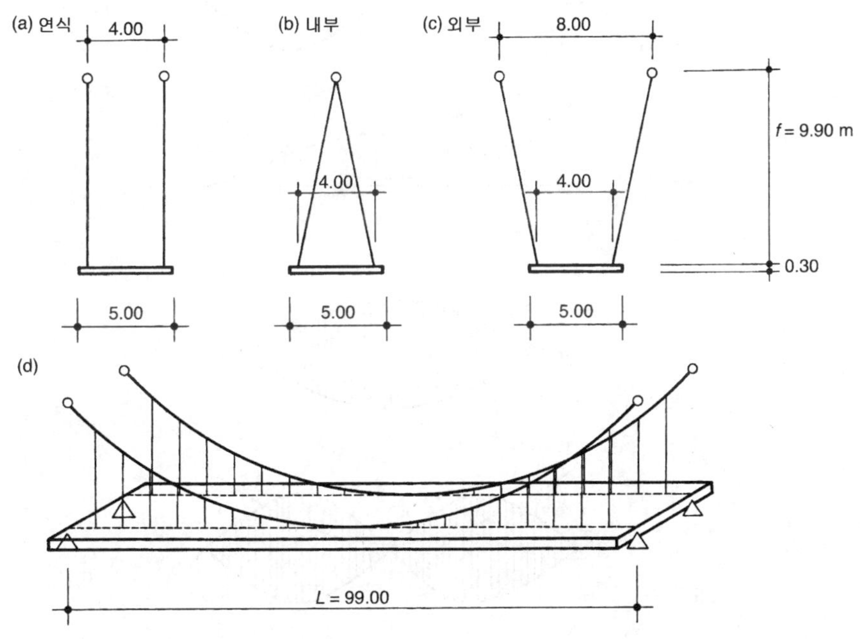

그림 8.57 3D구조물의 매개변수연구 – 주현수케이블의 배치

이와 같은 모든 배치에 대하여 고유모드와 진동수가 결정되어진다. 현수구조물의 거동은 다음과 같은 모드(그림 8.58)에 의해 특성화되어진다.

모드 L	이동교량받침에 의해 지지되는 구조물의 수평진동
모드 V_1	첫 번째 연직모드의 연직진동
모드 V_2	두 번째 연직모드의 연직진동
모드 S	가로 흔들림 진동, 즉 비틀림과 결합된 횡방향 진동
모드 T	비틀림 진동

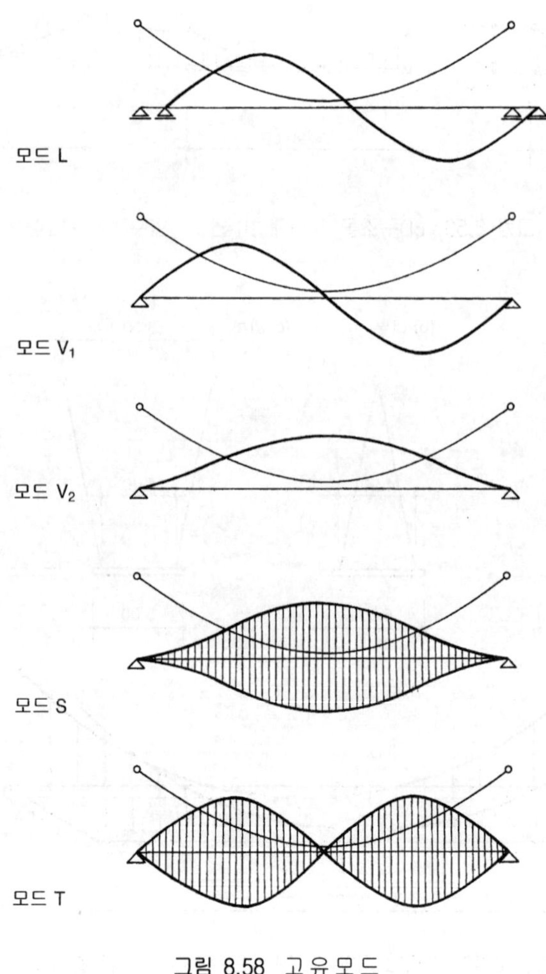

그림 8.58 고유모드

연직케이블에 매달린 구조물은 순수한 횡방향 모드에서 진동한다. 경사진 케이블에 매달린 구조물은 횡방향과 비틀림이동이 혼합되고 보다 복잡한 가로 흔들이 모드에서 진동한다.

표 8.1에서 표 8.3은 해석의 결과를 보여준다. 비틀림 진동수 f_T와 첫 번째 휨진동수 f_{V1}의 비는 다음과 같다.

$$r = f_T / f_{V1}$$

표 8.1 고유진동수 - 연직

	모드 L f_H (Hz)	모드 V_1 f_A (Hz)	모드 V_2 f_B (Hz)	모드 S f_C (Hz)	모드 T f_D (Hz)	f_T/f_{VI}
V-A-M	0.24	0.44	0.64	0.88	2.93	6.66
V-A-F	—	0.43	0.64	1.84	2.93	6.81
V-B-M	0.40	0.64	0.88	0.88	3.11	4.86
V-B-F	—	0.64	0.87	1.85	3.12	4.86
V-C-F	—	0.66	0.99	1.69	3.18	4.82

표 8.2 고유진동수 - 내부 (경사)

	모드 L f_H (Hz)	모드 V_1 f_A (Hz)	모드 V_2 f_B (Hz)	모드 S f_C (Hz)	모드 T f_D (Hz)	f_T/f_{VI}
In-A-M	0.24	0.43	0.64	0.89	2.93	6.81
In-A-F	—	0.43	0.64	1.78	2.93	6.81
In-B-M	0.39	0.64	0.90	0.89	3.09	4.83
In-B-F	—	0.64	0.86	1.78	3.11	4.86
In-C-F	—	0.66	0.99	1.73	3.19	4.83

표 8.3 고유진동수 - 외부 (경사)

	모드 L f_H (Hz)	모드 V_1 f_A (Hz)	모드 V_2 f_B (Hz)	모드 S f_C (Hz)	모드 T f_D (Hz)	f_T/f_{VI}
Out-A-M	0.24	0.43	0.64	0.89	2.94	6.66
Out-A-F	—	0.42	0.64	1.79	2.94	6.81
Out-B-M	0.39	0.64	0.90	0.89	3.12	4.86
Out-B-F	—	0.64	0.86	1.80	3.13	4.86
Out-C-F	—	0.66	1.08	1.66	3.16	4.82

이것은 공기 동역학적 비안정성의 가능성을 나타내기 때문에, 그 값이 표에 주어졌다. 값 r은 한계치로 고려되는 $r_{cr} = 2.5$ 보다는 높아야 한다.

결과로부터 상부구조와 케이블의 강결연결이 구조물의 강성을 증가시킨다는 것은 분명하다. 주어진 경간길이에 대하여 현수케이블의 경사는 횡방향과 비틀림 강성을 증가시키지 않는다. 그러나 동적해석은 선형으로 수행되고 표의 값이 상부구조의 강결로 인한 변형축소를 포함하지는 않는다는 것을 알아둘 필요가 있다(그림 2.22).

8.3.4 해석 예

서술한 모델화와 해석은 두개 구조물의 예에 대하여 보여준다. Vranov 호수교(11.2.4절)의 정적작용은 그림 8.59로부터 분명하다. 구조물은 공간구조물로서 모델화되어진다. 주탑은 3D골조, 케이블부재로써의 현수케이블과 행거, 그리고 두 개의 종방향 바(bar) 부재와 횡방향 바(bar) 부재로 형성되는 3D 그리드와 같은 상부구조로 모델화된다. 종방향부재는 끝단 거더에 위치하고, 횡방향 부재는 다이아그램에 위치한다. 케이블 부재에 의해 모델화되어지고 끝단 거더에 평행하게 위치하는 외부 긴장재에 의해 구조물이 보강되어진다.

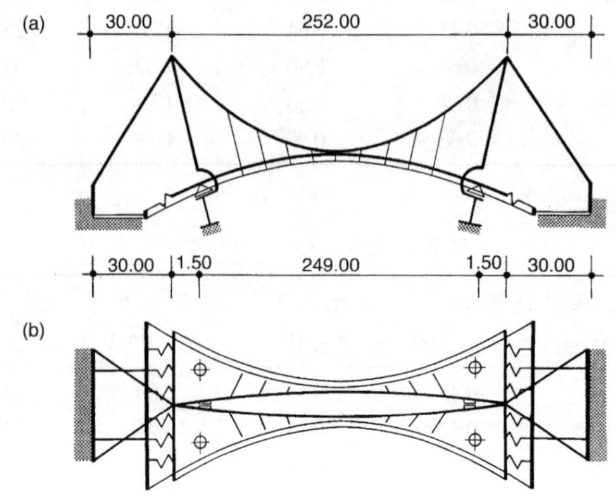

그림 8.59 Vranov호수 보도교, 체코 – 계산모델 : (a) 정면, (b) 평면

해석은 한 계산 모델로 가설과 사용단계 모두에 대해 수행되었다. 그림 8.60은 첫 번째 연직, 첫 번째 가로흔들림과 첫 번째 비틀림 모드와 진동수를 보여준다. 연직모드에 부합하는 첫 12 고유진동수가 2 Hz의 보행진동수 하에 있기 때문에 교량은 보행하중에 대하여 민감하지 않다는 것이 증명되었다. 파괴하고자 하는 사람들(고유모드에서 교량을 진동시키려고 하는 사람의 그룹)에 의해 재하된 하중일지라도 몇 mm의 진동의 미미한 영향만 미친다.

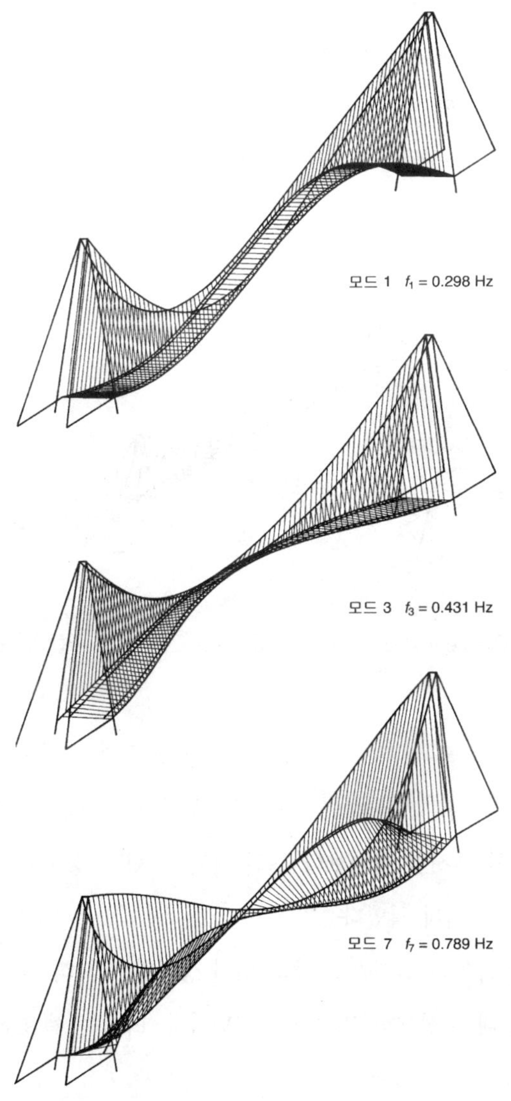

그림 8.60 Vranov호수 보도교, 체코-고유모드와 진동수

Willamette 강교(11.2.5절)는 프로그램 ANSYS에 의하여 기하학적 비선형 구조로서 해석되었다. 구조물의 전체작용은 교량의 공간적 작용과 실제 경계조건을 표현한 그림 8.61에 보여준 모델에 대하여 검토된다. 이 모델은 활하중, 바람 그리고 내진하중의 영향으로부터 내력을 결정하는데 사용되곤 했다.

수행된 모든 지진 해석에 있어서 스토퍼는 기능 확보와 파괴 모두를 고려하고 설계는 가장 불리한 조건에 대하여 수행되었다.

이 계산모델은 또한 섬형태 세그먼트의 자중을 가설케이블에서 주 현수케이블로 전달시키는 과정을 포함한 모든 가설단계에 대한 해석이 사용된다. 각 해석에서의 초기단계는 세그먼트가설 마지막에 자중에 의해 재하된 구조물에 대하여 해석되어진다.

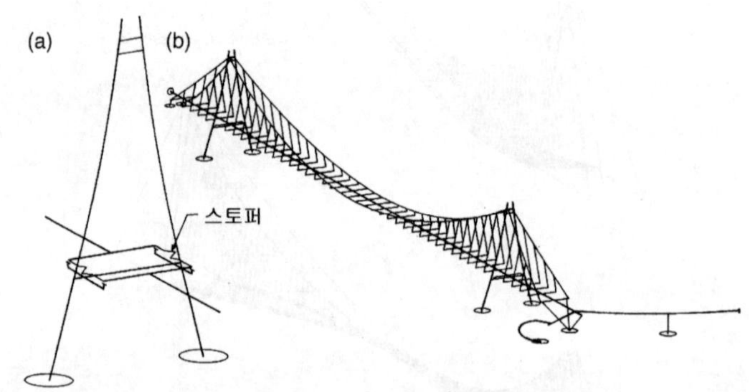

그림 8.61 Willamette강교, 오레건, 미국-계산모델 : (a) 주탑의 상세, (b) 교량

그림 8.62는 첫 번째 두 연직, 가로흔들이와 비틀림 모드와 진동수를 보여준다. 보행자에 대한 구조물 거동은 주경간을 따라 이동하는 맥동 집중하중 $F = 180$ kN에 대하여 검토되었다. 최대계산 가속도는 3.3절에서 제시한 한계보다 훨씬 작다. 교량이 강하고 사용자는 교량 위에서 걷거나 서있을 때 불안감을 느끼지 않았다.

현수케이블이 정착된 타이의 설계는 그들의 초기 상태함수와 피로하중 때문에 특별히 주의를 기울여야 한다. 그러므로 매우 상세한 해석이 수행되었다. 타이는 쉘요소들로 결합된 공간구조물에 의하여 모델화되어진다.

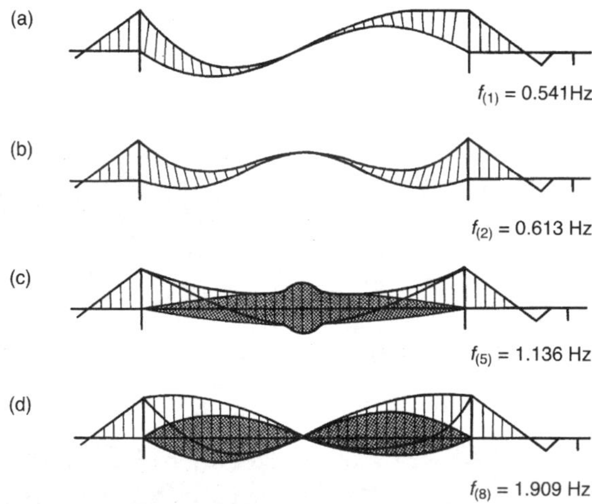

그림 8.62 Willamette강교, 오레건, 미국 – 고유모드와 진동수

8.3.5 정적 및 동적하중 재하실험

기술의 품질과 정적가정은 정적 및 동적하중 재하실험에 의해 검증된다. Vranov 호수교는 교량의 전길이를 따라 위치한 24대의 트럭과 경간의 중앙과 한측면에 위치한 10대의 트럭에 의하여 실험되어졌다(그림 8.63). 설계하중의 50%에 해당하는 24트럭의 하중에 의한 구조물의 변형은 0.25 m이다. 계산치와 측점치의 차이는 총변형의 5%이내이다.

Vranov 호수교의 공기동역학적 안정은 1 : 130 축척으로 만들어진 기하학적으로, 그리고 공기동역학적으로 유사한 구조물의 모델(그림 8.64)에 의해 실험되었다. 체코공화국의 과학교육(ITAM)의 이론 및 응용역학협회에서 Miros Pirner 교수에 의해 수행되었다. 상부구조는 마이크로콘크리트로 타설된 세그먼트의 결합체이고 현수케이블은 피아노선으로 형성되었다. 교량은 0에서 55 m/s (0에서 198 km/h)의 모든 풍속에 대하여 공기동역학적으로 안정적이다 [52].

Willamette강교의 비율 r(순수비틀림 진동수 $f(8) = 1.909$와 첫 번째 휨진동수 $f(1) = 0.541$의 비율)은 3.529이며, 이것은 공기동역학적 진동하에 교량이 바람직한 거동을 하고 있음을 알려주고 있음에도 불구하고 저자는 풍동(그림 8.65)에서의 구조물의 거동을 검토하는 것이 필요하다고 느꼈다. 주된 이유는 구조물의 전체 세장비와 중간경간의 관찰 플랫폼의 존재 때문이다.

그림 8.63 Vranov호수 보도교, 체코-재하실험

그림 8.64 Vranov호수 보도교, 체코-풍동실험

그림 8.65 Willamette강교, 오레건, 미국-풍동실험

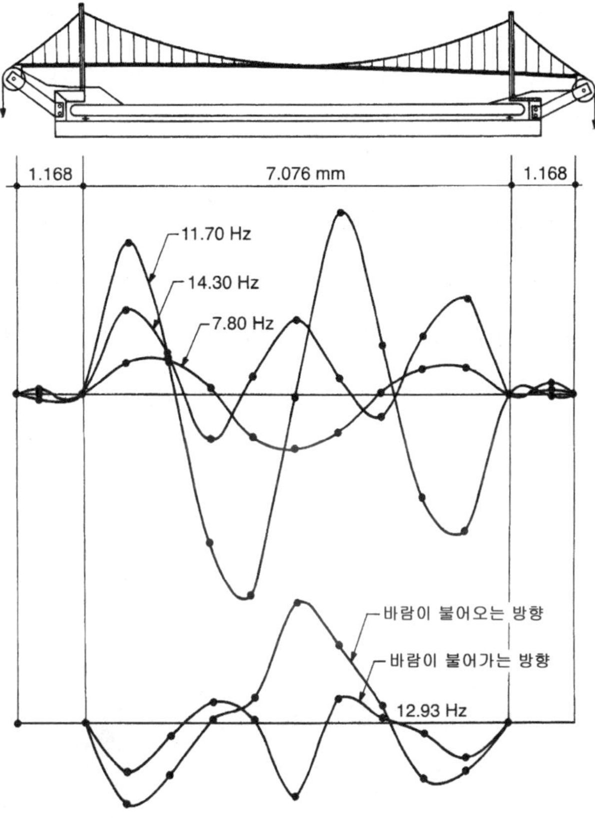

그림 8.66 Willamette강교, 오레건, 미국 – 공기동역학모델 : 자발모드와 진동수

그림 8.67 Tobu교, 일본 – 교량의 정적모델 (Oriental건설)

1:68.7의 축척으로 만들어진 구조물의 기하학적이나 공기동역학적으로 유사한 모델이 ITAM에서 Miros Piron 교수에 의해 실험되었다. 상부구조는 에폭시로 타설된 세그먼트의 결합체이다. 현수케이블은 피아노선에 의해 만들어졌다.

실험결과는 구조물이 우수한 기능을 가진다는 것을 확인시켰다. 그림 8.66은 모델의 배치와 진동고유모드와 진동수를 보여준다. 모델의 동적실험동안 순수비틀림모드를 발현시킨다는 것은 불가능하다. 교량은 0에서 65 m/s (0에서 234 km/h)의 모든 풍속에서 공기동역학적으로 안정하다.

일본에서 가설된 타정식 Tobu교의 극한능력과 정적기능을 검증하기 위하여 정적 모델실험이 수행되었다 [92]. 교량의 모델은 1:5 축적으로 만들어졌다. 그림 8.67은 실험구조물의 배치를 보여준다.

제9장

사장구조물

Cable-stayed structures

9. 사 장 구 조 물

Cable – stayed structures

[26], [44], [55], [95]와 같은 몇몇의 우수한 책들에서 사장구조물은 서술되어져 왔다. 그러므로 이번 장에서는 얇은 상부구조에 의하여 형성되는 구조물에 대한 추가적인 정보만 제시된다.

9.1 구조적 배치

2장에서 기술되어진 것처럼, 사장구조물은 주탑과 상부구조에 정착된 사장케이블에 매달린 얇은 상부구조에 의해 형성된다(그림 2.6(b), 그림 2.6(d)). 그러므로 상부구조의 계획고는 지역적 조건에 따라 최적의 배치를 할 수 있다. 구조물은 1경간 이상으로 구성할 수 있다.

지반에 백스테이를 정착하고 전체적으로 혹은 부분적으로 타정식 사장구조물을 형성할 수 있다. 그러나 경제적 이유 때문에 이 해법은 특별한 경우나 장경간만을 가지는 구조물에 대해서만 적절하다. 사장교에서 많이 적용하고 있는 방법은 연직반력(그림 9.1)만으로 기초를 견딜 수 있는 자정식으로 형성하는 것이다.

고전의 사장구조물은 하나 혹은 두 개의 주탑(그림 9.2)에 매달린 2경간 혹은 3경간으로 구성되었다. 주탑은 연직이거나 경사질 수 있다. 3경간 이상의 다경간 사장구조물도 가설되어져 왔으며 이 경우 상부구조의 변위와 동적거동의 해석에 특별한 주의를 기울여야 한다.

그림 9.1 Necker교, 독일

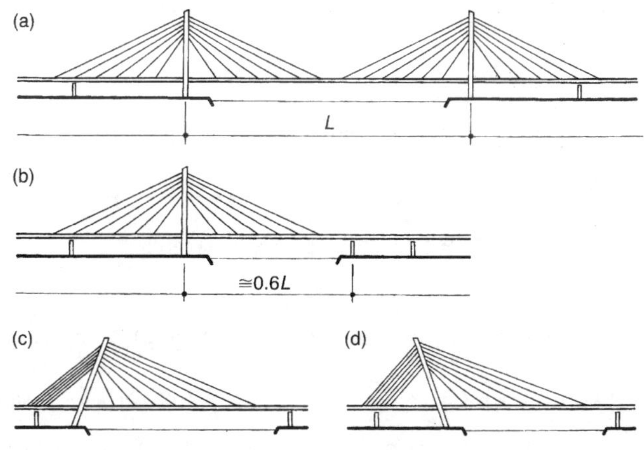

그림 9.2 사장구조물의 배치

짧은 측경간에 백스테이나 앵커블럭으로 정착하고 주경간만 매달리게 하는 것도 가능하다(그림 9.3(a)). 측경간의 최적 경간 길이는 주경간 길이의 0.4에서 0.45이다. 길이는 사장재의 배치와 측면지점에 영향을 받는다. 만약 상부구조가 측경간과 접속경간 사이에 신축이음장치를 가지고 있다면, 구조물은 더 짧은 측경간과 백스테이의 정착을 요구한다(그림 9.3(b)).

만약 구조물이 연속이라면 측경간이 더 길어질 수 있으며 주탑에 대칭인 사장케이블을 접속경간까지 늘릴 수 있다.(그림 9.3(c)). 사장구조물은 측경간에 위치한 교량받침에 의하여 크게 보강될 수 있다(그림 9.3(d)).

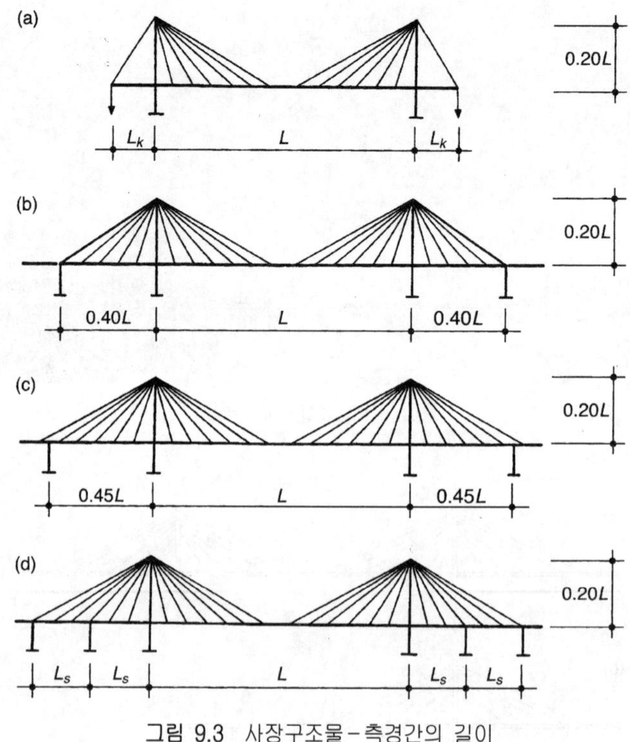

그림 9.3 사장구조물-측경간의 길이

사장재는 그림 9.4에서 보여준 것처럼 다른 배치를 가질 수 있다. 정적으로 우수한 방사형 배치(그림 9.4(a))는 사장재가 한 점으로 정착되기 때문에 구조적 어려움을 내재하는 반면에(그림 2.59), 정적으로 불리한 하프형 배치(그림 9.4(b))는 구조적 배치상세를 단순하게 한다. 팬형 배치(세미방사형)(그림 9.4(c))는 정적이나 구조적 측면에서 합리적인 절충을 보여준다.

보도교의 비교적 가벼운 하중이 그림 9.4(d), 그림 9.4(e)와 그림 9.5에서 제시한 방법을 가능하게 한다. 기본적 배치는 가장 적절한 해법이 나오도록 결합되어질 수 있다(그림 9.6).

상부구조에서의 휨모멘트를 줄이기 위하여 사장재 사이의 비교적 짧은 간격인 3에서 6 m로 사장재를 정착시키는 것이 필요하다. 그러면 고정하중에 의한 휨모멘트가 매우 작아지고 상부구조는 0.3 m 정도로 얇아질 수 있다.

만약 주탑이 매우 높다면($0.2L$), 사장구조물의 강성은, 압축의 주탑 및 상부구조와 사장케이블의 인장강성에 의해 형성된, 시스템의 강성에 의해 주어진다(그림 9.7). 만약 낮은 주탑으로 설계된다면 구조물은 충분한 휨강성을 가진 상부구조를 요구한다.

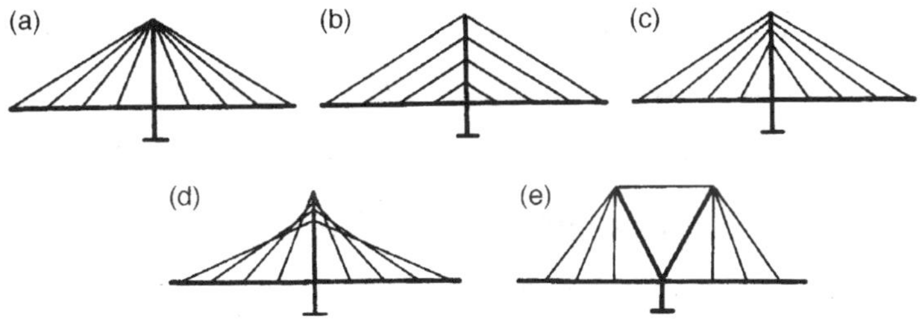

그림 9.4 사장케이블의 배치

그림 9.5 Badhomburg교, 독일 (Schlaich, Bergermann & Patners)

그림 9.6 Zidlochovice교, 체코

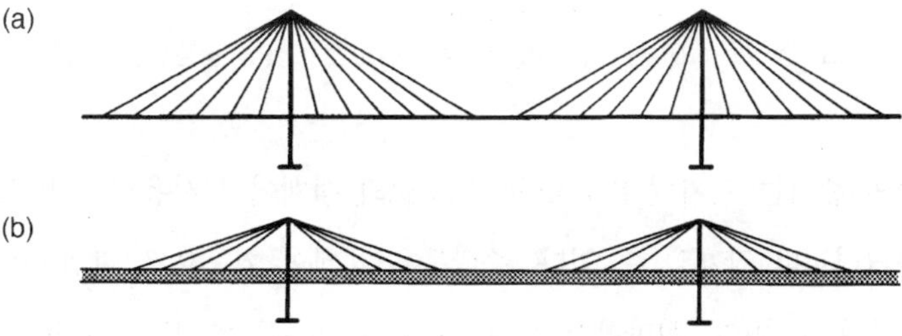

그림 9.7 사장구조물 : (a) 고전적형태, (b) Extradosed형태

사장구조물은 보통 상부구조를 교대에 정착함으로써 발생하는 구조계의 증가된 강성이 필요치 않는다(그림 2.20). 그러나 교대에서 수평이동을 제한함으로서 발생되는 장점은 Sunniberg교를 설계한 Menn 교수에 의해 입증되었다. 59 m에서 134 m 길이의 5경간을 가지는 교량은 반경 $R=503$ m의 평면에 곡선으로 배치되었다. 지반에서 60 m에 달하는 얇은 상부구조는 상부구조에서 15 m 높이로 솟은 주탑에 매달려 있다.

구조물의 강성은 교대에 강결되어 있는 상부구조의 평면 곡률로부터 생성된다(그림 9.8(a)). 전통적인 다경간 사장구조물에서 상부구조의 연직 처짐은 중간의 정착교각이나 상부구조의 휨강성에 의하여 조절되어야 하는 반면에, 이 교량에서는 상부구조의 연직변형이 곡선상부구조의 횡방향 강성에 의해 조절된다. 어떠한 연직하중도 아치로서 수평면에 작용하기 때문에 상부구조의 수평이동을 일으킨다(그림 9.9). 상부구조의 횡방향 이동은 횡방향 골조를 형성하는 교각에서 횡방향 모멘트를 생성한다(그림 9.8(c)).

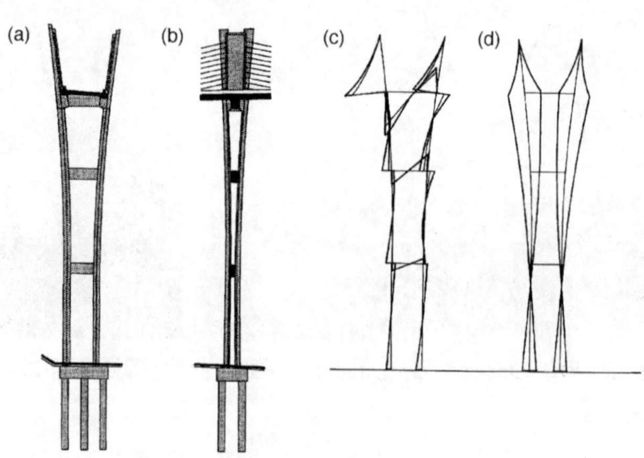

그림 9.8 Sunniberg교, 스위스－주탑
(a) 횡단면, (b) 종단면, (c) 횡방향 휨모멘트, (d) 종방향 휨모멘트

유사한 강성의 증가는 저자의 Bohumin 보도교의 설계에서 사용되었다(11.3절).

주탑들은 콘크리트나 강재일 수 있다. 주탑들은 개개의 기둥으로 형성되어 질 수 있거나 H, V 혹은 A형을 가질 수 있다. 횡방향의 사장구조물의 가능한 배치는 2.2절에서 논의되었다(그림 2.24, 그림 2.25).

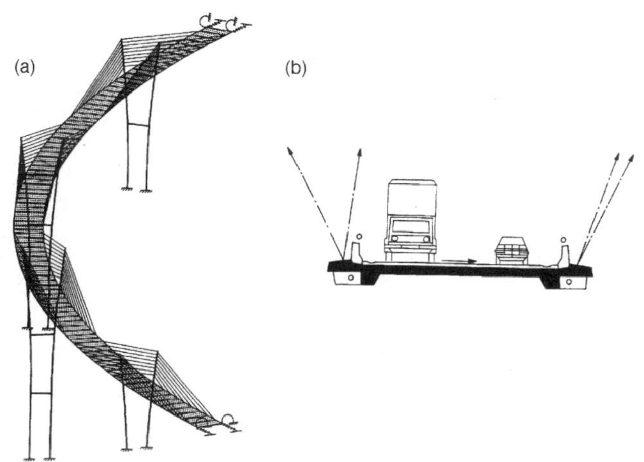

그림 9.9 Sunniberg교, 스위스 : (a) 계산모델, (b) 상부구조의 횡단면

상부구조는 사장케이블에 전적으로 매달려지거나 주탑에 지지될 수 있다. 상부구조는 주탑과 연결되어 골조를 형성할 수 있다.

주탑에서 케이블은 새들에 의해 편향되거나(그림 2.38(a)) 앵커 플레이트(그림 2.38(b))에 정착되어지거나 블럭에 겹쳐지고 정착되어질 수 있다(그림 2.38(c), 그림 9.10).

상부구조는 보통 2면 연직이나 경사케이블에 의해 매달려진다. 교축으로의 매달림은 비틀림으로 강한 거더를 요구한다. 경사진 2면에서의 매달림은 안정감을 생성한다(그림 9.11). 반면 중앙의 1면 매달림은 보행자와 자전거를 자연스럽게 나눌 수 있다(그림 9.12).

일반 경간의 사장교에서 콘크리트 상부구조는 횡방향 강성을 보장한다. 외부방향으로의 경사가 횡방향 강성을 증가시키고 내부방향으로의 경사가 시스템의 비틀림 강성을 증가시킬지라도 증가량은 크지 않다. 그러나 이와 같은 구조물은 순수 횡방향 모드에서 진동을 일으키지 않는다. 모든 횡방향 모드는 시스템의 강성에 기여하는 상부구조의 뒤틀림이 수반된다.

사장케이블에 의해 지지되는 구조물의 가능한 배치는 그림 9.13에 제시된다. 그러나 1개의 수직재를 가진 세련된 기법은(그림 9.14) 비교적 강한 상부구조를 요구한다. 그림 9.13(b)에서 보여준 몇 개의 수직재를 가진 얇은 상부구조는 자정식 현수구조물에 비하여 보다 복잡하다.

상부구조 위에 위치한 사장케이블은 보통 강재나 프리스트레스트 콘크리트 공장에서 개발되어온 케이블에 의해 매달려진다(그림 2.31). 초기의 적용에서 사장케이블은 프리스트레스트 콘크

그림 9.10 Zidlochovice, 체코

그림 9.11 Bohumin교, 체코－케이블의 경사진 2면으로 매달림

그림 9.12 [그림 9.11] Bohumin교, 체코－케이블의 중앙1면에 매달림

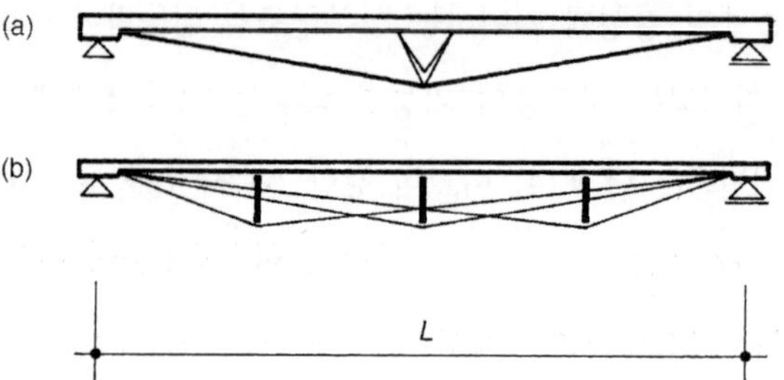

그림 9.13 사장재에 의해 지지된 사장구조물 : (a) 단일사장재, (b) 다중사장재

그림 9.14 Osomort교, 스페인 (Carlos Fernadez,S.L.,마드리드)

리트 타이나 벽체로 형성되었다(그림 2.40). 유사한 배치는 상부구조 밑에 위치한 케이블에 대하여 적용될 수 있다.

사장케이블은 스파이럴 강연선, 록코일 강연선 혹은 평행강선에 의해 형성될 수 있다(그림 2.31(a)). 케이블들은 구조물과 케이블간의 하중을 전달시킬 수 있는 정착구 형식(그림 2.32)으로 조합되어 제작되고 현장에 설계 길이로 운반되어지는 공장제품들이다. 또한 소켓은 상부구조 및 주탑과 사장재가 핀 연결되어질 수 있게 한다(그림 9.15).

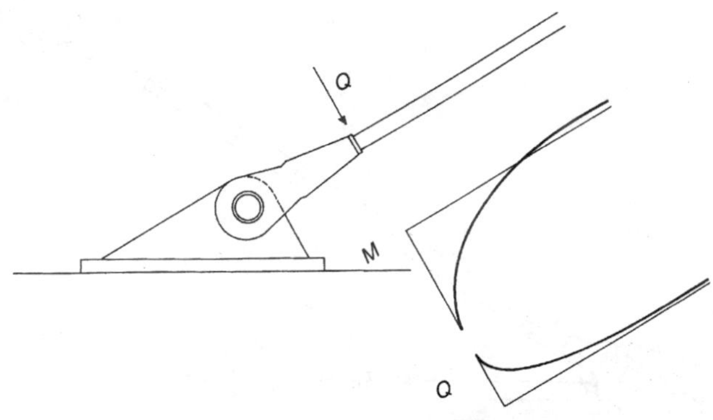

그림 9.15 사장케이블의 핀연결

프리스트레싱 긴장재로부터 개발된 사장재는 개별의 바, 평행바, 평행강선이나 프리스트레싱 강연선에 의해 형성된다(그림 2.31(b)). 그들은 쉽게 현장에서 조립되어질 수 있다. 케이블의 표준

배치는 그림 9.16에서 보여준다.

사장재에서 발생하는 큰 피로 응력 때문에 모든 상세는 케이블의 힘에 적합하고 점진적으로 케이블의 교체가 가능하도록 설계되어지는 것이 요구된다[44].

상부구조와 주탑의 변형 때문에 비교적 큰 휨모멘트가 케이블의 정착구에 발생한다. 이와 같은 국부적 모멘트를 줄이고 정착구로부터 임계모멘트를 이동시키는 것이 합리적이다.

많은 설계자들은 사장케이블의 핀 연결이 사장재에서 휨응력을 제거한다고 가정한다. 핀연결부는 가설오차에 의해 일어나는 국부휨을 제거할 수 있으나 사용하중에 의해 생성되는 휨응력을 제거할 수는 없다. 핀의 회전은 케이블을 긴장시키는 전단력과 휨모멘트에 의해 생성된다. 회전은 회전력이 핀마찰력을 상회할 때만 발생한다. 핀을 회전시키는 전단력은 케이블을 긴장시킨다. 그러므로 부합되는 국부모멘트에 대하여 케이블을 설계하거나 휨을 줄이는 장치를 설계하는 것이 필요하다.

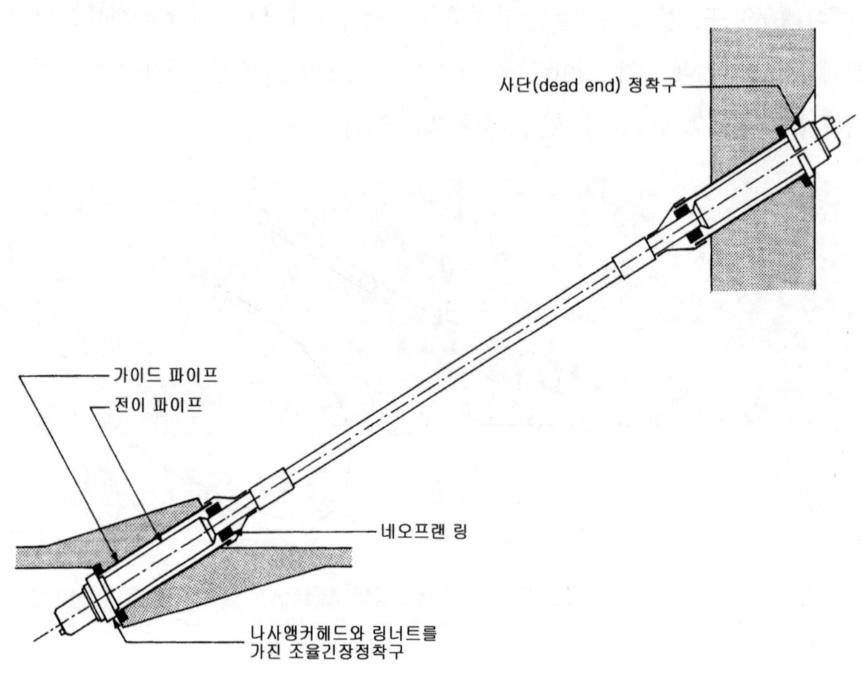

그림 9.16 사장케이블의 표준배치

9.2 구조물의 가설

사장교의 가설순서는, 상부구조의 포스트텐션과 함께 사장재의 힘이 고정하중의 결과와 균형을 이루는 것을 보장해야 한다.

사장구조물은 프리캐스트 부재로 결합되거나 혹은 비계위에서 현장타설 될 수 있다. 그러나 사장구조물의 구조적 배치는 고정하중의 결과가 사장재에 의해 지지되는 캔틸레버 가설을 요구한다.[44], [55], [66]

만약 구조물이 현장타설 되어진다면 케이블은 상부구조가 완료되어진 후 설치된다. 하나의 케이블인장(그림 9.17)이 이미 인장된 모든 케이블 영향을 미치기 때문에 그들의 인장을 조정할 필요가 있다. 영국 런던, Hungerford교 시공의 경우 바에 의해 형성된 사장재는 이미 인장되고 있으며 설계의 형태로 설치되었다. 바는 설계 새그를 보장하는 임시 가설버팀대에 정착된다(11.3.3절). 이 과정은 설계력에 의해 사장재가 긴장되어지는 것을 보장한다.

사장구조물의 주 장점은 교량아래의 지반과 독립적인 자정식 캔틸레버로서 점진적으로 가설할 수 있다는 것이다(그림 9.18). 구조물은 프리캐스트 세그먼트로 결합되거나 이동 가설차에 의해 지지된 거푸집에서 타설되어질 수 있다. 프리캐스트 세그먼트는 상부구조에 정착된 보에 의해 지지되는 윈치로 들어올려질 수 있다. 그러나 보 혹은 가설차는 얇은 상부구조에서 비교적 큰 휨

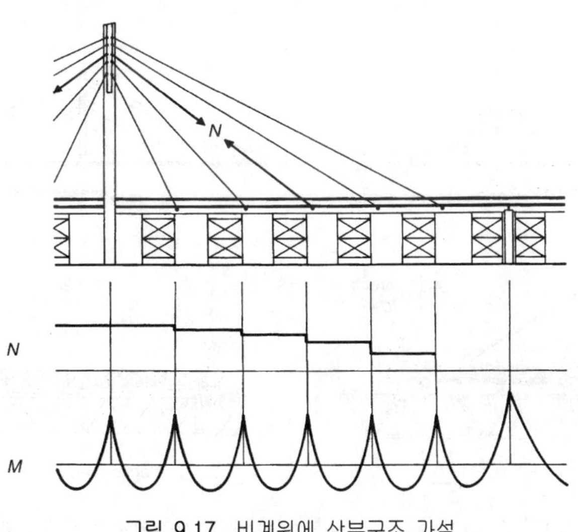

그림 9.17 비계위에 상부구조 가설

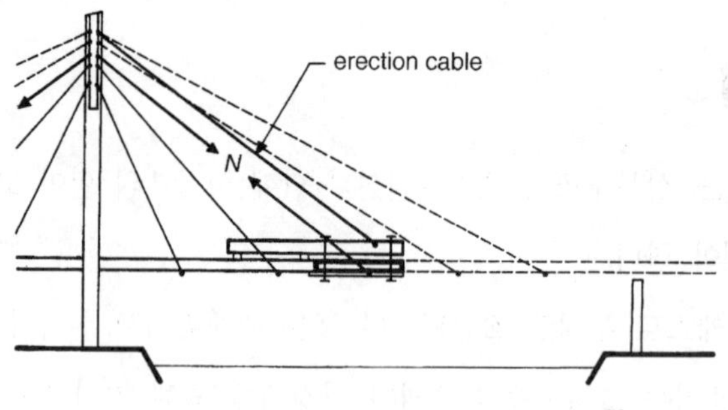

그림 9.18 캔틸레버로 상부구조 가설

모멘트를 일으킬 수 있다. 그러므로 보 혹은 가설차는 가설 사장재에 매달릴 수 있고, 하중은 직접적으로 주탑에 전이된다(그림 9.18). 가설차와 이미 타설된 상부구조 사이의 연결이 케이블 힘의 수평성분을 전달할 수 있어야 한다.

그림 9.19는 스위스의 Rhone강을 횡단하여 가설된 Diepoldsau교에 적용된 가설차를 보여준다[95]. 97 m의 최대 경간장은 0.45 m의 평균두께의 충실슬라브에 의하여 형성되고 상부구조는 6 m 길이 세그먼트로 타설된다. 가설차는 가설케이블로서의 역할도 함께 하는 최종 사장재위에 매달려진다. 케이블 힘의 수평성분은 사장재가 정착되어진 프리캐스트 단부보에 의해 저항된다. 케이블의 선형거동을 보장하기 위하여 가설차에 임시하중을 주는것이 필요하며 그것은 세그먼트를 타설하는 동안 점진적으로 제거되었다.

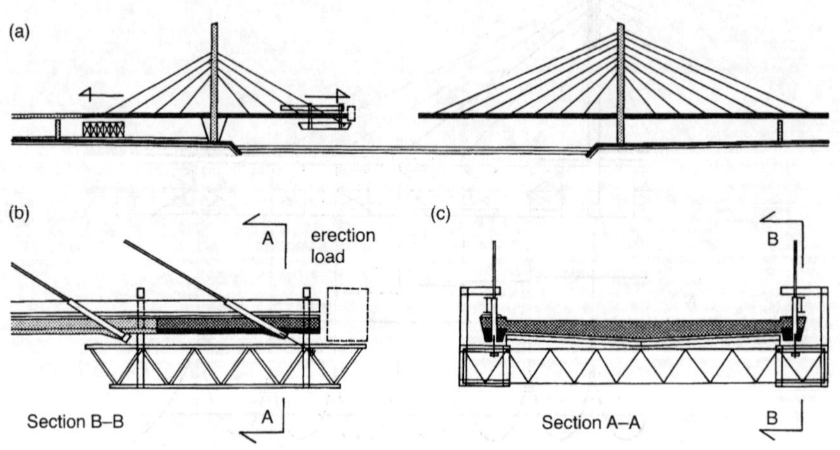

그림 9.19 Diepoldsau교, 스위스 : (a) 정면, (b) 부분정면, (c) 횡단면

상부구조는 두 개의 종방향 프리캐스트 단부보와 종방향과 횡방향 포스트텐션에 의해 연결된 횡방향 충실부재에 의해서도 가설될 수 있다. 그림 9.20은 체코공화국의 Svratka강을 횡단하여 가설된 교량을 보여주며 교량은 경사 주탑에 매달려진다.

교량의 설계는 구조물을 가설하는 동안 종방향 거더의 비틀림을 제거하는 문제와 부재들 사이에서 휨의 재분배가 최소화되도록 종방향 거더와 횡방향 부재들을 포스트텐션하는 수준을 결정하는 두 개의 특별한 문제에 대하여 논의했다.

종방향과 횡방향 부재간의 죠인트를 가설하는 동안 편심된 횡방향 포스트텐션은 첫 번째 문제를 해결한다(그림 9.20(b)). 횡방향부재들은 그들의 끝에 근접하여 표면에 위치한 너트와 나사를 가지는 강재 브라켓이 제공된다. 횡부재가 가설이 되어진 후 나사는 나사의 머리가 종방향거더와 맞닿을 때까지 조여진다. 그 다음 포스트텐션 바가 부분적으로 인장되어 진다. 거더에 작용하는 한 쌍의 힘은(나사의 머리와 강봉의 앵커 밑) 비틀림과 평형하는 모멘트를 생성한다.

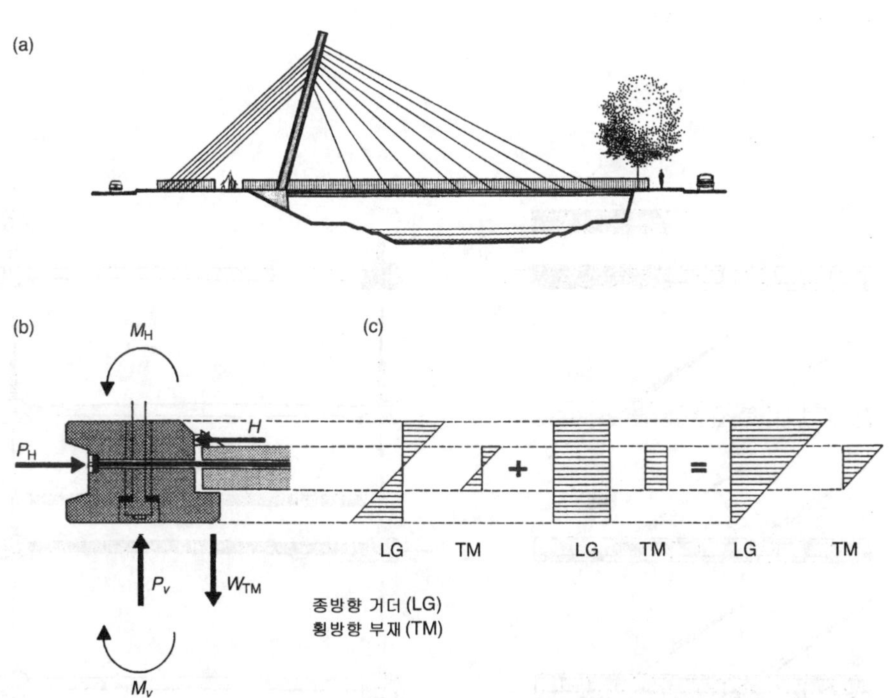

그림 9.20 Zidlochovice교, 체코
(a) 정면, (b) 종방향과 횡방향부재의 연결, (c) 상부구조의 종방향 법선응력

두 번째 문제는 횡방향 부재의 프리스트레스보다 종방향거더의 프리스트레스가 크도록 상부구조의 가설을 설계함으로써 해결되어진다. 횡방향 부재 사이의 죠인트는 상부구조 가설 후 타설되어지기 때문에 사장재에서 일어나는 주압축은 단부보에만 재하되었다. 상부구조는 5 m 길이에서 성공적으로 가설되었다. 결합과정은 다음과 같다(그림 9.21).

(a) 단부 종방향 거더가 가설되어진다(그림 9.21(a)). 각각의 새로운 거더는 전에 가설된 것들과 같은 값으로 포스트텐션 되어진다.

(b) 사장재가 설치되어지고 규정된 수준으로 인장되어 진다(그림 9.21(b)).

(c) 횡방향 부재들은 가설되어지고 횡방향 부재와 종방향 거더 사이의 죠인트가 포스트텐션 되어진다(그림 9.21(c)).

(d) 사장케이블의 힘이 조절된다(그림 9.21(d)).

가설된 캔틸레버가 사장시스템을 형성하기 때문에 개개의 캔틸레버는 비계위에 타설이 되어지고 이어서 주탑에 매달리며 그리고 나서 설계위치로 회전되어 질 수 있다.

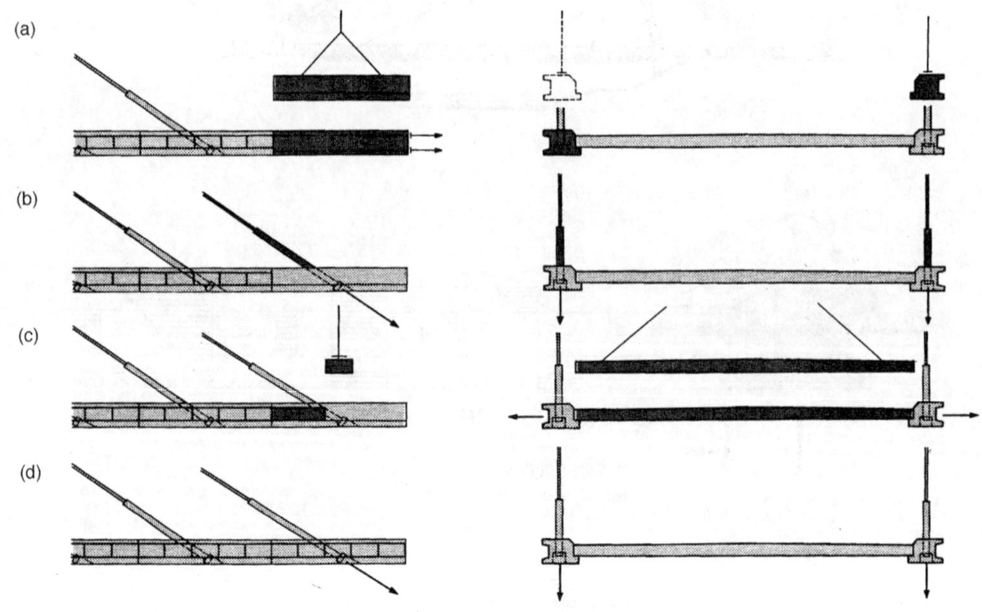

그림 9.21 Zidlochovice교, 체코 - 상부구조의 점진적 가설

9.3 정적 및 동적해석

사장구조물은 기하학적 비선형 구조물로서 현수구조물의 해석과 유사하게 해석되어질 수 있다. 사장케이블은 3D바 혹은 쉘 요소에 의해 현수케이블, 주탑 그리고 상부구조로 모델화 될 수 있다(그림 9.22). 그러나 주탑의 높이와 사장케이블의 초기 인장력에 의해 주어지는 사장구조물의 더 큰 강성은 사장케이블을 바로 대체시키는 것을 허용한다. 만약 상부구조의 인장강성이 유효하지 않다면(그림 2.20(b)) 사장구조물은 선형으로 해석되어 질 수 있으며 정적효과의 중첩의 원리를 사용하는 것이 가능하다. 그 다음 구조물은 두 단계로 해석되어 질 수 있다. 첫 단계에서 고정하중과 프리스트레스에 의한 응력이 결정되어진다. 두 번째 단계에서 구조물은 선형프로그램에 의해 일반구조물로서 해석되어진다. 사장구조물은 점진적으로 가설되는 복합시스템을 형성하기 때문에 시간이력해석은 필수적이다.

9.3.1 사장케이블

주탑과 상부구조에 정착된 사장케이블은 자중과 지점의 변위에 의해 재하된 케이블로서 거동한다. 그림 9.23은 Elbe강교의 가장 긴 사장케이블 정착점의 변형을 보여준다(그림 2.10). 케이블의

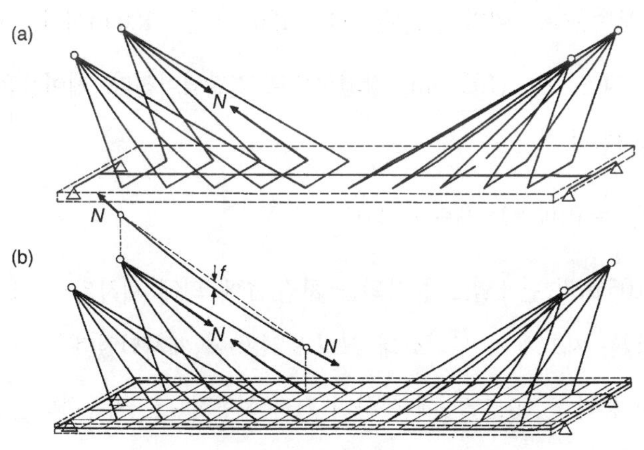

그림 9.22 사장구조물의 모델링
(a) 3D바에 의해 모델링된 상부구조, (b) 쉘부재에 의해 모델링된 상부구조

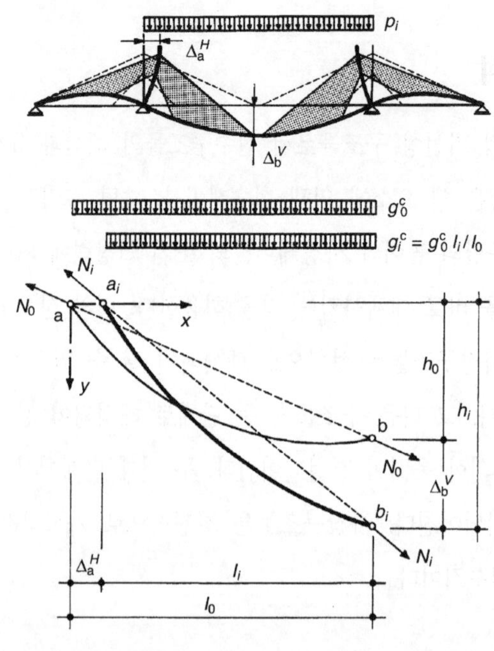

그림 9.23 사장케이블의 정적함수, Elbe강교, 독일

새로운 위치는 주로 주탑의 수평변형과 상부구조의 연직 처짐에 의하여 영향을 받는 것이 분명하다. 이와 같은 변형 때문에 결과적으로 케이블의 길이와 케이블의 응력은 변화한다.

케이블의 작용을 이해하기 위하여 다음과 같은 연구가 수행되었다. 그림 9.24(a)는 $l_0 / \cos\beta$ 길이의 케이블을 보여준다. 여기서, l_0은 60, 120 혹은 180 m이다. 케이블은 탄성계수 $E_s = 190$ GPa를 가지는 0.6˝ (152 mm) 강연선으로 결합되어진다. 케이블은 다음과 같은 초기 응력에 의해 긴장되어진다.

$$f_{s,i} = 0.05 f_{s,u} = 0.05 \times 1860 = 93 \text{ MPa}$$

그 다음 케이블은 0.05 m씩 단계별로 증가되는 처짐 Δ에 의해 재하된다. 해석의 결과는 케이블의 응력 f_s와 부합되는 새그 f가 도식화돼 그림 9.24(b)에 제시되었다.

연구된 케이블이 응력 $f_s > 0.1 f_{s,u}$에 대하여 거의 선형적으로 거동한다는 것은 분명하다(응력의 변화는 처짐의 변화에 선형적으로 비례한다). 이것은 이 응력에 대하여 사장재가 핀으로 연결된 바로서 모델화 되어질 수 있음을 의미한다(그림 9.26). 일반적인 구조물은 선형프로그램에 의

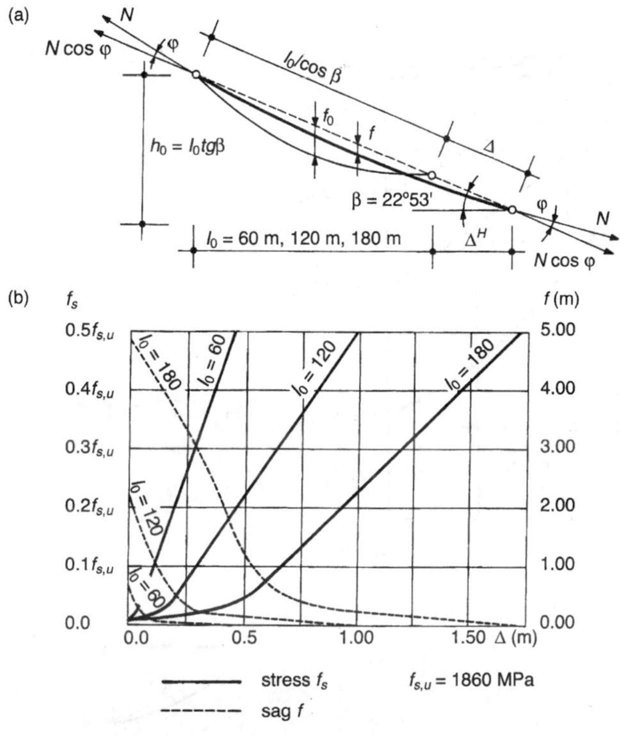

그림 9.24 사장케이블의 법선응력

하여 해석되어질 수 있다. 그러나 케이블에서의 응력은 언제나 선형거동을 보장하는 범위에 있도록 검토하는 것이 필요하다. 사장구조물이 상부구조의 아래에 위치하는 구조물에도 같은 검토가 필요하다.

보다 긴 사장케이블에 대하여 초기응력은 보다 높아져야 한다. 비선형 거동은 보통 소위 Ernst계수 E_i를 사용하여 계산한다(그림 9.25, [20]).

$$E_i = \frac{E_s}{1 + \dfrac{\gamma l^2 \cdot E_s}{12 \cdot f_s^3}}$$

여기서, E_s는 강재의 탄성계수이며, f_s는 케이블의 응력, γ는 케이블의 단위중량, l은 케이블의 수평경간이다.

사장케이블에서의 힘은 하중의 강도와 위치에 따라 변한다. 그림 9.26은 Elbe강교의 가장 긴

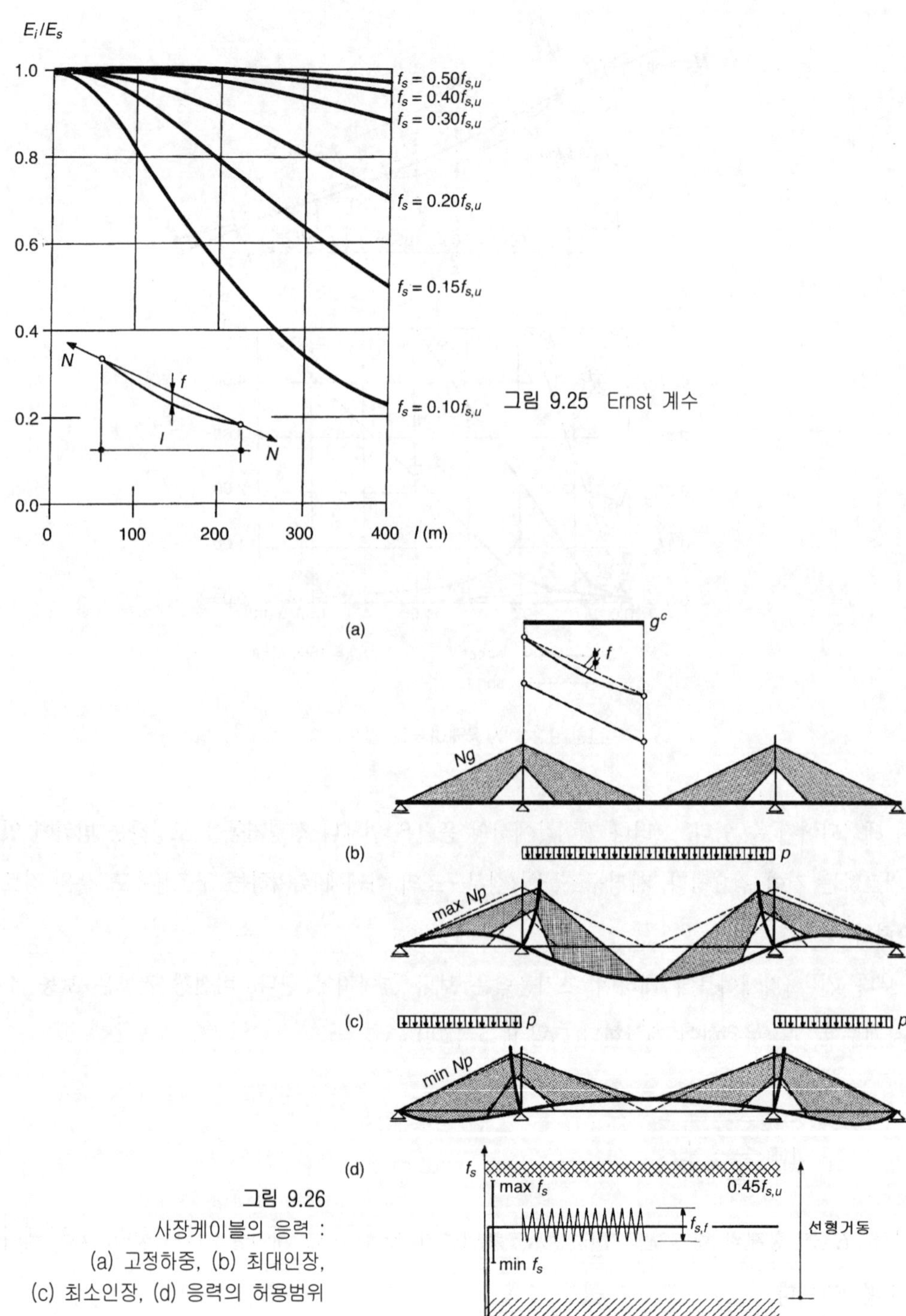

그림 9.25 Ernst 계수

그림 9.26
사장케이블의 응력 :
(a) 고정하중, (b) 최대인장,
(c) 최소인장, (d) 응력의 허용범위

백스테이 케이블에서의 최대응력을 일으키는 활하중의 두 위치를 보여준다.

선형해석에 의해 주경간에 위치한 하중 때문에, 케이블이 인장으로 긴장되고 , 측경간에 놓이는 하중 때문에 압축으로 긴장되는 것이 관찰 될 수 있다.

케이블의 초기 인장은 최대인장응력이 허용응력보다 작으며 최소인장이 선형거동을 보장하는 인장보다 높도록 설계되어져야 한다는 것은 명백하다. 초기인장의 설계는 콘크리트의 크리프와 건조수축 때문에 일어나는 응력 재분배에 의해 또한 영향을 받는다. 이것은 후에 논의될 것이다.

사장케이블은 보통 주탑과 상부구조에 고정되어진다. 그들의 변형 때문에 주요한 휨과 전단응력이 사장재 정착부에 발생한다. 그림 9.27은 Elbe교의 가장 긴 사장케이블에서의 설계활하중 때문에 생성되는 전단력과 휨모멘트, 변형을 보여준다(그림 2.10, 그림 4.11, 그림 4.12). 부합되는 응력이 사장케이블의 설계에 크게 영향을 미치기 때문에 응력을 줄이는 상세부를 개발하는 것이 필요하다.

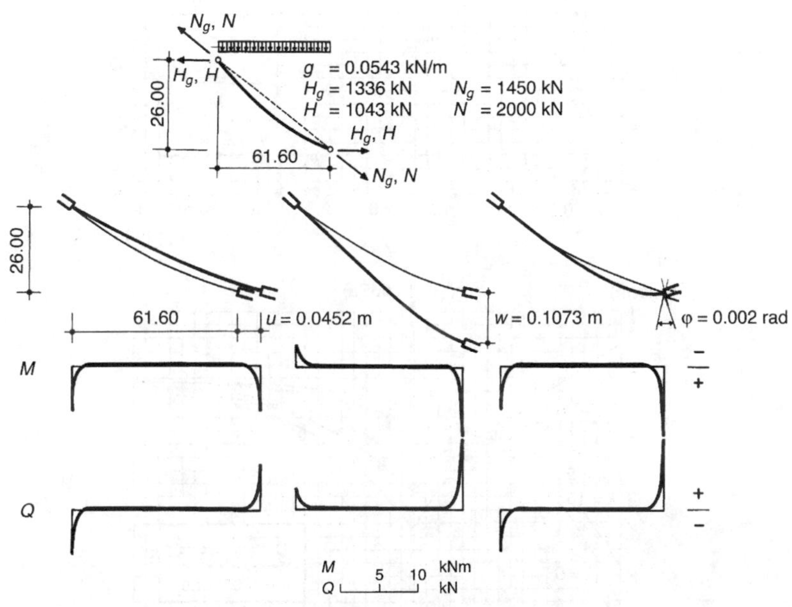

그림 9.27 사장케이블에서의 휨모멘트와 전단력

그림 9.28(a)는 상부구조의 회전 $\varphi = 0.002$에 의하여 재하되는 사장재(그림 9.27)와 정착부 부근에서 발생하는 휨모멘트와 휨응력의 선을 보여준다. 그림은 (1) 일정 횡단면의 사장케이블과

(2) 정착부를 보강하는 사장재(그림 9.28)에 대한 휨모멘트와 응력을 보여준다. 국부보강은 휨모멘트를 증가시키는 것이 분명하지만 최종 휨응력은 더 작다.

그림 9.28(b)는 같은 회전에 의해 재하된 일정 단면의 사장재에서의 휨모멘트선을 보여준다. 이와 같은 경우 사장재는 정착부로부터 1.7 m 거리에서 스프링에 의해 지지된다. 스프링은 0에서 500 MPa로 변하는 다른 강성들을 가진다. 휨모멘트는 크게 줄어들 수 있으며 휨모멘트의 정점은 정착부에서 스프링으로 전이 된다는 것이 분명하다.

이런 이유로 현대의 사장케이블은 그림 9.16에서처럼 배치된다. 케이블은 보통 정착지역에서

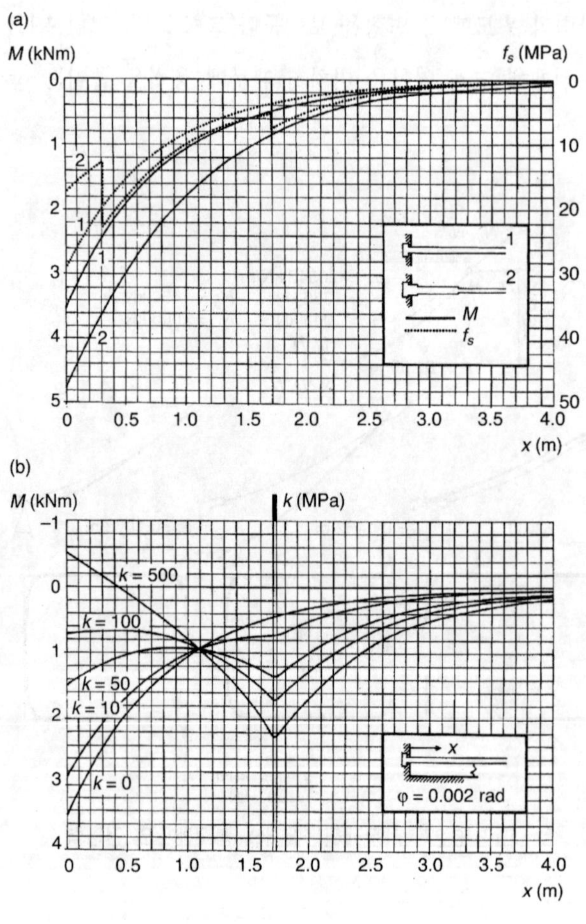

그림 9.28 케이블의 휨
(a) 국부보강의 영향, (b) 스프링 지지의 영향

보강되어지고 네오프랜 링에서 끝부분을 이루는 강한 관으로 유도된다. 관과 더불어 네오프랜 링은 국부휨모멘트를 줄이는 유연지점(스프링)을 생성한다.

이미 지적했던 것처럼 휨모멘트는 핀으로 연결된 정착부 지점에서도 생성된다(그림 9.13).

이것으로부터 케이블에서 생성되는 최대응력은 케이블 휨에 의해 근본적으로 영향을 받는다는 것이 분명하다. 설계자는 사장재에서 생성될 수 있는 피로응력을 검토해야 한다(그림 9.26(d)). 비록 국가규준이 보통 피로하중을 규정하고 있지 않지만 공학적인 판단을 적용하여야 하고 유연구조물 설계하는데 있어서 피로응력의 합리적인 값을 고려하여야 한다.

9.3.2 크리프와 건조수축으로 인한 응력의 재분배

사장재 힘에 대한 적정한 결정의 중요성은 6장에서 논의되었다. 응력의 재분배는 14일 양생 후 연직케이블로 중앙 경간이 매달려지는 단순보의 예로 증명되어졌다(그림 6.8). 사장케이블에서의 초기힘은 2경간 연속보의 반력과 대응하여야 한다. 그러면 시간경과 후 힘의 재분배는 없다. 그러나 케이블이 연직이므로 보는 압축되지 않는다.

사장케이블은 경사져 있기 때문에 축력으로 사장케이블이 보에 인장을 가한다. 축응력은 콘크리트의 크리프 때문에 시간경과에 따라 증가되는 수평변형을 생성한다. 또한 콘크리트의 건조수축은 상부구조 수평 변형을 일으킨다. 그러므로 사장재 정착부는 수평으로 이동되고 사장재의 초기힘은 줄어든다. 사장재 힘의 변화는 구조물에서 응력의 재분배를 일으킨다.

이러한 현상을 측정하기 위하여 저자의 관리하에 광범위한 연구가 수행되었다. 여기에서는 오직 몇 가지 결과만 제시된다. 그림 9.29(a)는 14일 양생 후 매우 강하고 경사진 사장재($E_s A_s = \infty$)에 의해 중앙경간이 매달려 있는 동일한 보를 보여준다. 보가 매달리기 직전에, 힘이 케이블에 생성된다.

$$N = R / \cos\beta$$

여기서, R은 각각 6 m의 2경간 연속보의 중간지점에서의 반력이다.

시간의존해석이 CEB−FIP (MC 90) 크리프 함수를 적용하여 수행되었다. 시간이 경과됨에 따라 휨모멘트는 정착점에서 경간으로 재분배 되어진다. t_∞=100 년일 때 정착점에서의 모멘트는 개략 초기모멘트의 60%이다. 보에서 건조수축이 없다는 가정하에 또 다른 해석이 또한 수행되어졌다. 이 경우 재분배는 매우 적었다(그림 9.29(b)).

또한 초기힘이 10%로 증가되어지는 구조물에 대하여 시간의존해석이 수행되어졌다(그림 9.29(c)). 휨모멘트의 재분배값은 그림 9.29(a)에서 보여준 모멘트의 재분배와 유사하다. 그러나 최종값은, 힘 $N = R/\cos\beta$에 부합되는 휨모멘트에 근접하다.

그림 9.29(d)는 1년 후 사장케이블에 힘이 적용되었을 때의 해석 결과를 보여준다. 모멘트의 재분배는 크게 줄어든다. t_∞=100 년일 때에 정착점의 모멘트는 초기 모멘트의 개략 80%이다.

모멘트의 재분배가 큰 값에 도달할 수 있음이 증명된다. 그러나 다수의 사장케이블에 의해 매달린 얇은 상부구조의 구조물에서, 고정하중으로 인한 휨모멘트는 활하중 및 온도변화로 인한 휨모멘트에 비하여 매우 작다는 것을 인식할 필요가 있다.

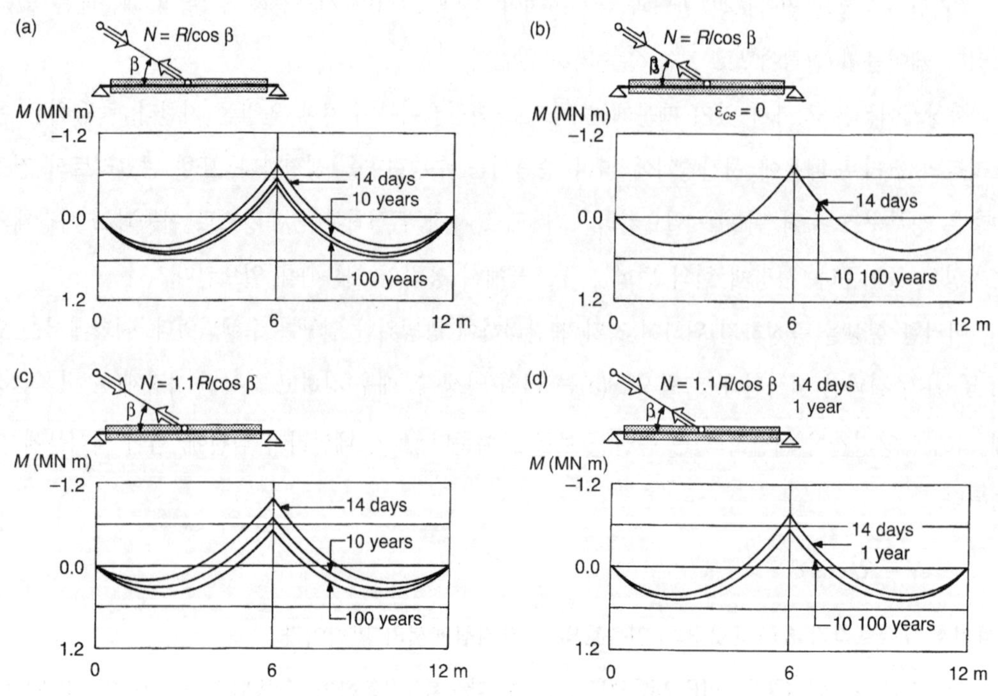

그림 9.29 2경간 보에서의 휨모멘트의 재분배

실제 사장구조물에서의 응력 재분배의 영향을 측정하기 위하여 그림 9.30에서 보여준 사장구조물이 연구되어졌다. 연구의 목적은 점진적으로 가설되는 사장구조물의 사장케이블에서 최적힘을 결정하는 것이다. 해석은 다른 강성의 비합성과 합성 상부구조에 대하여 수행되었다. 여기서는 얇은 상부구조에 대하여 수행된 해석의 결과만이 제시되어진다.

매개변수연구는 사장케이블이 방사형 배치인 대칭의 사장케이블 구조에 대하여 수행되었다. 주탑 강성의 영향을 배제하기 위하여 주탑은 교량의 수평방향으로 움직이고 회전할 수 있는 가동교량받침으로서 모델화되어진다. 사장케이블이 대칭의 배치를 가지고 있기 때문에 측경간은 추가지점에 의해 보강되었다.

구조물은 체코공화국 기준에 의해 주어진 고정하중과 활하중의 영향 그리고 온도변화 $\Delta t = \pm 20\,°\mathrm{C}$의 영향에 대하여 해석되어졌다. 케이블의 면적은 조건 $\max f_s \leq 0.45 f_{s,u}$로 결정되어졌다.

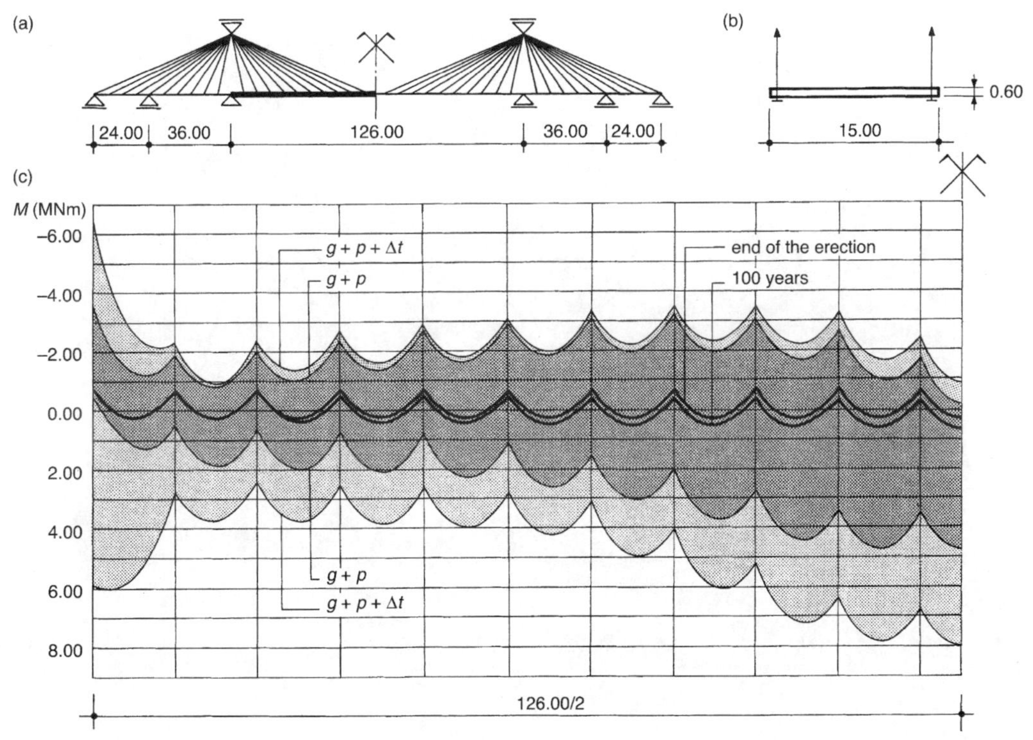

그림 9.30 사장케이블구조에서의 휨모멘트의 재분배

상부구조는 6 m 길이의 단면을 점진적으로 타설하였다. 가설차는 Diepoldsau교(그림 9.19)의 시공에 사용된 것과 유사한 배치와 중량을 가지고 있다고 가정되었다. 시간의존해석은 한 세그먼트(가설차의 이동, 철근의 배치, 세그먼트의 타설과 사장케이블의 포스트텐션닝)가 7일 이내에 완성되어지는 점진적 가설에 대해 이행되어졌다.

사장케이블에서의 힘은 몇 번의 반복 작업으로 결정된다. 해석에서 구조물은 그림 9.30에서 보여준 최종단계(대칭의 캔틸레버의 가설 후)에서 사장케이블의 힘이 $N_i \cong R_i / \cos\beta_i$ 가 되도록 여러차례 점진적으로 해체되고 가설되어진다. 100년 후 휨모멘트의 큰 재분배가 생성되어진다는 것은 명백하다. 재분배치를 계량하기 위하여, 활하중과 온도변화 $\Delta t = \pm 20\,℃$에 대하여 결정된, 휨모멘트가 또한 보여진다. 활하중에 의한 모멘트에 비하여 고정하중에 의한 모멘트가 매우 작음을 알 수 있다. 그러므로 재분배치는 공학적인 관점에서 중요하지 않으며 받아들여질 수 있다. 재분배는 만약 1년 후에 힘이 조정되어진다면 또한 크게 줄 수 있다.

제10장

곡선구조물

Curved structures

10. 곡 선 구 조 물

Curved structures

최근에 몇몇의 곡선 케이블지지구조물이 또한 성공적으로 가설되어졌다. 그것들은 케이블의 공간적 배치와 상부구조의 휨과 전단응력을 최소화하는 프리스트레싱 긴장재를 활용한다.

곡선 상부구조는 바깥쪽 단부 혹은 안쪽 단부나 양쪽 단부 모두에 매달려 질 수 있다. 배치는 지역조건, 곡률반경, 횡단에 필요한 경간장에 의존한다.

양쪽 단부 모두에 상부구조가 매달리는 경우

만약 상부구조가 양쪽 단부에 모두에 매달려진다면 T. Y. Lin International [43]에 의한 Ruck a Chucky교의 설계에서 개발된 배치를 적용하는 것이 가능하다. 비록 이 교량이 완공되지는 않았지만 이 설계에서 모든 내력이 외부프리스트레싱 즉 사장케이블의 배치에 의해 어떻게 균형을 이룰 수 있는 지를 분명히 보여준다.

396.24 m의 경간을 가진 교량은 628 m의 평면 곡률반경으로 저수지를 횡단한다(그림 10.1, 그림 10.2). 상부구조는 인장력의 배열을 생성하도록 쌍곡선 포물면 형태로 배치된 사장케이블에 매달리게 되며 이렇게 배치된 사장케이블은 곡선상부구조에 순수 축압축을 생성한다. 케이블의 연직 힘 성분은 상부구조의 중량과 균형을 이룬다(그림 10.3(a)). 수평성분의 합력은 곡선축의 방향으로 작용하고 결정적인 위치에서의 수평 휨모멘트를 영으로 줄이기 위하여 설계된다(그림 10.3(b)). 설계는 순수한 공학적 접근이 조형미와 세련미를 가진 구조물을 생성할 수 있다는 것을 보여준다.

그림 10.1 Ruck a Chucky교, CA, 미국 (T.Y. Lin)

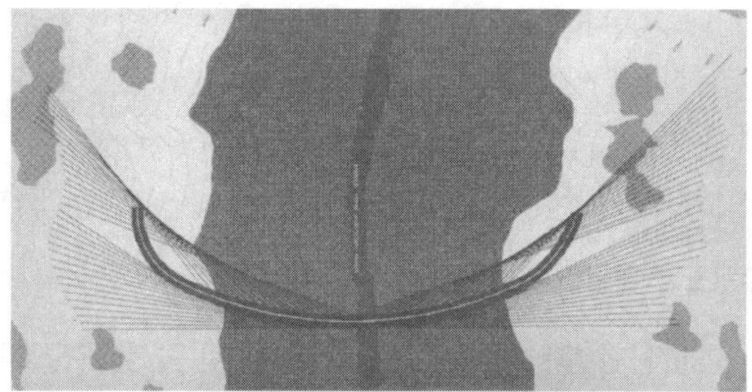

그림 10.2 Ruck a Chucky교, CA, 미국 : 평면 (T.Y. Lin)

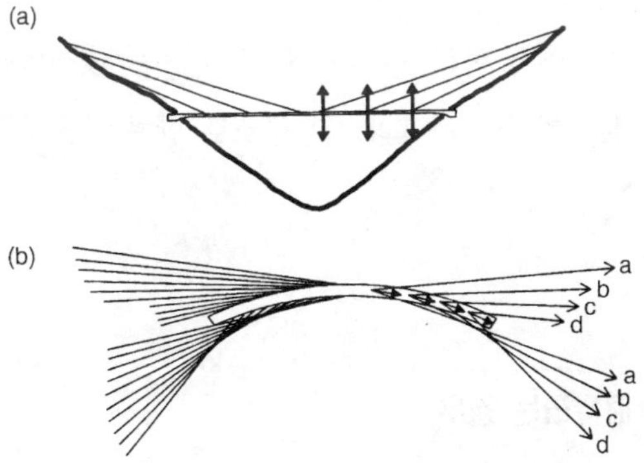

그림 10.3 Ruck a Chucky교, CA, 미국 : (a) 연직력의 균형, (b) 횡방향력의 균형

그림 10.4 곡선 사장교의 모델(T.Y. Lin)

Ruck a Chucky교가 언덕에 정착된 케이블에 매달려지는 반면 T. Y. Lin 교수가 제안한 다른 교량은 강을 횡단하는 교량이다(그림 10.4). 상부구조는 제방에 정착된 백스테이를 가진 두 개의 단일 기둥으로 형성된 두 개의 주탑에 매달려진다.

곡률의 반경이 충분히 크다면, 상부구조는 그림 9.8과 그림 9.9에 보여준 것들과 같이 V형 주탑에 보통 매달려진다. 그러나 사장재의 힘이 고정하중의 연직방향과 횡방향 결과 모두와 균형을 이뤄야 한다.

바깥쪽 단부에 상부구조가 매달리는 경우

그림 10.5는 (a) 바깥쪽 단부와 (b) 안쪽 단부에만 매달린 곡선상부구조를 보여준다. 일견으로 바깥쪽 단부에 상부구조가 매달리는 것이 안정감을 준다(그림 10.6). 케이블 힘의 연직성분이 비틀림 모멘트를 줄일 수 있는 반면에 케이블 힘의 수평성분은 상부구조에서 큰 횡방향 모멘트를 생성한다. 고정하중의 결과와 균형을 이루는 케이블 배치를 찾는다는 것은 어렵다. 이 해법은 그림 10.7(11.3.6절)에 보여준 것처럼 하나의 상부구조로 합쳐지는 두 개의 곡선 램프를 매다는 경우에 적합하다.

안쪽 단부에 상부구조가 매달리는 경우

반면에 고정하중의 결과와 균형되는 안쪽 단부에 정착된 케이블의 배치를 찾는 것은 비교적 간단하다. 이 배치는 독일에서 1987년에 완성된 Kelheim교로 슈투트가르트의 Schlaich 교수에 의해 개발되었다(그림 10.8, 그림 10.9, 11.2.8절) [68]. 마드리드의 설계사무소 Carlos Fernandez Casado, S. L.에 의해 설계된 Malecon교는 훌륭한 예이다(그림 10.10, 그림 10.11) [90].

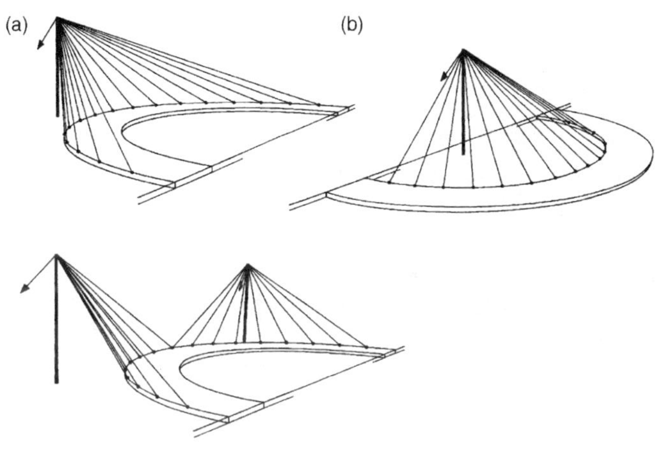

그림 10.5 곡선상부구조의 매닮 : (a) 외측단부, (b) 내측단부

그림 10.6 Rosewood Golf Club교, 일본 (Shimizu건설)

그림 10.7 Glorias Catalanas교, 바르셀로나, 스페인 (Carlos Fernandez Casado, S.L.,마드리드)

그림 10.8
Kelheim교, 독일
(Schlaich, Bergermann & Partners)

그림 10.9
Kelheim교, 독일 : 경사행거
(Schlaich, Bergermann & Partners)

그림 10.10
Malecon교, 스페인
(Carlos Fernandez Casado, S.L.,마드리드)

그림 10.11 Maleconᄑ, 스페인 : 경사사장케이블(Carlos Fernandez Casado, S.L.,마드리드)

매달림시스템의 발전은 그림 10.12~그림 10.15에서 명백히 보여준다. 그림 10.12(a)는 교축에 위치한 단일기둥들에 의해 지지되고 교대에 고정되어진 원형상부구조를 보여준다. 자중 때문에 상부구조는 휨모멘트 M_y, M_x와 M_z의 응력을 받는다. 그 과정은 그림 10.13에서 보여준다.

그림 11.11(b)는 단일기둥에 정착된 방사형 케이블이 매달려지고 교축에 위치하는 같은 형태의 상부구조를 보여준다. 케이블은 다음의 힘에 의하여 긴장된다.

$$N = G / \sin\beta$$

여기서, G는 그림 10.12(a)에서 보여준 연속 구조물의 단일지점에서 생성되는 연직반력과 부합한다. 케이블 힘의 연직성분은 단일지점으로 대체되고(그림 10.12(c)), 수평성분은 수평방향으로 상부구조에 응력을 일으키는 방사형 힘을 생성한다는 것은 분명하다(그림 10.12(d)). 상부구조는 교대에서 고정되어 있기 때문에 등분포의 압축응력에 의해 응력을 받는다.

그러므로 상부구조는 연속보처럼 같은 휨모멘트 M_y, M_x와 M_z와 추가축력 N_x에 의해 응력을 받는다(그림 10.13). 사장 케이블 사이의 거리가 작을 때(3~6 m)는 휨과 비틀림 응력 또한 매우 작다.

이것은 사장케이블이 고정하중의 결과와 균형을 이루며 상단에 압축을 생성한다는 것을 의미한다.

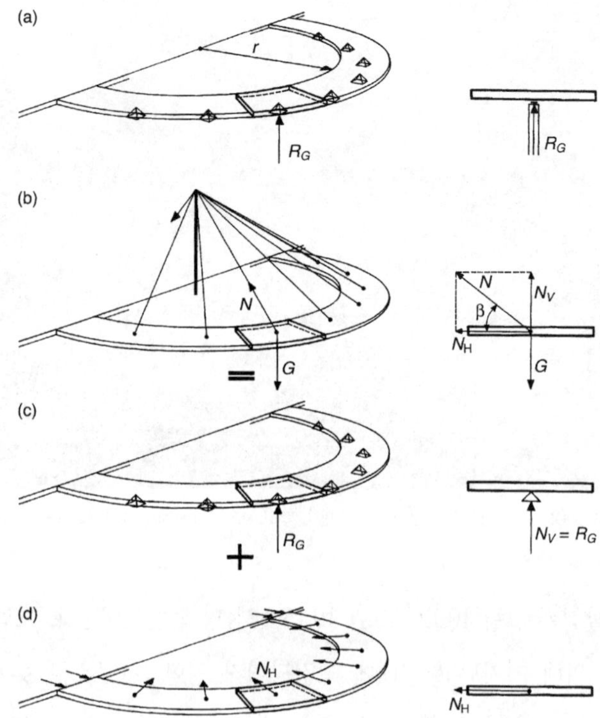

그림 10.12 곡선 사장구조물
(a) 연속보, (b) 사장구조물, (c) 사장재 연직분력의 영향, (d) 사장재 수평분력의 영향

불행하게도 교축에 정착된 사장 케이블은 교량상부구조의 절반만 사용토록 제한한다. 그러므로 안쪽 단부에 사장 케이블을 정착하고 같은 응력상태를 생성하는 해법을 찾을 필요가 있다. 2가지의 가능한 해법이 있다.

(a) 상부구조 위로 돌출된 강한 부재에 사장케이블을 정착.
각 케이블의 정착점은 상부구조슬라브의 무게중심을 통과하는 선에 위치된다(그림 10.14(a)).

(b) 단부에 사장 케이블을 정착하고 상부구조슬라브에 프리스트레싱 긴장재를 추가.
얇은 상부구조는 상부구조에서 충분한 거리에 위치하는 추가부재에 의해 보강되거나 충분한 두께의 상부구조가 형성되어져야 한다. 이 경우 케이블로부터의 방사형 힘은 복합단면의 무게중심에 대하여 모멘트를 생성하고 상부구조와 추가부재가 힘에 균형을 이룬다.

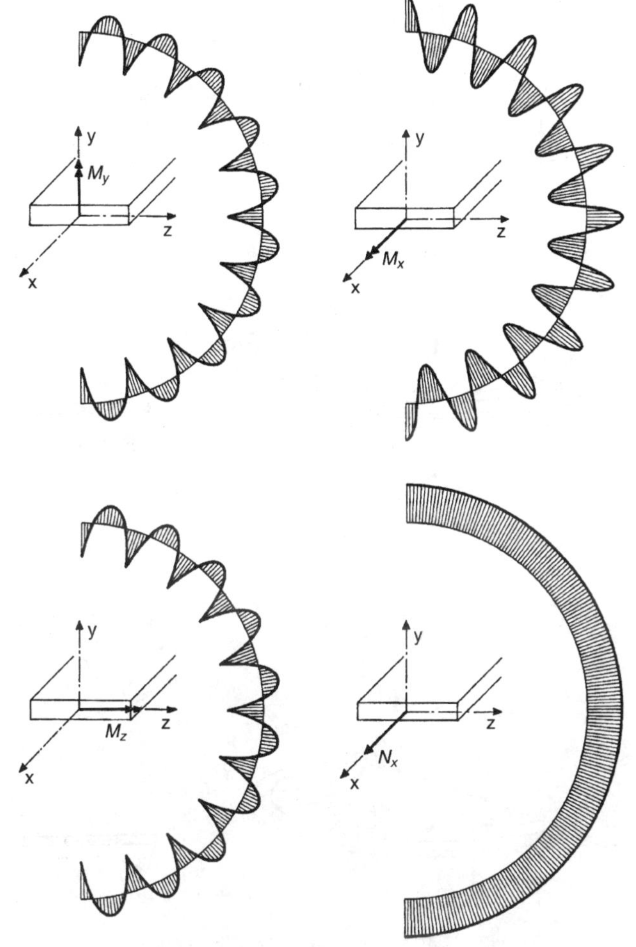

그림 10.13 곡선 상부구조의 내력

이 경우 두 개의 연직힘에서 생성되는 모멘트는 사장재 힘의 수평성분과 포스트텐셔닝에 의한 방사 힘에 의해 생성되는 모멘트에 의해 균형된다.

$$M_V = G\,r_G = N_V r_G = (N\sin\beta)\,r_G$$

$$M_H = N_H h_S + P_H h_T = N\cos\beta\, h_S + P_H h_T$$

유사한 배치가 경사진 행거를 현수케이블이 지지하는 현수구조물에 대해서도 발전되어질 수 있음을 알 수 있다(그림 10.9). 그림 10.15는 현수케이블의 배치에서 두 가지의 가능성을 보여준다.

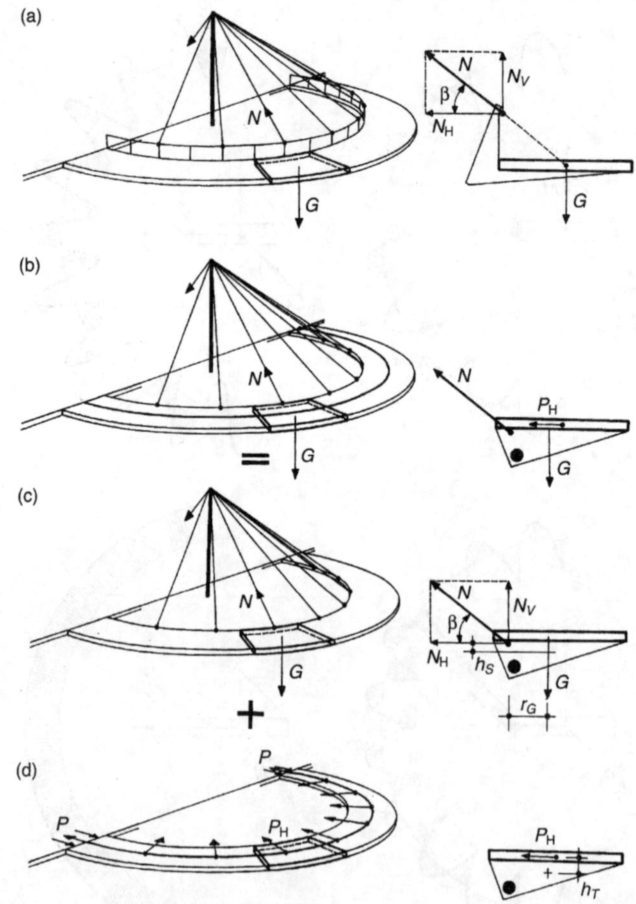

그림 10.14 곡선 사장구조물
(a) 상부구조위에서 매닮 , (b) 상부구조에서 매닮,(c) 사장재의 영향, (d) 포스트텐션닝의 영향

그것은 상부구조 위로 돌출한 강한 부재에 정착되거나 프리스트레스 긴장재와 추가부재에 의해 보강되는 상부구조에 정착되는 것이다.

이 기본적인 배치들은 독일의 Munich이 있는 박물관내에 가설된 보도교의 설계에서 수행되어진 것처럼 복합적으로 구성되어질 수 있음을 알 수 있다(11.2.9절).

케이블의 배치와 상부구조의 프리스트레싱은 등압축응력에 의해 초기에 긴장되어지는 상부구조에 최적응력상태를 형성하도록 한다. 그러나 개개의 구조부재의 강성, 평면곡률과 경간장에 의존하므로 상부구조는 활하중과 풍하중에 의해 생성되는 큰 휨과 비틀림 응력에 의해 응력을 받을

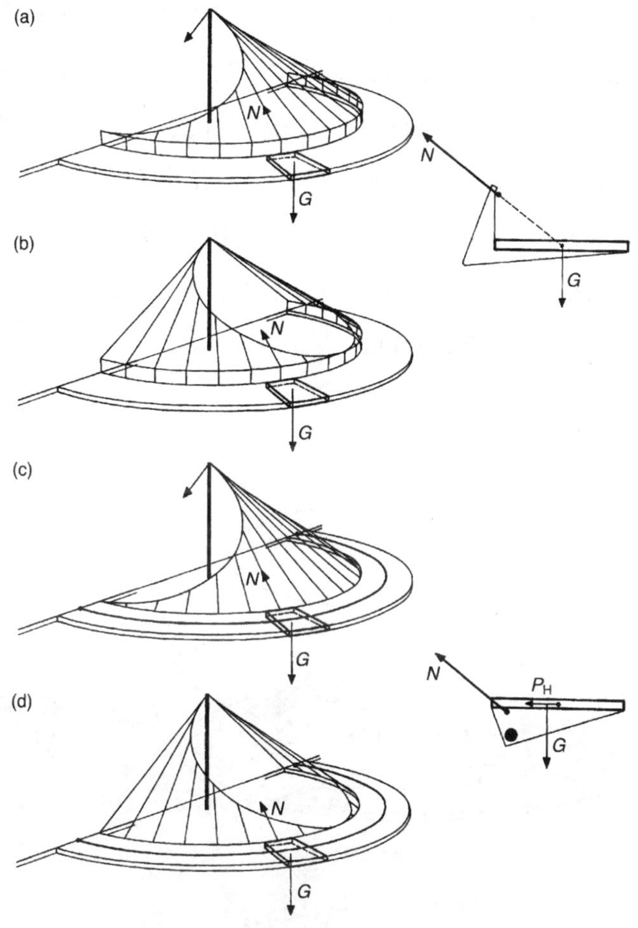

그림 10.15 곡선 현수구조물
(a),(b) 상부구조위에서의 매닮, (c),(d) 상부구조에서의 매닮

수 있다. 그래서 구조물은 상부구조슬라브와 추가부재 사이의 충분한 모멘트 팔과 비틀림에 강한 단면을 요구한다(그림 2.24(j)).

곡선 스트레스 리본교

자중의 결과와 균형을 이루도록 하겠다는 생각은 저자의 관리하에 수행된 곡선스트레스 리본 구조물의 연구에서도 적용되어졌다(그림 10.16~그림 10.18). 해법의 발전은 그림 10.16에서 분명하다. 변하는 경사를 가진 상부구조는 상부구조 위에 위치한 지지긴장재에 매달려지고 상부구조 높이에 위치하는 긴장재에 의해 프리스트레스되어진다. 지지긴장재에서의 힘은 수평성분이 자중에 의해 생성된 비틀림 모멘트를 균형되게 하는 동안 연직성분이 리본의 자중과 균형되게 하는 방법으로 설계된다. 그럼에도 불구하고, 수평성분도 상부구조에서 압축력을 생성한다.

활하중의 결과에 저항하기 위하여 비틀림이 강한 복합단면이 제안된다. 단면은 얇은 콘크리트 상부구조슬라브와 상부구조 위로 돌출된 강박스에 의해 형성된다. 이 강박스는 긴장재를 편향시키고 파라펫트의 역할도 한다(그림 10.18).

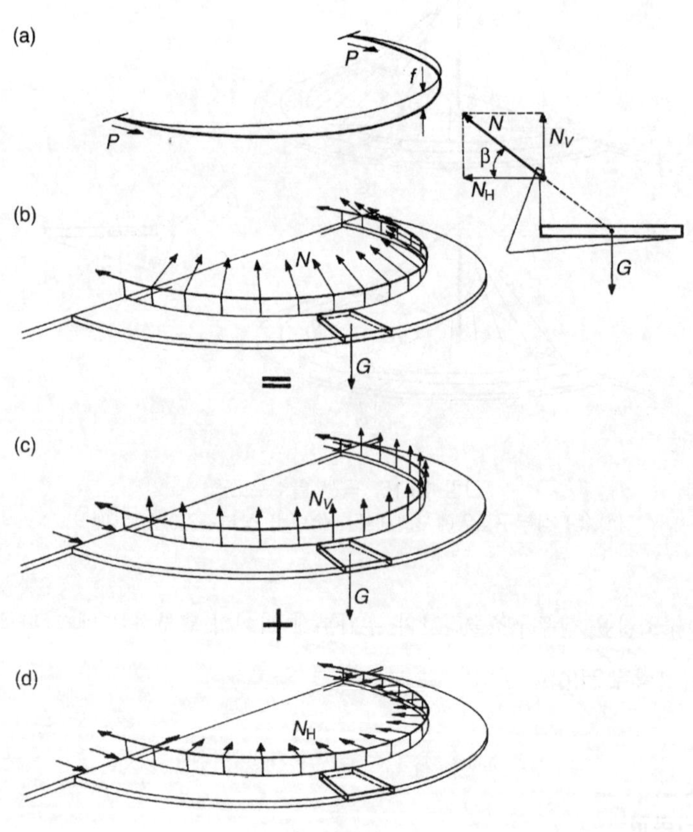

그림 10.16 곡선 스트레스 리본구조물
(a) 기하구조 , (b) 지지 긴장재의 영향 (c) 긴장재의 연직분력의 영향, (d) 긴장재의 수평성분의 영향

그림 10.17 곡선 스트레스 리본구조물

그림 10.18 곡선 스트레스 리본구조물 : 상부구조의 구조적 해법

제11장

사 례

Examples

11. 사 례

Examples

스트레스 리본과 사장구조물의 가능성을 43개의 보도교의 예로서 검증된다. 저자는 모든 가설된 구조물을 제시하고자 하는 것이 아니라 조형이나 구조적 해법, 가설순서의 관점에서 흥미로운 교량을 보여주고 교량들의 발전을 설명하고자 한다.

11.1 스트레스 리본 구조물

11.1.1 Bircherweid교, 스위스

Bircherweid교는 공공용으로 가설된 첫 번째 스트레스 리본교량이다. 스위스, Pfäfikon 근처 고속도로 N3를 횡단하는 교량으로 1965년에 가설되었다(그림 11.1) [94].

교량은 48 m 경간의 현장타설 스트레스 리본에 의해 형성되었다(그림 11.2). 프리스트레스 밴드는 교대에 연결된 골조로서 0.18 m 두께의 얇은 상부구조에 의해 형성되었다. 교대 근처의 슬라브는 0.36 m로 점차적으로 두꺼워지며 슬라브 끝단은 새들에 의해 지지된다.

큰 종방향경사(약 15%) 때문에 새그는 가능한 한 작게 선택되어졌으며, 평균값은 0.4 m이다. 상부구조는 허용 힘이 7.02 MN인 6개 VSL 긴장재에 의하여 포스트텐션되어진다. 수평력은 락앵커에 의하여 지반으로 전달된다.

그림 11.1 Bircherweid교, Pfafikon, 스위스 (Walther Mory Maier Bauingenidure AG)

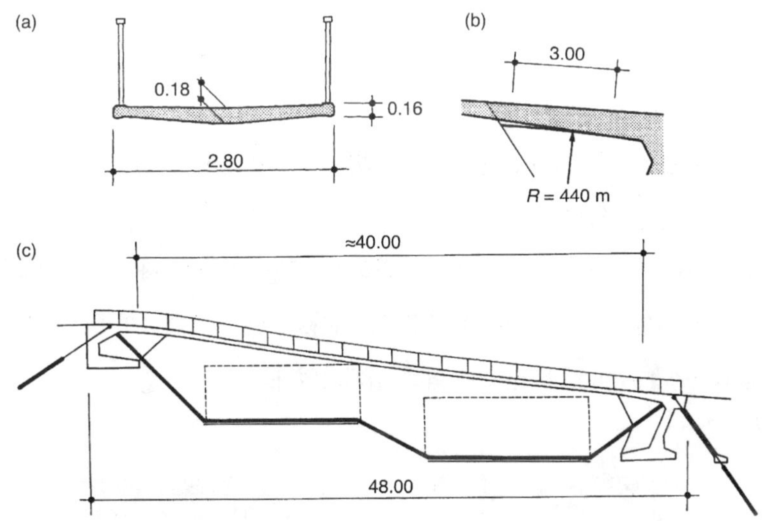

그림 11.2 Bircherweid교, Pfafikon, 스위스 : (a) 횡단, (b) 교대의 부분정면, (c) 정면

첫 번째 계산된 연직진동수는 1.59 Hz와 2.9 Hz이다. 첫 번째 비틀림 진동수는 5.98 Hz와 10.1 Hz이다. 그러나 완성되지 않은 구조물에서 수행된 측정치는 첫 번째 휨진동수가 계산된 것보다 높다는 것을 입증했고, 그것은 보행진동수 2 Hz에 근접된다. 그럼에도 불구하고 난간의 가설 후 동적거동은 크게 향상되었고 진동은 정상 보행교통에 크게 문제되지 않았다.

교량은 스위스, Basel의 Walther Mory Maier Bauingenieure AG에 의해 설계되었다.

11.1.2 Lignon-Löex교, 제네바, 스위스

Rhone강을 횡단하는 보행교통과 파이프라인을 이송하는 Lignon-Löex교는 제네바의 교외에 위치한다(그림 11.3) [98]. 한 경간이 136 m이고 중앙경간에서의 새그가 5.6 m인 스트레스 리본에 의해 형성된다. 교대에서 구조물에 부합하는 경사는 17.5%와 15.5%이다(그림 11.4). 교량은 1971년에 가설되었다.

스트레스 리본은 프리캐스트 세그먼트와 교대에 위치한 짧은 현장타설 헌치로 결합되어 있다. 수평력은 락앵커에 의하여 지반에 전달된다. 세그먼트는 세그먼트의 길죽한 홈에 위치한 PE 튜브로 감싼 평행강선에 의하여 형성된 BBRV 프리스트레스 긴장재에 매달려진다. 가설 후, 세그먼트 사이의 길죽한 홈과 죠인트가 타설되었다. 콘크리트가 충분한 강도에 도달하였을 때, BBRV 긴장재는 높은 응력으로 인장된다. 이러한 방법으로 구조물은 프리스트레스 되어지고 요구된 강성을 얻는다.

구조물의 동적거동은 풍동실험에서 검증되었다. 결과는 최소 1.5×(관경)으로 프리스트레스트 밴드와 관 사이의 자유공간을 가져야 할 필요가 있다는 것이 증명되었다. 이 배치에서 구조물은 풍속 280 km/h까지 안정되었다.

정적 및 동적거동은 정적 및 동적 실험에 의하여 또한 검증되었다. 첫 번째 연직 진동수는 0.88 Hz이고 첫 번째 가로흔들이 진동수는 1.70 Hz이다. 교량은 제네바의 Büro Weisz와 쮜리히의 Büro Wenaweser와 Wolfensberger에 의해 설계되었다.

그림 11.3 Lignon-Loex교, 제네바, 스위스

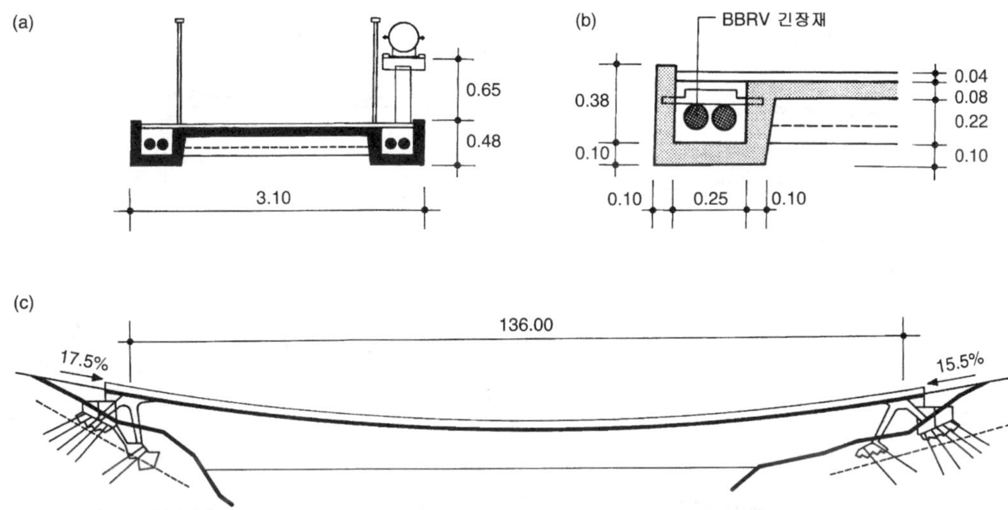

그림 11.4 Lignon-Loex교, 제네바, 스위스 : (a) 횡단, (b) 교대의 부분정면, (c) 정면

11.1.3 Freiburg교, 독일

교량은 복잡한 교차로를 대각선으로 횡단하고 도심의 중심부와 도시공원을 연결한다(그림 3.5, 그림 11.5) [5]. 교량은 1970년에 가설되었으며 33, 39.5, 42 m 길이의 3경간 스트레스 리본에 의해 구성되었다. 중간경간의 새그는 0.26 m에서 0.48 m로 변한다(그림 11.6).

그림 11.5 Freiburg교, 프라이버그, 독일

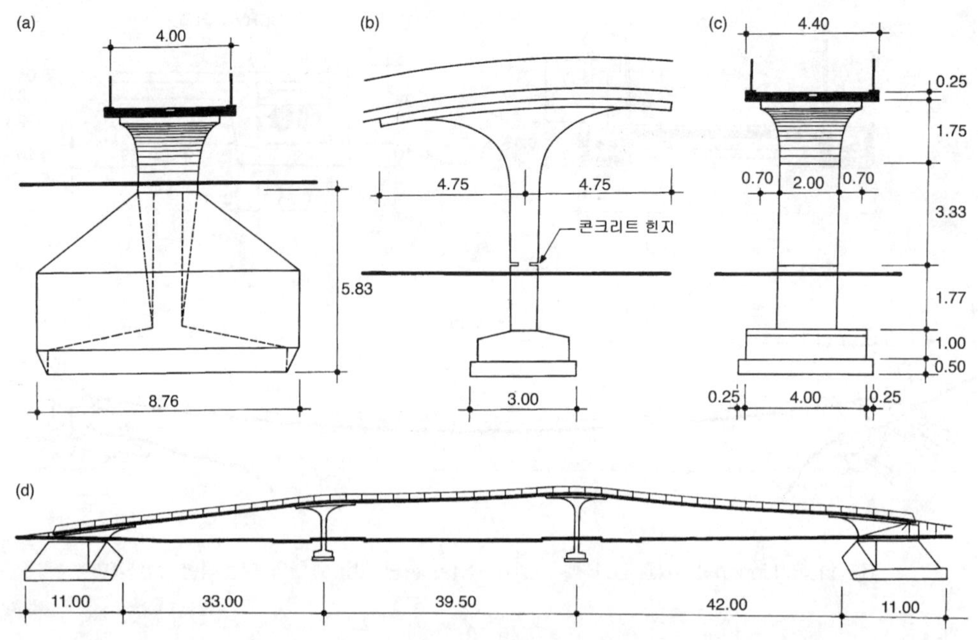

그림 11.6 Freiburg교, 프라이버그, 독일
(a) 교대의 횡단면, (b) 교각에서의 부분정면, (c) 교각에서의 횡단, (d) 정면

프리스트레스된 밴드는 무거운 교대에 고정되어진 0.25 m 두께의 현장타설 슬라브에 의하여 형성되었다. 스트레스 리본의 수평력은 지반의 수동토압에 의해 저항된다. 중간지점 위에서 스트레스 리본은 콘크리트 새들에 의하여 지지된다(그림 11.6(b)). 교각의 아래에는 교량 종방향 회전을 허용하는 콘크리트 힌지가 설계되었다. 상부구조는 Dywidag 바에 의해 포스트텐션되어진다.

교량의 기능은 동적실험에 의하여 실험되었다. 비록 첫 번째 연직진동수가 1.2 Hz와 3.3 Hz의 범위에 있다할지라도 교량의 진동은 정상보행교통에서는 거의 나타나지 않는다.

교량은 Munich의 Dyckerhoff와 Widmamn에 의해 설계되고 가설되어졌다.

11.1.4 DS-L교, 체코공화국

1978년에서 1985년까지 저자는 Dopravni stavby Olomouc사의 총괄기술자로서 유사한 배치의 7개의 스트레스 리본교를 설계하였다 [74], [75]. 회사는 이 구조물들을 'DS-L교'로 명칭하였다. 교량은 1, 2경간 또는 3경간을 가진다(표 11.1). 이 교량 모두 같은 프리캐스트 세그먼트로부터 결합되었으며 유사한 구조적 배치를 가진다(그림 7.10). Brno-Komin과 Prague-Troja에 가설된 두 개 교량이 예로서 증명된다.

표 11.1 DS-L교, 체코

	교 량 명	경 간 (No.)	경 간 (m)	새 그 (m)	시공년도 (년)
1	Brno-Bystrc	1	63.00	1.20	1979
2	Kromeriz	1	63.00	1.20	1983
3	Radonice	1	63.00	1.20	1984
4	Brno-Komin	1	78.00	1.35	1985
5	Prerov	2	67.50	1.43	1983
			28.50	0.25	
6	Prague-Troja	3	85.50	1.34	1984
			96.00	1.69	
			67.50	0.84	
7	Nymburk	3	46.50	0.41	1985
			102.00	1.98	
			70.50	0.95	

모든 교량의 상부구조는 상부구조의 주요부분을 형성하는 격자구조 세그먼트와 교대에 설계되는 세그먼트로, 두 가지 형태 세그먼트의 결합체이다. 프리캐스트 세그먼트는 3 m 길이에 3.8 m 폭, 0.3 m 두께를 가지고 있다(그림 7.10, 그림 7.11, 그림 11.7). 격자구조 세그먼트의 단면은 단부거더와 상부구조 슬라브에 의해 형성된다. 세그먼트 사이의 죠인트에서 단면은 낮은 다이아프램에 의해 보강된다.

가설 동안 세그먼트는 길죽한 홈에 위치한 지지긴장재에 매달려진다. 세그먼트 사이의 죠인트가 타설되어진 후 상부구조는 상부구조 슬라브에 위치한 프리스트레싱 긴장재에 의해 포스트텐션 되어진다(그림 11.8). 지지긴장재와 프리스트레싱 긴장재는 6개의 0.6″(15.5 mm) 강연선에 의해 형성된다. 긴장재의 갯수는 경간장과 새그에 의존한다. 세그먼트의 피복표면은 10 mm 두께의 에폭시 콘크리트층으로 형성된다.

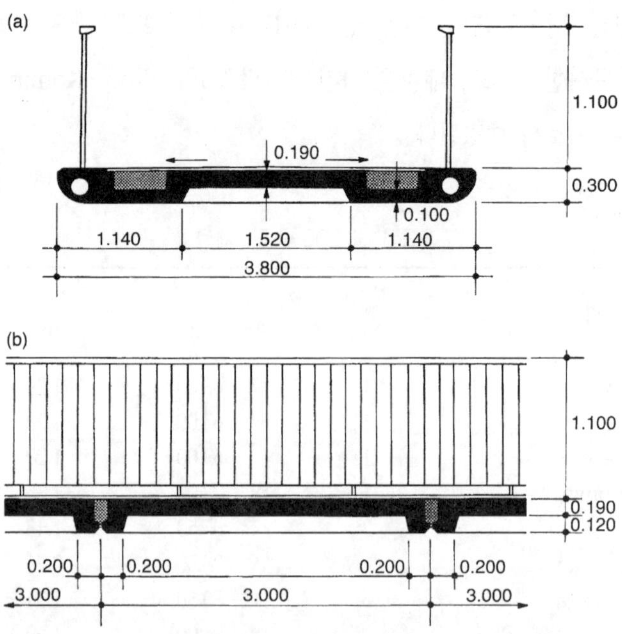

그림 11.7 DS-L교, 체코-상부구조 : (a) 횡단, (b) 부분 정면

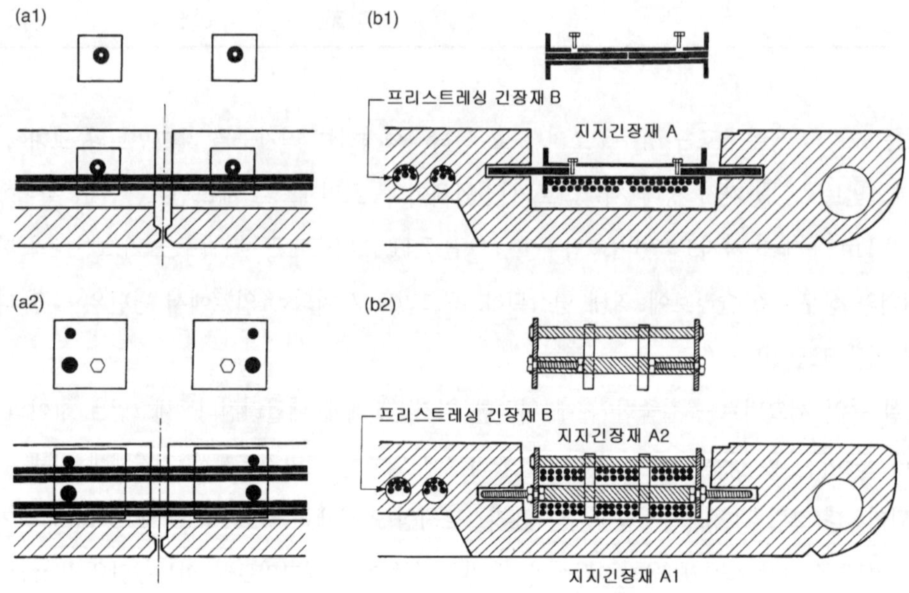

그림 11.8 DS-L교, 체코-지지 및 프리스트레싱 긴장재
(1) [표 11.1]의 교량 1~교량 5, (2) [표 11.1]의 교량 6과 교량 7, (a) 부분 정면, (b) 부분 횡단

Brno - Komin의 Svratka강을 횡단하는 교량

교량은 Svratka강의 오른쪽 제방에 위치한 위락지역과 근교의 Brno－Komin 주거지역을 연결한다(그림 11.9). 78 m 길이와 1.35 m 새그의 스트레스 리본에 의해 형성된 교량의 상부구조는 26개 세그먼트의 결합체이다(그림 11.10). 단부의 충실 세그먼트는 교대 전면부에 의해 형성된 새들 위에 위치한 네오프랜 패드 위에 놓여진다(그림 11.11). 스트레스 리본으로부터의 수평력은 락 앵커에 의하여 저항된다.

그림 11.9 Brno－Komin교, 체코

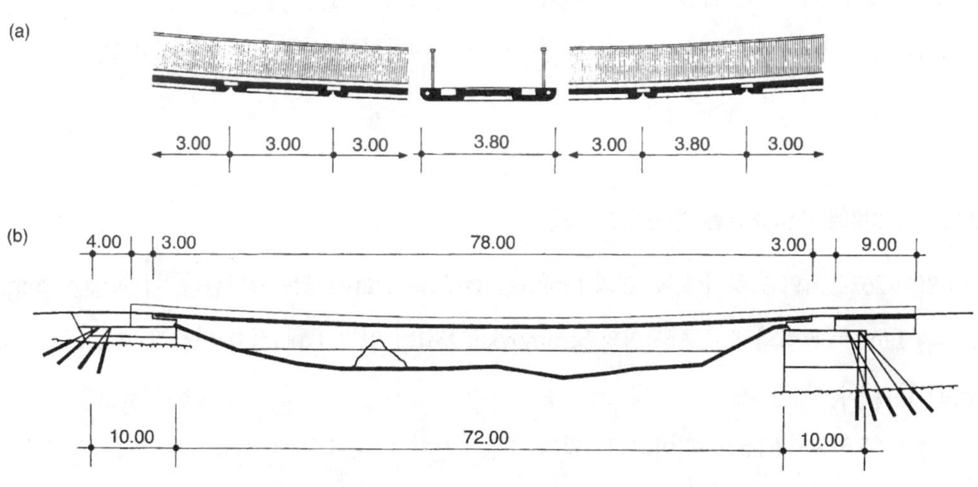

그림 11.10 Brno－Komin교, 체코 : (a) 부분정면과 횡단, (b) 정면

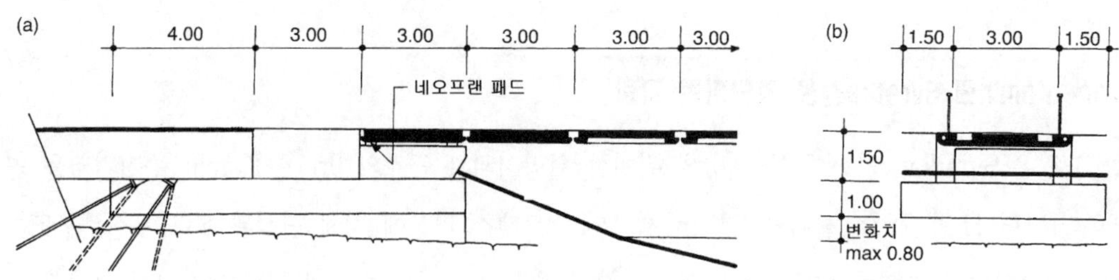

그림 11.11 Brno-Komin교, 체코-교대 : (a) 부분정면, (b) 횡단

단부의 교대를 타설하고 락앵커의 첫 번째 절반을 포스트텐션한 후, 충실세그먼트는 교대 전면부에 위치한 네오프랜 패드 위에 놓여진다. 그런 다음 지지긴장재가 강을 횡단하여 당겨지고 설계응력으로 인장된다. 그 후 세그먼트들이 이동 크레인에 의해 가설된다. 세그먼트들은 지지긴장재에 매달려지고 설계위치로 이동된다(그림 7.52). 모든 세그먼트들이 가설되어진 후, 프리스트레싱 긴장재가 상부구조를 통하여 당겨진다. 그런 다음 길죽한 홈의 철근이 배근되고 죠인트와 길죽한 홈이 타설된다.

온도변화와 예견하지 못한 사람의 보행에 의해 일어나는 콘크리트의 가능한 손상을 제거하기 위하여, 포스트텐션이 두 단계로 수행된다. 콘크리트의 강도가 30%에 이를 때, 긴장재는 설계응력의 30%까지 포스트텐션되어진다. 콘크리트의 강도가 80%에 이를 때, 강연선은 설계응력까지 포스트텐션되어진다. 그런 다음 락앵커의 나머지 반이 인장된다.

정적가정과 기술력의 품질이 정적 및 동적하중 재하실험에 의해 검토된다(7.10절).

Prague-Troja에 Vltava강을 횡단하는 교량

총길이 261.2 m의 교량이 북부 교외 Prague-Troja의 Vltava강을 횡단한다. 이 교량은 Prague 동물원과 Emperor 섬의 스포츠 시설과 Stromovka 공원이 있는 Troja성을 연결시킨다(그림 11.12, 그림 11.13) [76].

교량은 85.5, 96, 67.5 m 길이의 3경간과 중앙경간에 1.34, 1.69, 0.84 m의 새그를 가진다. 스트레스 리본은 프리캐스트 세그먼트와 중간교각에 연결된 현장타설 새들골조에 의해 형성된다(그림 7.31, 그림 7.32). 교각의 바닥에 교량의 종방향으로의 회전을 허용하는 콘크리트 힌지가 설계된다(그림 11.14). 스트레스 리본으로부터의 수평력은 벽체 다이아프램과 마이크로 파일에 의하여 저항된다.

단부교대가 타설되어진 후, 충실세그먼트는 교대의 전면부에 위치한 네오프랜 패드 위에 놓인다(그림 11.15). 그런 다음 지지긴장재의 절반이 강을 횡단하여 당겨지고 설계응력까지 긴장되어진다. 긴장재는 교각 위에 위치한 강 새들에 의해 지지된다(그림 7.33, 그림 11.16).

그림 11.12 Prague-Troja교, 체코

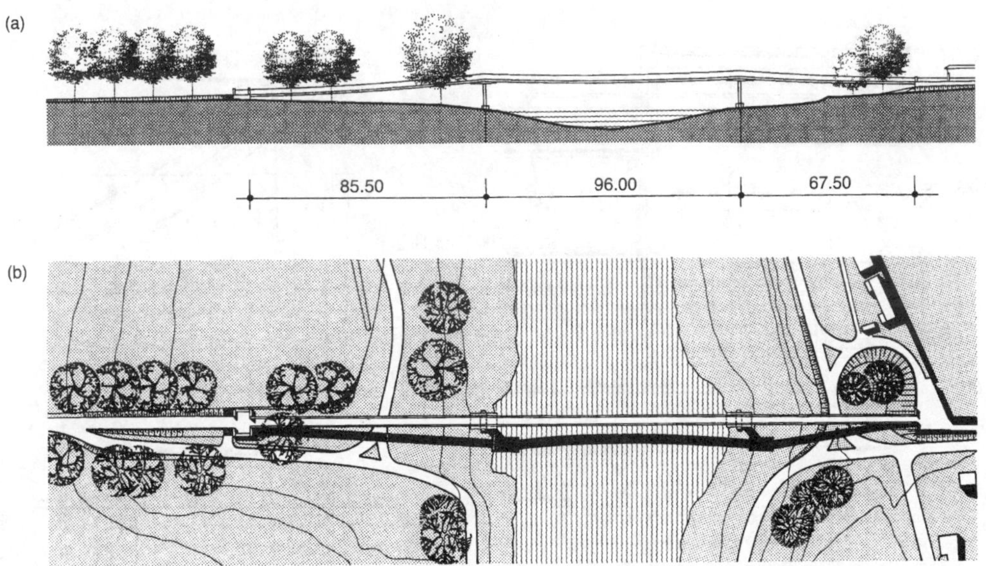

그림 11.13 Prague-Troja교, 체코 : (a) 정면, (c) 평면

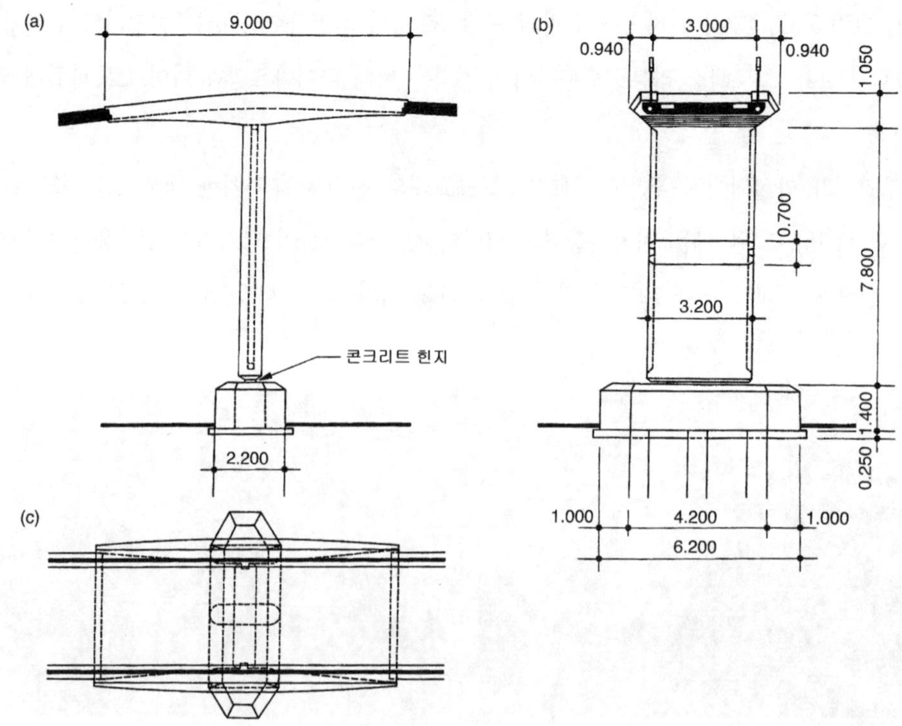

그림 11.14 Prague-Troja교, 체코-교각 테이블 : (a) 정면, (b) 횡단, (c) 평면

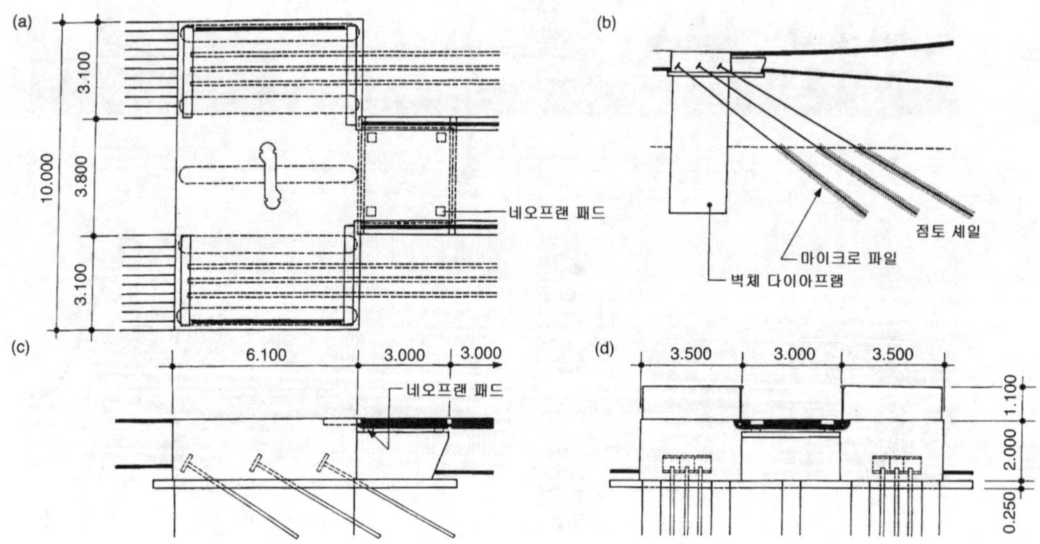

그림 11.15 Prague-Troja교, 체코-교대 : (a) 정면, (b) 부분정면, (c) 종방향 단면, (d) 횡단

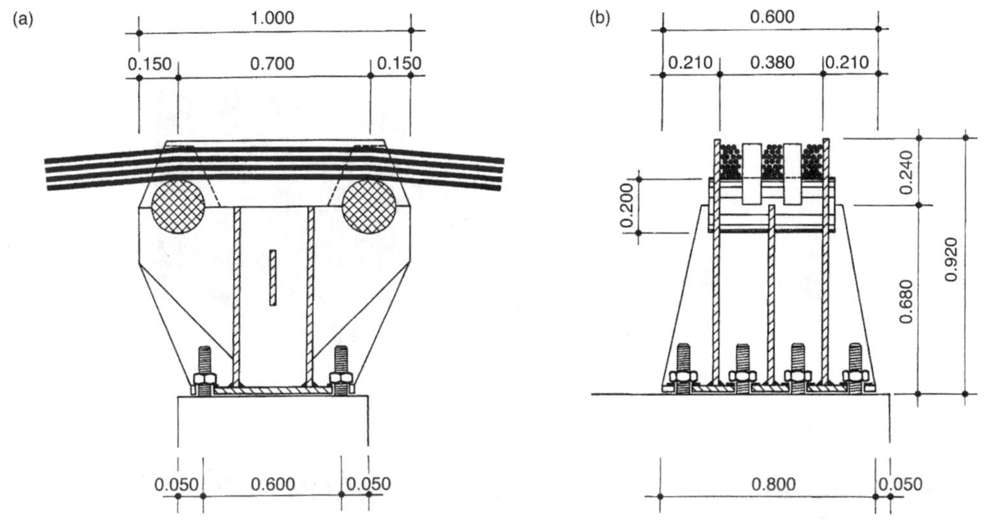

그림 11.16 Prague-Troja교, 체코-강새들 : (a) 정면, (b) 횡단

그 후 세그먼트는 이동 크레인에 의하여 가설되어진다. 세그먼트는 지지긴장재에 매달려지고 지지긴장재를 따라서 설계위치로 이동되어진다. 먼저 측경간의 세그먼트가 가설되어지고 그 다음에 주경간의 세그먼트가 가설되어진다(그림 7.50, 그림 7.51).

모든 세그먼트가 가설되어진 후 지지긴장재의 나머지 절반이 당겨지고 설계응력까지 긴장되어진다. 이와 같은 방법으로 구조물은 설계형상에 이르게 된다. 그 후 세그먼트 사이의 죠인트에서의 덕트를 형성하는 강관이 배치되고 프리스트레싱 긴장재가 상부구조를 통하여 당겨진다.

그런 다음 길죽한 홈과 새들의 철근이 배근되어지고, 죠인트와 길죽한 홈과 새들이 타설되어졌다. 먼저 측경간이 타설되어지고 그 다음에 중앙경간과 새들이 타설되어진다. 새들은 이미 가설된 세그먼트에 매달리고 교각에 의해 지지되는 거푸집에 타설된다(그림 7.34).

정적가정과 기술력의 품질은 또한 정적 그리고 동적하중 재하실험에 의해 검토되었다. 2001년에 Plague에 예견치 못한 홍수가 났을 때 보도교는 완전히 침수되었다. 그 홍수 이후에 교량에 대한 면밀한 조사는 그 구조물이 어떠한 구조적인 손상도 입지 않았다는 것을 확인해주었다.

DS-L교(그림 11.17)는 대중에 의하여 잘 받아들여졌고, 지금까지 정적 및 동적기능에서 어떠한 문제도 일어나지 않았다. 동적실험은 보행자에 의해 생성되는 과도한 진동으로 교량에 손상이 가지 않으며 보행자에 의해 일어나는 거동의 속도가 허용제한 내에 있음을 확신시켰다.

그림 11.17 Prague-Troja교, 체코

11.1.5 Sacramento River Trail교, Redding, 캘리포니아, 미국

Sacramento River Trail과 연결교량은 Redding시 공원시스템의 일부분을 형성한다. 강의 제방은 유역의 아름다움을 드라마틱하게 증대시키는 광범위한 노출암반을 가지고 있다. 이러한 자연지반을 보존하고 자연에 역행하는 수리학적 조건을 완화시키기 위하여 강 유역에 어떠한 교각도 가설되지 않도록 하였다(그림 1.10, 그림 1.11, 그림 11.18) [60], [61], [62].

교량은 127.4 m 경간의 스트레스 리본으로 형성되어진다(그림 11.19). 교량의 공용기간 중에 중간경간의 새그는 3.35 m (0시간에 최대온도와 전체에 걸친 활하중 재하)에서 2.71 m (시간이 무한일 때 최소온도재하)로 변한다. 상부구조가 0.914 m 두께로 헌치되는 곳인 각 단부의 교대에서 4.2 m 떨어진 거리의 상부구조는 0.381 m의 일정 두께를 가진다. 스트레스 리본은 지지긴장재에 매달린 프리캐스트 세그먼트로부터 결합되어지고(그림 1.12, 그림 7.12), 프리스트레싱 긴장재

그림 11.18 Redding교, CA, 미국-완성구조물

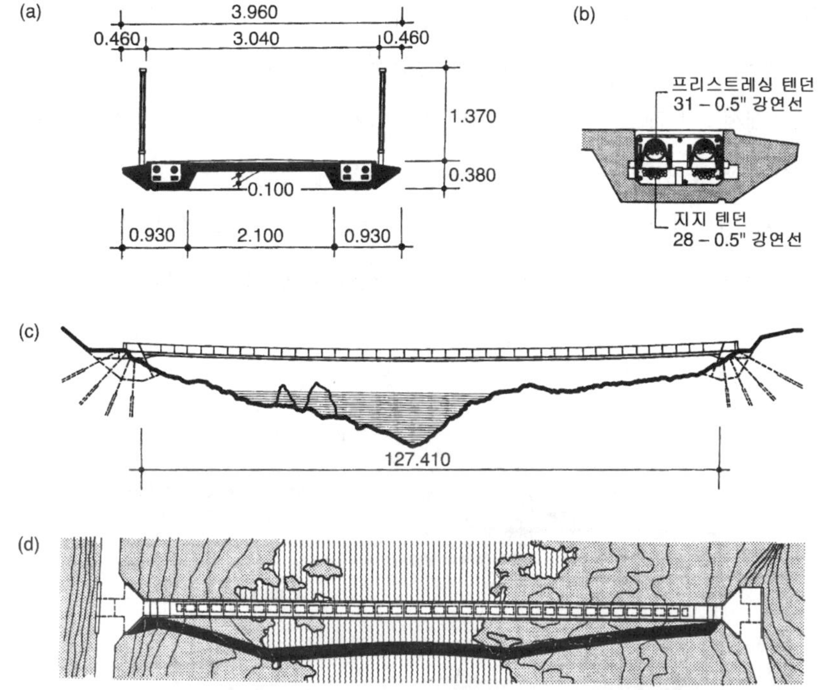

그림 11.19 Redding교, CA, 미국 : (a) 횡단, (b) 지지 및 프리스트레싱 긴장재, (c) 정면, (d) 평면

에 의하여 포스트텐션 되어진다. 지지긴장재와 프리스트레싱 긴장재 모두 세그먼트의 가장자리에 위치한 길죽한 홈내에 놓인다. 스트레스 리본으로부터의 수평력은 락앵커에 의해 저항된다(그림 7.40, 그림 11.20).

교량은 기하학적 비선형구조물로서 설계된다(그림 7.69, 그림 7.70). 헌치는 바닥연단에서 인장력이 철근에 의하여 저항되어지는, 부분적 프리스트레스트 부재로서 설계되었다. 교량 진동연구는, 교량을 물리적으로 진동시키려는 파괴자의 시도와 조깅을 포함하여 보행진동수의 넓은 범위에 대하여 설계에서 조심스레 고려되었다. 교량이 긴 경간을 지닌 아주 얇은 밴드이기 때문에, 공기탄성 연구는 동적 풍하중하에서 안정성을 검토하기 위하여 필요하다고 생각되었다.

교량의 시공은 교대의 타설과 락앵커가 설치로 시작되었다. 지지긴장재가 강을 횡단하여 당겨졌으며 설계응력까지 포스트텐션되어진다. 이어서 세그먼트가 지지 긴장재에 매달려지고 설계위치로 이동되어진다. 모든 세그먼트는 2일내에 가설되어졌다. 그리고 나서 프리스트레싱 긴장재는 지지긴장재 위로 직접적으로 배치되었고 죠인트와 길죽한 홈이 타설되었다. 프리스트레싱 긴장재를 포스트텐션 함으로써 구조물은 요구된 강성에 도달한다.

이것은 미국에서 스트레스 리본의 첫 번째 적용이기 때문에 교량의 하중재하실험과 설계가정에 의한 구조적 거동을 검증하는 것이 신중히 고려되었다. 성공적인 실험은 구조물의 전길이에 걸쳐 24대의 차량으로 완성교량 위에서 수행되었다(그림 7.117, 그림 7.118).

교량은 컨설팅기술자인 Jiri Strasky와 Charles Redfield에 의해 설계되었고, 시공사는 Shasta 건설사이다.

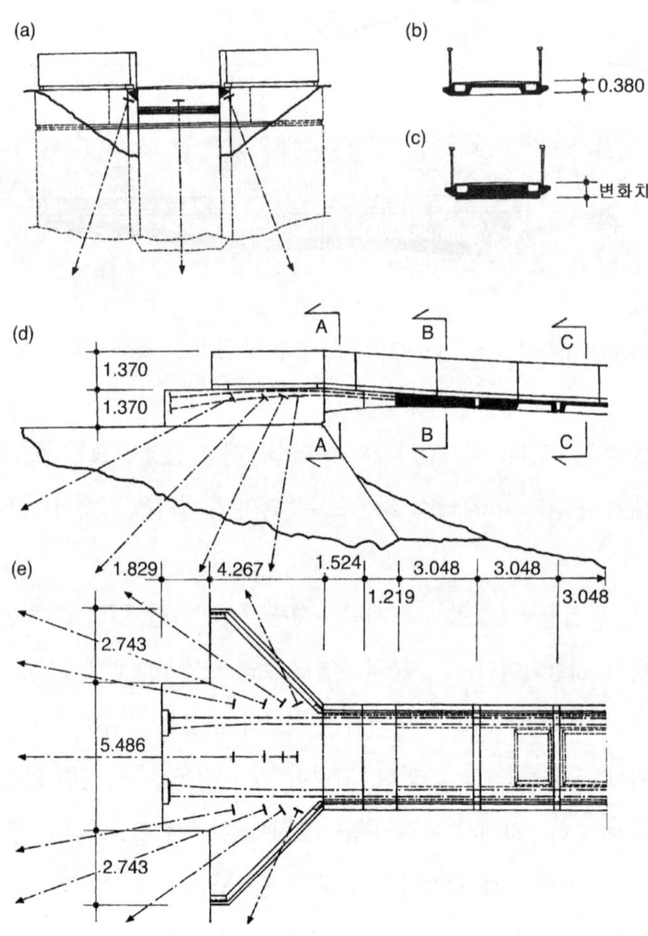

그림 11.20 Redding교, CA, 미국 – 교대
(a) 단면 A–A, (b) 단면 B–B, (c) 단면 C–C, (d) 종방향 단면, (e) 평면

11.1.6 Umenoki-Todoro공원교, 일본

가장 아름다운 스트레스 리본교의 하나는 일본의 구마모토현의 유명한 Umenoki-Todoro 폭포의 입구에 협곡을 가로질러 1989년에 가설되었다(그림 11.21) [1]. 105 m의 길이와 3.1 m의 새그의 스트레스 리본은 매우 좁다. 난간 사이의 폭은 오직 1.3 m이다. 스트레스 리본은 2 m 폭과 0.19 m 두께의 프리캐스트 슬라브 세그먼트의 결합체이다(그림 11.22). 교대에 현장타설헌치가 생성되어 있다. 스트레스 리본에서의 수평력은 락앵커에 의하여 저항된다.

그림 11.21 Umenoki-Todoro교, 일본 : 완성구조물(Sumitomo Mitsui건설)

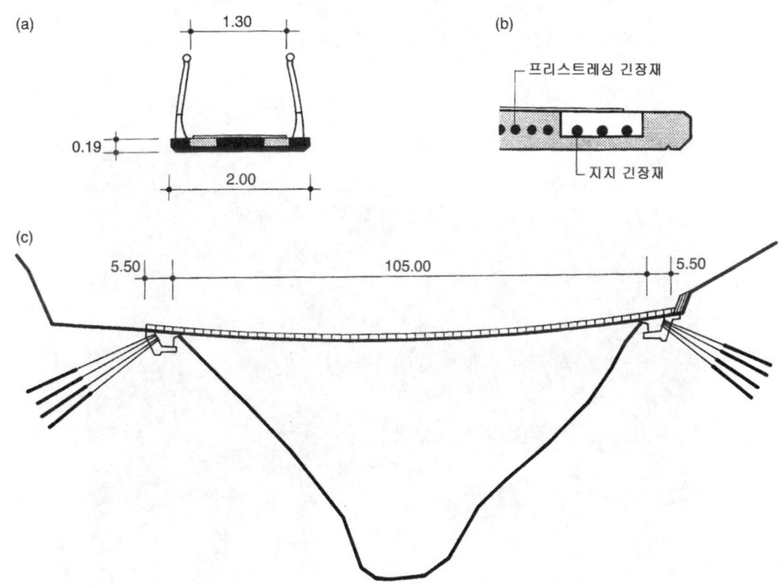

그림 11.22 Umenoki-Todoro교, 일본 : (a) 횡단, (b) 지지 및 프리스트레싱 긴장재, (c) 정면

시공하는 동안 세그먼트는 단면의 단부에 근접하여 설계된 길죽한 홈에 위치한 지지긴장재에 매달려진다. 길죽한 홈과 죠인트 그리고 헌치가 타설된 후, 스트레스 리본은 상부구조에 위치한 긴장재에 의해 포스트텐션 된다. 교량은 환경에 어떠한 영향없이 4개월 내에 가설되었다.

동적해석이 1.5에서 2.3 Hz의 범위에서 첫 번째 휨 진동수를 결정했을지라도 교량의 성능에 문제점을 제기한 사람은 없었다.

교량은 Maeda 설계회사에 의해 설계되었다. 시공사는 Sumitomo건설사이다.

11.1.7 Yumetsuri교, 일본

Yumetsuri교는 일본의 Hiroshima현의 Hattabara 댐 호수를 횡단하여 1996년에 가설되었고 (그림 11.23), 지금까지 콘크리트 리본에 의해 형성된 최장경간을 가지고 있다 [31].

길이 147.6 m, 새그 3.5 m의 스트레스 리본은 교대에 위치한 현장타설 헌지와 프리캐스트 세그먼트의 결합체이다(그림 11.24). 삼각형 단부의 세그먼트는 3.64 m 폭과 0.39 m의 두께를 가진다. 세그먼트는 단면의 단부에 근접하여 설계된 길죽한 홈에 위치하는 지지긴장재와 비부착 긴장재에 매달려진다. 스트레스 리본은 상부구조슬라브에 위치한 긴장재에 의하여 포스트긴장재되어진다. 스트레스 리본의 수평력은 락앵커에 의해 저항된다.

그림 11.23 Yumetsuri교, 일본 : 완성구조물 (Sumitomo Mitsui건설)

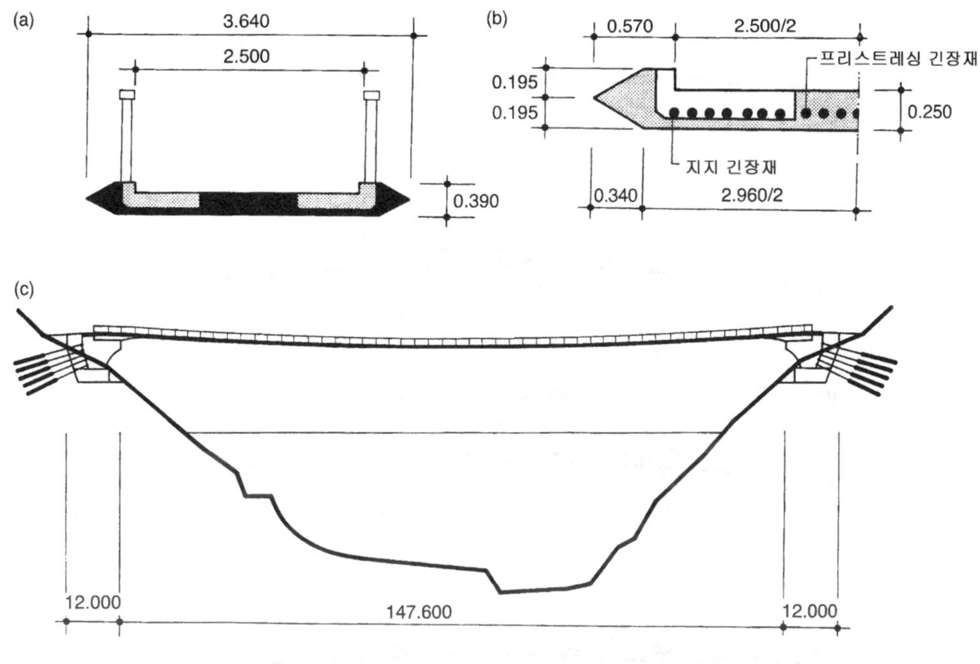

그림 11.24 Yumetsuri교, 일본 : (a) 횡단, (b) 지지 및 프리스트레싱 긴장재, (c) 정면

구조물의 배치와 구조상세는 적용된 프리스트레싱 시스템과 시공순서로부터 개발되었다(그림 11.25). 첫째로 이동 교량받침에 의해 지지되는 교대와 특수교대 세그먼트의 바닥부분이 타설되었다. 그 후 지지긴장재가 가설된다(그림 11.25(a)).

그리고 나서 프리캐스트 세그먼트가 가설골조에 점진적으로 매달려지고, 지지긴장재에 매달려지는 세그먼트가 설계위치로 지지긴장재를 따라 움직여진다.

모든 세그먼트가 가설되어진 후, 길죽한 홈, 죠인트, 교대의 헌치와 교대세그먼트의 상부부분이 타설된다(그림 11.25(b)). 콘크리트가 충분한 강도에 도달하였을 때, 구조물은 교대세그먼트에 정착된 프리스트레싱 긴장재에 의하여 포스트텐션되어진다(그림 11.25(c)).

그 다음에 프리스트레스 긴장재는 교대를 통하여 당겨진 긴장재에 결합되어지고 교대 세그먼트와 교대 사이의 틈은 철근배근되어지고 타설되어진다(그림 11.25(d)). 틈의 콘크리트가 충분한 강도에 도달할 때, 프리스트레싱 긴장재는 포스트텐션 되고 교대에 정착된다.

교량은 Shin Nippon Giken사에 의해 설계되었다. 시공사는 Sumitomo 건설사이다.

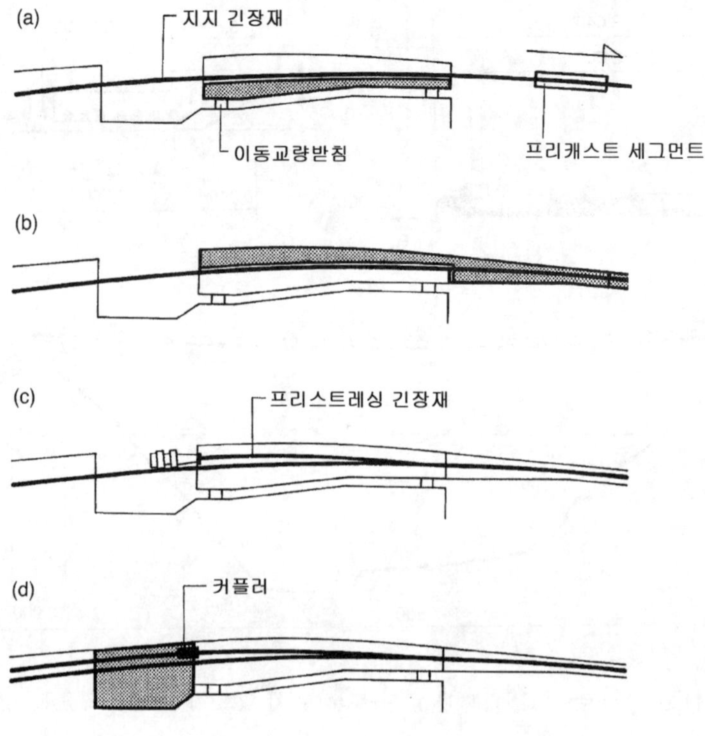

그림 11.25 Yumetsuri교, 일본 : 시공순서

11.1.8 Tonbo No Hashi교, 일본

Tonbo No Hashi교는 일본의 미야자키현의 Takanabe인 교외에 있는 Takanabe 습지 위에 1996년 가설되었다(그림 11.26) [34]. 경간장이 30, 80 그리고 30 m인 3경간과 최대 새그가 1.7 m인 교량은 폭 2 m와 두께 0.18 m의 프리캐스트 세그먼트의 결합체이다(그림 11.27). 교대와 중간 교각에서 현장타설헌치가 생성되었다. 스트레스 리본의 수평력은 락앵커에 의해 저항한다.

세그먼트는 단면의 끝단에 근접하게 설계된 길죽한 홈에 위치한 지지긴장재에 매달려진다. 스트레스 리본은 상부구조슬라브에 위치한 긴장재에 의하여 포스트텐션되어진다. 교각은 교각과 기초를 골조연결시켰다.

교량은 Nissetsu 컨설턴트사에서 설계하였다. 시공사는 Dai Nippon 건설사이다.

그림 11.26 Tonbo No Hashi교, 일본 : 완성구조물(Dai Nippon건설)

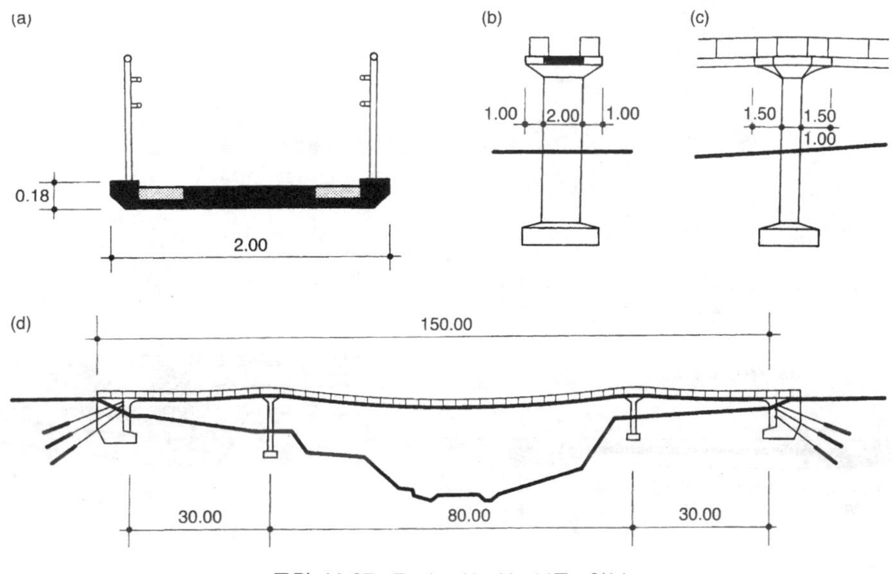

그림 11.27 Tonbo No Hashi교, 일본
(a) 횡단, (b) 교각 테이블에서의 횡단, (c) 교각테이블에서의 정면, (d) 정면

11.1.9 Blue Valley Ranch교, 콜로라도, 미국

Blue Valley Ranch교는 미국의 콜로라도의 상부지역의 Blue강을 가로질러 사유지 위에 2001년에 가설되었다. 교량은 목장의 일상적인 유지관리와 직원을 위한 통로로서 역할을 한다(그

림 11.28) [63].

교량은 76.8 m 경간과 1.02 m 새그의 스트레스 리본에 의해 형성된다(그림 11.29). 0.381 m 두께의 스트레스 리본은 격자형 하부와 복합상부구조슬라브의 프리캐스트 부재의 결합체이다. 부재는 길이가 2.44 m이고, 폭은 5.38 m이다. 교대에서 현장타설헌치는 더 높은 휨모멘트에 저항한다.

그림 11.28 Blue Vally Ranch교, 콜로라도, 미국

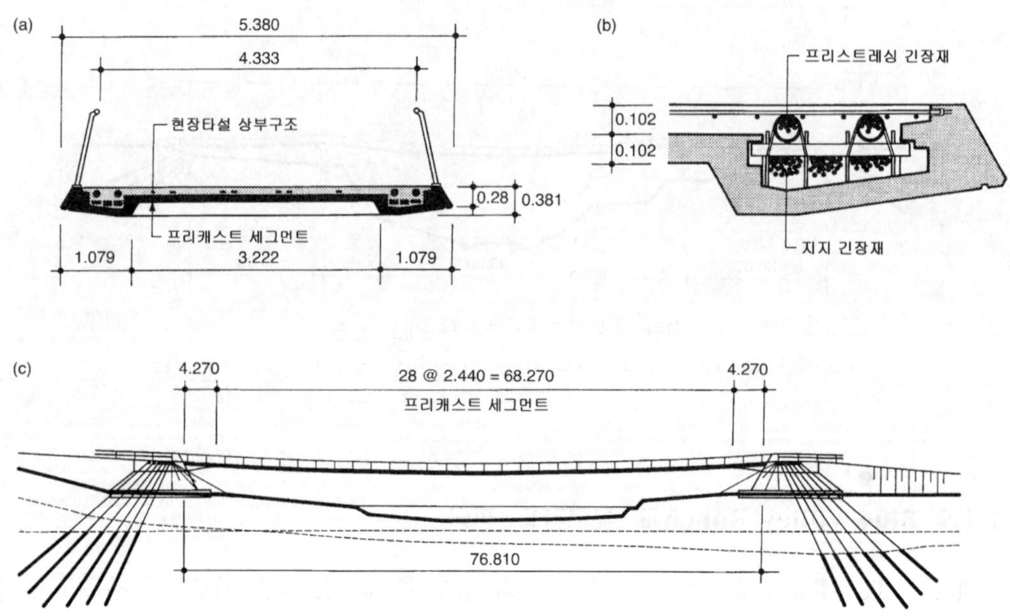

그림 11.29 Blue Vally Ranch교, 콜로라도, 미국 : (a) 횡단, (b) 지지 및 프리스트레싱 긴장재, (c) 정면

교량은 보행자하중뿐만 아니라 트럭하중에 대해서도 설계되었다. 응력의 검토에서 HS20이 고려되었다. 또한 상세동적해석이 수행되었다. 첫째로 고유진동수와 모드가 결정되었다. 처음 두 휨진동수가 1 Hz 이하이기 때문에, 구조물은 사람에 의하여 생성되는 자기진동에 대하여 검토되어졌다. 차량에 의해 생성되는 동하중의 영향은 충격계수 $I=2$ 를 적용함으로써 반영되었다.

교량의 시공은 교대의 타설과 락앵커의 가설에 의해 시작되어진다. 락앵커의 절반이 긴장되어진다. 지지긴장재는 강을 횡단하여 당겨지고 설계응력까지 포스트텐션되어진다. 이어서 세그먼트는 지지긴장재에 매달려지고 설계위치까지 이동되어진다. 그 다음 프리스트레싱 긴장재가 배치되고 복합상부구조 슬라브와 헌치의 철근이 배근된다. 락앵커의 나머지 절반이 긴장되어진다.

그 다음 상부구조의 현장타설이 경간의 중앙에서 시작하여 각 교대로 대칭적으로 진행된다. 콘크리트가 적당한 강도에 도달하였을 때, 최종 상부구조긴장재가 상부구조에 강성을 주는데 필요한 종방향 프리스트레싱을 주도록 긴장되어진다.

교량은 컨설팅기술자 Charles Redfield와 Jiri Strasky의 협력으로 Huitt-Zollars(GNA사)에 의해 설계되었다. 시공사는 콜로라도 레이크우드의 Centric/Jones건설사이다.

11.1.10 Rogue강교, Grants Pass, 오레건, 미국

오레건 Grants Pass에 2000년에 가설된 Rogue강교는 Rogue강의 한쪽의 주공원과 강의 반대쪽의 지방 박람회장을 연결한다(그림 1.9, 그림 11.30) [58].

교량은 73.15, 84.73과 42.67 m의 3경간 스트레스 리본으로 총길이 200.55 m로 형성되었다(그림 11.31). 중간경간의 부합되는 새그는 1.10, 1.55와 0.31 m이다. 4.7 m 폭의 교량은 4.3 m 넓이의 다용도 보도를 제공한다(그림 11.32). 강과 습지 위의 중간경간에서 넓어진 상부구조 세그먼트에 위치하는 관망지역은 사용자에게 정지하고 강을 즐길 수 있는 위치를 제공한다(그림 11.33). 또한 교량은 응급차를 위한 접근로를 제공하고 도심에 사용하는 물을 나르며 Rouge강을 가로질러 상・하수도관이 지나가게 한다. 스트레스 리본의 수평력은 경사 강말뚝과 타이벡에 의해 지지된다.

교대에서와 중간지점 위에서 스트레스 리본은 콘크리트 새들에 의하여 지지되며, 이 콘크리트 새들에 파이프라인이 관통하여 지나가도록 한다.(그림 7.28, 그림 7.30).

격자형 하부의 교량상부구조는 현장타설 슬라브와 합성되는 프리캐스트 콘크리트 세그먼트로부터 형성되었다(그림 7.14, 그림 7.15, 그림 11.32). 세그먼트는 지지긴장재에 매달려진다. 합성형 상부구조는 프리스트레싱 긴장재에 의하여 포스트텐션되어진다. 지지긴장재와 프리스트레싱긴장재 모두 상부구조슬라브 내에 위치시킨다. 새들 위에 세그먼트는 1 m 길이이며 충실 횡단면을 가진다. 지지긴장재의 가설 전에 이와 같은 세그먼트는 짧은 내부 긴장재에 의해 포스트텐션되어진다.

그림 11.30 Grants Pass교, 오레건, 미국 - 완성구조물

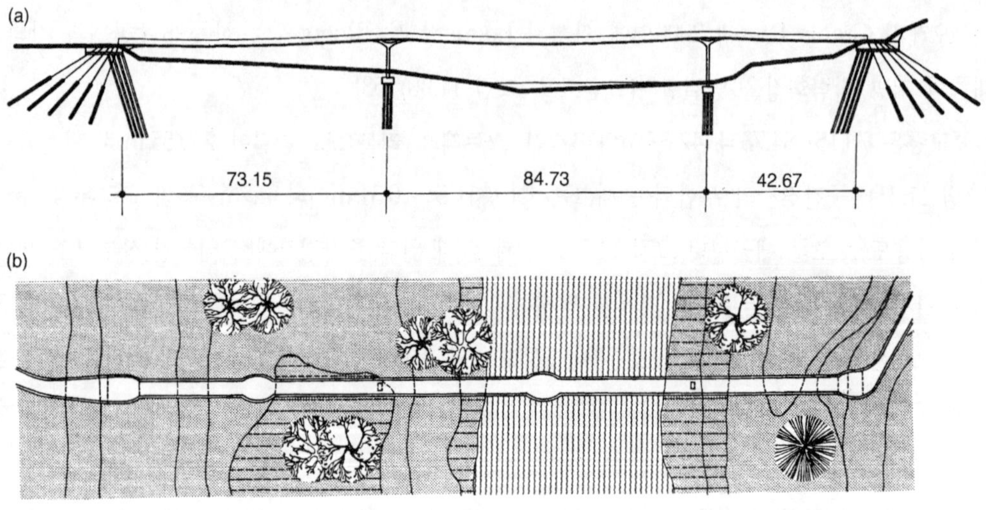

그림 11.31 Grants Pass교, 오레건, 미국 : (a) 정면, (b) 평면

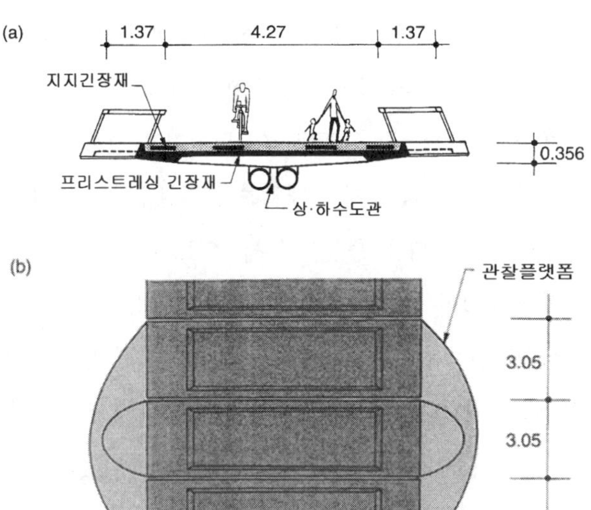

그림 11.32 Grants Pass교, 오레건, 미국 : (a) 횡단, (b) 상부구조 평면(상향)

그림 11.33 Grants Pass교, 오레건, 미국 : 관찰 플랫폼

구조물의 배치는 매우 상세한 정적 및 동적해석에 근거하여 발전되었다(그림 7.74~그림 7.76). 지진하중에서 구조물의 동적거동을 줄이기 위하여 교각의 횡방향 강성을 가능한 한 줄였다. 동적해석은 운동의 속도가 수용한계내에 있다는 것을 확신하게 하였다.

교량의 시공은 끝단 교대와 교각을 시공함으로서 개시되어진다. 그 다음 충실교대와 교각의 세그먼트가 가설되어진다. 그들 사이의 죠인트를 타설후 세그먼트들은 짧은 긴장재에 의하여 포스트텐션되어진다. 그 후 지지텐턴은 강을 횡단하여 당겨지고 설계응력까지 포스트텐션되어진다(그림 7.49). 이어서 세그먼트는 지지긴장재에 매달려지고 설계위치로 이동되어진다. 처음에 측경간의 세그먼트가 가설되어지고 그 다음 주경간의 세그먼트가 가설되어진다.

그 후 관찰 플랫폼의 거푸집이 중앙경간 세그먼트에 매달려지고 프리스트레싱 긴장재와 상부구조슬라브의 철근이 배근되어진다(그림 7.53~그림 7.55). 합성슬라브와 함께 관찰플랫폼이 타설되어지고 그 후 포스트텐션되어진다.

교량은 OBEC의 컨설팅 기술자와 Jiri Strasky에 의해 설계되었다.

11.1.11 Kikko교, 일본

Kikko교는 일본의 Aoyama−Kohgen 골프클럽에 1991년에 가설된 3방향 스트레스 리본 보도교이다(그림 11.34~그림 11.36) [2]. 그것은 연못주위에 배치된 클럽하우스와 코스 사이에 편리한 보행로를 제공한다.

상부구조는 하부의 프리캐스트 슬라브와 추가로 타설된 상부의 슬라브가 합성된 강재 골조에 의해 형성되며, 중앙플랫폼에 의해 상호 연결되어진 3개의 스트레스 리본으로 구성되어 있다(그림 11.37).

그림 11.34 Kiki교, 일본 (Sumitomo건설)

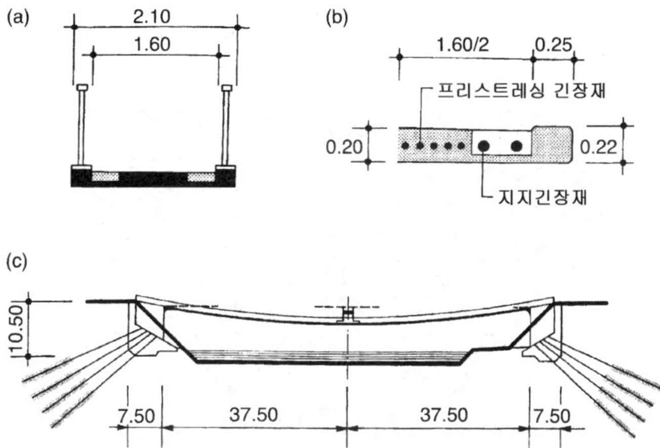

그림 11.35 Kiki교, 일본 : (a) 횡단, (b) 지지 및 프리스트레싱 긴장재, (c) 정면

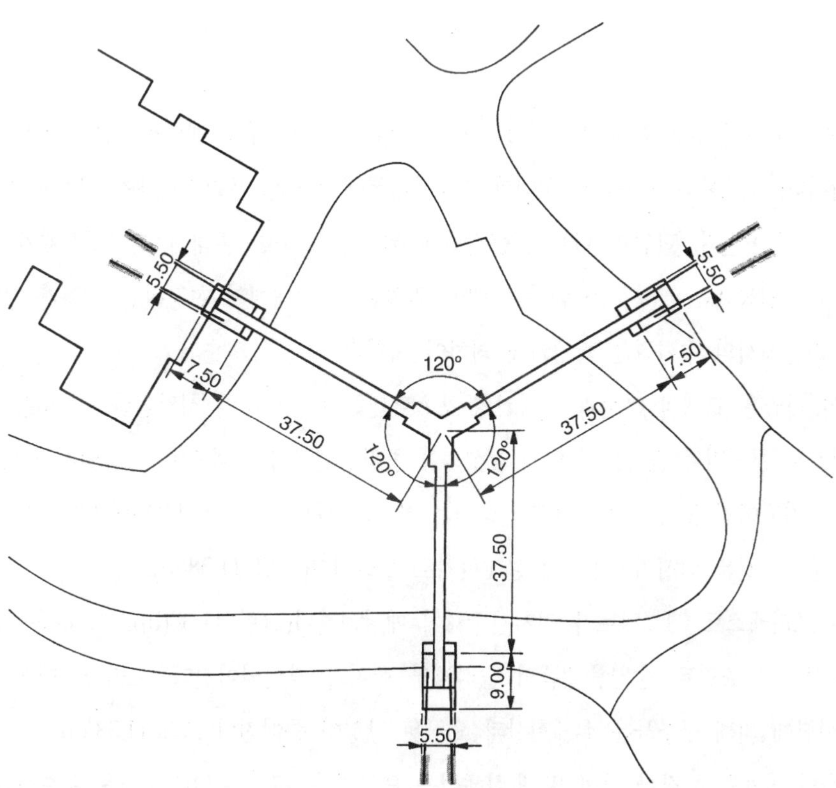

그림 11.36 Kiki교, 일본 : 평면

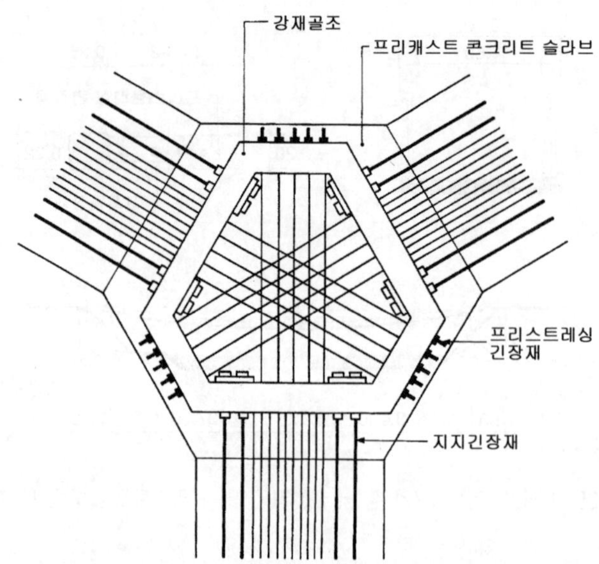

그림 11.37 Kiki교, 일본 : 중앙링크

스트레스 리본은 교대와 중앙강재골조에 정착된 지지긴장재에 매달린 프리캐스트 세그먼트의 집합체이다. 구조물의 연속성은 교대와 중앙플랫폼에 정착된 프리스트레스 긴장재의 포스트텐션닝에 의해 주어진다. 단면의 단부에 근접하게 위치한 길죽한 홈내에 지지긴장재가 배치된다. 프리스트레싱 긴장재는 상부구조 슬라브 내에 위치한다. 교대에서 현장타설 헌치가 설계되었다. 스트레스 리본에서의 수평력은 락앵커에 의하여 지지된다.

교량의 시공은 교대의 타설과 락앵커의 포스트텐션닝에 의하여 시작된다. 그 다음 강재골조와 프리캐스트 콘크리트 슬라브에 의해 형성되는 중앙연결부가 가설되어지고, 임시적으로 교량의 중앙에서 지지되어진다. 후속으로 지지긴장재는 가설되어지고 포스트텐션되어진다. 포스트텐션을 함으로서 중앙연결은 임시지지대에서 설계위치로 올려진다(그림 11.38(a)).

그 후 프리캐스트 세그먼트가 지지긴장재에 매달려진다(그림 11.38(b)). 그 다음 길죽한 홈, 세그먼트 사이의 죠인트, 중앙플랫폼의 슬라브와 헌치가 타설되어진다. 프리스트레싱 긴장재를 포스트텐션함에 의해 구조물은 설계형상과 요구된 강성이 주어진다(그림 11.38(c)).

구조물의 설계는 복잡한 정적 및 동적해석을 요구한다. 교량은 FIP 구조물 우수상을 받았다. 교량은 Sumitomo 건설사에 의해 설계되고 시공되었다.

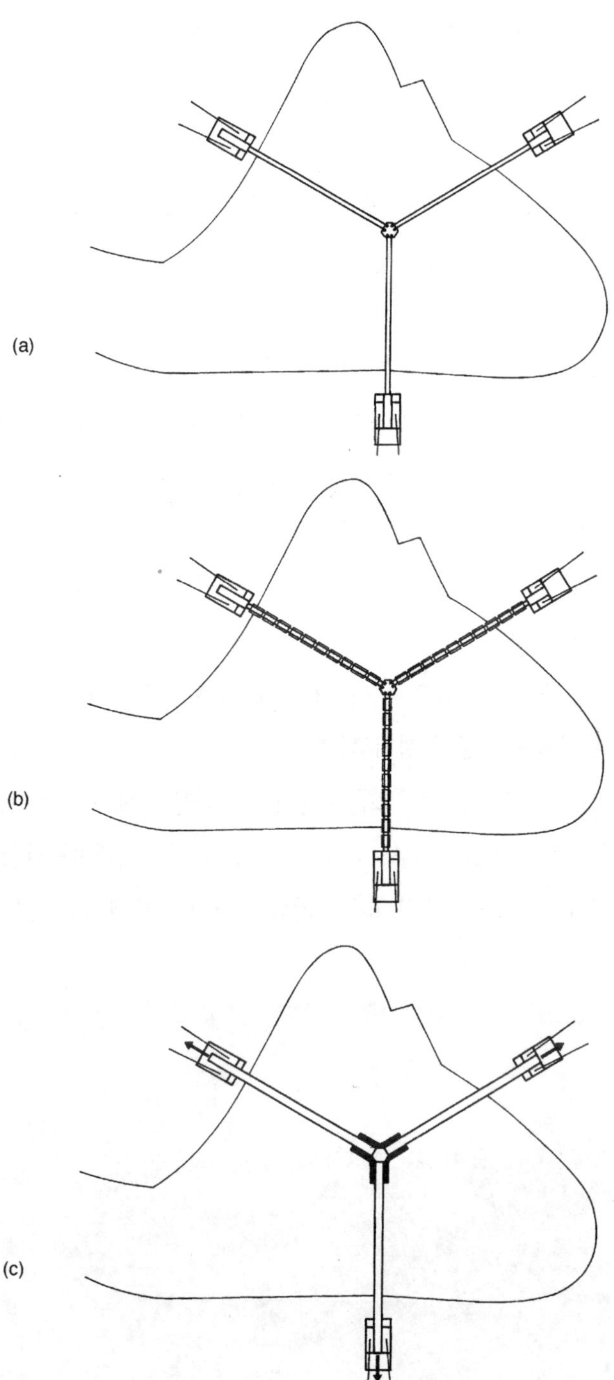

그림 11.38 Kiki교, 일본 : 시공순서

11.1.12 Kent Messenger Millenium교, Maidstone, 영국

영국의 Maidstone의 Medway를 따라 보도교가 하천공원 프로젝트의 일부분을 이룬다. 교량 상부구조는 최초로 크랭크형 배치로 설계된 2경간 스트레스 리본으로 형성되어진다(그림 11.39) [6]. 교량의 길이는 101.5 m이고 하천을 횡단하는 주경간의 길이는 49.5 m이고 측경간의 길이는 37.5 m이다. 경간 사이의 평면각은 25° 이다(그림 11.40).

스트레스 리본은 합성상부구조 슬라브로 된 프리캐스트 세그먼트에 의해 형성된다(그림 7.16, 그림 7.17, 그림 11.41). 세그먼트는 지지케이블에 매달려지고 합성슬라브의 타설을 위한 비계와 거푸집의 역할을 하며, 그 합성슬라브는 세그먼트 사이의 죠인트와 동시에 타설되어진다. 스트레스 리본은 교대의 앵커블럭에 고정되어지고(그림 7.38), 중간지점에 연결된 골조이다. 모든 지지부에는 현장타설헌치가 설계되어졌다(그림 11.42).

3 m 길이의 프리캐스트 세그먼트는 상부구조의 하부와 단부를 위한 거푸집의 역할을 하는 80 mm 두께의 슬라브에 의해 형성되어진다. 각 세그먼트의 종방향축에서 스텐레스 그리드에 의해 덮혀진 4각형 개구부가 설계되어졌다. 이 개구부는 상부구조의 배수와 지면의 조명을 위하여 만들어졌다. 개구부 사이에 항공등이 설치되었다.

프리캐스트 세그먼트와 합성슬라브 모두 현장타설 슬라브 내에 지지케이블과 함께 배치된 프리스트레싱 긴장재에 의해 포스트텐션 되어진다(그림 11.41). 지지케이블과 프리스트레싱 긴장재는 폴리에틸렌 덕트내에 그라우트된 7가닥과 12가닥의 단일 스트랜드로 형성되었다. 케이블과 긴

그림 11.39 Maidstone교, 켄트, 영국

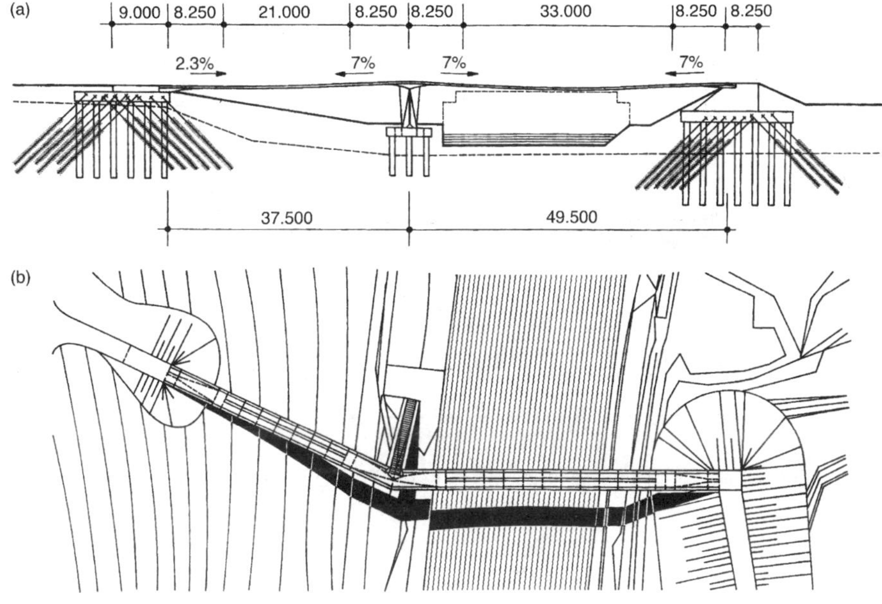

그림 11.40 Maidstone교, 켄트, 영국 : (a) 정면, (b) 평면

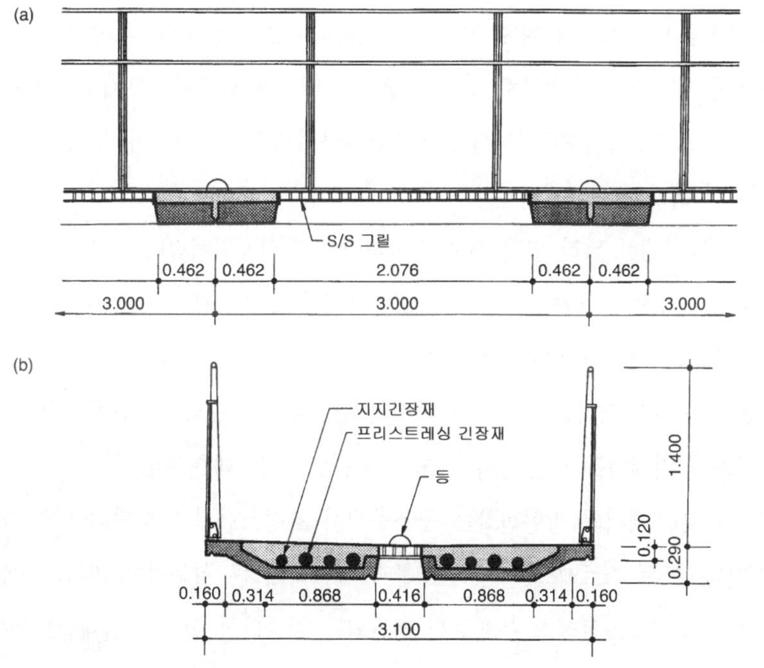

그림 11.41 Maidstone교, 켄트, 영국 - 프리스트레스트 밴드 : (a) 부분정면, (b) 횡단

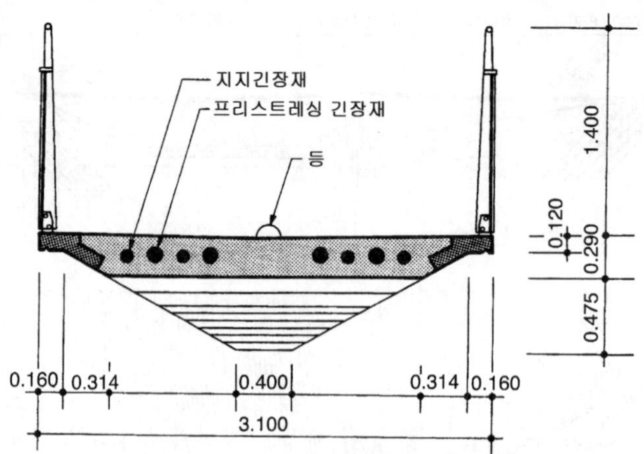

그림 11.42 Maidstone교, 켄트, 영국-헌치에서의 프리스트레스트 밴드 : 횡단

장재의 배치, 그들의 정착은 포스트텐션 구조물에 적용되는 영국의 특별요구조건에 따른다.

각도가 꺾이는 축에 위치하는 중간지점은 압축버팀대와 인장 타이에 의해 형성된 시스템에 의해 인접 경간으로부터의 기초로 전달되는 합력인 수평력에 저항한다(그림 7.35~그림 7.37, 그림 11.43). 압축버팀대는 계단에 의해 형성되고 인장타이는 스텐레스 강튜브로 형성되었다. 수평력의 값이 활하중 위치에 의존하므로 몇몇 하중조합에서 튜브는 압축부재로도 작용하였다.

스트레스 리본으로부터의 큰 인장력은 연직현장타설 말뚝과 경사 마이크로 말뚝의 결합에 의해 Weald 점토인 흙으로 전달되어진다.

구조물은 매우 상세한 정적 및 동적해석을 바탕으로 설계되어졌다(그림 7.77~그림 7.79). 구조물은 지반에 유연하게 고정된 3D 골조로 모델화되었다. 스트레스 리본은 지지 및 프리스트레싱 케이블, 프리캐스트 상부구조와 현장타설콘크리트의 성능을 표현할 수 있는 상호 연결된 평행부재로서 모델링 되었다. 해석은 기하학적 비선형 구조물로서 프로그램 ANSYS에 의해 수행되었다. 초기단계에서 지지케이블 힘은 상부구조의 자중과 균형상태를 이룬다.

교량상부구조 평면에서의 방향변화는 구조물에서 조심스럽게 검토되어야 할 횡방향과 비틀림 힘을 생성한다. 모든 스트레스 리본 구조물과 유사하게 큰 휨응력이 지점근처에서 생성된다. 이 응력들은 부분적 프리스트레스 부재로서 검토되는 현장타설 헌치를 설계함으로서 감소된다.

동적해석에서 고유진동수와 모드가 제일 먼저 결정되어진다. 그 다음 상부구조운동의 속도와

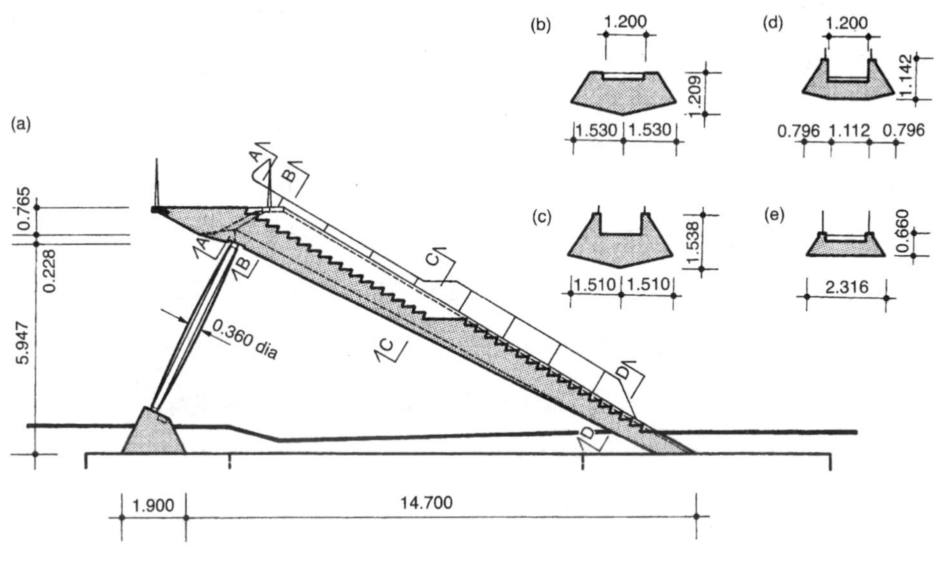

그림 11.43 Maidstone교, 켄트, 영국-중간지점
(a) 정면, (b) 단면 A-A, (c) 단면 B-B, (d) 단면 C-C, (e) 단면 D-D

가속도가 검토되어진다. 보행하중을 나타내는 상부구조를 따라 움직이는 맥동점에서 구조물의 거동이 검토되어진다.

상부구조의 가설이전에 헌치를 포함하여 교대와 중간지점이 타설된다(그림 7.57). 지지케이블을 인장할 때까지 중간지점의 안정성은 임시지점에 의해 보장된다. 지지케이블은 사장케이블로서 가설되어진다. 처음에는 가설강연선이 강과 왼쪽 제방을 횡단하여 당겨진다. 그 다음 PE덕트가 매달려지고 설계위치로 이동된다. 그 후 단일강연선이 덕트를 통하여 당겨진다.

지지케이블의 인장후 세그먼트는 이동크레인에 의해 가설되어진다. 처음에 가설세그먼트는 "C" 골조로 배치되어진다. 그 다음 지지케이블 아래에 설계위치로 이동되어지고 들어올려져 지지케이블에 매달려진다. 모든 세그먼트는 하루에 가설되어진다.

가설 세그먼트의 기하조건과 교대의 수평변형이 조심스레 검토되어진다. 세그먼트의 가설 후 케이블의 인장력은 수정되어지고, 프리스트레싱 긴장재와 합성슬라브의 철근이 배치되며 세그먼트 사이의 죠인트와 폐합부, 슬라브가 타설되어진다. 슬라브는 중간경간에서 폐합부로 대칭적으로 양 경간에 동시에 타설되어진다(그림 7.58). 전체 상부구조가 타설될 때까지 콘크리트가 소성상태로 남아있기 위하여 지연재가 사용되었다.

2일이 지난 후, 지지와 프리스트레싱 긴장재가 그라우트 되어졌다. 시멘트 모르타르가 충분한 강도에 도달했을 때 프리스트레싱 긴장재가 최종 프리스트레싱 힘의 15%까지 포스트텐션 되어진다. 부분 프리스트레싱은 온도변화로 인한 균열을 방지한다. 콘크리트가 충분한 강도에 도달하였을 때, 구조물은 완전설계 수준까지 포스트텐션 되어진다. 교량의 기능은 사용자가 교량에 서있거나 걸을 때 불안감을 느끼지 않는 것을 증명하는 동적실험에 의해 검증되어졌다.

교량은 영국 런던의 Bednaraski 사무실의 Cezary M. Bednarski와 체코공화국, 부르노의 컨설팅 엔지니어인 Strasky Husty와 동료들에 의하여 설계되었다. 영국, 런던의 Flint&Neil 회사에 의하여 영국에서 조정과 검토가 수행되었다. 교량은 영국의 Balfour Beatty 건설사에 의하여 시공되었다.

11.1.13 Rosenstein Ⅱ교, 스튜트가르트, 독일

도시공원을 연결하는 오솔길의 부분인 교량은 독일의 스튜트가르트에 1977년에 가설되었다. 이 교량은 철도궤도의 복선을 포함하는 작은 철도부를 횡단한다(그림 11.44) [32]. 경간 28.865 m인 교량은 0.10 m 두께의 프리캐스트 콘크리트 판넬에 의해 조합된 상부구조를 지지하는 두 개의 처진 케이블에 의하여 형성되어 진다. 케이블은 콘크리트 판넬의 고정하중과 반대곡률의 케이블에 의하여 안정되어진다(그림 11.45). 비록 교량이 스트레스 리본구조처럼 보이지만 그것은 프리텐션된 공간 트러스로서 기능을 한다.

그림 11.44 Rosenstein Ⅱ교, 스튜트가르트, 독일 (Schlaich, Bergermann & Partners)

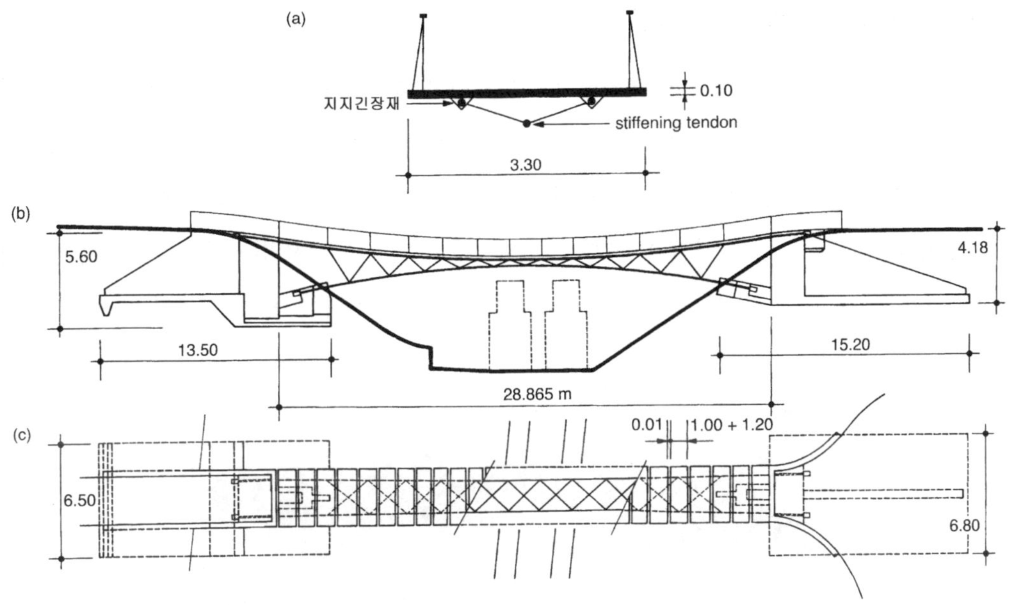

그림 11.45 Rosenstein Ⅱ교, 독일 : (a) 횡단, (b) 정면, (c) 평면

프리스트레싱은 대각선 타이에 의해 주 케이블에 연결되는 바닥면의 케이블에 의하여 제공되어진다. 상부구조는 0.01 m 간격으로 서로 떨어진 0.1 m 두께와 1 m 폭의 개별 프리캐스트 콘크리트 슬라브로 형성되었다. 단위계와 케이블과의 연결부 사이의 미미한 마찰은 어느 정도의 감쇄를 제공한다.

인장 프리스트레스는 최대보도하중과 케이블의 최대온도신장의 약 60%에서 모든 케이블이 팽팽하게 긴장되게 남아 있도록 주의 깊게 계산되었다. 경제적 이유로 설계자는 독일 규정에서 명시한 전체에 5 kN/m^2 활하중하에서 팽팽한 긴장을 확보하기 위해 교량에 프리스트레스를 가하지 않도록 결정했다.

교량은 특히 경간의 1/4지점에 하중이 재하되었을 때, 비정상으로 통상적인 것 이상으로 더 진동한다. 그러나 스튜트가르트의 시민들은 이것을 받아들였으며 공원의 관광정보지도에는 "흔들교량"이라는 RosensteinparkⅡ에 대한 별칭을 포함하였다.

교량은 당시에 스튜트가르트의 컨설팅 엔지니어인 Leonhardt와 Andä의 동료였던 Schlaich 교수에 의해 설계되었다.

11.1.14 Phorzheim Ⅲ교, 독일

Phorzheim Ⅲ교는 독일의 Phorzheim시에 1991년에 재정비된 Enz강을 횡단하여 가설되었다(그림 11.46) [32]. 교량은 길이 50 m, 새그 0.75 m의 단경간이며 폭은 2.85 m이다(그림 11.47).

상부구조는 프리스트레스된 밴드에 의해 형성되지 않았다. 구조계는 직사각형 횡단면이 0.6 m×0.04 mm인 두 개의 긴 강재절편으로만 이루어졌다. 이것들은 재정비된 하천의 제방에 심어진 두 개의 크고 무거운 콘크리트 앵커블럭 사이에 매달려졌다. 가벼운 콘크리트경간의 프리캐스트

그림 11.46 Rosenstein Ⅱ교, 독일 (Schlaich, Bergermann & Partners)

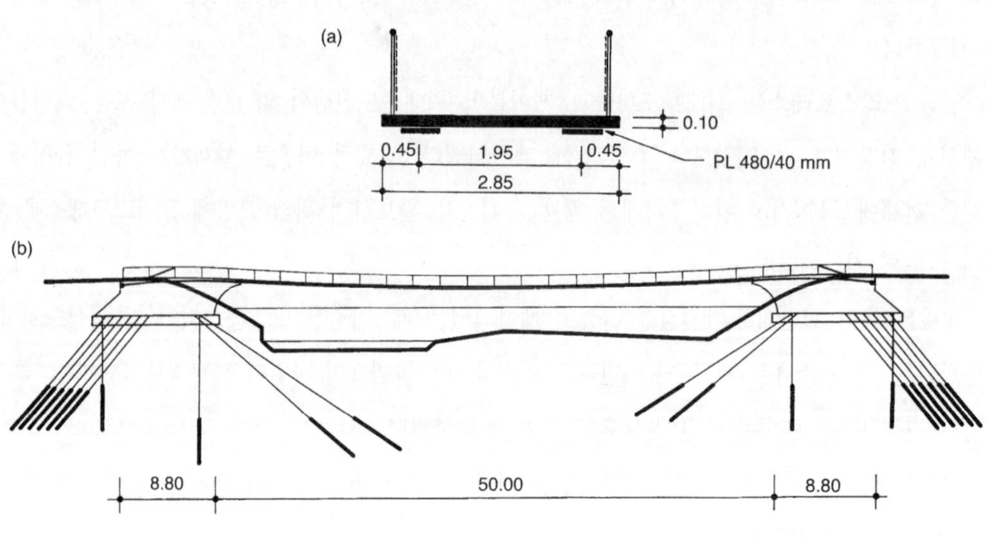

그림 11.47 Rosenstein Ⅱ교, 독일 : (a) 횡단, (b) 정면

판재는 강재 절편 사이에 횡단으로 걸쳐있다. 판재는 고무지지패드에 놓이고 강재절편에 놓인 역 "T" 형태의 고무 간격재에 의해 약간 분리되어져 있다. 이것은 판재가 보행자의 집중으로 인한 상부구조의 높은 국부적인 휨에 의해 긴장되지 않게 해준다.

강성과 감쇄는 고무 패드와 간격재, 튜브형태의 난간(특히, 상세죠인트를 가진)과 심지어는 상부구조와 난간 사이에 배치된 와이어 안전 메쉬 등에 의하여 제공되어진다. 이것들은 교량을 매우 강하게 하고 사용자로부터 어떠한 불안도 일으키지 않는다.

교량은 스튜트가르트의 컨설팅 엔지니어인 Bergermann과 Schlaich에 의하여 설계되었다.

11.1.15 Punt da Suransuns교, 스위스

1999년에 가설된 Punt da Suransuns교는 스위스의 Viamala Gorge를 관통하는 Hinterrhein 강을 횡단한다(그림 11.48) [13]. 교량은 화강암슬라브로 조립되어진 40 m 경간의 스트레스 리본에 의해 형성되었다(그림 11.49, 그림 11.50). 노면은 종방향경사가 20%에서 0%이다.

선정된 암은 그 지역에서 채석되는 Andeer 화강암이었고 우수한 물리적 특성 때문에 선정되었다. 교량이 상부의 고속도로에서 나오는 비산염분의 영향을 받기 때문에, V4A 스텐레스 스틸이나 이중합성강재로 모든 강재부분들을 적용하였다.

그림 11.48 Punt da Suransuns교, 스위스 (Conzett, Bronzini, Gartmann AG)

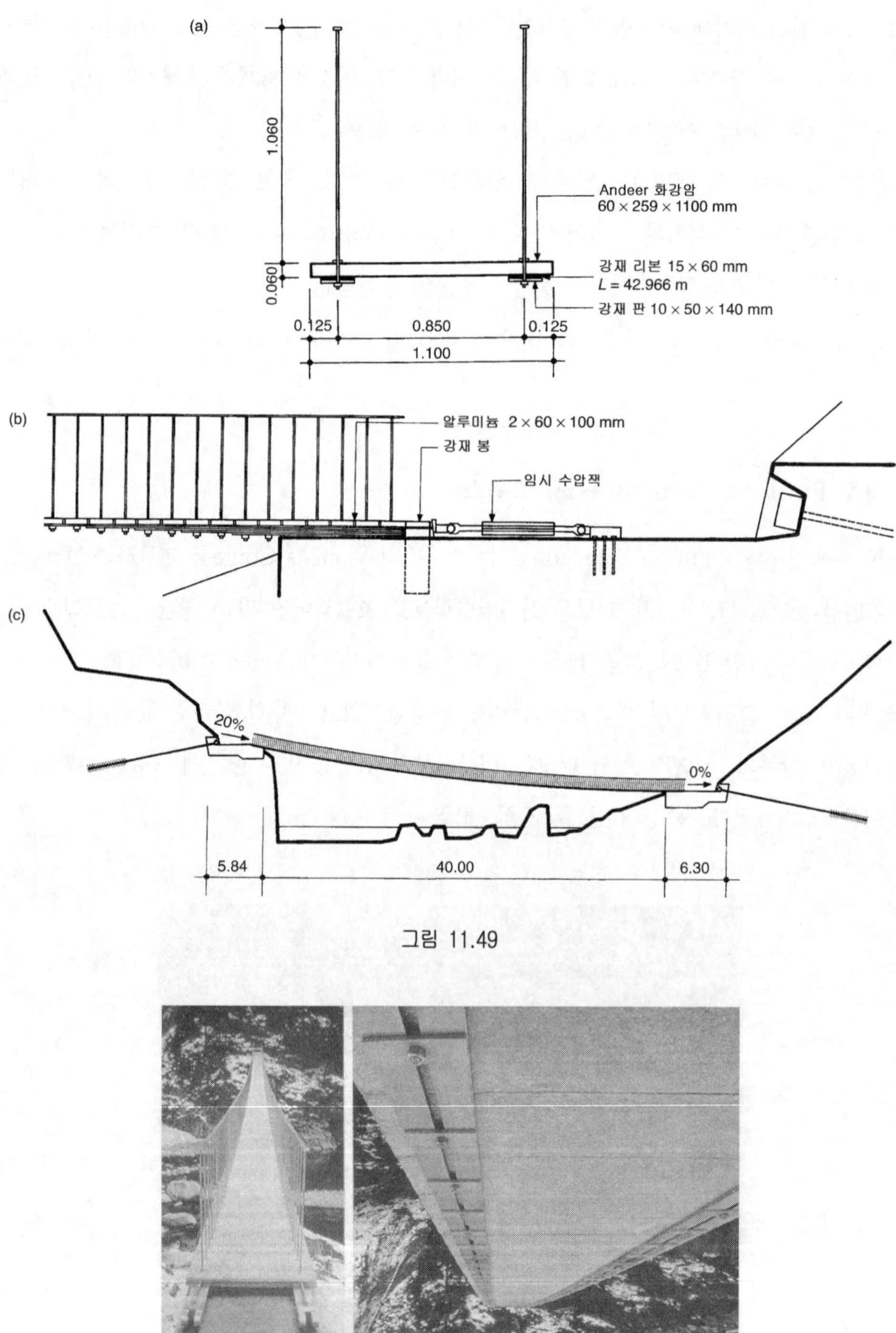

그림 11.49

그림 11.50 Punt da Suransuns교, 스위스 : 구조적 기법 (Conzett, Bronzini, Gartmann AG)

화강암슬라브 부재는 교대에 정착된 횡단면 0.06×0.015 m의 두 개의 강재 절편에 의하여 지지되어진다. 비록 교량의 구조적 배치가 PhorzheimⅢ교의 배치와 유사하게 보일지라도, 정적기능은 전적으로 다르다. 슬라브 부재 사이의 죠인트는 모르타르의 역할을 하는 3 mm 두께의 알루미늄 판으로 채워져 있고 구조물은 화강암슬라브와 강판 사이에 싸여있는 케이블에 의해서 프리스트레스 되어진다. 이와 같은 방법으로 화강암슬라브와 강재에 의해 형성된 합성단면이 생성된다. 함께 압축된 암석슬라브의 실제 휨강성은 다섯 개의 암석슬라브의 실험에서 측정되어진다. 죠인트의 정밀도에 의존하기 때문에 측정된 휨강성은 이론값의 절반에도 못 미친다.

지점의 휨응력은 지점 면적에 설계된 박편의 스프링에 의하여 줄어든다(그림 11.49(b)). 응력해석에 대하여, 한계상태인 “균질단면”과 “마찰 없는 단면”이 검토되어지고 비교되어졌다.

교량은 교대의 타설 후, 쌓거나 당기거나 조이는 작업만이 수행되는 건조가설공법에 의하여 시공되어졌다. 비교적 가벼운 타이바가 헬리콥터에 의하여 완전한 조각들로 가설되었다. 강재 로우프가 배치된 후 낮은 쪽 교대에서 시작하여 하나하나 배치되었다. 슬라브는 난간지주를 거쳐서 강재로우프에 부착되어졌다. 로우프를 인장하고 강재 단부블럭을 쐐기로 고정시킨 후 난간지주의 너트가 조여지고 난간이 지주에 용접되어진다.

계획단계동안 가설공법은 1 : 20 모델로 실험되었다. 상부구조는 3 mm 두께의 화강암 판으로 모델화되어졌다. 정적계산의 결과는 정성적으로 실험되었고 모델의 비틀림 강성값은 매우 높은 것으로 나타났다. 교량을 지나갈 때 연직 진동이 일어날 수 있지만 보행자는 교량이 보이는 것처럼 그렇게 유연하지 않다고 의견을 제시하였다.

교량은 Conzett, Bronzini, Gartmann AG, Chur 에 의해 설계되었고, 시공사는 Romei AG, Granitewerke Andeer, V. Luzi 였다.

11.1.16 Olomouc 근처의 고속도로 R3508을 횡단하는 교량, 체코공화국

교량은 체코의 Olomouc 시 근처에 가설중인 고속도로 R3508을 횡단할 예정이다. 교량은 아치에 의하여 지지되는 2경간 스트레스 리본에 의해 형성되어진다(그림 11.51). 79.2 m 길이 스트레스 리본은 지지된 프리캐스트 세그먼트의 집합체이고 외부 긴장재에 의하여 포스트텐션되어진다(그림 7.13, 그림 11.52).

그림 11.51 Olomouc교, 체코

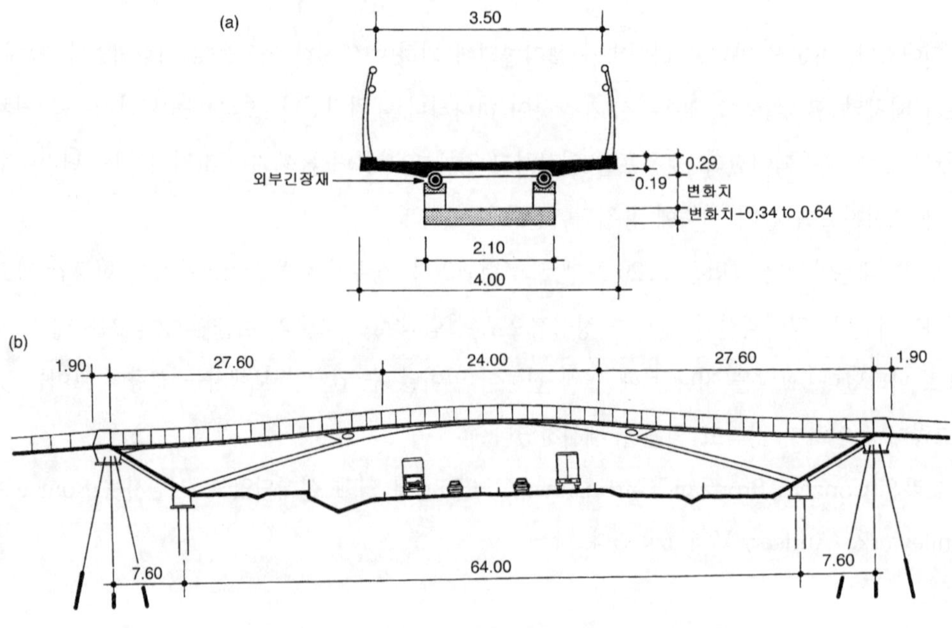

그림 11.52 Olomouc교, 체코 : (a) 횡단, (b) 정면

구조물의 기하조건과 하중, 포스트텐션닝의 수준은 스트레스 리본의 수평력과 아치에서의 수평력이 같은 크기가 되도록 설계되었다. 아치기초와 스트레스 리본의 앵커블럭은 압축버팀대에 의하여 연결되어지기 때문에 교량은 연직반력에 의해서만 기초에 재하되는 자정식구조물로서 기능을 가진다.

프리캐스트 세그먼트는 설계강도 80 MPa의 고강도콘크리트로 설계되고 현장타설 아치는 강도 70 MPa의 고강도 콘크리트로 설계되어진다. 외부케이블은 단부교대에 정착되고 아치 크라운과 짧은 스펜드럴 벽체에 의해 형성된 새들 위에서 편향되어진다. 교대에서 긴장재는 앵커블럭으로부터 돌출된 캔틸레버에 의해 형성된 짧은 새들에 의하여 지지되어진다. 스트레스 리본과 아치는 교량의 중심에서 강결연결되어진다. 아치의 기초는 현장타설에 의해 시공되어지고 앵커블럭은 마이크로파일로 시공되어진다.

구조해법은 7.9절에 논의된 실험과 매우 상세한 정적 및 동적해석을 근거로 개발되어졌다. 또한 아치의 좌굴해석에 대하여 매우 주의를 기울였다.

교량은 체코의 브루노에 있는 저자의 설계회사인 Strasky, Husty에 의해 설계되었다.

11.1.17 Tokimeki교, 일본

2002년에 가설된 Tokimeki교는 일본의 미아현에서 최근 개장한 Kameyama Sunshine공원의 중앙에 위치하는 Takatsuka 연못을 횡단한다(그림 11.53) [87]. 교량은 경간 길이 50 m인 아치에 의하여 지지되는 2경간 스트레스 리본에 의하여 형성된다. 스트레스 리본의 앵커블럭과 아치 스프링은 스트레스 리본의 수평력을 아치기초로 전달하는 압축버팀대에 의하여 연결되어지기 때문에 교량은 연직력만 기초에 재하되는 자정식 시스템을 형성한다(그림 11.54).

그림 11.53 Tokimeki교, 일본

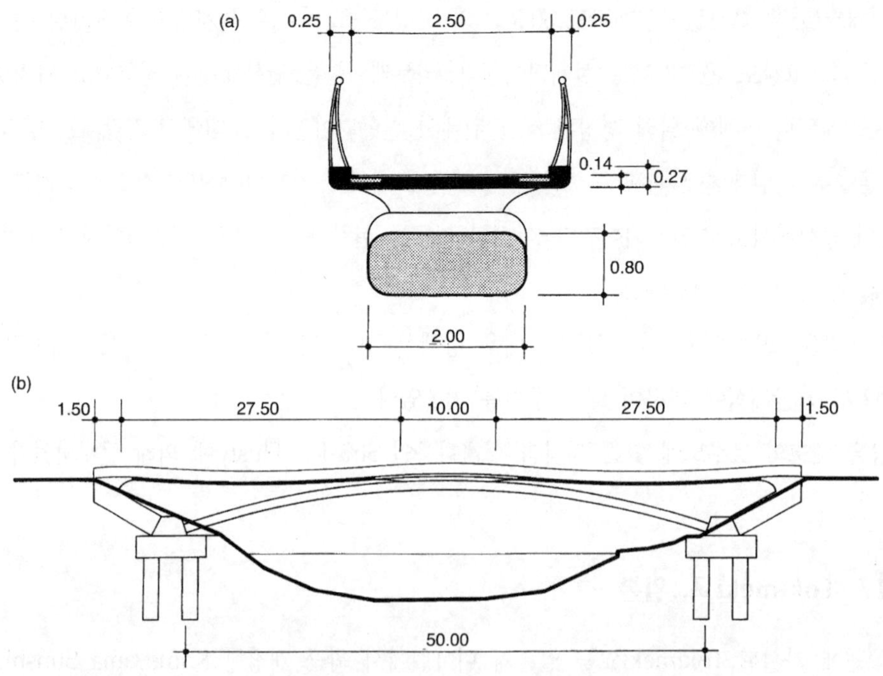

그림 11.54 Tokimeki교, 일본 : (a) 횡단, (b) 정면

27.5 m 경간과 0.568 m의 새그의 스트레스 리본은 프리캐스트 슬라브 세그먼트와 아치 크라운 상부와 단부 앵커블럭에 위치하는 현장타설헌치로 결합된다. 세그먼트는 세그먼트의 끝단에 근접하게 위치해 있는 길죽한 홈에 배치되는 지지긴장재에 매달려진다. 스트레스 리본은 상부구조슬라브 내에 위치하는 프리스트레싱 긴장재에 의하여 포스트텐션 되어진다. 아치와 단부버팀대는 충실단면을 가진다.

끝단 앵커블럭은 지지되어 있지 않기 때문에, 버팀대에 큰 압축력이 가해질 뿐만 아니라 휨모멘트도 받는다. 그러므로 그들은 강한 충실단면에 의하여 형성되어지고 포스트텐션 되어진다. 교량은 현장타설말뚝기초 위에 세워진다.

시공은 기초의 시공과 버팀대의 타설에 의해 시작된다. 아치는 임시성토에 의하여 지지된 거푸집에 타설된다. 그 다음 지지긴장재가 설치되고 포스트텐션 되어진다. 세그먼트 가설동안 긴장재의 이동을 없애기 위하여 지지긴장재가 아치 크라운에 임시로 고정된다. 그 다음 프리캐스트 세그먼트가 지지긴장재에 매달려진다.

그 후 프리스트레싱 긴장재가 설치되어지고 헌치가 철근보강되어진다. 그 다음 세그먼트 사이의 죠인트, 길죽한 홈과 헌치가 타설되고, 후속적으로 포스트텐션되어지며 아치의 거푸집이 제거된다. 시공 동안, 버팀대 상단의 수평이동과 스트레스 리본의 새그는 주의 깊게 감시된다.

교량은 일본 엔지니어링 컨설팅회사에 의해 설계되었고, 시공사는 Sumitomo 건설사이다.

11.1.18 Morino－Wakuwaku교, 일본

2001년에 가설된 Morino－Wakuwaku교는 일본의 이와키현의 이와키시 중심에 위치하는 공원을 횡단한다. 교량은 상부구조 밑에 위치하는 외부케이블에 의해 포스트텐션되어지는 스트레스 리본으로 형성되어진다(그림 11.55) [38].

128.5 m길이와 2.57 m의 새그를 가지는 스트레스 리본은 교대에 위치한 현장타설헌치와 프리캐스트 세그먼트의 집합체이다(그림 11.56). 삼각형 단부를 가지는 세그먼트는 폭이 4.4 m이고 두께가 0.328 m이다. 세그먼트는 단면 단부에 근접하여 위치하는 길죽한 홈에 배치되는 지지긴장재에 매달려진다. 스트레스 리본은 상부구조 밑에 위치한 외부포물선의 프리스트레싱 긴장재에 의해 포스트텐션 되어진다. 이 긴장재들은 중간경간에서 최대 5.425 m의 변화하는 편심을 가지고 있다. 그들은 길이가 변하는 강재버팀대에 의하여 스트레스 리본에 연결되고(그림 11.57), 교대에 정착되어진다. 스트레스 리본의 수평력은 락앵커에 의해 지지된다.

그림 11.55 Morino－Wakuwaku교, 일본 (Oriental건설)

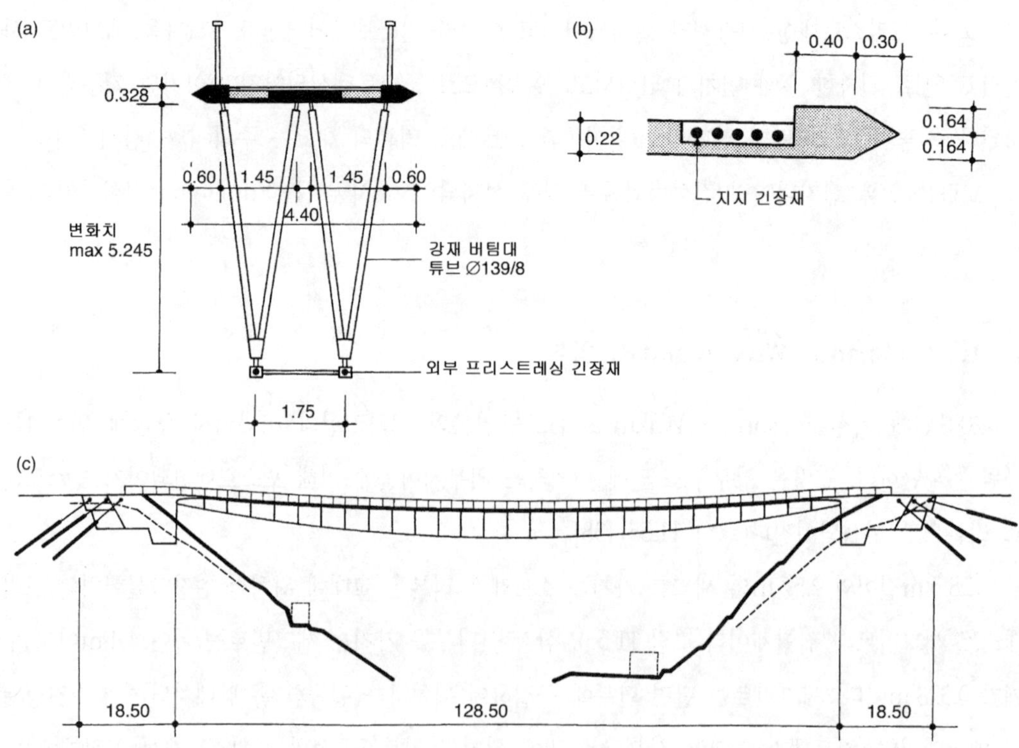

그림 11.56 Morino-Wakuwaku교, 일본 : (a) 횡단, (b) 지지 긴장재, (c) 정면

그림 11.57 Morino-Wakuwaku교, 일본 : 상부구조, 버팀대, 외부 프리스트레싱 긴장재 (Oriental건설)

프리스트레싱 긴장재는 스트레스 리본보다 더 큰 곡률을 가지고 있기 때문에 전통적인 스트레스 리본 구조물에 비하여 긴장재의 수가 줄어든다. 또한 구조물의 비틀림강성은 보다 더 높다. 반면에 구조물은 강재부재의 완전부식방지를 요구하며 구조물의 가설은 보다 복잡하다.

고정하중에 의한 외부케이블의 응력들은 $0.44\,f_u$이고 $2\,\mathrm{kN/m^2}$의 활하중은 $40\,\mathrm{N/mm^2}$의 부가적인 응력을 생성한다. 강재 버팀재는 상부구조와 외부긴장재와 함께 편연결된다.

교량의 시공은 교대를 타설하고 락앵커를 포스트텐셔닝함으로써 시작된다. 다음 지지텐던이 계곡을 횡단하여 당겨지고 포스트텐션되어진다(그림 11.58(a)).

그 후 강재 버팀대가 포함된 세그먼트가 지지긴장재에 매달려지고 설계위치로 이동되어진다(그림 11.58(b)). 다음 매달림 거푸집이 가설되어진다. 후속으로 길죽한 홈, 세그먼트 사이의 죠인트, 헌치들이 타설되어진다(그림 11.58(c)). 외부 프리스트레싱 긴장재를 포스트텐셔닝함으로써 구조물은 설계형상과 요구된 강성을 가지게 된다(그림 11.58(d)).

구조물의 기능은 정적 및 동적 하중재하 실험에 의하여 확인되었다. 교량은 Kyoryo 컨설팅에 의해 설계되어졌고, 시공사는 Oriental 건설사이다.

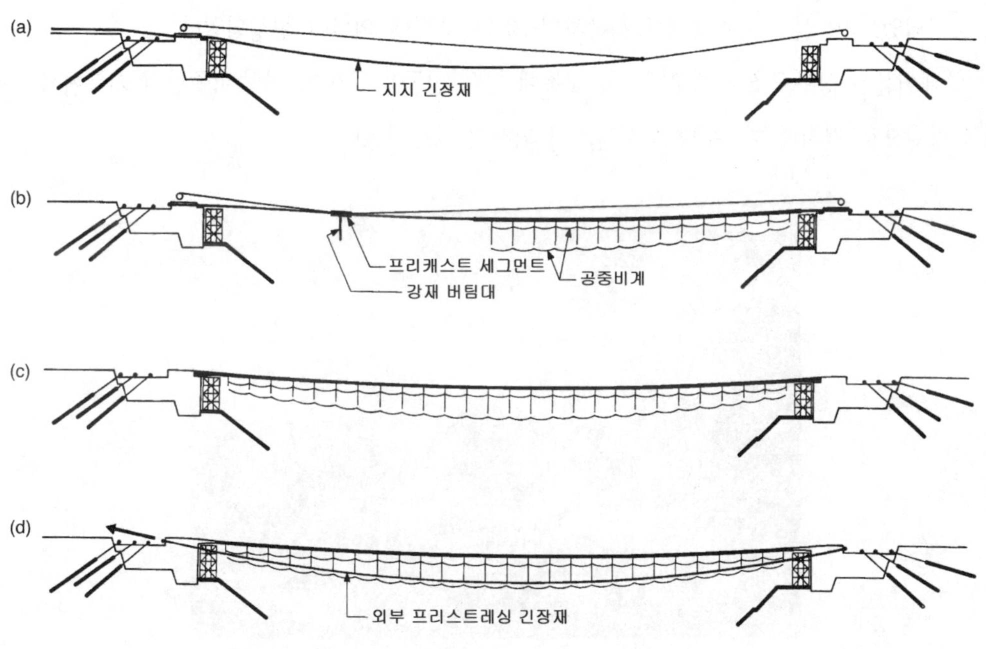

그림 11.58 Morino-Wakuwaku교, 일본 : 시공순서

11.2 현수 구조물

11.2.1 Alt Urgell, Lérida의 Segre강 위의 교량, 스페인

스페인의 Alt Urgell Lérida에 있는 Segre 강을 횡단하여 1984년에 가설된 4개의 현수교는 1982년 홍수에 의해 파손된 구조물을 대체하여 가설되었다. Reula, Basella와 Peramola라 불리는 이들 교량들 중에 3개가 보행자를 위하여 건설되었다. Reula교는 70 m의 경간을 가지고, Basella교 90 m 경간을, Peramola교는 102 m의 경간을 가진다(그림 11.59, 그림 11.60) [89].

3개의 교량 모두 유사한 배치를 가진다. 그들의 상부구조는 3.66 m 폭과 0.4 m 두께인 리브로 보강된 프리캐스트 세그먼트로 결합된다. 3.6 m 길이의 세그먼트는 프리캐스트 주탑에 의해 지지된 강재 새들에서 편심되어지는 록코일 강연선에 의해 형성된 두 개의 현수케이블에 매달려진다. 행거 사이의 거리는 2 m이다.

주탑은 상단에서 최대폭을 가지는 사다리꼴형태이다. 넓은 반경을 요구하는 새들의 크기로 인하여 상단폭은 2~3 m의 범위이다. 주케이블의 앵커블럭도 미리 제작되었다. 앵커블럭은 기초에 고정되었으며, 실제 지반앵커를 사용하여 지중연속벽에 의하여 형성되었다.

주케이블은 상부구조의 휨모멘트와 교통에 의한 진동을 줄이기 위하여(주탑의 기부에서 주케이블 방향으로 걸치게 한) 부방향 사장재에 의하여 보강되었다.

그림 11.59 Segre강교, 스페인 (Carlos Fernandez Casado, S.L., 마드리드)

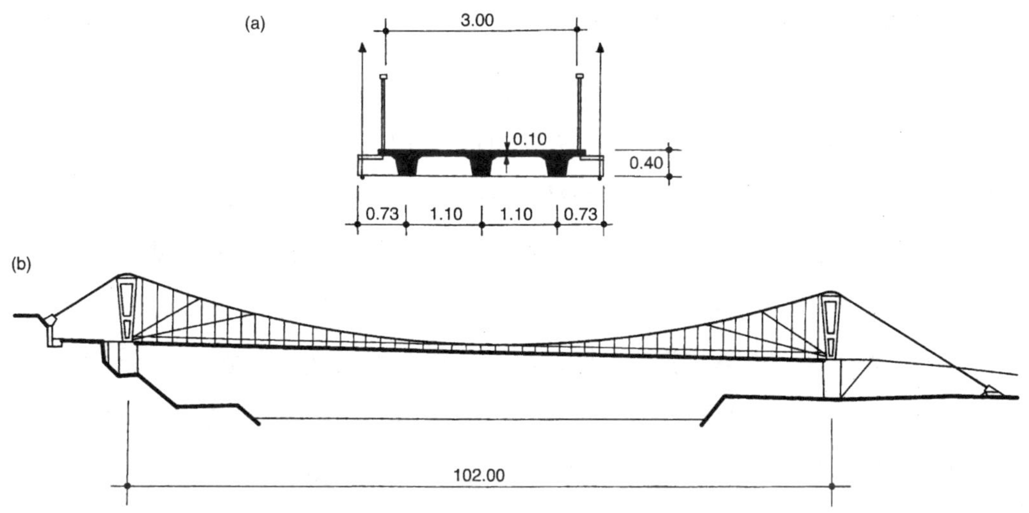

그림 11.60 Segre강교, 스페인 - Peramola교 : (a) 횡단, (b) 정면

모든 프리캐스트부재의 제작은 부재를 시공현장으로 운반시킬 수 있는 중앙 플랜트에서 수행되었다. 주탑이 제일 먼저 가설되었으며 주케이블이 뒤따랐다. 그 후 공장제작부재들이 주케이블에 매달려졌다(그림 11.61). 부방향 사장재가 연결이 되고 최종적으로 세그먼트 사이의 0.4 m 폭의 죠인트가 콘크리트 타설되었으며 상부구조는 종방향으로 프리스트레스 되어졌다.

교량은 스페인 마드리드의 Carlos Fernandez Casado S.L에 의하여 설계되었다.

그림 11.61 Segre강교, 스페인 : 가설중 상부구조 (Carlos Fernandez Casado, S.L., 마드리드)

11.2.2 Max-Eyth-See교, 스튜트가르트, 독일

Neckar 강을 횡단하는 1987년에 가설된 교량은 강의 한쪽에 위치한 포도원 위의 교외로부터 반대쪽에 위치한 휴양지까지 직접 연결한다(그림 11.62) [67].

교량상부구조는 두 개의 단주의 새들에서 편심되는 두 개의 경사현수케이블에 매달려진다(그림 11.63). 기둥은 24.5 m와 21.5 m의 다른 높이를 가지고 있다. 0.42 m 두께의 얇은 상부구조는 매우 근접한 간격의 대각선 행거케이블의 십자교차배치로 매달려진다(그림 2.27).

강 위 상부구조의 주요부분은 직선이다. 포도원쪽에 상부구조의 끝부분은 그것이 기둥에 도달하기 전에 중심선으로부터 곡선으로 떨어져 있다. 그래서 그것이 배를 끄는 선로 위로 통과할 수 있고 지상의 유리한 지형에 있는 포도밭을 관통하는 길과 합류될 수 있다. 공원쪽에 상부구조는 기둥에 도달하기 전에 분리되어졌고 그것의 각각 양쪽으로 지나간다.

강 위의 상부구조의 주요 부분은 현장타설 상부구조 슬라브가 합성된 프리캐스트 세그먼트로부터 결합되어진다. 곡선부분은 현장타설되었다. 상부구조는 변하는 형고를 가지며 교대에 고정되었다. 분기된 램프의 교대는 지반에 고정된 반면 포도원쪽의 교대는 이동이 가능하다. 교대는 회전을 제한하는 기초슬라브에 의하여 지지되어진다.

난간의 충격이 상부구조의 충격보다 더 크지 않토록 보장하기 위해, 상부구조의 하나는 난간 높이에 달리고 다른 하나는 상부구조 높이에 달린 두 개의 종방향 인장케이블에 꽉 조여진 와이어메쉬로 고안되었다.

그림 11.62 Max-Eyth-See교, 스튜트가르트, 독일 (Schlaich, Bergermann & Partners)

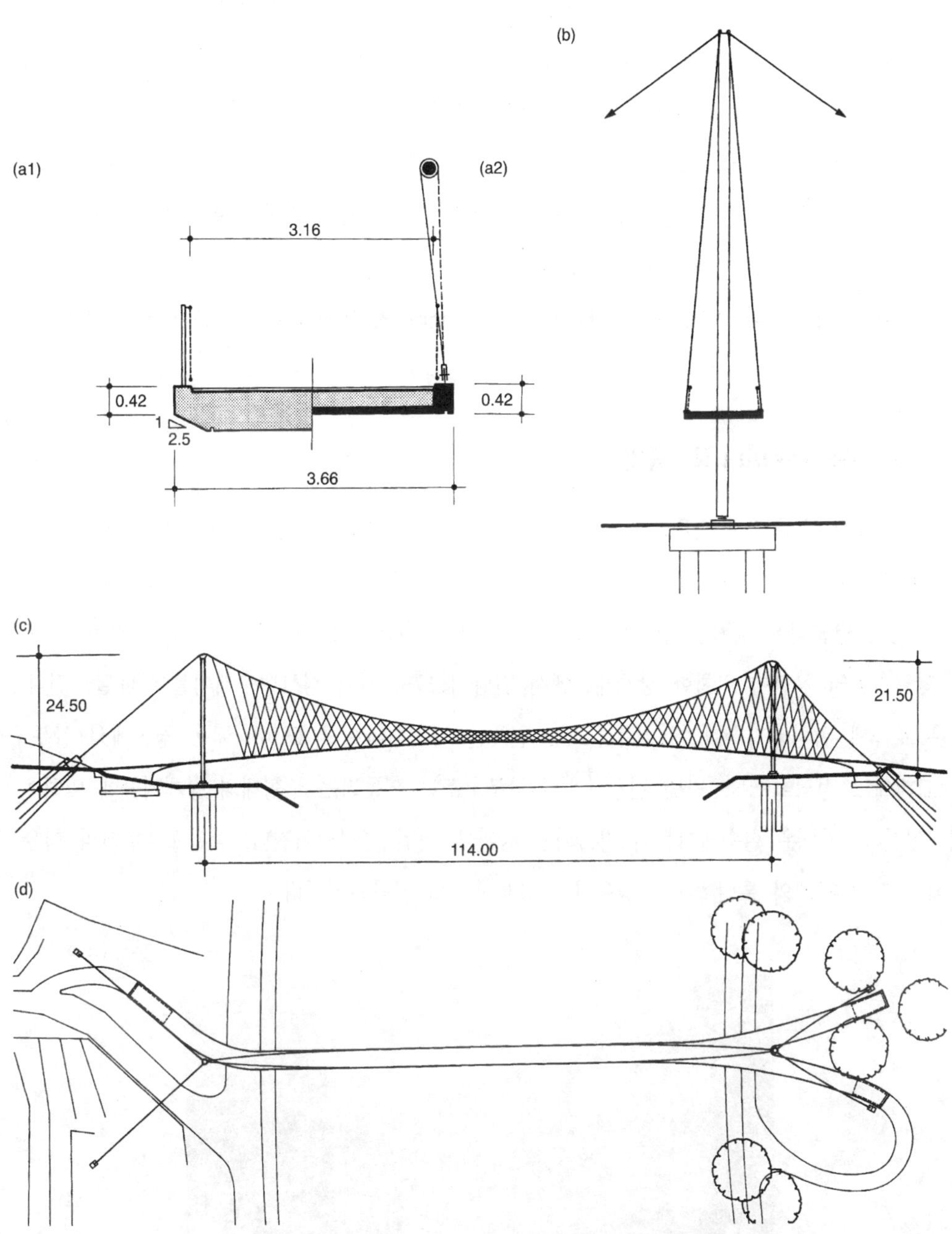

그림 11.63 Max-Eyth-See교, 스튜트가르트, 독일
(a) 상부구조의 횡단 , 1-램프, 2-주경간, (b) 주탑정면, (c) 정면, (d) 평면

시공은 교대와 램프를 타설함으로써 시작되어진다(그림 8.19). 그 다음 기둥과 행거달린 현수케이블이 가설되어지고 앵커블럭에 정착되어진다. 후속적으로 세그먼트는 주케이블에 점진적으로 매달려진다(그림 8.20). 그 후 현장타설 합성슬라브와 폐합부가 타설되어진다.

이 아름다운 구조물은 교량을 횡단하고 교량을 전망하고, 교량과 함께 더불어 사는 사람에게 적합하다. 상부구조는 분리되어있고 곡선형태이어서 보행자에게 환영을 받고 있다. 비록 교량이 가볍고 투명하지만 매우 잘 거동하고 있다.

교량은 독일 스튜트가르트의 Schlaich, Bergermann & Partners에 의하여 설계되었다.

11.2.3 Phorzheim I 교, 독일

Phorzheim I 교는 독일의 Phorzheim시에서 1991년에 Enz강을 횡단하여 가설되었다(그림 11.64) [70]. 교량은 51.8과 21.8 m의 2경간의 자정식 현수구조물로서 구성되었다(그림 11.65).

교량은 단순하고 명확한 구조시스템을 형성한다. 0.3 m의 두께를 가지고 있는 얇은 상부구조는 단일기둥의 상단에 위치한 강재새들에서 편향되는 두 개의 경사현수케이블에 매달려진다. 기둥은 교축에 위치하기 때문에 상부구조는 변폭을 가진다(3.4~6.29 m). 짧은 경간에서 상부구조는 교대에 고정되어 있는 반면 긴경간에서 상부구조는 흔들리는 추형태의 강재기둥에 의하여 지지되어진다. 기둥은 현수케이블이 정착되는 강판에 직접 연결되어진다. 강판으로부터의 힘은 강판에 용접된 강재의 톱니형태를 경유하여 상부구조에 전달되어진다.

그림 11.64 Phorzheim I 교, 독일 (Schlaich, Bergermann & Partners)

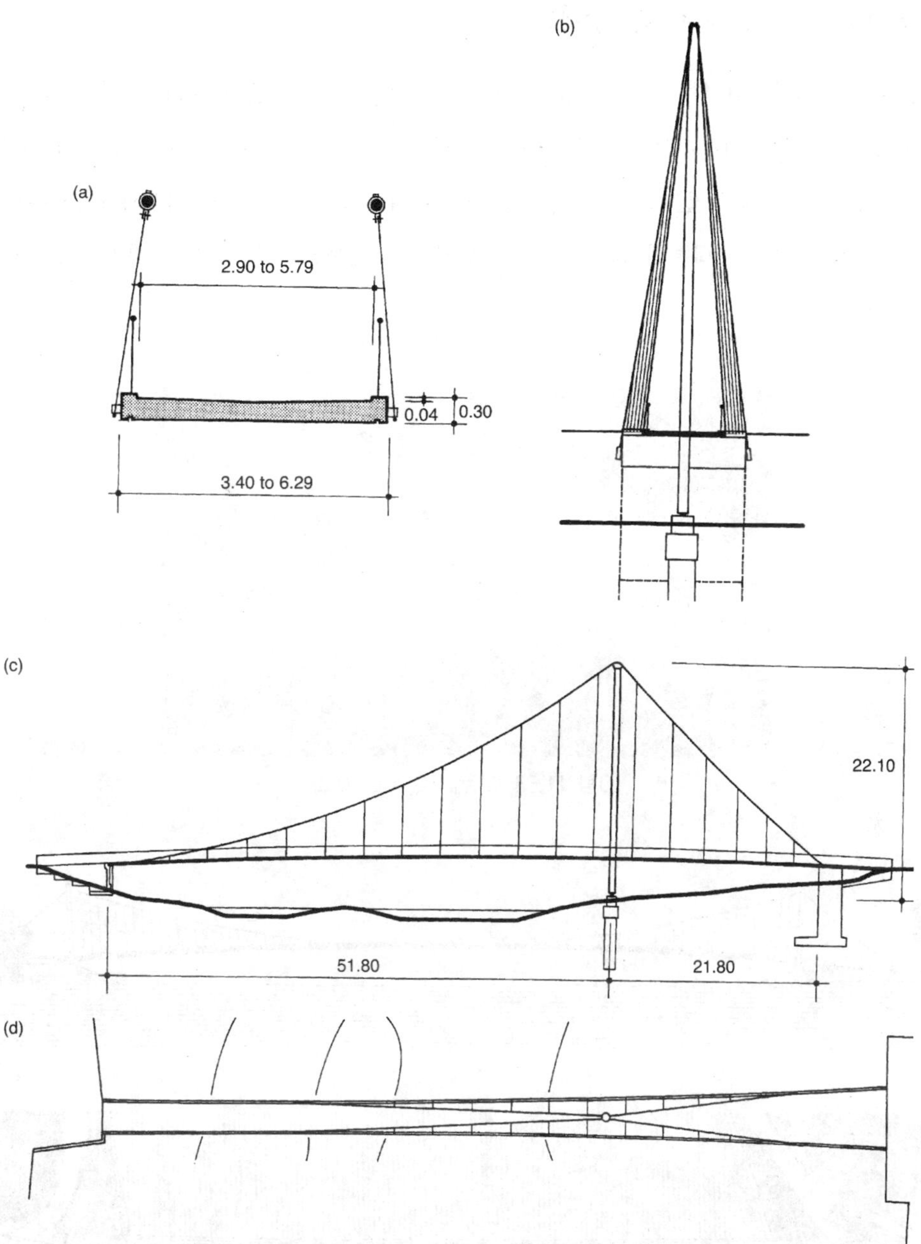

그림 11.65 Phorzheim Ⅰ교, 독일 : (a) 상부구조의 횡단, (b) 주탑의 정면, (c) 정면, (d) 평면

교량의 상부구조는 거푸집 위에서 타설되고 기둥과 현수케이블이 설치되어진다.

교량은 독일, 스튜트가르트 Schlaich, Bergermann & Partners에 의하여 설계되었다.

11.2.4 Vranov Lake교, 체코공화국

1993년에 가설된 이 현수교는 1930년대에 댐으로 인하여 생성된 Vranov 호수가 있는 아름답고, 나무가 무성한 위락지역에 위치한다(그림 1.20, 그림 8.1, 그림 11.66~그림 11.68) [80], [81], [82], [83]. 구조물은 호수의 한쪽제방의 물가와 다른 쪽 제방의 숙박시설과 레스토랑, 가게 사이의 사람들을 나르는 나룻배 대신으로 설치되었다. 구조물은 또한 상수와 가스관이 지나도록 설계되었다.

그림 11.66 Vranov호수교, 체코

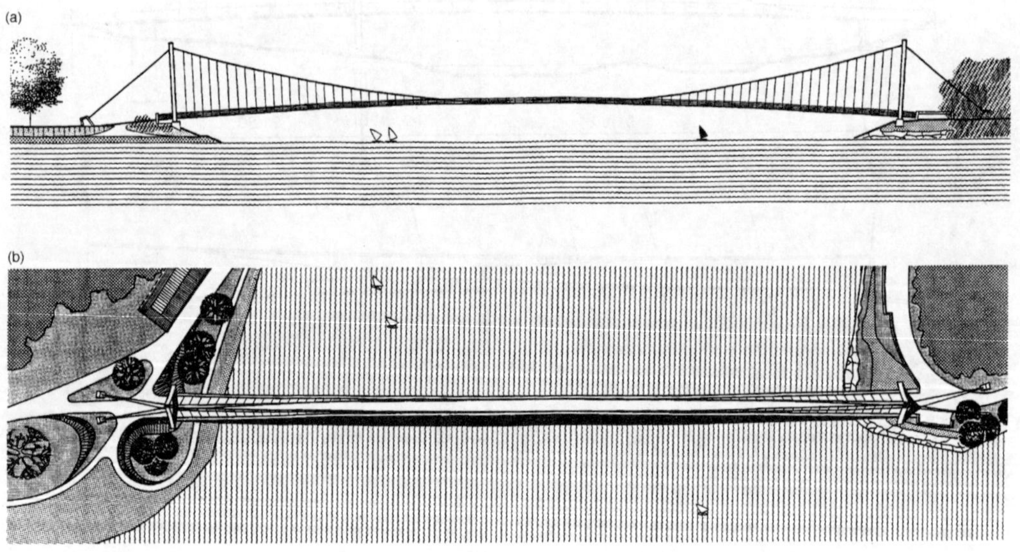

그림 11.67 Vranov호수교, 체코 : (a) 정면, (b) 평면

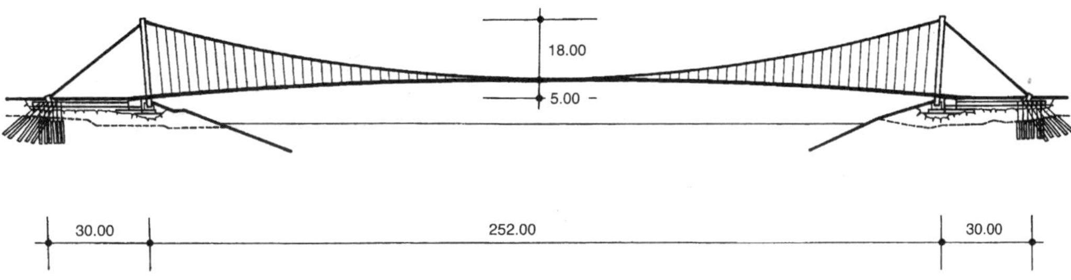

그림 11.68 Vranov호수교, 체코 : 정면

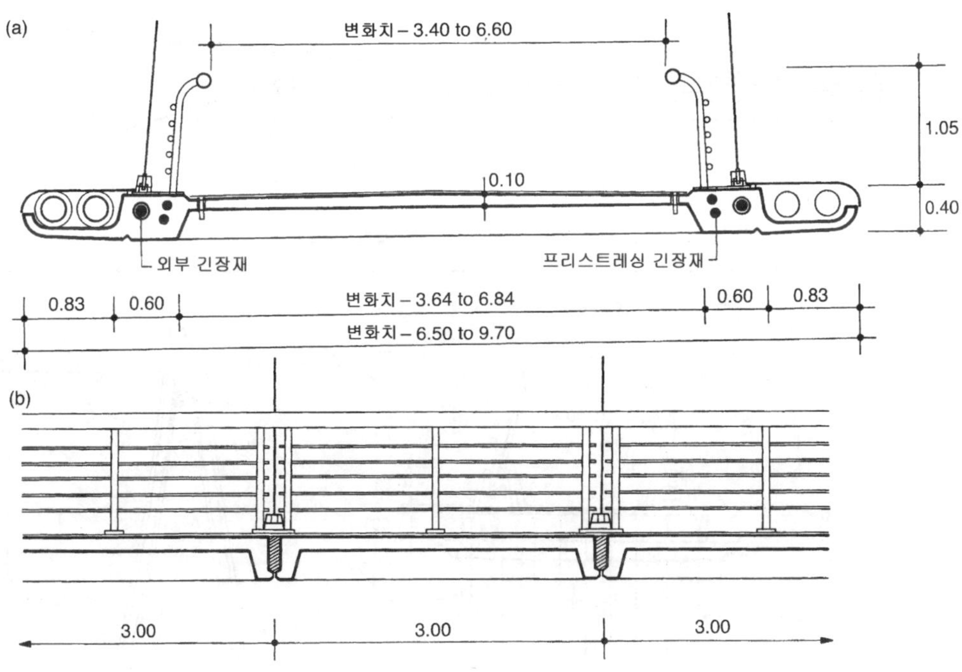

그림 11.69 Vranov호수교, 체코 – 상부구조 : (a) 횡단, (b) 부분 정면

0.4 m 두께를 가지고 있는 매우 얇은 상부구조(그림 1.21, 그림 11.69)는 30, 252, 30 m인 3경간의 두 개의 경사현수케이블에 매달려진다. 케이블은 콘크리트 주탑의 다이어프램에 위치한 강재새들에서 편향되어지고 앵커블럭에 정착되어진다(그림 11.70). 케이블에서의 당김은 락앵커에 의하여 지반에 전달되어진다. 앵커블럭과 교대는 프리스트레스트 콘크리트 타이에 의하여 상호 연결되어진다.

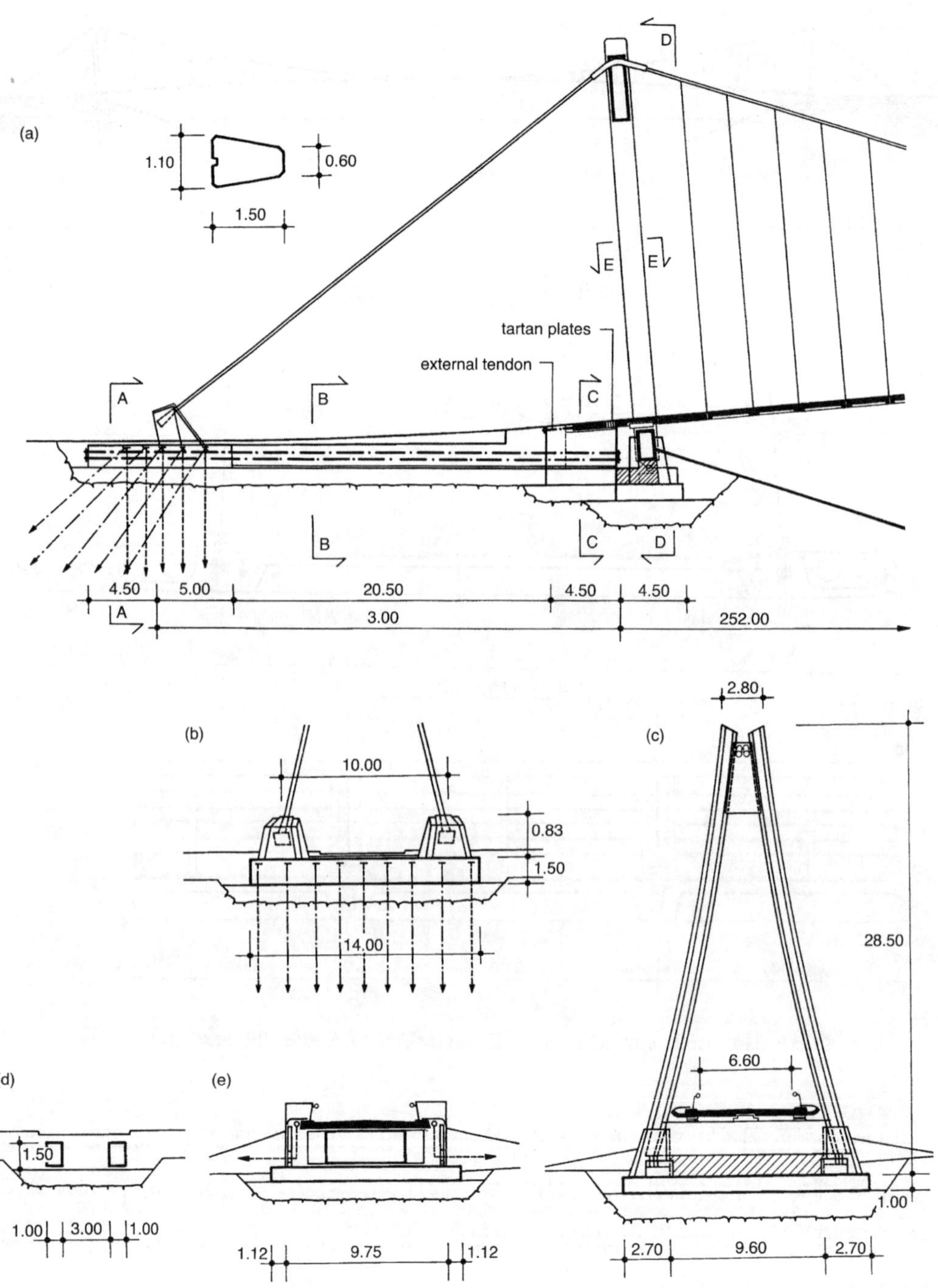

그림 11.70 Vranov호수교, 체코-주탑정면 : (a) 단면 E-E, (b) 단면 A-A, (c) 단면 D-D, (d) 단면 B-B

그림 11.71 Vranov호수교, 체코-상부구조

풍하중의 영향에 대비하여 구조물을 강하게 하기 위하여, 상부구조는 중앙경간에서 주탑쪽으로 폭이 넓어진다. 상부구조는 종방향축에 직각인 행거 위에 있는 상부구조의 바깥쪽 단부에 매달려진다. 상부구조는 죠인트에서 다이아프램에 의하여 보강이 되어진 더블 T형 횡단면의 프리캐스트 세그멘트로 조합되어진다. 3 m 길이의 세그먼트는 교량상부구조의 변폭에 상응하는 변폭을 가진다. 두 개의 단부 세그먼트는 충실단면이다. 가스를 위한 강관배관과 상수관로가 외부에 배치되나 상호 연결되지 않고 돌출되어 놓여진다. 상부구조는, 전체 상부구조를 관통해 지나가고 단부 세그먼트에 정착되는 4개의 내부긴장재에 의하여, 포스트텐션 되어진다. 연직과 수평의 곡률은 상부구조의 단부에 위치하는 외부케이블을 보강함으로써 구조물을 안정화하도록 한다. 케이블은 신축이음장치를 통과하고 단부교대에 정착되어진다.

상부구조는 양 단부에서 주탑의 다이아프램에 위치한 두 개의 다방향 교량받침에 의하여 지지되어진다. 바람에 의한 수평력은 강재전단키에 의하여 전달되어진다.

주케이블은 강재튜브내에 2×108, 15.5 mm 직경의 그라우트된 강연선으로 형성되어진다. 현수케이블의 시멘트 모르타르의 인장응력을 제거하기 위하여, 상부구조는 케이블을 그라우팅하기 전에 임시로 재하되어진다. 하중은 교대에 임시로 정착된 내부와 외부케이블의 인장력에 의해 생성된 방사방향력에 의해 생성된다. 현수케이블은 중앙경간에서 상부구조에 강결연결되어진다. 행거는 상부구조와 주 현수케이블을 핀연결한 30 mm 직경의 충실강봉으로부터 형성되어진다.

경사주탑은 상단과 바닥의 다이아프램에 의하여 연결된 곡선지주를 가진 A형상을 가진다. 주탑의 지주는 부재의 곡률에 의한 휨응력과 균형을 맞추기 위해 처진 케이블에 의해 포스트텐션 되어졌다. 구조물이 가설되는 동안(그림 8.25~그림 8.28), 주탑은 핀에 의해 지지되어진다. 가설후 주탑은 기초에 타설되어진다. 지반 위로 드러나 있는 앵커블럭은 락앵커가 프리스트레싱 로드에 의해 정착되는 앵커기초슬라브에 포스트텐션 되어진다.

교량은 아치형의 상부구조가 케이블에 매달려 지고, 교대는 프리스트레스된 콘크리트 타이로드에 의해 번갈아서 앵커블럭에 상호 연결된다. 이로서 교대에 유연하게 연결되는 부분 자정식시스템을 형성한다(그림 8.17).

교량의 시공은 1991년의 봄에 시작하여 1993년 봄에 준공되었다(그림 8.38~그림 8.40). 6월에서 9월 중순까지의 휴양계절과 심각한 겨울조건 때문에 시공은 봄과 가을에만 수행되었다.

비록 구조물이 매우 얇은 상부구조를 가지고 있지만, 걸을 때 뿐만 아니라 서있거나 주변을 볼 때 사용자는 교량의 불쾌한 움직임을 느끼지 않는다. 교량은 호수를 횡단할 때 뿐만 아니라 사람들의 만남의 장소와 번지점프를 위해 폭 넓게 사용되어진다.

저자가 교량을 설계하였고 시공사는 Olomouc의 Dopravni stavby & Mosty사이다.

11.2.5 Willamette강교, 오레건, 미국

전길이 178.8 m를 가지는 교량은 프리캐스트 현수 경간과 현장타설 접속경간, 플랫폼 및 계단의 두 부분으로 구성된다(그림 11.72, 그림 11.73) [84]. 현수 경간이 측경간과 주경간에 대하여 각각 23 m와 103 m이다. 전교량은 동쪽 끝 공원으로의 곡선 램프를 포함한 5경간으로 구성되어 있다. 표준 상부구조 폭은 6.5 m이다.

현수경간의 표준상부구조 단면은 가설 후 함께 종방향으로 포스트텐션되어지는 3 m 길이의 프리캐스트 콘크리트 세그먼트로 구성되었다(그림 11.74). 두 개의 단부보와 상부구조슬라브는 세그먼트의 횡단면을 구성한다. 횡방향 다이아프램은 죠인트에서의 세그먼트를 강하게 한다. 교량의 설계는 주경간의 중간에 위치하는 관찰플랫폼을 요구한다. 그러므로 주케이블은 주경간의 중앙에 더 넓은 상부구조 판넬을 관통하여 연결되어야 한다.

현장타설 접속경간은 세그먼트의 횡방향 다이아프램의 형상과 부합되는 형태를 가진 충실슬라브에 의하여 형성된다. 측경간은 단부교대에 고정된다. 이들 경간의 주요부분은 구조계의 강성에 기여하는 중요한 구조부재를 형성하는 전망 플랫폼과 계단이다. 접속경간은 삼각대의 버팀대 위로 긴장재를 가로지르면서 현수경간과 램프경간의 방향으로 포스트텐션되어진다.

그림 11.72 Wilamette강교, 오레건, 미국

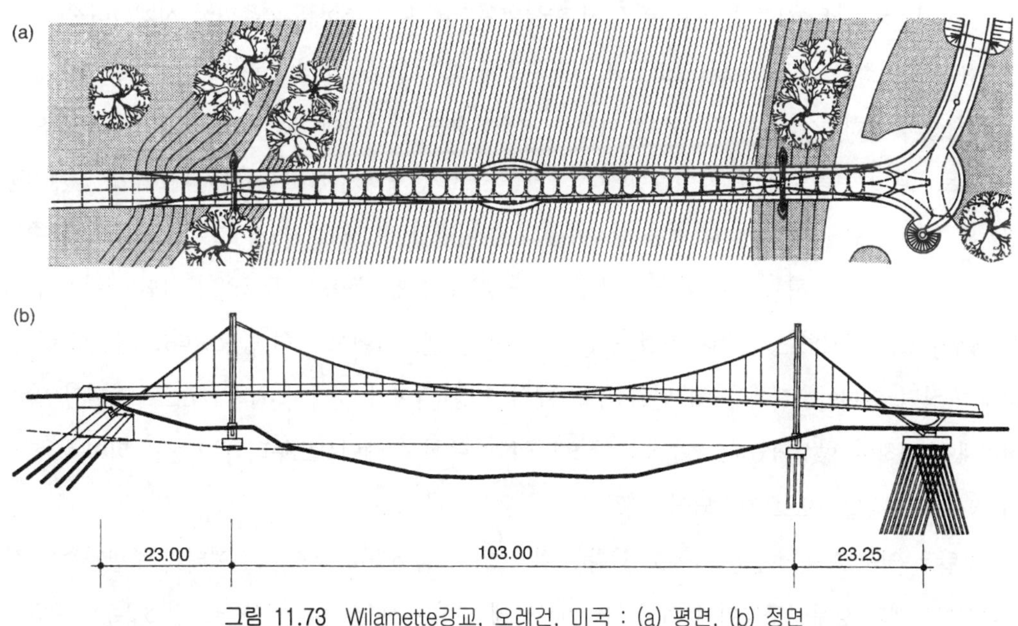

그림 11.73 Wilamette강교, 오레건, 미국 : (a) 평면, (b) 정면

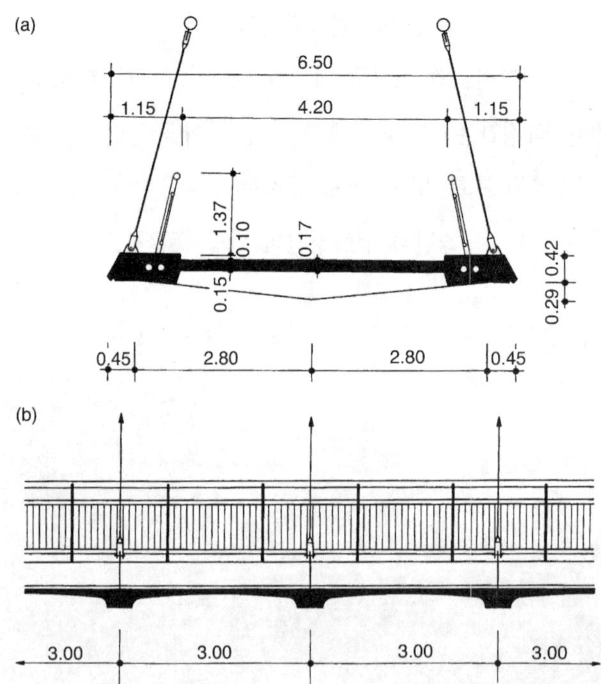

그림 11.74 Wilamette강교, 오레건, 미국-상부구조 : (a) 횡단, (b) 부분 정면

현수된 측경간은 서쪽 교대와 동쪽 접근로를 연결한다. 신축이음은 주탑에 설계되어졌다. 주경간은 온도변화와 콘크리트의 크리프와 건조수축에 의한 상부구조의 느린 이동을 허용하나 동시에 활하중과 풍하중에 의한 갑작스런 이동을 최소화하는 감쇄기에 의해 측경간에 연결되어진다.

벤트 1과 4는 종방향 주 케이블힘에 저항하는 구조 강재앵커에 고정되어진다. 구조 강재기둥 앵커의 적용은 콘크리트 앵커블럭을 상부구조의 높이까지 확대시키는 것 없이 홍수위에서 주케이블을 마치는 것을 허용한다. 이것은 강재 앵커러지가 주케이블을 정착시키고 위의 접시형의 전망 상부구조를 지지하는 삼각대 지점을 구성하는 곳인 벤트 4에서 특히 중요하다(그림 11.75). 삼각대는 상단 다이아프램에 의해 연결된 두 개의 인장 타이와 하나의 일반 기초로 세워진 압축 버팀대에 의하여 형성되었다(그림 8.13, 그림 8.14). 주현수 케이블로부터의 인장은 타이를 통하여 경사지지 강말뚝으로 전달되어진다.

주탑은 영문 A의 형상을 가지고 있다(그림 2.26, 그림 8.16). 약간 곡선형태의 주탑지주는 상단다이아프램과 상부구조높이에 위치하는 가로보에 의하여 연결된다. 공사중(그림 8.24)에 주탑은

그림 11.75 Wilamette강교, 오레건, 미국-삼각형 교각

핀연결되고 상부구조가설후, 주탑은 기초에 고정되어진다.

주 현수케이블은 강튜브에 그라우트되어진 단일 강연선에 의해 형성된다. 케이블들은 주탑에서 겹쳐지고 기단부판에 용접되어진 앵커에 의하여 정착된다(그림 8.11). 나사모양의 끝단을 가진 강봉이 현수행거를 형성한다.

저자와 협조관계를 유지하는 OBEC 컨설팅 기술자가 설계를 수행하였으며 시공사는 워싱턴의 Vancouver, Mowat 건설사이다.

11.2.6 McKenzie강교, Eugene, 오레건, 미국

교량은 McKenzie강의 양측에서 자갈을 채취하는 Eugene의 Wildish사에 의하여 가설되었다(그림 11.76). 교량은 컨베이어 벨트와 접한 차로를 지지한다. 골재 재취가 완료된 후 전 지역은 공원으로 전환되고 교량은 보도교의 역할을 하도록 의도되었다. 그러므로 교량은 현재와 미래하중에 대하여 설계되었다. 교량은 2003년에 완성되었다.

교량은 36.576, 131.064와 36.576 m의 3경간으로 전장이 204.216 m로 구성되어 있다(그림 11.77). 상부구조는 프리캐스트 콘크리트 상부구조 세그먼트로서 조립되고 두 개의 단부거더와 행거의 조합 바닥판보에 의해 보강되어진 상부구조 슬라브에 의하여 형성되었다(그림 8.35, 그림

11.78).

주탑은 문자 A형상의 콘크리트로 구성된다(그림 8.23, 그림 11.79). 상부구조는 주탑에 직접 매달려지고 세그먼트와 주탑의 버팀대사이에 수직 네오프랜 패드가 설치되어진다. 주탑의 지주는 세그먼트의 다이아프램 사이에 있는 PT바에 의하여 횡방향으로 포스트텐션되어지기 때문에 지주와 상부구조는 횡방향 수평력을 저항하는 골조를 형성한다.

주 현수케이블은 강튜브 내에 그라우트되어진 PE에 싸여지고 그리스 처리한 단일 강연선에 의하여 형성된다. 충실강봉은 각 단부에 표준 U자형 고리를 가진 현수행거를 형성한다(그림 2.36, 그림 8.7). 주케이블에 사용된 강관과 현수행거에 사용된 강봉은 손쉽게 유용할 수 있는 아연도금 단면이며 전통적인 현수교 건설에서 경험한 유지관리문제의 장기간 부식대책으로 제공된다. 주 현수케이블이 정착되어지는 교대와 교각은 강관말뚝으로 지지되어진다.

교량은 아치형태의 상부구조가 케이블에 매달려지고 교대에 유연하게 연결되어지는 부분 자

그림 11.76 Mckenzie강교, 오레건, 미국

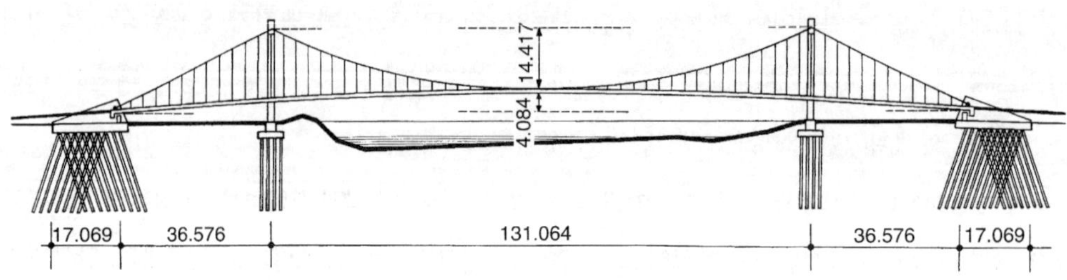

그림 11.77 Mckenzie강교, 오레건, 미국 : 정면

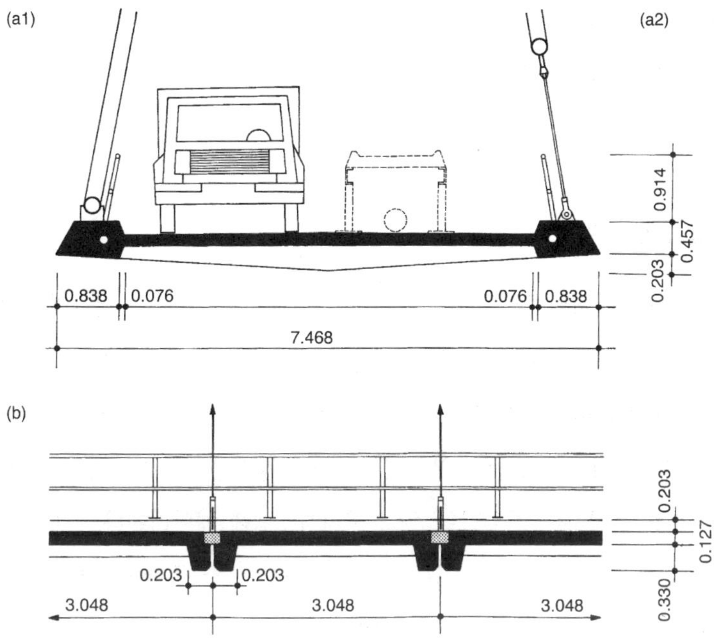

그림 11.78 Mckenzie강교, 오레건, 미국－상부구조 : (a) 횡단, (b) 부분 정면

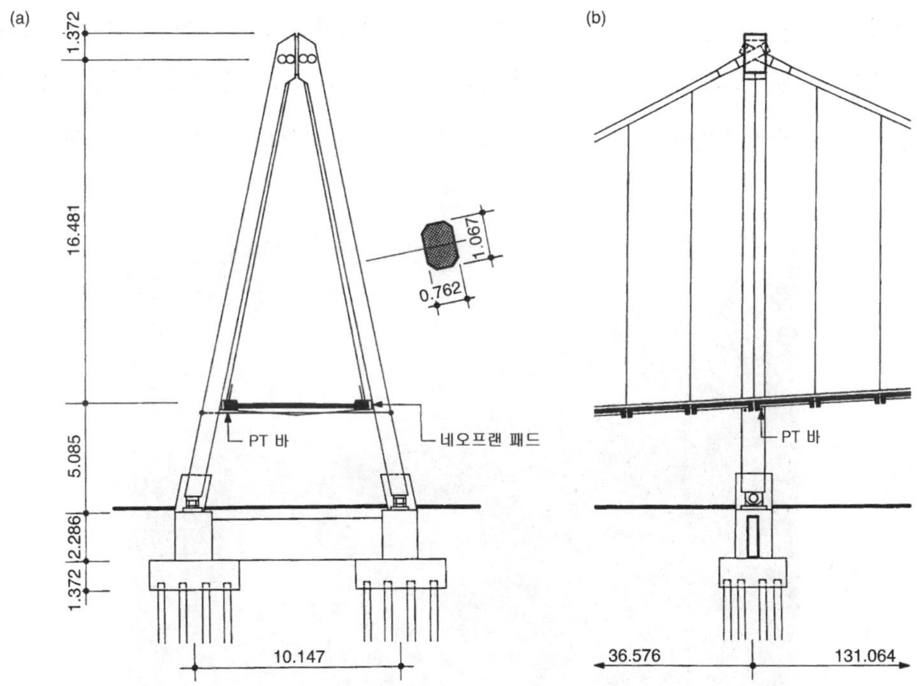

그림 11.79 Mckenzie강교, 오레건, 미국－주탑 : (a) 횡단, (b) 부분 정면

정식 구조를 형성한다(그림 8.18).

저자와 협력하여 OBEC 컨설팅 기술자가 설계를 수행했다.

11.2.7 Halgavor교, 영국

Halgavor교는 Cornwall의 Bodmin남쪽, 혼잡한 A30 복선차로를 지나서, 보도와 자전거 전용도로 및 승마 전용도로를 지지하는 47 m 경간 현수교이다(그림 11.80) [24]. 교량은 주 구조재료로서 유리섬유보강 폴리머(GFRP)합성을 적용한 영국에서 첫 번째 공공자금이 들어간 최초의 교량이다. 유리보강비닐 에스테르 레신 복합상부구조는 강기둥, 강 스파이럴 강연선 주 케이블과 스텐레스 스틸 행거를 포함하는 전통적인 초기 지지시스템에 매달려진다. 스텐레스 강 행거와 파라펫트 지주가 방사형 패턴을 가진 강 현수케이블은 경사진 강 주탑에 부착되고 쌍으로 된 백스테이에 의해 콘크리트 앵커리지에 정착된다.(그림 11.81). 3.5 m 폭 상부구조는, 횡방향판과 종방향 중앙 빼대로 지지되는 37 mm 두께 샌드위치 상부구조인 두 개의 C형 단부보를 포함한다.

파라펫트는 긴장된 강연선과 투명성을 최대화 하기위하여 특수 긴장된 스텐레스 강 와이어 메쉬에 의해 형성된다. 붉은 삼목 판넬은 필요한 낮은 수준의 시각적 입체성을 제공하고 주변 환경의 산림적 특성을 반영한다. 그것들은 또한 진폭을 조절하기 위하여 구조적 시스템에 감쇄를 신

그림 11.80 Halgavor교, 영국

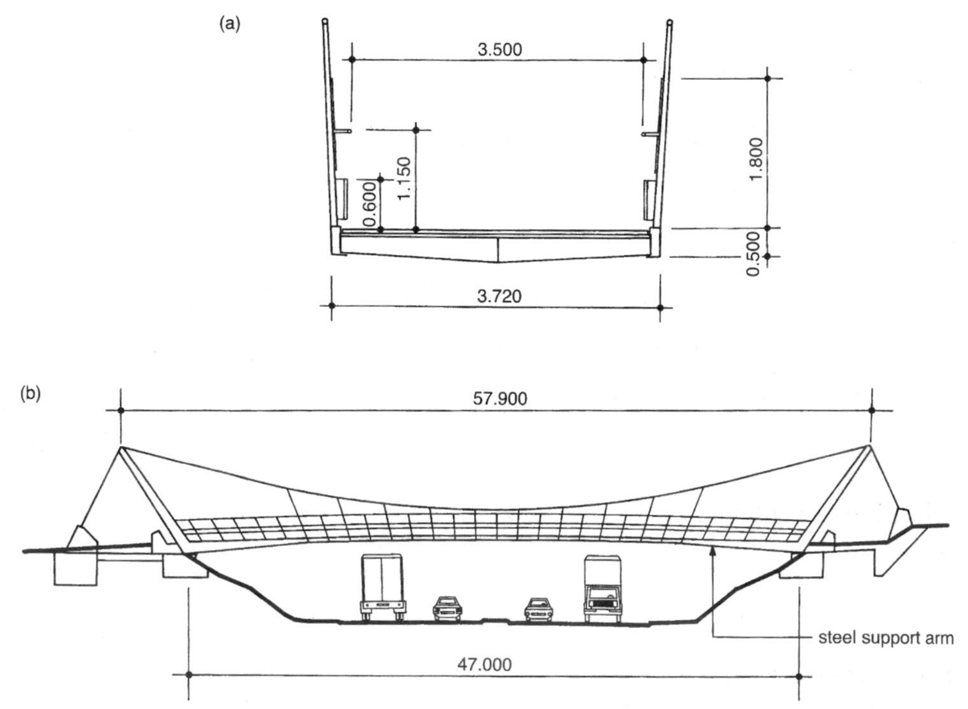

그림 11.81 Halgavor교, 영국 : (a) 횡단, (b) 정면

중히 도입된다. 완료된 교량의 표면은 GFRP상부구조에 부착된 재생 타이어로 만들어진 맞물림 고무블럭으로 형성된다. 이것들은 또한 감쇄가 우수하고 유지비용이 들지 않고, 보행자와 자전거에 적합한 매력적인 마감상태를 하게 해준다.

주요 GFRP의 구조적 요소는 다음과 같다. 12 mm 두께의 C형 단부보는 목재모울드에서 전통적인 수작업에 의하여 형성된다. 내부 보강재와 하부판넬을 위한 여러 종류의 플래트판은 진공주입기법에 의하여 제조되었다. 30 mm의 플라스틱 중심을 가진 두 개의 포함하는 3.5 mm GFRP 표면을 포함하는 샌드위치 상부구조판넬은 진공주입에 의해 제작되어졌다.

상부구조는 교량의 종단면도에 맞게 지점의 곡선부가 거꾸로 결합되어졌다. 31 m의 중앙단면은 현장에 근접하여 놓이는 주케이블과 파라펫 지주, 행거가 고정되는 위치인 도로옆 현장으로 운반된다. 전체 조립체는 하루 철야작업으로 크레인에 의하여 들어올려졌다. 최종 위치의 크레인에 매달려진 조립체와 함께 주케이블의 끝은 작은 이동크레인에 의하여 견인되어 주탑 꼭대기

앵커리지에 고정되어진다.

그 다음 조립체는 주케이블에 매달려질 때까지 내려진다. 케이블과 행거길이는 이 지점에서 상부구조의 정확한 기하조건을 가정하기 위하여 미리 결정된다. 그 후 크레인이 빠질 수 있도록 상부구조의 끝과 강기둥 팔 사이의 핀 연결부가 만들어진다. 중앙단면의 각 단부의 현장이음부는 후에 수작업된다.

Halgavor교는 BD 37/88에 규정된 것처럼 바람 혹은 보행자 자발에 의한 연직거동에 대한 현 영국 요구조건에 부합하며 말과 자전거 이용자 및 보행자가 불편없이 사용하고 있다. 교량은 보행자 발밑에서 인식할 만한 횡방향 진동을 보이지 않았다.

교량은 2001년 7월에 개통되었고 영국 런던의 Flint & Neill Partnership에서 설계하였다. 시공사는 Balfour Beatty이다.

11.2.8 Kelheim교, 독일

교량은 1987에 완성되었으며 독일의 Kelheim이라는 조그마한 도시에 가설되었다. 교량은 새로운 47 m폭의 Rhine-Main-Danube 운하를 양쪽 제방의 보행교통을 연결하는 자연스러운 곡선으로 횡단한다(그림 10.8, 그림 11.82, 그림 11.83) [68].

평면상 반경이 18.89에서 37.79 m인 곡선의 상부구조는 평면곡률 내에 위치한 일면의 현수케이블에 매달려진다(그림 10.9, 그림 11.84). 양쪽 제방에 위치하는 두 개의 경사기둥은 행거를 가진 현수케이블을 지지한다. 1 m 두께로 중공횡단면인 상부구조는 높은 휨과 비틀림에 대한 저항성을 가진다. 교대에 강결연결된 곡선상부구조는 편기된 긴장재에 의해 원주방향으로 내부 프리스트레스되어진다.

케이블의 기하조건과 초기응력은 행거 힘의 연직성분이 고정하중과 균형되도록 설계되어졌다(그림 11.85). 행거 힘의 수평성분은, 횡단면의 상연에 근접하여 위치하는 프리스트레싱 케이블로부터의 방사방향력과 함께, 연직력에 의해 발생되는 비틀림 모멘트와 균형을 이루는 모멘트를 생성한다.

그림 11.82 Kelheim교, 독일 (Schlaich, Bergermann & Partners)

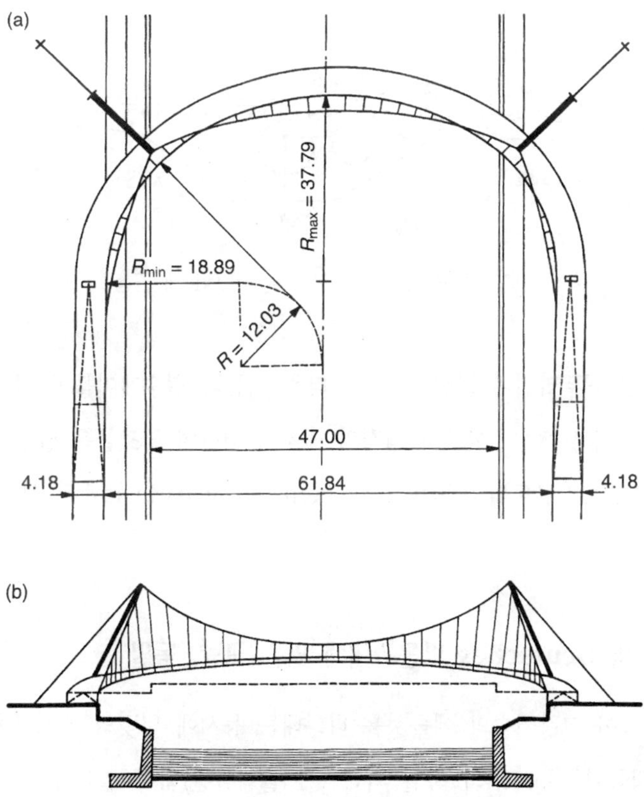

그림 11.83 Kelheim교, 독일 : (a) 평면, (b) 정면

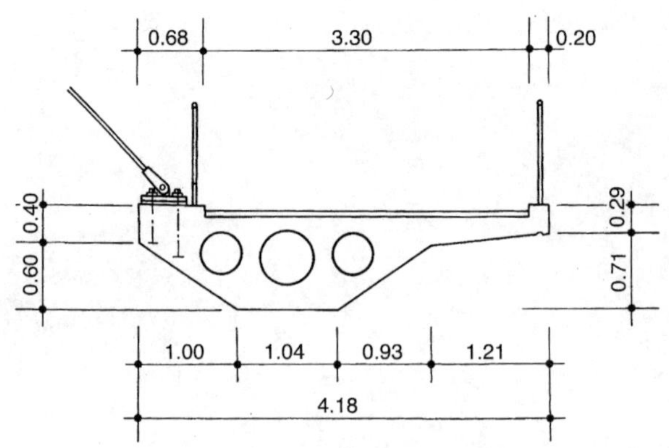

그림 11.84 Kelheim교, 독일 - 상부구조의 횡단

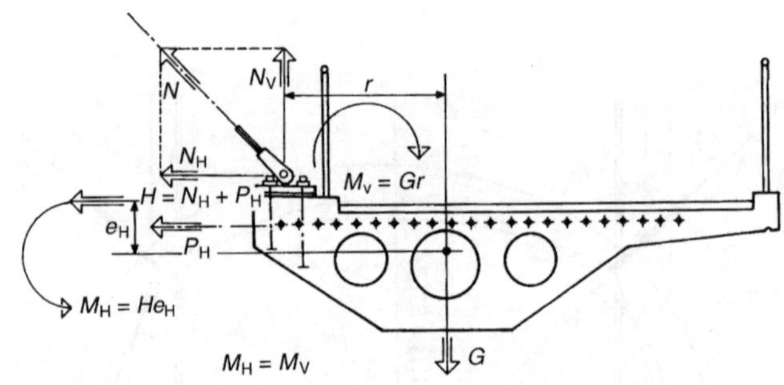

그림 11.85 Kelheim교, 독일 - 모멘트의 균형

교량 상부구조는 거푸집위에 타설되며, 그 다음 기둥과 현수케이블이 설치된다. 프리스트레싱에 대한 충분한 이해와 현수케이블의 최적의 배치에 의하여 구조물은 발전되어졌다.

교량은 독일, 스튜트가르트의 Schlaich, Bergermann & partners에서 설계하였다.

11.2.9 Munich의 Deutsches 박물관내에 있는 교량, 독일

곡선의 보도교량이 교량기술의 예술성을 나타내는 동시에 몇몇의 전시물에 접근할 수 있기 위해 Deutsches 박물관(Munich의 독일 과학과 기술박물관)내에 필요하게 되었다[69]. 교량은 Kelheim에 가설된 초기 구조물을 따르고 있다. 구조물은 곡선교의 상부구조가 오직 한쪽에서만 매달려질 수 있고, 내부 한 쌍의 힘에 의하여 비틀림에 대응할 수 있다는 것을 보여준다.

이런 힘들은 유리상부구조 아래에 있는 곡선아치 위에서 곡선케이블의 형태로 보여진다(그림 11.86~그림 11.89). 교량은 한쪽에 현수케이블에 매달려진 원형바로 만들어진 곡선아치에 의해 형성된다. 아치는 교대에 강결처리된다. 아치는 행거가 정착되어지고 수평강연선이 편향되어지는

그림 11.86 Museum교, 뮌헨, 독일 - 구조적 배치 (Schlaich, Bergermann & Partners)

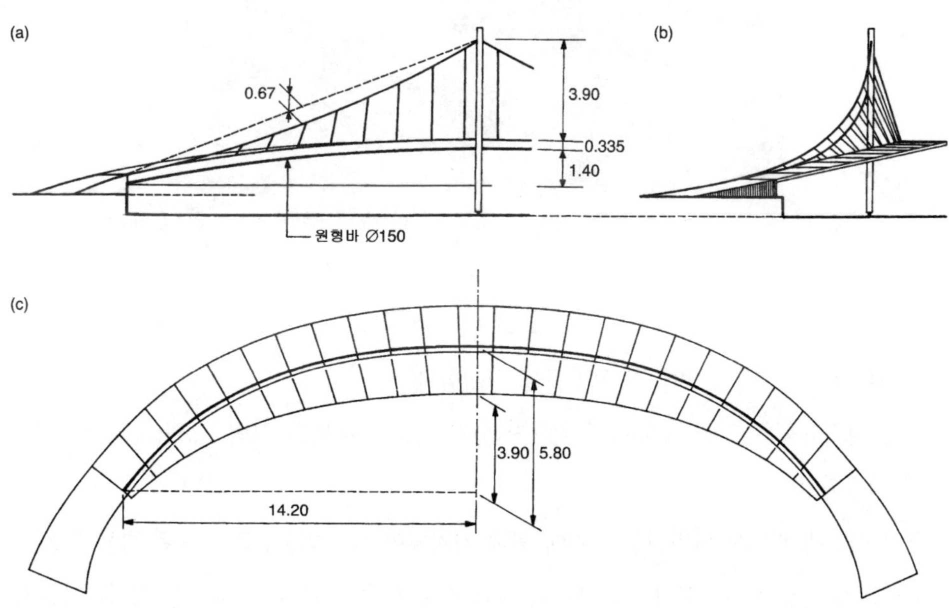

그림 11.87 Museum교, 뮌헨, 독일 : (a) 정면, (b) 횡단, (c) 평면

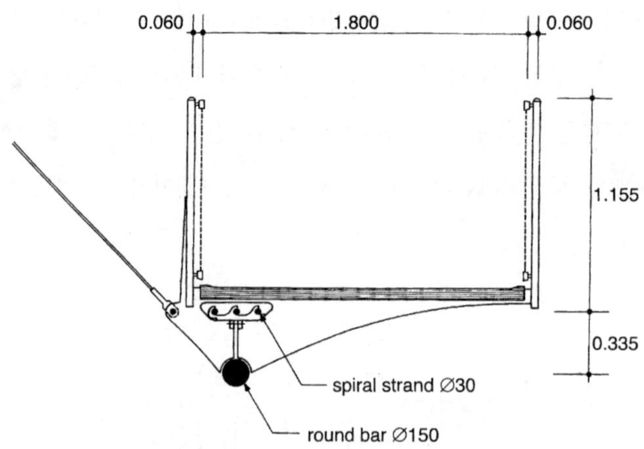

그림 11.88 Museum교, 뮌헨, 독일 – 상부구조의 횡단

그림 11.89 Museum교, 뮌헨, 독일 – 상부구조 (Schlaich, Bergermann & Partners)

곳인 강재다이아프램을 지지한다. 강연선으로부터의 방사방향력은 유리 상부구조에 의해 생성되는 모멘트와 균형을 이루는 비틀림 모멘트를 생성한다.

교량의 정적작용은 그림 11.90에서 알 수 있다. 구조적 해법은 그림 10.14(b)에 서술된 구조물로부터 개발되었다.

교량의 중앙에 위치한 단일기둥은 핀에 의해 지지되어진다. 박물관과 관련된 방문객들은 기둥의 안정에 대해 검토 할 수 있다. 기둥은 두 개의 면내 현수케이블에 의해서만 지지된다할지라도 그들의 앵커리지가 기둥의 기초힌지와 높이가 같거나 심지어는 아래에 있지 않고 위에 놓인 다

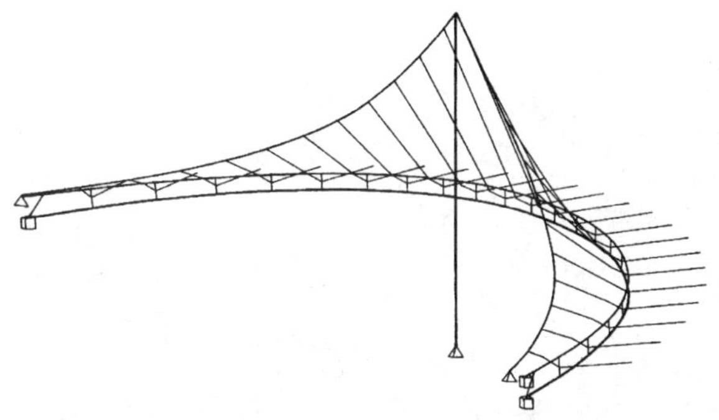

그림 11.90 Museum교, 뮌휀, 독일 - 계산모델

는 사실 때문에 안정된다.

교량은 1998년에 가설되었고, 독일의 스튜트가르트의 Schlaich와 Bergermann & partners에 의해 설계되어졌다.

11.2.10 Ishikawa 동물원교, 일본

일본, 이시가와현의 Tatsu-No-Kuchi시에 1999년에 가설된 Ishikawa 동물원교는 현수현에 의해 지지되는 얇은 상부구조 슬라브의 형태를 가진다. 현은 단경간 스트레스 리본에 의해 형성되었다(그림 11.91, 그림 11.92) [72].

스트레스 리본은 프리캐스트 세그멘트에 의해서 결합되어지고 지점에 설계된 현장타설 헌치를 가진다. 세그먼트는 길죽한 홈 내에 위치하는 지지긴장재에 매달려지고, 세그먼트 내에 위치한 프리스트레싱 긴장재에 의해 포스트텐션되어진다. 세그먼트는 상부구조를 지지하는 강재버팀보와 함께 가설되어진다(그림 8.41). 상부구조 세그먼트는 강재버팀보에 의해 지지되는 임시 강재거더를 따라 설계위치로 움직여진다(그림 8.42). 상부구조 세그먼트는 또한 세그먼트 내에 위치하는 내부 긴장재에 의하여 포스트텐션 되어진다.

모든 프리캐스트부재들이 가설되어진 후 스트레스 리본과 상부구조 세그먼트 사이의 죠인트, 길죽한 홈과 헌치가 타설되어지고 추가적으로 포스트텐션 된다.

교량은 Natural Consultant Co., Ltd에 의해 설계되었으며 시공사는 Sumitomo건설사이다.

그림 11.91 Ishikawa Zoo교, 일본 : 완성구조물(Sumitomo Mitsui건설)

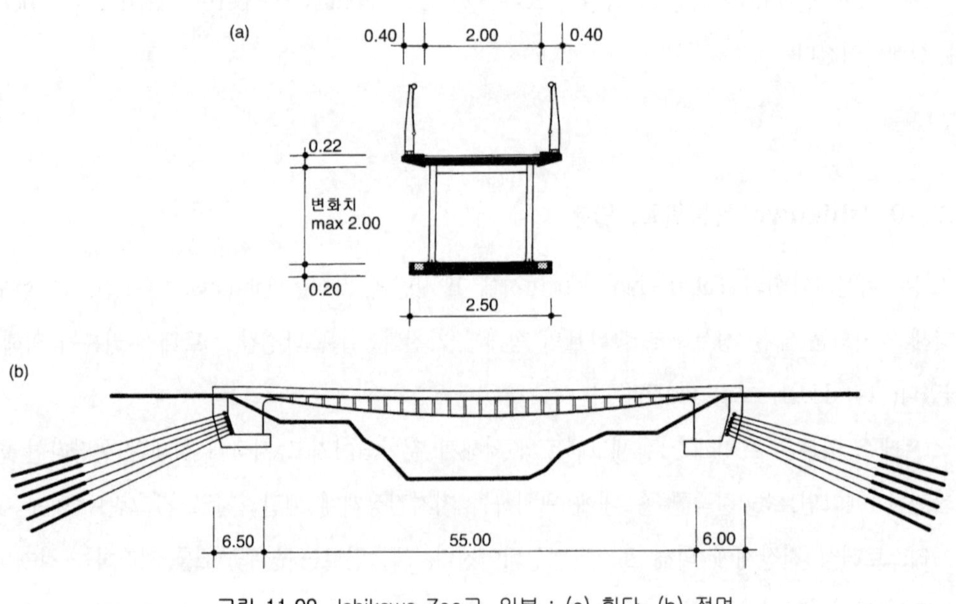

그림 11.92 Ishikawa Zoo교, 일본 : (a) 횡단, (b) 정면

11.2.11 Shiosai교, 일본

일본의 Shizuoka현의 Kikugawa강을 횡단하여 1995년에 가설된 Shiosai교는 연속 현수현에 의해 지지되는 4경간의 프리스트레스 된 콘크리트 상부구조에 의하여 형성되었다(그림 2.29). 현

은 4경간 스트레스 리본에 의하여 형성되었다(그림 11.93, 그림 11.94) [33].

스트레스 리본의 수평력을 최소화하기 위하여 새그와 경간비를 1:10 으로 정하였다. 같은 이유로 설계기준강도 40 MPa과 단위중량 18.5 kN/m^{3}의 경량 콘크리트를 사용하였다. 긴장재는 에폭시 코팅 강연선에 의해 형성되었다.

스트레스 리본은 중앙경간에서 0.25 m, 교각에서 0.48 m로 변하는 두께의 프리캐스트 세그먼트에 의하여 결합된다. 가설동안 세그먼트는 길죽한 홈 내에 위치한 지지긴장재에 매달려진다. 세그먼트의 가설과 그들 사이의 죠인트를 타설한 후, 스트레스 리본은 세그먼트 내에 위치한 프리스트레싱 긴장재에 의하여 포스트텐션 되어진다. 이 긴장재들은 교대와 그들이 겹쳐지는 교각의 상단에 정착된다.

지지기둥은 프리캐스트되고, 3개의 단면으로 나누어지고, 32 mm 직경의 에폭시코팅의 프리스트레싱 강봉에 의해 연결되어 진다. 슬라브 상부구조는 0.4 m 두께의 중공 프리스트레스트 콘크리트 거더로 구성된다. 이 거더들은 교각과 기둥의 상단에 강결로 연결되어진다.

교대에 인접한 두 기둥은 스트레스 리본과 상부구조와 함께 핀으로 연결되어진다. 상부구조와 교대 사이는 수평 네오프랜 교량받침과 프리스트레싱 긴장재가 설치되어진다.

이런 식으로 증가된 강성의 부분적 자정식 구조물이 생성된다. 교량의 시공은 교대와 교각을 타설함으로서 시작된다. 그 후 지지 긴장재가 설치되어지고 스트레스 리본의 프리캐스트 세그먼트가 가설되어진다. 세그먼트 사이의 죠인트가 타설되어 진 후 스트레스 리본은 포스트텐션되어진다. 그 다음 기둥과 프리캐스트 거더가 가설되어진다.

그림 11.93 Shiosai교, 일본 : 완성구조물 (Sumitomo Mitsui건설)

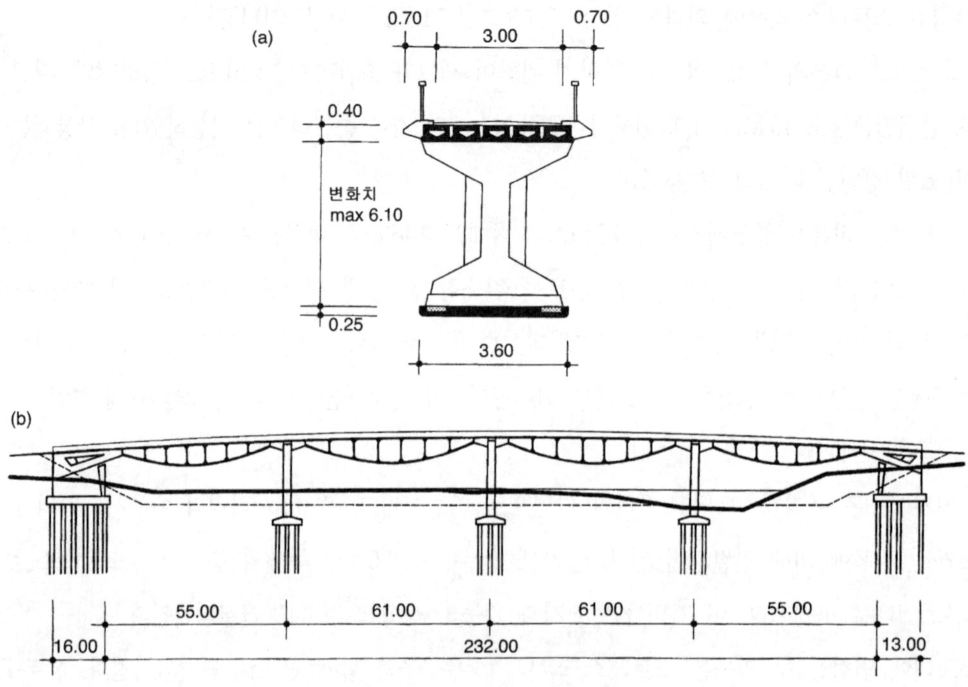

그림 11.94 Shiosai교, 일본 : (a) 횡단, (b) 정면

교량의 기능성은 정적 및 동적 재하실험에 의하여 검증되었다. 구조물은 트럭에 의해 재하되었고, 역학적 회전 자발기와 사람 혹은 이동차량에 의하여 동요되어진다. 예로서 감쇄의 대수적 감소는 종방향 휨모드에 대하여 0.04에서 0.06으로 변화되어진다.

교량은 Shizuoka 건설공사센터에 의해 설계되었고 시공사는 Sumitomo사이다.

11.2.12 Ganmon교, 일본

일본의 Ishikawa현의 위락지역에 2001년에 가설된 Ganmon교는 인장현이 스트레스 리본에 의하여 형성되는 자정식 현수구조물을 형성한다. 가설기법은 스트레스 리본 기법으로부터 발전되었다(그림 11.95) [36].

교량은 상부구조 슬라브, 강 버팀보와 곡선 바닥슬라브(스트레스 리본)로 구성되어 있다(그림 11.96). 상부구조슬라브와 바닥슬라브는 프리캐스트세그먼트의 결합체이다. 경간 길이는 37 m이고

그림 11.95 Ganmon교, 일본 : 완성구조물(Sumitomo Mitsui건설)

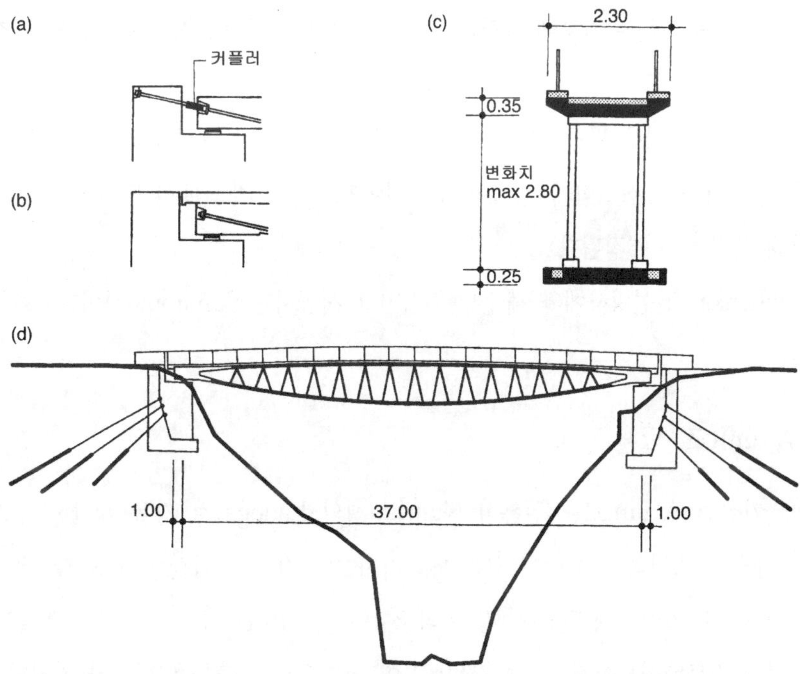

그림 11.96 Ganmon교, 일본 : (a) 가설중의 교대, (b) 공용중의 교대, (c) 정면

고 바닥슬라브의 새그는 2.8 m이다. 구조적 배치는 가설기술로부터 개발되었다.

우선 교대가 타설되고 락앵커가 설치되어진다. 그 다음 특수앵커세그멘트가 교대 위의 탄성 교량받침 위에 놓여진다. 그들의 위치는 교대에 정착된 수평 및 수직 프리스트레싱 강봉에 의해 보장된다.

그 후 커플러를 가진 지지긴장재는 계곡을 횡단하여 당겨지고 설계응력까지 긴장되어진다. 그 다음 강버팀보가 있는 프리캐스트 세그먼트가 가설되어진다. 후속적으로 상부구조슬라브 세그먼트가 가설되어진다. 상부구조슬라브 세그먼트는 강버팀보에 의해 지지되어 지는 레일을 따라서 설계위치로 이동되어진다. 모든 프리캐스트 부재가 결합되어질 때, 프리캐스트 부재 사이의 죠인트와 지지긴장재가 놓여지는 길죽한 홈이 타설된다.

그 다음 상부구조슬라브와 스트레스 리본에 위치한 프리스트레싱긴장재가 포스트텐션되어진다. 또한 지지긴장재의 커플러의 링너트가 조여진다. 그 다음 지지긴장재의 인장이 앵커에서의 수압잭에 의해 해제된다. 이와 같은 방법으로 압축응력이 상부구조슬라브와 스트레스 리본 모두에서 생성되어지고 구조물은 외부에 매달려진 구조물로부터 정적구조계를 자정식 구조물로 변환시켰다.

설계가정과 교량의 작용은 구조물의 모델에서 연구되어진다. 완전한 교량은 계산된 고유모드와 진동수를 검증하는 동적실험에 의하여 검토되어지고, 연직모드에서 0.03에서 0.04로 변하는 대수학적 감쇄의 감소가 결정된다.

교량은 Nihonkai 컨설팅사에 의해 설계되어지고 시공사는 Sumitomo사이다.

11.2.13 Ayumi교, 일본

1999년에 가설된 Ayumi교는 일본의 Numazu시의 Kanogawa 강을 횡단한다(그림 11.97) [93]. 교량은 제방을 횡단하고 주탑에 의해 매달려지는 경간으로 경간장 16.63, 79.5, 41과 41 m의 4경간 연속거더에 의해 형성되었다. 강 위의 경간에서 거더는 상부구조 밑에 위치하는 외부케이블에 의하여 포스트텐션되어진다(그림 11.98). 이 방법으로 구조물은 다경간 자정현수구조물을 형성한다.

상부구조는 프리캐스트 세그먼트로서 결합되어진 박스 거더에 의하여 형성되어진다. 교축에 위치하는 사장케이블은 상부구조 밑에 위치한 블럭에 정착된다. 그들은 강재버팀대를 통하여 상부구조를 지지하는 외부 현수케이블과 중복되어진다.

사장재와 현수케이블에서의 기하조건과 힘은 고정하중의 결과와 균형을 이루도록 설계된다.

그림 11.97 Ayumi교, 일본 : 완성구조물(Sumitomo Mitsui건설)

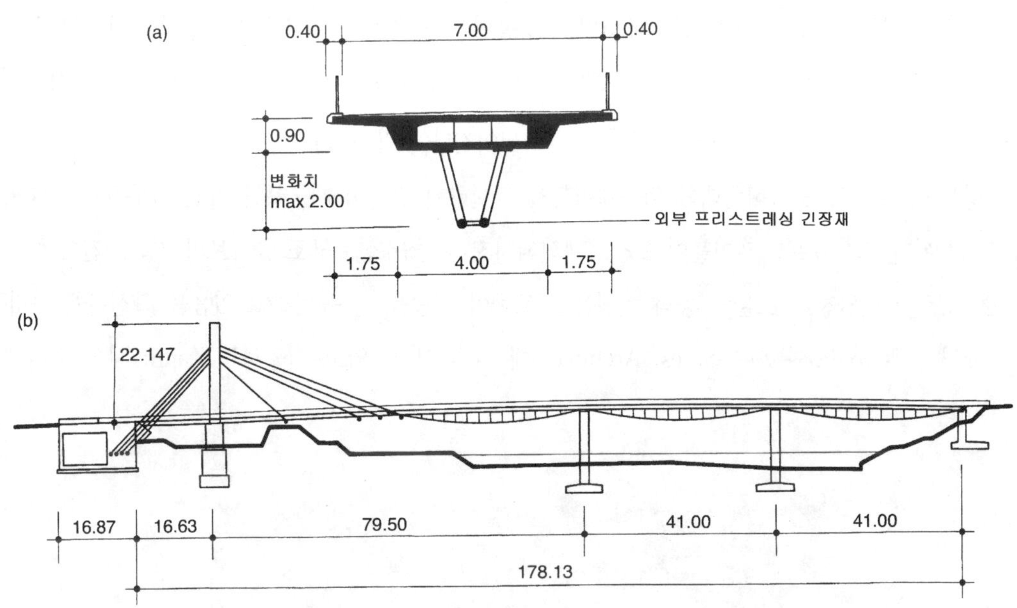

그림 11.98 Ayumi교, 일본 : (a) 횡단, (b) 정면

구조물은 기하학적 비선형 구조물로서 해석된다. 구조물의 공기동역학적 안정은 풍동에서 단면모델에 대해 검토된다. 교량의 작용성은 정적 및 동적 재하실험에 의하여 검토되었다.

교량은 Architects & Planners League와 CTI 엔지니어사에 의해 설계되었고, 주시공사는 Sumitomo사이다.

11.2.14 Tobu교, 일본

Tobu교는 일본 Nagano현의 Tobu 위락리조트에 1998년에 가설되었고 자정식 현수구조물이다(그림 11.99) [92]. 교량은 외부케이블에 의한 강재버팀대로 지지되는 얇은 상부구조 슬라브에 의해 형성된다(그림 11.100, 그림 11.101). 케이블은 상부구조에 정착된다.

외부케이블의 기하조건 및 케이블의 힘과 버팀대의 위치는 상부구조 슬라브가 고정하중에 대하여 동등경간의 연속보로서 역할 하도록 결정된다. 그러나 모든 다른 영향에 대하여 구조물은 기하학적 비선형 구조물로서 해석되어지는 자정식 현수교로서 역할을 한다. 외부케이블이 상부구조 슬라브에 큰 압축응력을 생성시킨다 할지라도, 슬라브는 내부긴장재에 의해 포스트텐션된다.

콘크리트의 크리프와 건조수축의 결과는 주의 깊게 분석된다.

전체 활하중은 케이블에서 136 MPa의 인장응력을 일으키기 때문에 케이블에서의 허용응력은 $0.4 f_u$ 로 맞추어지고 앵커는 피로에 대하여 설계된다. 교량의 작용을 검증하기 위하여 실제구조물의 1 : 5 축척의 모델로 파괴될 때까지 실험되어진다(그림 8.67).

상부구조슬라브는 강버팀대와 외부케이블을 가설하기 위하여 개구부를 가진 거푸집차 위에서 현장타설된다(그림 8.44). 케이블이 포스트텐션되어지는 동안 상부구조 슬라브의 기하조건이 주의 깊게 검토된다. 완전 구조물의 동적 실험은 구조물이 기능을 잘 유지하고 있음을 확신하게 한다.

교량은 Toyo Ito와 Associates, Architects에 의해 설계되었고 시공사는 Kajima사와 오리엔탈사이다.

그림 11.99 Tobu교, 일본 : 완성구조물 (Oriental건설)

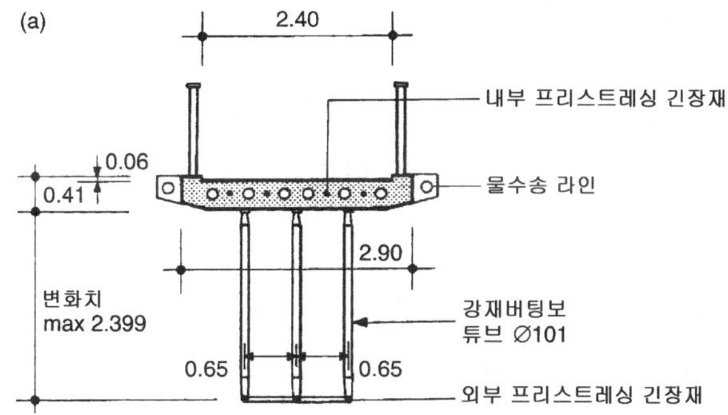

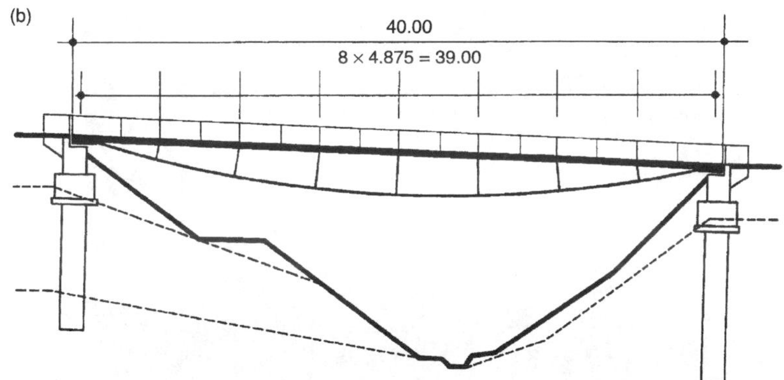

그림 11.100 Tobu교, 일본 : (a) 횡단, (b) 정면

그림 11.101 Tobu교, 일본 : 상향 (Oriental건설)

11.2.15 Inachus교, 일본

일본 남부의 Beppu시에 1994년에 가설된 Inachus교는 강을 횡단하여 공원에 이르는 접근로를 제공한다(그림 11.102) [35]. 이 육교는 현대 현수구조물의 인장강도와 전통적인 석조아치교의 섬세한 미를 겸비한다.

교량은 아치의 상부현과 현수의 하부현으로 형성된 렌즈형을 가지도록 설계되었다. 교량의 경간장은 34 m이고 상부현과 하부현 사이의 거리는 2.2 m이다(그림 11.103).

그림 11.102 Inachus교, 일본 : 완성구조물 (Kawaguchin 교수)

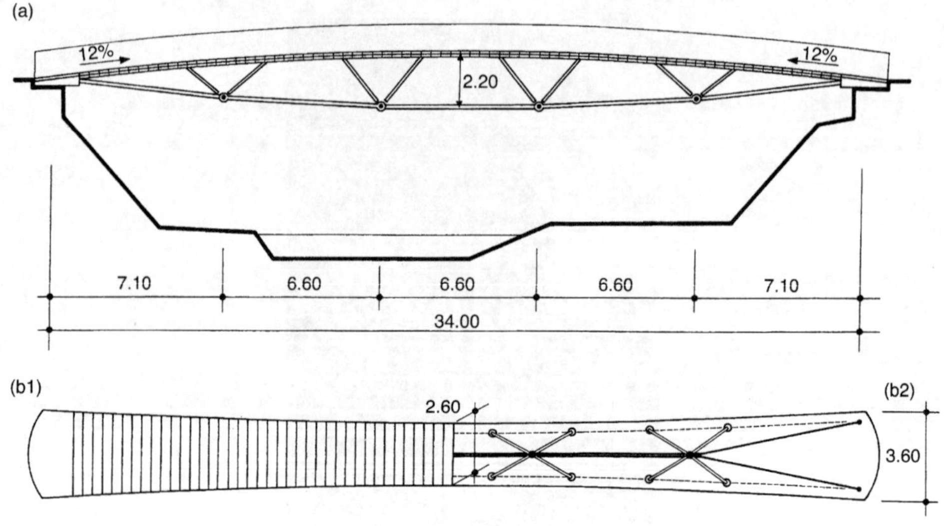

그림 11.103 Inachus교, 일본 : (a) 정면, (b) 평면

상부현은 단부에서 최대경사 12%인 원호이다. 조형적 이유로 도면에서 상부현은 중앙부에서 좁아지고 단부쪽으로는 넓어진다. 상부현은 각각 40 cm 폭과 25 cm 두께이며 길이가 2.6 m에서 3.6 m로 점진적으로 변하는 78개의 화강암블록으로 구성된다. 화강암현은 주 구조물부재 역할뿐만 아니라 보행 교통을 위한 상부구조를 형성한다.

상부현은 화강암블록의 중앙부에 뚫린 구멍을 통해 움직이는 프리스트레싱 긴장재에 의하여 포스트텐션되어진다. 프리스트레싱은 활하중에 의하여 죠인트에 인장이 발생하지 않도록 한다. 횡방향 보강바는 횡방향 휨응력에 저항하도록 블록 사이의 각 죠인트에 놓여진다(그림 11.104).

하단현은 케이블카 다각형의 종방향 형상을 가지고 상부현과 거의 대칭이다. 그것은 체인에 배치된 강판으로 구성된다. 교량에 비틀림 저항을 제공하기 위하여 하부현은 양쪽끝단부에서 분기되고, 상부현의 프리스트레싱긴장재가 정착되어지는 철근콘크리트의 단부블럭에 정착되어진다. 상부과 하부현은 상호간에 역피라미드 형태로 배치된 강관에 의하여 형성된 버팀대로 연결되었다(그림 11.105).

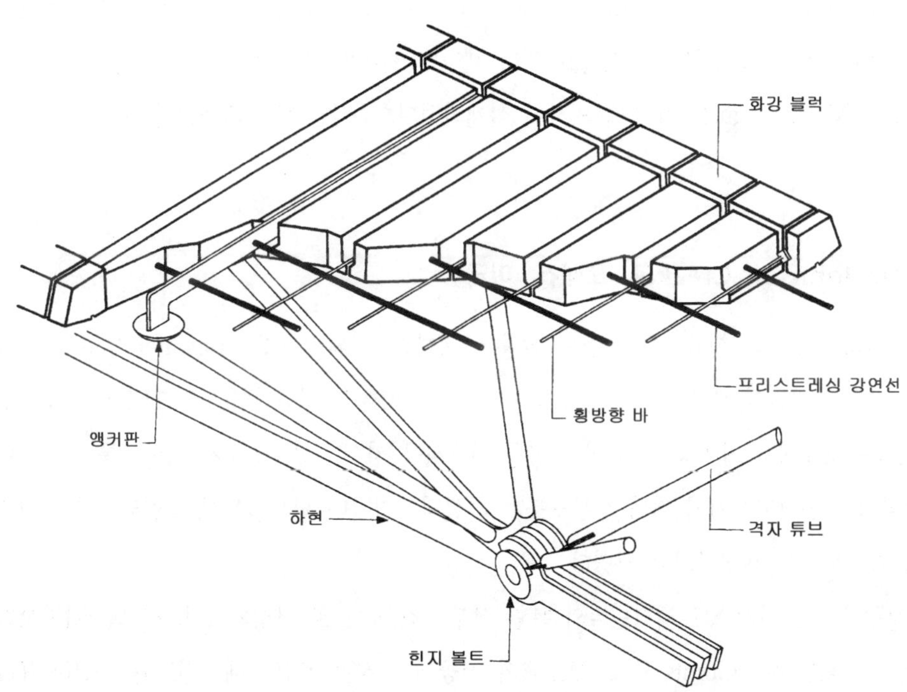

그림 11.104 Inachus교, 일본 : 구조적 배치

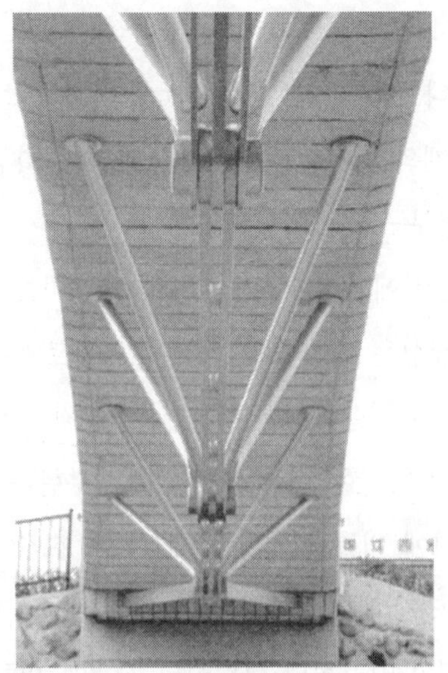

그림 11.105 Inachus교, 일본 : 상향 (Kawaguchi 교수)

교량의 시각적 효과는 단순하고 강하게 느껴지고 자연 화강암재료는 지형에 잘 조화된다. 교량의 유일한 장식은 하부현의 힌지볼트 위의 세라믹 커버의 형태이다.

교량은 M. Kawaguchi 교수에 의하여 설계되었다. 주시공사는 Maeda사이다.

11.2.16 Johnson Creek교, 오레건, 미국

Johnson Creek를 횡단하는 제안된 교량은 오레건, 밀워키의 Springwater trail에 위치한다. 교량은 60.8 m 경간의 부분적 자정식 현수구조물에 의하여 형성되었다(그림 11.106, 그림 11.107). 상부구조는 교대에서 최대경사 5%의 종방향 변경사를 가지고 있다. 제시안은 보통 현수케이블이 설치되어지고 인장되어지기 전에 상부구조가 타설되어지거나 거푸집에서 조립되어지는 자정식구조물의 가설문제를 해결하려고 하였다.

상부구조는 프리캐스트 세그먼트와 복합 상부구조슬라브로 구성되었다. 세그먼트는 오레건의 Rough강을 횡단하는 Grants Pass 보도교의 시공에서 사용되었던 세그먼트와 동일하다(11.1.10절). 각각의 세 번째 세그먼트는 외부케이블로부터 상부구조로 방사방향 힘을 전이시키는 삼각형

그림 11.106 Johnson Creek교, 오레건, 미국 – 렌더링

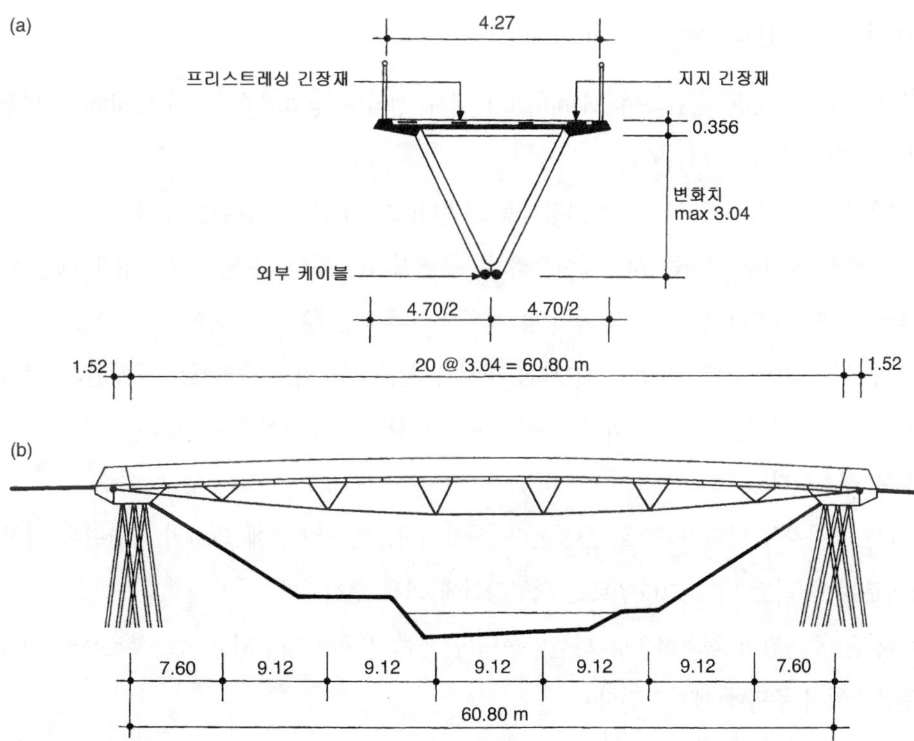

그림 11.107 Johnson Creek교, 오레건, 미국 : (a) 횡단, (b) 정면

강버팀보로 연결되었다(그림 11.107(a)). 상부구조는 경사강관말뚝위에 세워진 교대끝단에 강결되었다. 외부케이블 또한 교대끝단에 정착된다. 말뚝은 가설수평력만 저항하도록 경제적으로 설계되었다.

가설순서(그림 8.45, 그림 8.46)는 스트레스 리본 구조물의 가설로부터 발전되었다. 상부구조의 복합부분 내에 위치하는 가설지지케이블이 맨 처음 가설되고 인장되어진다. 케이블은 세그먼트의 중량과 비교적 큰 가설 새그에 부합되는 수평력에 저항하는 단부교대에 정착되어진다. 구조적 개념은 저자에 의해 개발되었다.

11.3 사장구조물

11.3.1 Neckar강교, Mannheim, 독일

1975년 Neckar강을 횡단하여 Mannheim 역사 센터와 상업거주구역인 Collini를 연결하는 교량이 가설되었다(그림 9.1) [99].

교량은 139.5 m의 주경간과 함께 3경간을 가진다(그림 11.108). 교량은 강을 70° 각도로 횡단한다. 세미하프 패턴을 가지는 사장케이블의 두 측면배치는 두 개의 단일 강주탑에 매달려져 있다. 교각과 힌지 연결된 상부구조는 종방향 변위를 허용하는 중앙이동힌지를 가진다.

상부구조는 최대 두께 0.6 m인 사다리꼴형태의 철근 콘크리트 슬라브로 구성된다. 주탑에서 상부구조는 1.2 m로 넓어지고 강화된다. 상부구조의 확대는 보행자가 주탑의 각 측면을 지나갈 수 있도록 허용한다.

주탑은 정사각형 단면기둥으로 형성된다. 사장케이블은 금속판에 의하여 강단면에 정착된다. 사장케이블은 PE덕트 내에 그라우트된 평행강선에 의해 형성된다.

측경간은 주경간이 점차적으로 타설되는 동안 거푸집에서 타설되고 주두부로부터 시작하는 두 캔틸레버에서 주탑에 매달려진다.

교량은 슈투트가르트의 Leonhardt와 Adrä에 의하여 설계되었고, Mannheim의 Bilfinger와 Berger에 의해 가설되었다.

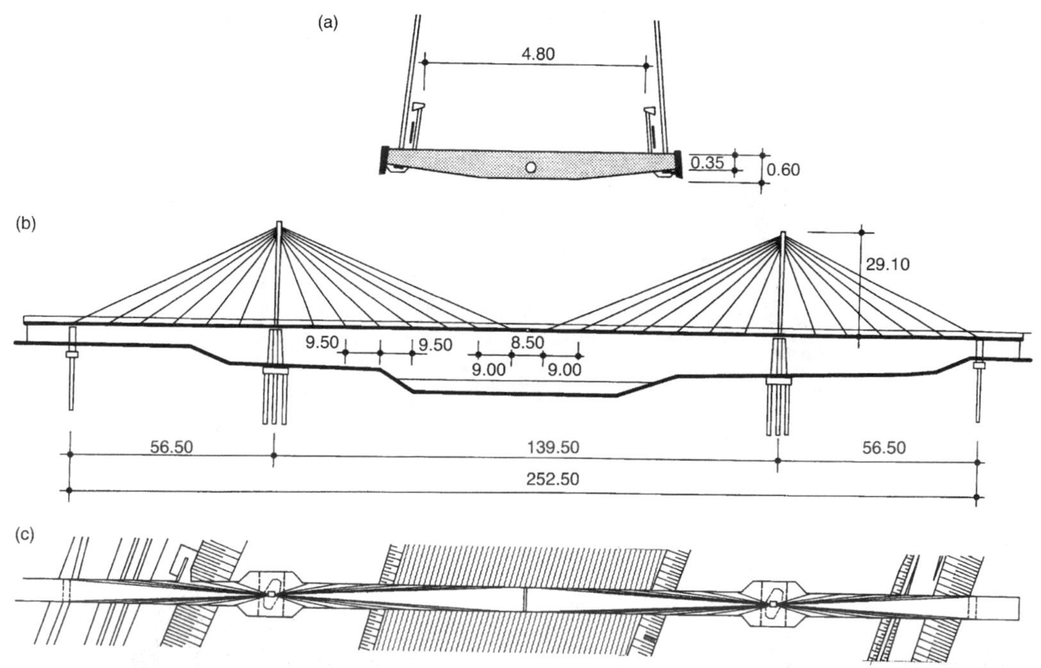

그림 11.108 Neckar강교, Mannheim, 독일 : (a) 상부구조의 정면, (b) 정면, (c) 평면

11.3.2 UCSD의 Scripps Crossing, La Jolla, CA, 미국

Scripps Crossing은 연구교각에서 위쪽에 위치한 캠퍼스까지의 보행자와 휠체어 접근로를 제공하고자하는 캘리포니아 샌디아고 대학(UCSD) 마스터플랜의 주요연결로이다(그림 11.109) [71].

적용된 해법은 오르막측에 비대칭 1면주탑을 가진 사장교였다(그림 11.110). 상부구조의 횡단면은 두 개의 단부거더와 폐합된 부드러운 하부를 제공하는 200mm 두께의 상부구조로 구성된다. 사장재의 개념은 총 15개의 사장케이블로 구성되는데, 이는 1면의 사장재가 교대와 주탑지주 사이에 정착보를 가진 개구부형 상부구조의 후면경간을 관통하면서, 팔각형의 횡단면인 단일 주탑으로부터 점점 변하는 보도에 전면으로 2면의 5개쌍 사장재로 구성된다.

유연한 아래쪽 지점은 엘리베이터와 계단을 지지하는 강재골조에 의하여 제공된다. 상부구조와 주탑은 어떠한 지반의 기여에 의존하지 않는 단일 말뚝기둥 위에 그 자체의 독립구조로 서있는 폐합된 힘체계를 형성한다.

그림 11.109 UCSD에서 Scripps 횡단 , La Jolla, CA, 미국 (Frieder Seible)

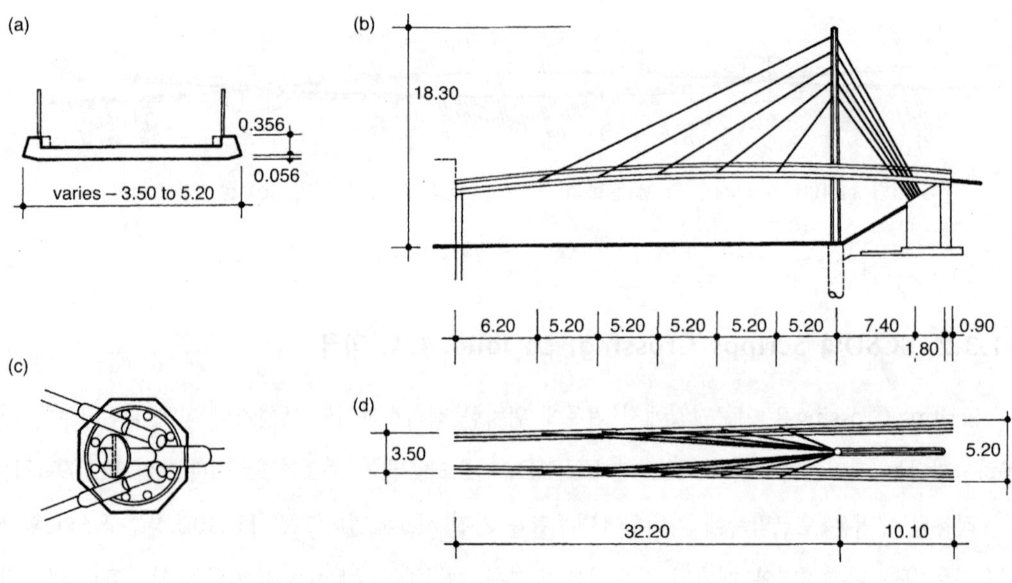

그림 11.110 UCSD에서 Scripps횡단 , La Jolla, CA, 미국
(a) 상부구조의 횡단, (b) 정면, (c) 주탑의 횡단, (d) 평면

사장재는 스테인레스 스틸튜브에 피복하였고, 시멘트 모르타르에 의하여 그라우팅된 고강도 봉으로 구성된다. 교량은 비계위에 타설되고 콘크리트가 충분한 강도에 도달하였을 때, 사장재가 인장되고 그라우트 되어진다.

교량은 UCSD의 Frieder Seiber 교수에 의하여 설계되었다.

11.3.3 Hungerford교, 런던, 영국

철도교의 양측에 가설된 쌍둥이교는 Charing Cross역과 남쪽 Bank센터 사이의 Thames강을 쉽게 횡단할 수 있게 한다(그림 2.28, 그림 11.111) [50]. 교량은 2002년에 개설되었으며 교량 경쟁설계를 통하여 채택되었다.

교량은 Macalloy바 사장재에 의하여 지지된 다경간 사장구조물이다(그림 2.34, 그림 2.39). 주탑은 콘크리트 기초에 의해 지지되고 Macalloy바에 의해 수직각으로 유지되는 테이퍼형 강관에 의해 형성되어진다(그림 11.112, 그림 11.113). 상부구조는 두 개의 단부보와 상부구조슬라브를 가진다.

상부구조는 정착부에서 횡방향 다이아프램에 의해 보강되어진다. 보고되지 않고 폭발되지 않은 세계2차대전의 폭탄이 있을 가능성 때문에 북측제방근처의 기초는 강 밖으로 옮겨졌다. 비대칭 주탑배치는 불가능하였고 그래서 A-골조 지지부가 도입되었다. 주교량 상부구조는 I.L.M (Incremental Launching Method) 가설공법에 의하여 가설되었다. 타설대는 항로구간이 아닌 경간에 가설되고 상부구조의 단면은 약 50 m 길이로 타설된다. 임시가설트러스는 상부단면 위에 조립되고 유압잭이 북측으로 상부구조를 당기는데 사용된다. 상부구조의 전길이가 완료되기까지 전과정이 반복된다(그림 11.114(a)). 임시지점은 각 교각위치에 제공되어진다.

플로우팅 크레인은 주탑을 현장으로 끌어올리는데 사용된다. 각 주탑은 자체의 부착된 백스테이와 함께 가설되어지고 사장재는 강재의 강한 후면사장재를 부착시킴으로써 들어올리는 동안 직선으로 유지하도록 한다.

밀어내기의 완료 후, 상부구조는 잭업되어진다. 상부사장재는 현재 길이로 제작되고, 강한 후

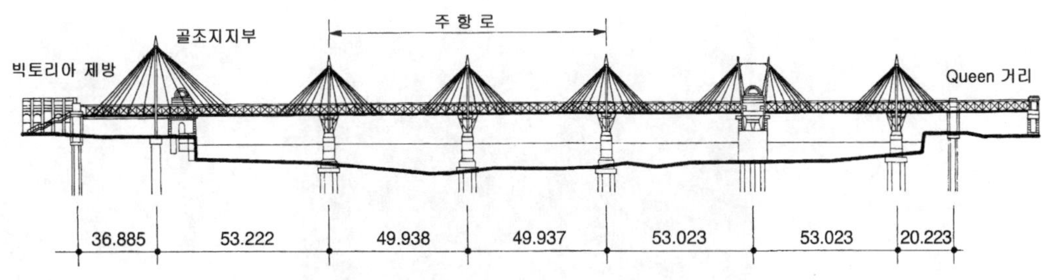

그림 11.111 Hungerford교, 런던, 영국 : 정면

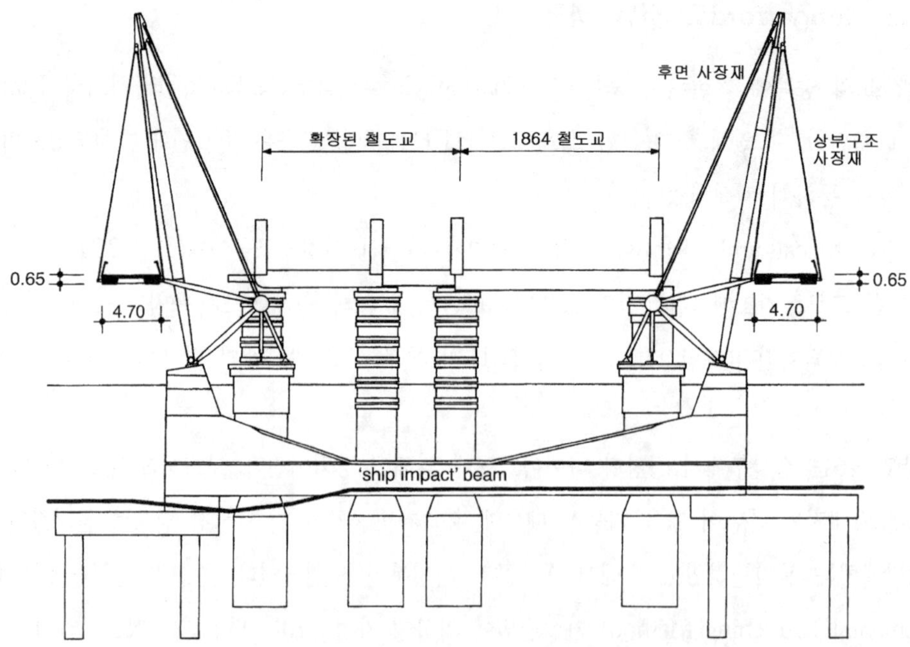

그림 11.112 Hungerford교, 런던, 영국 : 주탑정면

그림 11.113 Hungerford교, 런던, 영국 – 사장케이블의 정착

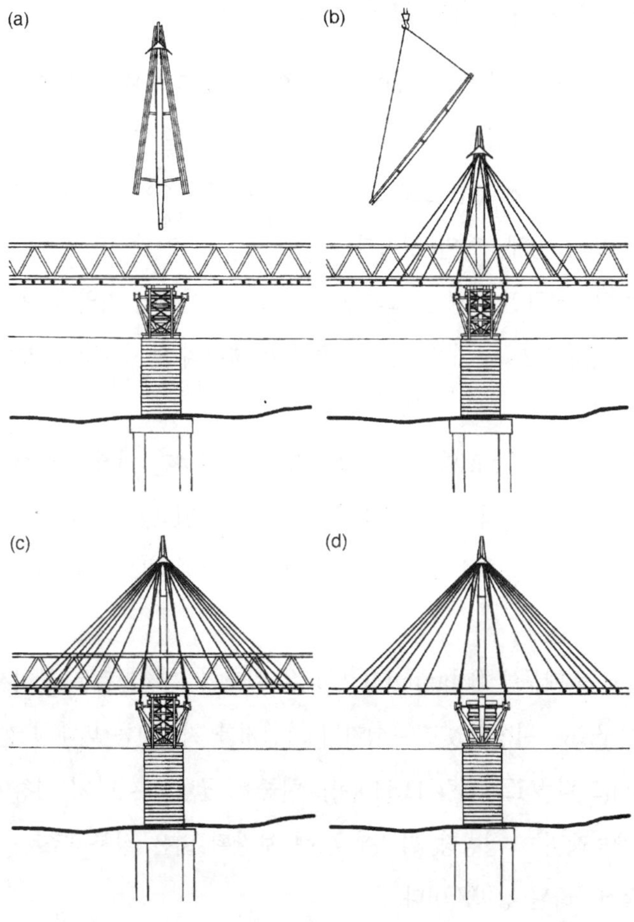

그림 11.114 Hungerford교, 런던, 영국 : 시공순서

면사장재에 의하여 임시적으로 지지되며 미리 조절된 새그로 설치된다(그림 11.114(b)).

모든 상부구조 사장재의 설치 후 상부구조는 사장재에 의하여 전체적으로 지지되어질 때까지 천천히 내려진다(그림 11.114(c)). 가설 트러스와 주탑이 그 후 제거되어진다(그림 11.114(d)).

교량의 동적거동이 컴퓨터 모델과 풍동실험과 현장측정에 의하여 상세히 연구되어진다. 실험은 교량이 작용적으로 잘 거동하고 있음을 증명한다.

컨셉설계는 WSP와 Lifschutz Davidson에 의하여 수행되었고, 시공사는 Costain Norwest Holst 합작기업이며, 설계자는 Gifford & Partners이다.

11.3.4 고속도로 D47을 횡단하는 교량, 체코공화국

설계된 교량은 체코공화국의 Bohumin시 근처의 고속도로 D47을 횡단한다(그림 11.115). 교량은 보행자와 자전거 타는 사람들 모두에게 사용된다. 교량은 평면에서 반경 220 m의 곡선으로 구성되어 있다. 지금 시공 중에 있는 고속도로는 지역의 북동쪽에 위치하며 교량은 폴란드로부터 이 고속로도위의 첫 번째 입체교차일 것이다.

51.35와 59.15 m의 2경간인 교량은 고속도로와 지방도 사이의 지역에 위치한 단일 주탑에 매달려 진다. 교량의 상부구조는 두 개의 경사 버팀대와 하나의 앵커블럭에 의해 형성된 교대 끝단에 강결된다.

예비설계단계에서, 유효폭 6 m의 상부구조가 2면의 경사진 사장재에 매달려졌다(그림 9.11, 그림 11.116(a)). 상부구조는 횡다이아프램과 보도위로 돌출된 단부보에 의하여 보강되어진 얇은 상부구조슬라브에 의하여 구성되었다. 사장케이블은 단부보에 바깥쪽에 위치한 앵커블럭에 정착되어진다.

무거운 자전거 교통 때문에 Bohumin시 당국은 보도와 자전거로를 분리시키는 것을 요구하였다. 그러므로 상부구조는 변형되었고 보행자와 자전거를 지지하는 비대칭 캔틸레버의 중앙골조거더로 구성되어졌다(그림 9.12, 그림 11.116(a)). 하중을 균형을 이루기 위하여 짧은 캔틸레버는 충실단면으로, 긴 캔틸레버는 횡방향 리브에 의해 보강된 얇은 상부구조로 구성되었다. 주탑은 콘크리트 교각에 강결처리된 강박스이다.

교량은 체코의 Strasky와 Husty사에서 설계하였다.

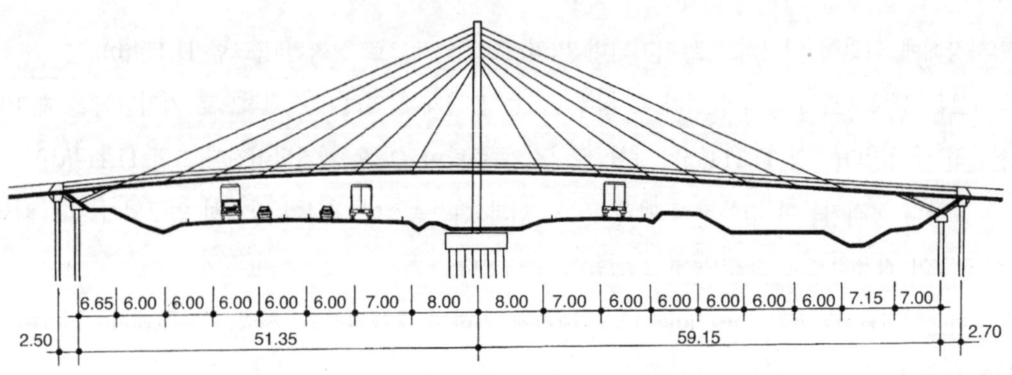

그림 11.115 고속도로 D47을 횡단하는 교량, 체코 : 정면

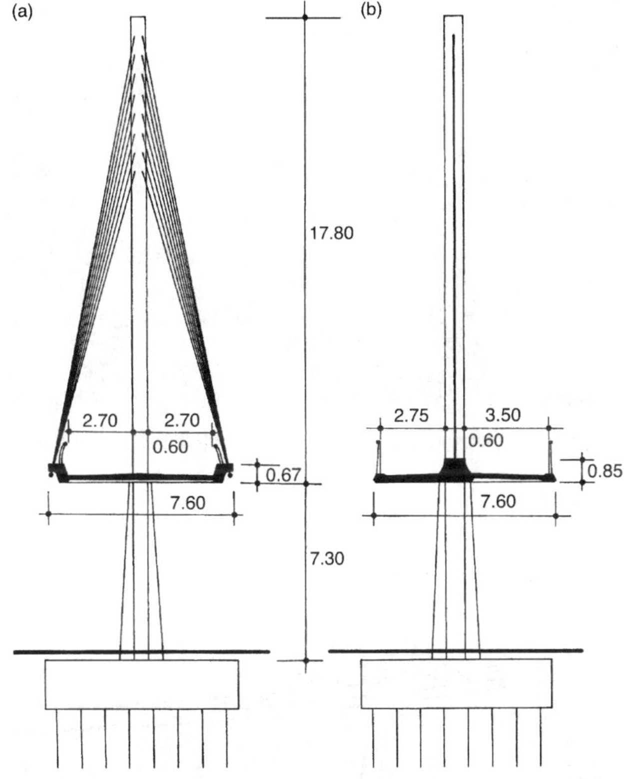

그림 11.116 고속도로 D47을 횡단하는 교량, 체코-주탑정면
(a) 사장케이블이 2면 경사로 매달림, (b) 사장케이블이 중앙 1면으로 매달림

11.3.5 Lockmeadow교, Maidstone, Kent, 영국

1999년에 개설된 Lockmeadow교는 영국의 Kent, Maidstone의 중심에 있는 Medway강의 굴곡부를 횡단한다. 교량은 시의 역사적이고 고고학적으로 중요한 지역에 있는 Archbishop궁에 인접되어 있다. 교량은 시로부터 서쪽제방의 새로운 레저개발지역까지 보행자 접근로를 제공하고 Maidstone Millenium River 공원의 한 부분을 형성한다(그림 11.117) [25].

2경간교는 강의 서쪽제방에 위치한 입체적인 계단형 지주로부터 바깥쪽으로 기울어진 한 쌍의 주탑에 매달리는 얇은 알루미늄 상부구조에 의하여 형성된다(그림 11.118). 사장구조계의 바깥쪽으로 벌려진 한 쌍의 주탑은 사장재 정착부 사이의 상부구조의 유효경간을 약 16 m로 줄이고

그림 11.117 Lockmeadow교, Maidstone, 영국 (Flint & Neill Partnership)

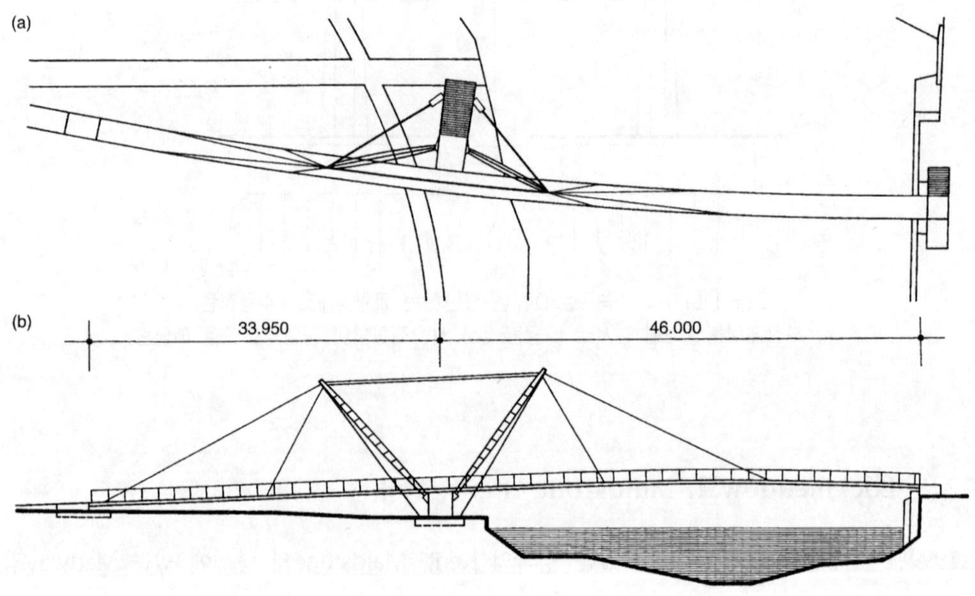

그림 11.118 Lockmeadow교, Maidstone, 영국 : (a) 평면, (b) 정면

대략 300 mm의 구조적 두께를 허용한다.

곡선 상부구조 구조물은 박편모양으로 배치하여 횡방향으로 모두 긴장되는 맞물림 종방향의 알루미늄 사출성형의 결합이다.

사출성형이 미끄럼방지의 상단표면을 포함하여 상부구조의 작용적 요구조건을 이행하도록 설계(그림 11.119)되었기 때문에 2차 구조부재나 추가적인 마감부재가 없다.

사출성형의 최대길이는 약 7 m이고 대부분의 마감길이는 약 6.4 m이다. 개개의 사출성형 사이의 접속부는 횡방향 스테인레스 스틸 프리스트레싱 강봉의 1.6 m 간격과 맞는 피치에 단순한 지그재그 배열의 이음부로서 형성되어진다.

사장재는 타설형 강 소켓의 45 mm 락코일 로우프이다.

시공사는 서쪽 교대에 조립장에서 상부구조를 조립하고 일련의 로울러에 의하여 당겨지는 단계별 밀어내기 공법으로 교량을 가설하였다. 사장케이블의 도움 없이 강을 횡단하기 위하여 강 중앙부에 가설지점을 설치하고 밀어내는 동안 알루미늄 상부구조를 보강하기 위하여 왕대공(Kingpost) 배치가 사용되었다. 기둥과 사장재의 가설은 단일 작업으로 수행되었다. 그런 다음 상부구조는 사장재를 긴장하여 임시 지점에 올려졌다.

교량은 Chris Wilkinson Architects Limited와 Flint & Neill에 의하여 설계되었고, 시공사는 Christiani & Nielsen 사이다.

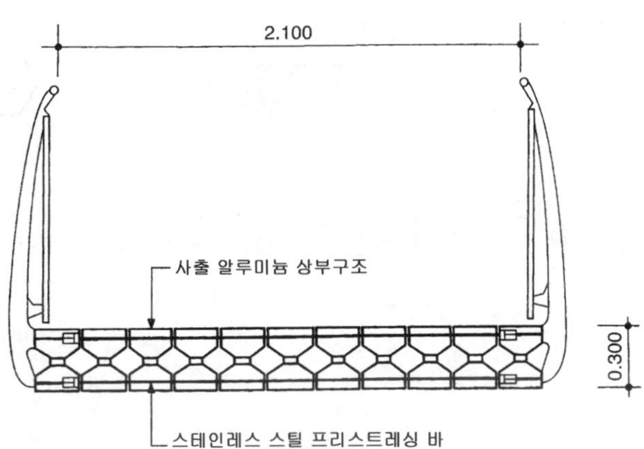

그림 11.119 Lockmeadow교, Maidstone, 영국 : 상부구조의 횡단

11.3.6 Glorias Catalanas교, 바르셀로나, 스페인

원래 교량은 1974년 스페인 바르셀로나의 Glorias Catalanas 광장에 가설되었다. 1992년 올림픽을 위하여 광장을 변경해야 했기 때문에 교량은 해체되고 해변에 재 가설되었다.

원래 교량은 2차로 분리된 3지점을 연결하도록 설계되었다. 평면에서 구조물은 교통문제를 자연스럽게 해결하도록 문자 Y형태를 가진다(그림 11.120) [10]. 상부구조는 세 개의 지선의 교차점 근처에 위치한 단일 주탑에 매달려져 있다(그림 11.121). 사장케이블은 세 개의 팬형태의 주탑

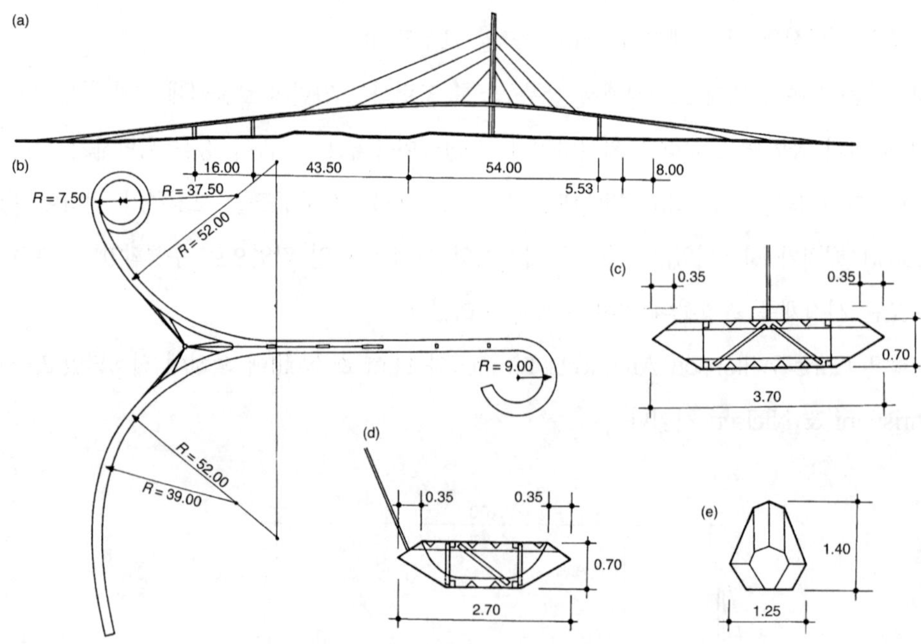

그림 11.120 Glorias Catalanas교, 스페인
(a) 정면, (b) 주경간의 횡단,(c) 램프의 횡단, (d) 주탑의 횡단

그림 11.121 Glorias Catalanas교, 스페인 (Carlos Fernandez Casado, S.L.,마드리드)

으로부터 각각의 지선으로 하나씩 뻗어있다. 주요한 지선은 교축에 매달리고 나머지 지선들은 단부에 매달린다.

현수 상부구조는 접근로에서는 콘크리트 거더형으로 전환되는 유선형 횡단면의 비틀림에 강한 박스형 거더로 구성되어 있다. 두 개의 접근로는 나선형 쉘형상의 캔틸레버로 구성되고, 세 번째 것은 직선의 캔틸레버에 의해 형성되었다. 새로운 위치에서 교량은 거의 같은 배치를 하였다.

교량은 스페인, 마드리드의 Carlos Fernandez Casado S. L.에 의하여 설계되었다.

11.3.7 Rosewood 골프클럽교, 일본

Rosewood 골프클럽교는 일본의 Hyogo현, Ono-city에 1993년 완성되었다. 교량의 배치는 직선이 없는 코스의 배치와 부합된다. 곡선교의 상부구조는 교량의 바깥 끝과 경사주탑에 정착된 사장재에 매달려있다(그림 10.6, 그림 11.122) [48].

교량은 길이 37.763 m의 대칭의 2경간을 가진다(그림 11.123). 상부구조는 두께 1.2 m의 비대칭 중공콘크리트거더로 형성된다. 상부구조는 경사주탑에 연결된 골조구조이고 교대에 네오프랜 패드에 의하여 지지되어진다.

바깥 단부에 상부구조를 매다는 것은 비틀림 모멘트를 줄이는 것을 가능하게 한다. 그러나 사장케이블의 편심된 정착에 의해 생성된 횡방향 모멘트는 매우 큰 값을 가진다.

그림 11.122 Rosewood Golf Club교, 일본 (Shimizu건설)

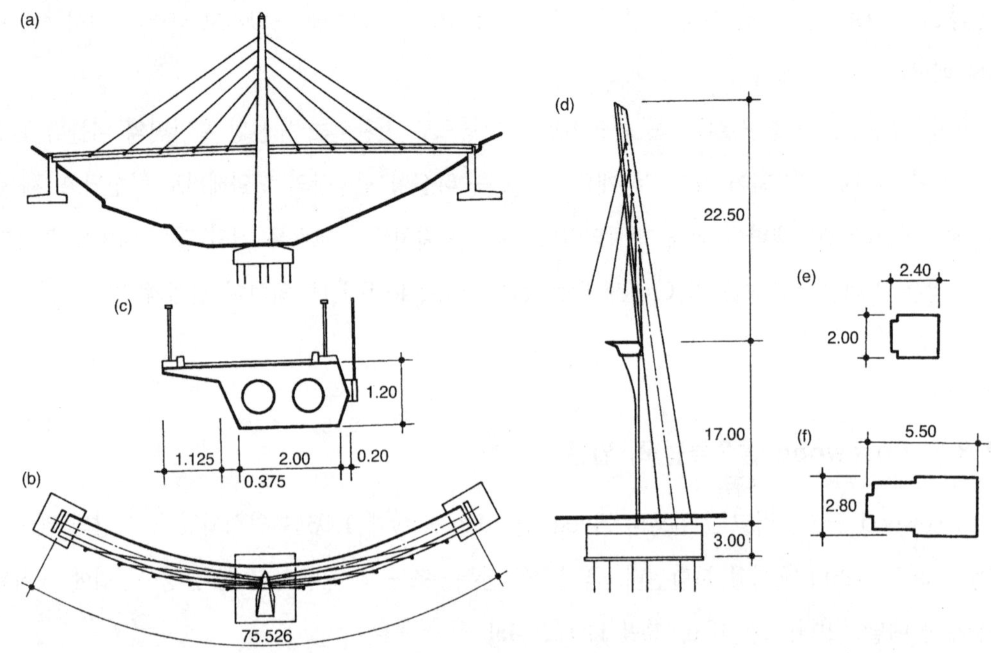

그림 11.123 Rosewood Golf Club교, 일본
(a) 정면, (b) 평면, (c) 상부구조의 횡단, (d) 주탑정면, (e) 주탑의 횡단－상단, (f) 주탑의 횡단－하단

주탑을 경사지게 함으로써 정착의 편심은 감소되었다.

상세 정적 및 동적해석은 교량이 사용하중이나 극한하중에서 모두 잘 작용을 유지하고 풍하중과 지진하중에 충분한 저항을 가지고 있음을 입증하였다. 교량은 골프코스의 상징이 되었다.

교량은 일본 수미츠사에 의해 설계되고 가설되었다.

11.3.8 고속도로 D1의 횡단교, 체코공화국

제안된 교량은 “Nine Crosses”라고 알려진 두 개의 큰 휴양지역을 연결할 것이다. 존치 시설물 때문에 중앙부 및 고속도로와 지방도 사이의 공간에 교각이 들어갈 공간이 없다. 그러므로 94 m 경간을 가지는 사장구조물이 교량으로 제안되었다(그림 11.124).

교량의 상부구조는 접근램프의 중앙에 위치한 두 개의 경사주탑에 매달려 있다(그림 11.125).

고속도로 위의 주경간에서 상부구조는 횡방향 다이어프램과 복합상부구조슬라브에 의해 상호 연결된 두 개의 단부 강관에 의해 형성된다. 램프에서는 단부강관이 콘크리트로 충전되고 강관 사

그림 11.124 고속도로 D1을 횡단하는 교량, 체코 - 교량의 모델

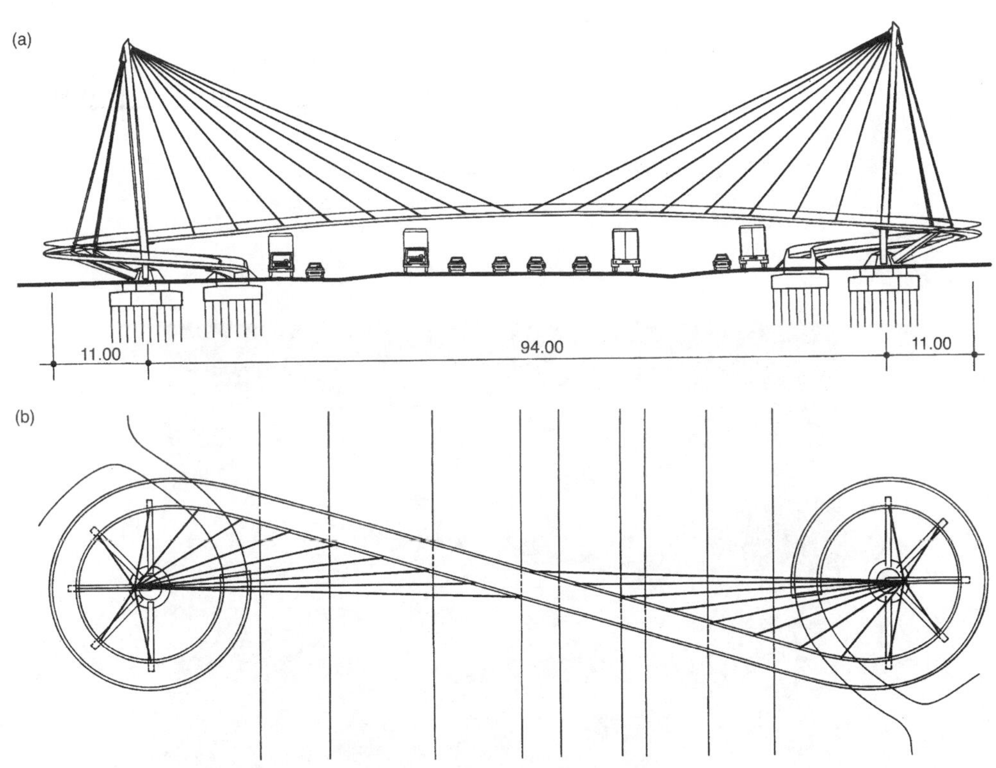

그림 11.125 고속도로 D1을 횡단하는 교량, 체코 : (a) 정면, (b) 평면

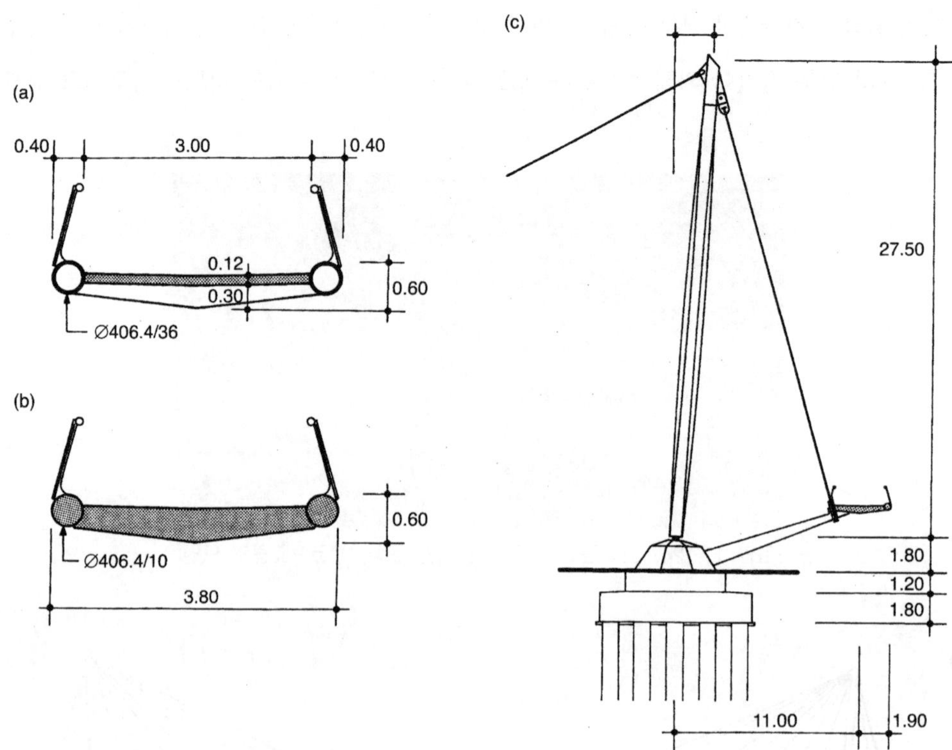

그림 11.126 고속도로 D1을 횡단하는 교량, 체코
(a) 주경간의 횡단, (b) 램프의 횡단, (c) 주탑 정면

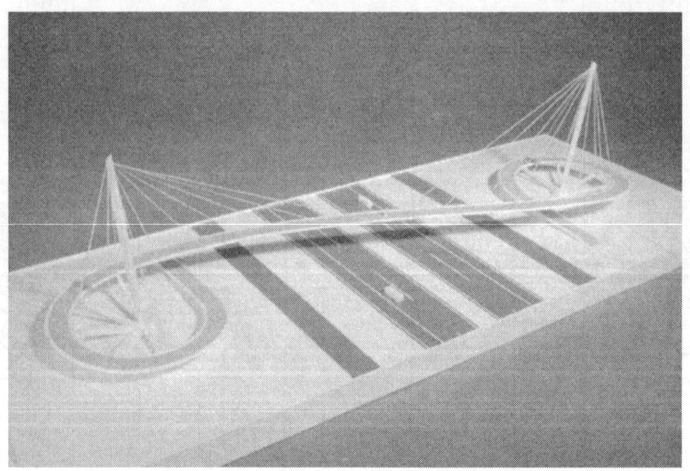

그림 11.127 고속도로 D1을 횡단하는 교량, 체코 - 교량의 모델

이의 공간 역시 콘크리트로 충전되었다.(그림 11.126). 상부구조는 평면곡선의 내부끝단에 매달려진다. 램프는 주탑기부에 정탁되는 경사버팀보에 의해 지지되어진다(그림 11.127).

기부의 상단에 위치하는 포트교량받침에 의하여 지지되는 주탑은 두께가 변하는 외부판에 의해 보강된 강관으로 형성된다. 구조해법은 구조물이 충분한 안전율을 가진다는 것을 입증하도록 매우 상세한 정적 및 동적 해석을 기초로 하여 개발되었다. 해석은 단부강관이 충분한 비틀림 강성을 가진다는 것을 확증하였다. 또한 운동속도나 상부구조의 가속도는 권장제한 내에 있었다.

교량은 체코공화국의 Strasky, Husty & Partners에 의해 설계되었다.

참고문헌

References

참고문헌

References

1. Arai, H., Yamomoto, T. Prestressed concrete stress ribbon bridge – Umenoki Todoro Part Bridge. *Prestressed Concrete in Japan* 1994. Japan Prestressed Concrete Engineering Association. National Report. XII FIP Congress, Washington, DC, USA.
2. Arai, H., Ota, Y. Prestressed concrete stress ribbon bridge – Kikko Bridge. *Prestressed Concrete in Japan* 1994. Japan Prestressed Concrete Engineering Association. National Report. XII FIP Congress, Washington, DC, USA.
3. Bachmann, H. *et al. Vibration Problems in Structures – Practical Guidelines*, 2nd Edition, Birkhäuser Verlag, Basel/Berlin/Boston, 1997.
4. Bachmann, H. *'Lively' Footbridges – a Real Challenge. Footbridge* 2002. *Design and Dynamic Behaviour of Footbridges*. OTUA, Paris, 2002.
5. Batsch, W., Nehse, W. Spannbandbrücke als Fussgängersteg in Freiburg im Breisgau. *Beton –und Stahlbetonbau* 3, 1972.
6. Bednarski, C., Strasky, J. The Millennium Bridže. *L'Industria Italiana del Cemento,* N 792/ 2003, Roma, Italy.
7. Bobrowski, J. The 'Saddledome' : the Olympic ice stadium in Calgary (Canada). *L'Industria Italiana del Cemento* 5/1984.
8. Brown, D. J. *Bridges. Three Thousand Years of Defying Nature.* Reed International Books Ltd, London, 1996.
9. Bridge aerodynamics. Proposed British design rules, *Proceedings of the Conference. Institution*

of Civil Engineers, London, 25–26 March 1981.

10. Casado, C. F., Troyano, L. F., Mantreola, J. A. Passerelle haubanee a Barcelona. Acier–Stahl–Steel 2/1976.
11. CEB–FIP Model Code 1990. Comité Euro–International du Béton. Thomas Telford, London, 1993.
12. Collins, M. P., Mitchell, D. *Prestressed Concrete Basics*. CPCI, Ottawa, 1987.
13. Conzett, J. Punt da Suransuns Pedestrian Bridge, Switzerland. *Structural Engineering International*. May 2000. SEI Volume 10, Number 2, pp. 104–106.
14. Dallard, P. Research into Pedestrian Excitation on the Millennium Bridge; *Vibration Seminar, ARP*, 4, October 2001.
15. Design Criteria for Footbridges. Department of Transport, UK, 1988.
16. Design Rules for Aerodynamic Effects on Bridges. Department of Transport, UK, BD 49/93, 1993.
17. ESA PrimaWin – Reference Manual, SCIA Software, Scientific Application Group, Belgium, 2000.
18. Eibel, J., Pelle, K., Nehse, H. Zur Berechnung von Spannband–brücken–Flache Hängebänder. Verner–Verlang, Düsseldorf, 1973.
19. Endo, T., Tada, K., Ohashi, H. Development of suspension bridges – Japanese experience with emphasis on the Akashi Kaiko bridge. *Conference: Cable–stayed and Suspension Bridges*. Deauville, France, 1994.
20. Ernst, H. J. Der E–Modul von Seilen unter Berücksichtigung des Durchhanges. *Bauingenieur*, Number 2, 1965.
21. Favre, R., Markey, I. Generalization of the load balancing method. Prestressed Concrete in Switzerland 1990–1994. 12th *Congress FIP*, Washington, DC, USA.
22. Festschrift – Ulrich Finsterwalder, 50 Jahre für Dywidag. Verlag G. Braun. Karlsruhe, 1973.
23. FIP Recommendations 1996 – Practical design of structural concrete. *FIP Congress*, Amsterdam, 1998.
24. Firth, I., Cooper, D. New materials for new bridges – Halgavor Bridge, UK. *Structural*

Engineering International. May 2002. SEI Volume 12, Number 2.

25. Firth, I. Lockmeadow Footbridge, Maidstone, UK. *Structural Engineering International*. August 1999. SEI Volume 9, Number 3.
26. Gimsing, N. J. *Cable Supported Bridges, Concept and Design*. John Wiley & Sons, Chichester, 1998.
27. Gerwick, B. C. *Construction of Prestressed Concrete Structures*. John Wiley & Sons, New York, 1993.
28. Guide Specification for Design and Construction of Segmental Concrete Bridges. AASHTO – ASBI, Phoenix, 1998.
29. Guide Specification for Design of Pedestrian Bridges. AASHTO, 1997.
30. Hampe, E. Spannbeton. VEB Verlag für Bauwesen. Berlin, 1978.
31. Hata, K. Single–span Prestressed Concrete Stress Ribbon Bridge – Yumetsuri Bridge. Prestressed Concrete in Japan 1998. Japan Prestressed Concrete Engineering Association. National Report. XIII *FIP Congress*, Amsterdam, Holland.
32. Holgate, A. The art of structural engineering. The work of Jöger Schlaich and his team. *Edition Axel Menges*. Stuttgart/London, 1997.
33. Horiuchi, S., Watanabe, K., Kondoh, S. Four–span Stress Ribbon Bridge with Roadway Slab Decks – Shiosai Bridge. Prestressed Concrete in Japan 1998. National Report. Japan Prestressed Concrete Engineering Association. XIII *FIP Congress*, Amsterdam.
34. Katuyama, T., Kitsuta, T., Ito, T. Three Span Continuous Prestressed Concrete Stress Ribbon Bridge – Tonbo No Hashi. Prestressed Concrete in Japan 1998. Japan Prestressed Concrete Engineering Association. National Report. XIII *FIP Congress*, Amsterdam, Holland.
35. Kawaguchi, M. Granite pedestrian bridge, Beppu, Japan. *Structural Engineering International* 3/96. *Journal of the International Association for Bridge and Structural Engineering (IABSE)*, Zurich, Switzerland.
36. Komatsubara, T., Kondoh, S., Itoh, K. Prestressed Concrete Curved Chord Truss Bridge – Ganmon Bridge. National Report –Recent Works of Prestressed Concrete Structures. Japan Prestressed Concrete Engineering Association. *The First FIB Congress* 2002, Osaka, Japan.

37. Kreuzinger, H. Dynamic design strategies for pedestrian and wind action. Footbridge 2002. Design and dynamic behaviour of footbridges. *OTUA*, Paris, 2002.

38. Kumagai, T., Tsunomoto, M., Machi, T. Stress–ribbon Bridge with External Tendons – Morino–Wakuwaku Bridge. National Report – Recent Works of Prestressed Concrete Structures. Japan Prestressed Concrete Engineering Association. *The First FIB Congress* 2002, Osaka, Japan.

39. Leonhardt, F. *Prestressed Concrete. Design and Construction.* Wilhelm Ernst & Sons, Berlin, 1964.

40. Leonhardt, F. and Zellner, W. Cable–stayed bridges. *International Association for Bridge and Structural Engineering Surveys*, S–13/80, February, 1980.

41. Leonhardt, F. *Bridges. Aesthetics and Design.* Deutsche Verlags–Anstalt, Stuttgart, 1984.

42. Liebenberg, A. C. *Concrete Bridges – Design and Construction.* John Wiley & Sons, New York, 1992.

43. Lin, T. Y., Burns, N. H. *Design of Prestressed Concrete Structures.* John Wiley & Sons, New York, 1981.

44. Mathivat, J. *The Cantilever Construction of Prestressed Concrete Bridges.* John Wiley & Sons, New York, 1983.

45. Menn, C. *Prestressed Concrete Bridges.* Birkhäuser Verlag, Basel, 1990.

46. Muller, J. Reflections on cable–stayed bridges. *Revue Generale des Routes et des Aerodromes.* Paris, 1994.

47. Navrátil, J. Time–dependent analysis of concrete frame structures (in Czech), *Building Research Journal (Stavebnický časopis)* Number 7, Volume 40, 1992.

48. Okino, K., Inazumi, T., Watanabe, Y. Design and construction of one–side cable–stayed bridge. Modern prestressing techniques and their applications. *FIP Symposium*, Kyoto, Japan, 1993.

49. Ostenfeld, K. H. From Little Belt to Great Belt. *Conference : Cable–stayed and Suspension Bridges.* Deauville, France, 1994.

50. Parker, J. S., Hardwick, G., Carroll, M., Nicholls, N. P., Sandercock, D. Hungerford Bridge

millennium project – London. *Civil Engineering* 156, London, May 2003.

51. Pearce, M., Jobson, R. *Bridge Builders*. John Wiley & Sons, Chichester, UK, 2002.
52. Pirner, M. Stress–ribbon pedestrian bridge spanning 252 m. *Symposium 'Straight Crossings 94'*, Alesund, Norway, June 1994.
53. Pirner, M., Fischer, O. Experimental analysis of aerodynamic stability of stress–ribbon footbridges. *Wind and Structures*, Volume 2, Number 2, 1999.
54. Pirner, M., Fischer, O., Urushadze, S. Diagnostic of the Troja footbridge by means of dynamic response. *Acta Techn. CSAV* 43, 1998.
55. Podolny, W. Jr, Scalzi, J. B. *Construction and Design of Cable Stayed Bridges*. John Wiley & Sons, New York, 1976.
56. Podolny, W., Muller, J. *Construction and Design of Prestressed Concrete Bridges*. John Wiley & Sons, New York, 1982.
57. Priestly, J. N., Seible, F., Calvi, G. M. *Seismic Design and Retrofit of Bridges*. John Wiley & Sons, New York, 1996.
58. Rayor, G., Strasky, J. Design and construction of Rogue River (Grants Pass) pedestrian bridge. *Western Bridge Engineers' Seminar*, Sacramento, California, September 2001.
59. Recommendations for Stay Cable Design, Testing and Installation. Post–Tensioning *Institute Committee on Cable–stayed Bridges*, August 1993.
60. Redfield, C., Strasky, J. Sacramento River pedestrian bridge, USA. *Structural Engineering International – Journal of the Association for Bridge and Structural Engineering*. N 4, 1991.
61. Redfield, C., Strasky, J. Sacramento ribbon. *Concrete Quarterly. British Cement Association*, Autumn 1992.
62. Redfield, C., Strasky, J. Stressed ribbon pedestrian bridge across the Sacramento River in Redding, CA, USA, *L'Industria Italiana del Cemento* N 663/1992. Roma, Italy.
63. Redfield, C., Strasky, J. Bleu River Ranch Bridge. *IABSE Symposium*, Vancouver, 2002.
64. Roberts, T. M. Synchronised pedestrian excitation of footbridges. *Bridge Engineering. Proceedings of the Institution of Civil Engineers*, Volume 156, Issue BE4, December 2003.
65. Scott, R. *In the Wake of Tacoma*. ASCE Press, Resno, 2001.

66. Schlaich, J., Kordina, K., Engell, H. Teileinsturz der Kongreßhalle Berlin – Schadensursachen Zusammenfassendes Gutachten. Beton–und Stahlbetonbau 12/1980.

67. Schlaich, J., Schober, H. A. suspended pedestrian bridge crossing the Neckar River near Stuttgart. *Conference : Cable–stayed and Suspension Bridges*. Deauville, France, 1994.

68. Schlaich, J., Seidel, J. Die Fußgängerbrücke in Kelheim, Bauingenieur 63, 1988.

69. Schlaich, J. Urban Footbridges. 16th *Congress of IABSE*, Lucerne, 2000.

70. Schlaich, J., Bergermann, R. Fußgängerbrücken. Ausstellung und Katalog. ETH Zürich, 1992.

71. Seible, F., Burgueno, R. Cable–stayed bridges at UCSD. 1994 *International Symposium on Cable–stayed Bridges*, Shanghai, 1994.

72. Sinohara, O. Landscape and Civil Design Report. Works of Engineer – Architects in Japan. *Institute of Landscape & Civil Design*. Tokyo, 1999.

73. Smerda, Z., Kristek, V. *Creep and Shrinkage of Concrete Elements and Structures*. Elsevier, Amsterdam, 1988.

74. Strasky, J., Pirner, M. *DS–L Stress Ribbon Footbridges*. Dopravni stavby, Olomouc, Czechoslovakia, 1986.

75. Strasky, J. Precast stress ribbon pedestrian bridges in Czechoslovakia. *PCI Journal*, May–June 1987.

76. Strasky, J. The stress ribbon footbridge across the River Vltava in Prague. *L'Industria Italiana del Cemento*, N 615/1987, Roma, Italy.

77. Strasky, J. Static analysis of the prestressed band. *Conference 'Tension Structures'*. Piestany, Czechoslovakia, 1990.

78. Strasky, J. Design and construction of cable–stayed bridges in the Czech Republic. *PCI Journal*, November–December 1993.

79. Strasky, J. Architecture of bridges as developed from the structural solution. *FIP '94 – International Congress on Prestressed Concrete*. Washington, DC, 1994.

80. Strasky, J. Suspension pedestrian bridge across the Swiss bay of Vranov Lake. *Space & Society* N 67. Milano, Italy, 1994.

81. Strasky, J. Pedestrian bridge at Lake Vranov, Czech Republic. *Proceedings of the Institution of*

Civil Engineers, Civil Engineering, London, August 1995.

82. Strasky, J. Pedestrian Bridge Suspended over Lake Vranov, in the Czech Republic. *L'Industria Italiana del Cemento*, N 736/1998, Roma, Italy.
83. Strasky, J., Design–Construction of Vranov Lake Pedestrian Bridge, Czech Republic. *PCI Journal*, November–December 1998.
84. Strasky, J., Rayor, G. Technical Innovations of the Willamette River Pedestrian Bridge, Oregon. *International Bridge Conference*. Pittsburgh, 2000.
85. Stranky, J. Long–span, slender pedestrian bridges. *Concrete International*, February 2002, pp 42–48.
86. Strasky, J., Navratil, J., Susky, S. Applications of time–dependent analysis in the design of hybrid bridge structures. *PCI Journal*, July/August 2001.
87. Tanaka, T., Kawakami, M., Teramoto, Y., Kuribayashi, T., Shimizu, K. Tokimeki Bridge (Provisional Name) Flat Arch Bridge with Suspended Deck (Self–anchored Structure). Concrete Structures in the 21st Century. Volume 1. *Proceedings of the First FIB Congress*, Osaka, 2002.
88. Timoshenko, S. P., Goodier, J. N. *Theory of Elasticity*. McGraw–Hill, New York, 1970.
89. Troyano, L. F., Mantreola, J., Astiz, M. A. Puentes ligeros, en el Alt Urgell, sobre el rio Serge. Articulo publicado en el numero 158 de la Revista Hormigon y Acero. Madrid, 1986.
90. Troyano, L. F., Mantreola, J. A. Spatial cable stayed bridges. Spatial structures : Heritage, present and future. *IASS International Symposium* 1995, Milano, Italia.
91. Troyano, L. F., *Bridge Engineering. A Global Perspective*. Thomas Telford Publishing, London, 2003.
92. Tsunomoto, M., Ohnuma, K. Self–anchored suspended deck bridge – pedestrian bridge of the Tobu Recreation resort. National Report – Recent Works of Prestressed Concrete Structures. Japan Prestressed Concrete Engineering Association. *The First FIB Congress* 2002, Osaka, Japan.
93. Uchimura, T., Miyzaki, M., Kondoh, S., Okumura, K. Prestressed Concrete Deck Bridge Supported from Below by Cable – Ayumi Bridge. National Report – Recent Works of

Prestressed Concrete Structures. Japan Prestressed Concrete Engineering Association. *The First FIB Congress* 2002, Osaka, Japan.

94. Walther, R. Spannbandbrücken. *Schweizerische Bauzeitung*. Volume 87, Number 8, February 1969.
95. Walther, R., Houriet, B., Walmar, I., Moïa, P. *Cable Stayed Bridges*. Thomas Telford Publishing, London, 1998.
96. Wells, M. *30 Bridges*. Laurence King Publishing. London, 2002.
97. Wittfoht, H. *Triumph der Spannweiten*. Beton−Verlag GmbH, Düsseldorf, 1972.
98. Wolfensberger, R. SAPPRO Fussgängersteg Lignon−Löex, Genf. Spannbeton in der Schweiz. National Report. *VII FIP Congress*, New York, 1974.
99. Völkel, E., Zellner, W., Dornecker, A. Die Schrägkabelbrücke für Fußgänger über den Neckar in Mannheim. *Beton und Stahlbetonbau*. February 1977, Heft 2, 3.

"*Stress Ribbon and Cable-Supported Pedestrian Bridges*"

■ 박 명 균

▸ 경희대학교 토목공학과 졸업
▸ 경희대학교대학원 토목공학과 석사
▸ 경희대학교대학원 토목공학과 박사

▸ 토목구조기술사
▸ APEC 엔지니어(S.E)

▸ (주)현대엔지니어링, (주)한국종합기술개발공사, (주)건화엔지니어링
▸ 현 (주)삼보기술단 구조사업부

▸ 대전지방국토관리청 설계자문위원
▸ 환경관리공단 설계자문위원회 기술위원
▸ 건설교통부 R&D 및 신기술 · 신공법 평가위원
▸ 국립방재연구소 자문 · 평가위원
▸ 조달청 입찰금액 적정성심사위원회 심사위원
▸ 한국공학교육인증원 평가위원

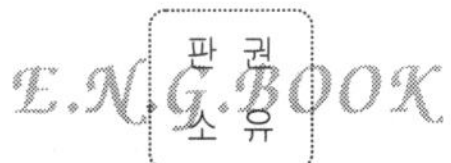

스트레스 리본과 케이블 지지 보도교

인 쇄 2007년 1월 5일
발 행 2007년 1월 15일

저 자 Jiri Strasky
역 자 박 명 균
발행인 이 기 복
발행처 이엔지 · 북

주 소 서울시 용산구 원효로 1가 51-18
전 화 (02) 711-1595
팩 스 (02) 711-1596
등 록 제 302-2005-00006 호

정 가 **28,000** 원

ISBN 89-91723-32-2